1+X职业技能等级证书培训考核配套系列教材

机械数字化设计与制造（中级）

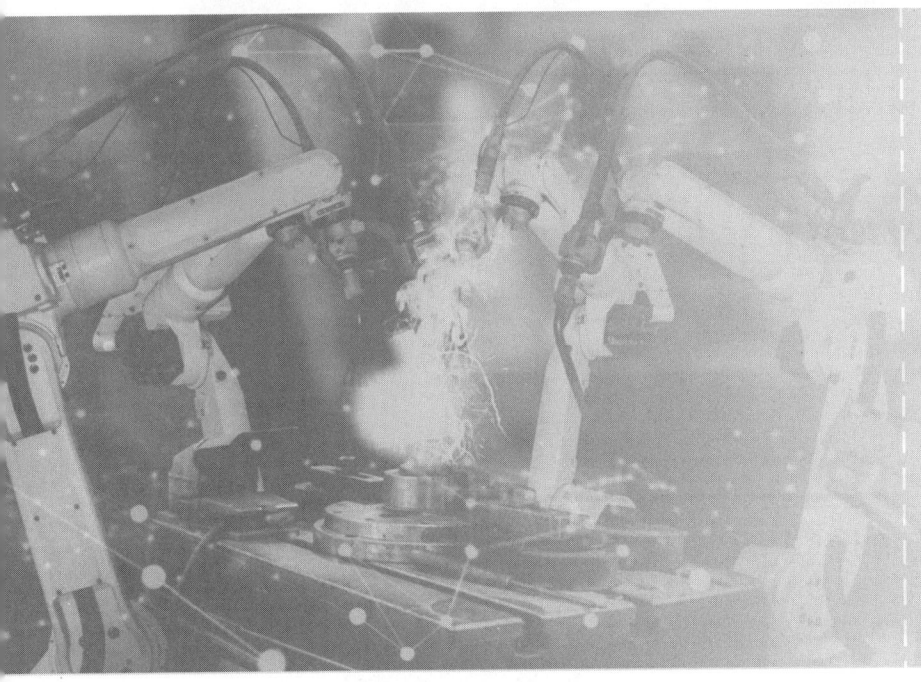

主 编 赵卫东 周立波

同济大学出版社
TONGJI UNIVERSITY PRESS
·上海·

内 容 提 要

本书是"1+X机械数字化设计与制造职业技能等级证书(中级)"培训考核配套教材,依托Siemens NX和UP Studio软件编写。全书包含典型零件造型、零件装配、效果图、工程图样制作、智能设计、增材制造、数控加工自动编程7个项目,以19个学习任务的形式对职业技能等级的考核项目进行详细介绍,每个学习任务均包含任务导入、任务流程、任务实施、任务评价、拓展训练等内容。本书配有实例素材源文件、操作视频、微课等电子资源,可扫描书后二维码获取。

本书可以作为职业院校"岗课赛证"融通教材,也可作为中、高职院校的教材和参考用书,同时适合工程技术人员学习和参考使用。

图书在版编目(CIP)数据

机械数字化设计与制造:中级 / 赵卫东,周立波主编. --上海:同济大学出版社,2024.7. --(1+X职业技能等级证书培训考核配套系列教材). -- ISBN 978-7-5765-1211-3

Ⅰ. TH122

中国国家版本馆 CIP 数据核字第 20241RX686 号

机械数字化设计与制造(中级)
赵卫东　周立波　主编

责任编辑　朱　勇　王映晓　**责任校对**　徐春莲　**封面设计**　陈益平

出版发行	同济大学出版社　www.tongjipress.com.cn	
	(地址:上海市四平路1239号　邮编:200092　电话:021-65985622)	
经　　销	全国各地新华书店	
制　　作	南京月叶图文制作有限公司	
印　　刷	安徽新华印刷股份有限公司	
开　　本	787 mm×1092 mm　1/16	
印　　张	22.25	
字　　数	500 000	
版　　次	2024年7月第1版	
印　　次	2024年7月第1次印刷	
书　　号	ISBN 978-7-5765-1211-3	
定　　价	68.00元	

本书若有印装质量问题,请向本社发行部调换　　版权所有　侵权必究

前言

2019年4月，为深入贯彻党的十九大精神，按照全国教育大会部署和落实《国家职业教育改革实施方案》要求，教育部会同国家发展和改革委员会、财政部、市场监督管理总局联合印发了《关于在院校实施"学历证书＋若干职业技能等级证书"制度试点方案》（教职成〔2019〕6号），启动"学历证书＋若干职业技能等级证书"（简称1＋X证书）制度试点工作。1＋X证书制度是国家职业教育制度建设的一项基本制度，也是构建中国特色职业教育发展模式的一项重大创新制度。1＋X证书制度的实施，必将助推职业院校改革走向深入。

本书内容紧扣"1＋X机械数字化设计与制造职业技能等级证书（中级）"的考核要求，包含典型零件造型、零件装配、效果图、工程图样制作、智能设计、增材制造、数控加工自动编程7个项目，分为19个学习任务。每个学习任务均包含任务导入、任务流程、任务实施、任务评价、拓展训练等内容，对职业技能等级的考核项目进行了详细介绍。本书附录还配套了相关考核题库样例，可供学生参考使用。本书配有素材源文件、操作视频、微课等电子资源，可扫描书后二维码获取。

本书由赵卫东（同济大学）、周立波（上海工程技术大学、上海市高级技工学校）担任主编。参与编写工作的有董晓峰（项目一、项目三、项目六），周立波（项目五、项目七），林喜娜、于仁萍、黄有华、陈静鸿（项目二、项目四），由赵卫东、周立波统稿。同济大学刘雪梅教授审阅了本书并提出了许多宝贵意见，在此表示衷心感谢。本书在编写过程中还得到了同济大学、北京机械工业自动化研究所有限公司、上海工程技术大学、上海市高级技工学校、上海交通职业技术学院、山东商务职业学院、烟台职业学院、江西机电职业技术学院等单位的大力支持，在此一并表示感谢。

由于编者水平有限，书中疏漏之处在所难免，恳请读者能够将对本书的意见和建议发送至邮箱 chvesa@163.com，以便交流。

编者

2024年6月

目录

前言

项目一　典型零件造型 1
　学习任务 1　三维草图设计 7
　学习任务 2　壳体造型 32
　学习任务 3　支架造型 42
　学习任务 4　阀体造型 54

项目二　零件装配 68
　学习任务 1　卡爪装配 81
　学习任务 2　连杆装配 91
　学习任务 3　夹具装配 101

项目三　效果图 110
　学习任务 1　卡爪效果图设计 115

项目四　工程图样制作 130
　学习任务 1　端盖零件 145
　学习任务 2　底座零件 153
　学习任务 3　座体零件 161

项目五　智能设计 167
　学习任务 1　缺口梯形智能设计 170
　学习任务 2　梯形智能设计 179
　学习任务 3　水瓶智能设计 188

项目六　增材制造 198
　学习任务 1　龙猫 3D 打印 212

学习任务 2　叶轮 3D 打印 …………………………………………………… 217

项目七　数控加工自动编程 ……………………………………………………… 223
　　学习任务 1　CAM 基础训练 ……………………………………………………… 229
　　学习任务 2　数铣零件加工 ……………………………………………………… 273
　　学习任务 3　底座加工 …………………………………………………………… 298

附录一　机械数字化设计与制造职业技能等级证书
　　　　　考核题库样例（中级理论）…………………………………………… 321

附录二　机械数字化设计与制造职业技能等级证书
　　　　　考核题库样例（中级操作）…………………………………………… 330

参考答案 ……………………………………………………………………………… 345

项目一 典型零件造型

◇ 项目情境

实体建模是 CAD 模块的基础和核心，Siemens NX 软件（以下简称 NX）基于特征和约束的建模技术具有功能强大、操作简便的特点，且具有交互建立和编辑复杂实体模型的能力，有助于学生快速地进行概念设计和结构细节设计。

◇ 知识点

- 直线、圆、圆弧。
- 尺寸值的修改。
- 组合投影。
- 测量长度。
- 拉伸。
- 合并运算、减去运算。
- 镜像特征。
- 孔命令。

◇ 技能点

- 能使用草图工具正确绘制全约束草图。
- 能对曲线进行长度检测。
- 能创建符合图纸要求的模型。
- 能掌握 NX 基础功能的使用。

◇ 素养目标

- 通过三维曲线长度的检测，培养学生独立思考、一丝不苟的职业习惯。
- 鼓励学生独立思考，尝试使用不同方法完成零件模型的构建，培养学生的分析与创新能力。
- 能够对零件结构进行分析，并能根据零件的结构，采用合理高效的建模方法。

知识准备

一、直线

直线是各种绘图中最常用、最简单的一类图形对象,只要指定了起点和终点即可绘制一条直线。

进入草图界面以后,采用默认的平面(XY 平面)为草图平面,单击"确定"按钮。

在 NX 10.0 中,用户可以通过以下两种操作绘制直线。

(1) 在边框条中,依次单击插入→曲线→ ╱ 直线,如图 1-1 所示。

(2) 在功能区的"草图工具"选项板中单击" ╱ 直线"按钮,如图 1-2 所示。

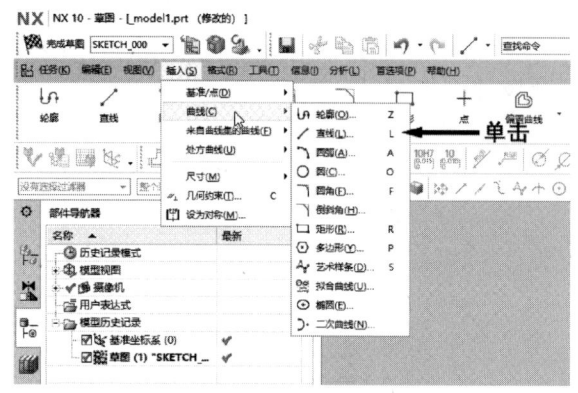

图 1-1　单击"直线"选项　　　　图 1-2　单击"直线"按钮

"直线"对话框如图 1-3 所示,有坐标模式和参数模式两种创建直线的方法。

1. XY(坐标模式)

选中该按钮(默认),系统弹出图 1-4 所示的动态输入框,可以输入 XC 和 YC 的坐标值来精确绘制直线,坐标值以工作坐标系(WCS)为参照。若要在动态输入框的选项之间切换,可按"Tab"键。可在文本框内输入,然后按"Enter"键。

图 1-3　"直线"对话框

2. ⌐⌐(参数模式)

选中该按钮,系统弹出图 1-5 所示的动态输入框,可以输入长度值和角度值来绘制直线。

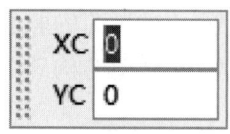　　

图 1-4　动态输入框 1　　　图 1-5　动态输入框 2

二、圆

圆是各种绘图中最常用、最简单的一类图形，只要指定圆心和圆上的一点或圆心和半径，即可创建圆。

进入草图界面后，采用默认的平面（XY 平面）为草图平面，单击"确定"按钮。

在 NX 10.0 中，用户可以通过以下两种操作绘制圆。

（1）在边框条中，依次单击插入→曲线→〇圆，如图 1-6 所示。

（2）在功能区的"草图工具"选项板中单击"〇圆"按钮，如图 1-7 所示。

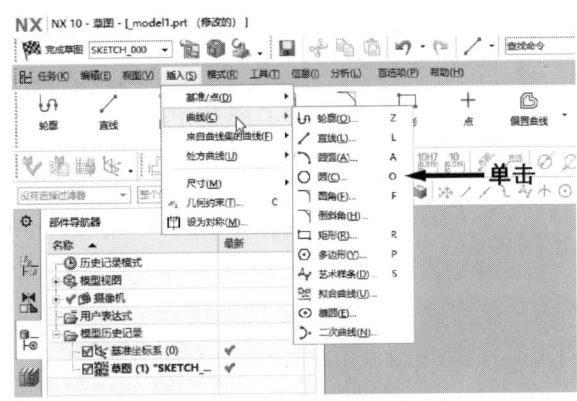

图 1-6　单击"圆"选项　　　　　图 1-7　单击"圆"按钮

"圆"对话框如图 1-8 所示，可以通过中心和半径或三点创建。

1. 由中心和半径确定的圆

通过选取中心点和圆上的一点来创建圆，即先定义圆心，再定义圆的半径。

2. 通过三点确定的圆

通过确定圆上的三个点来创建圆。

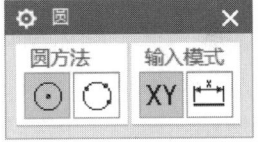

图 1-8　"圆"对话框

三、圆弧

圆弧是圆的一部分，也是一种简单的图形。绘制圆弧比绘制圆更复杂，因为除了圆心和半径外，圆弧还需要指定起始角和终止角。

进入草图界面后，采用默认的平面（XY 平面）为草图平面，单击"确定"按钮。

在 NX 10.0 中，用户可以通过以下两种操作绘制圆弧。

（1）在边框条中，依次单击插入→曲线→圆弧，如图 1-9 所示。

（2）在功能区的"草图工具"选项板中单击"圆弧"按钮，如图 1-10 所示。

"圆弧"对话框如图 1-11 所示，有以下两种创建圆弧的方法。

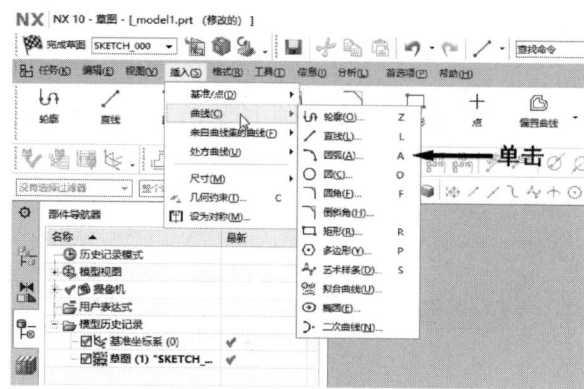

图 1-9　单击"圆弧"选项

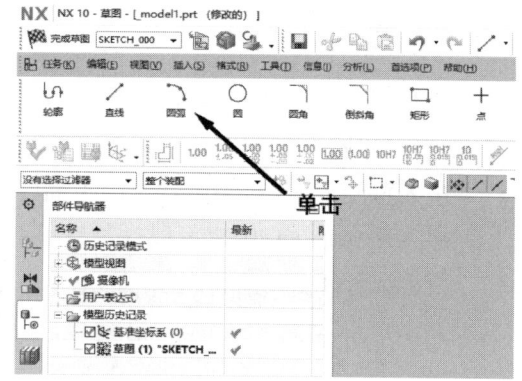

图 1-10　单击"圆弧"按钮

图 1-11　"圆弧"对话框

1. 方法一

通过确定圆弧的两个端点和弧上的一个附加点来创建三点圆弧。

2. 方法二

用中心和端点确定圆弧。

四、尺寸的修改

修改草图的标注尺寸有如下两种方法。

1. 方法一

双击要修改的尺寸,如图 1-12 所示。弹出动态输入框,如图 1-13 所示。在动态输入框中输入新的尺寸值,并单击"确定"按钮,完成尺寸的修改,如图 1-14 所示。

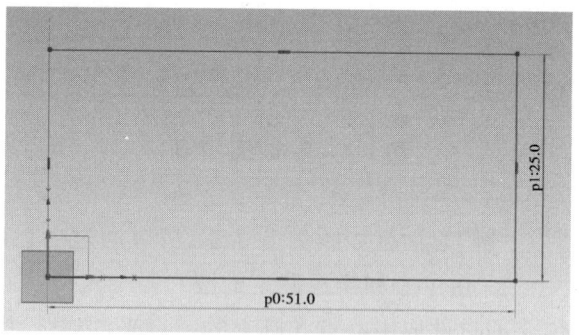

图 1-12　修改尺寸 1

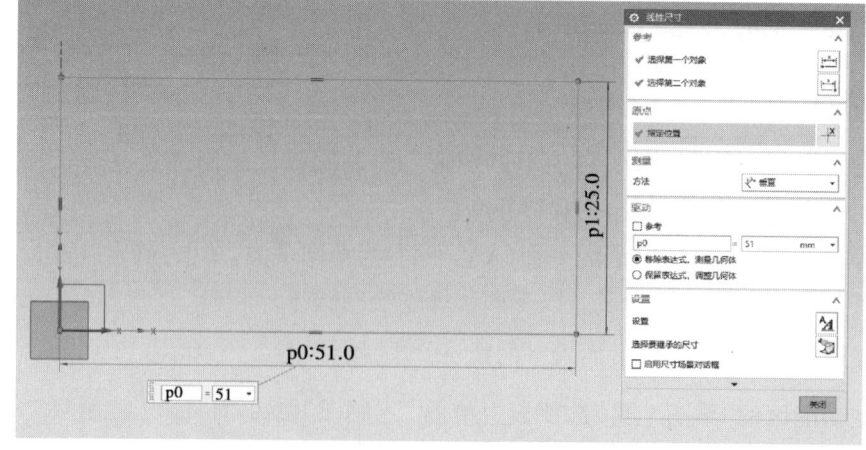

图 1-13　修改尺寸 2

2. 方法二

鼠标右键单击要修改的尺寸,在弹出的快捷菜单中选择"编辑"选项,如图1-15所示。在弹出的动态输入框中输入新的尺寸值,单击"确定"按钮,完成尺寸的修改。

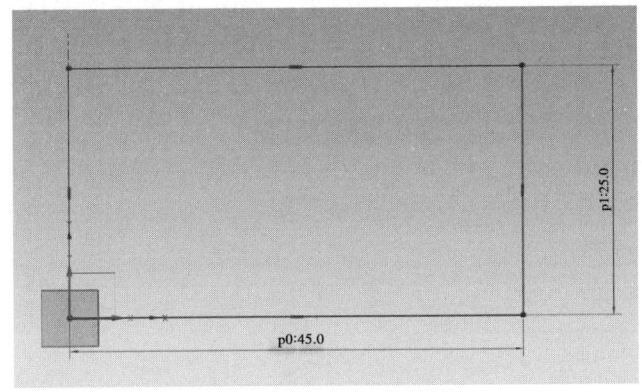

图1-14 修改尺寸3

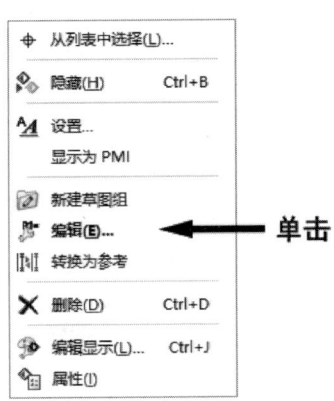

图1-15 单击"编辑"选项

五、组合投影

在 NX 10.0 中,组合投影组合两个现有曲线链的投影交集以创建曲线。其实质是在同一截面上,两条曲线上的各个点在各自矢量方向上相交于一点,将这些点连接起来,得出的曲线即为两条曲线组合投影创建的曲线,也可以是曲面或实体的边。另外,两条平面曲线通过组合投影可以创建一条空间曲线。

在边框条中,依次单击插入→派生曲线→ 组合投影,如图1-16所示。弹出"组合投影"对话框(图1-17),可进行组合投影操作。

图1-16 单击"组合投影"选项

六、测量长度

在 NX 10.0 中可以测量物体的长度。

在边框条中,依次单击分析→测量长度,如图 1-18 所示。弹出"测量长度"对话框,如图 1-19 所示,可进行测量长度操作。

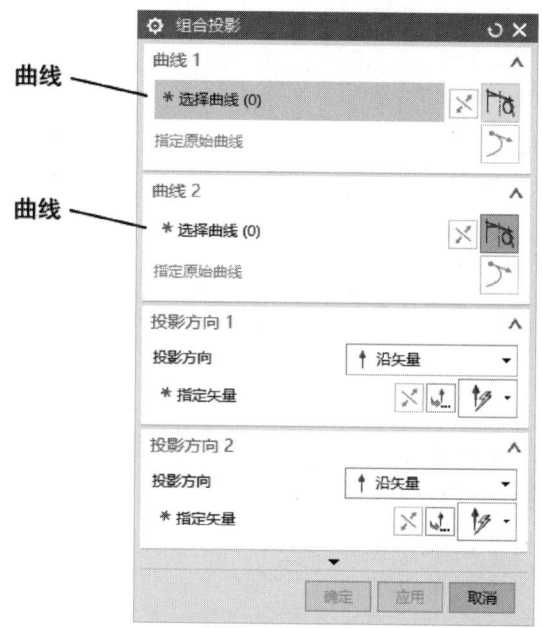

图 1-17 "组合投影"对话框

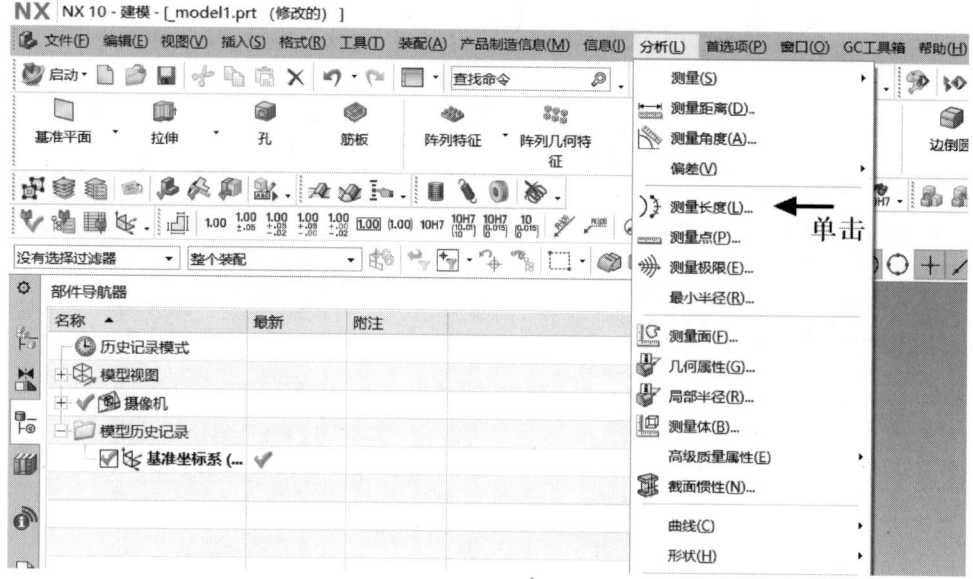

图 1-18 单击"测量长度"选项

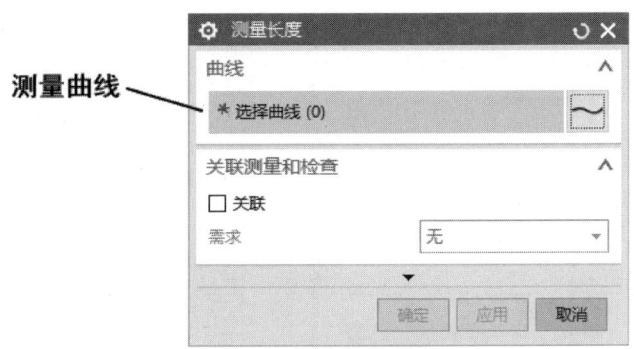

图 1-19 "测量长度"对话框

学习任务 1
三维草图设计

任务导入

图 1-20 所示是一项检测三维曲线长度的任务,以此学习草图的绘制、编辑方法,学习分析功能对三维曲线长度检测的方法,同时在基础任务学习中激发学生对建模的兴趣。

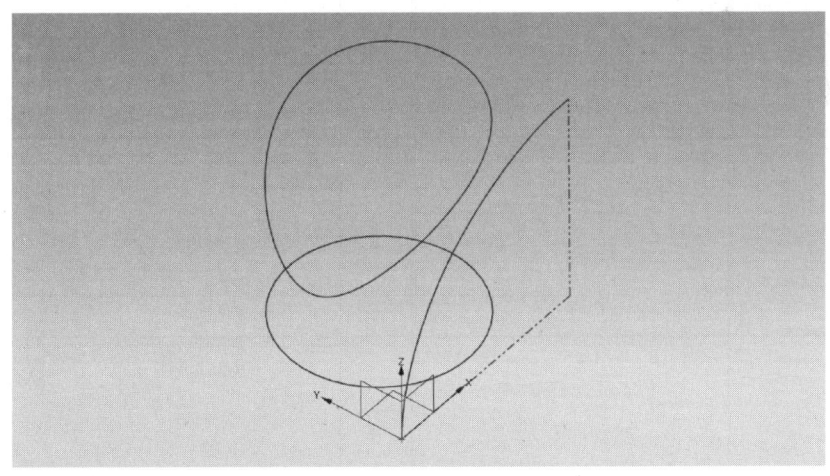

图 1-20 三维曲线

任务流程

1. 参考三维曲线造型方案

根据三维曲线的结构组成,设计三维曲线造型,参考方案见表 1-1。

表1-1 三维曲线造型参考方案

序号	步骤	图示	序号	步骤	图示
1	创建XY平面草图	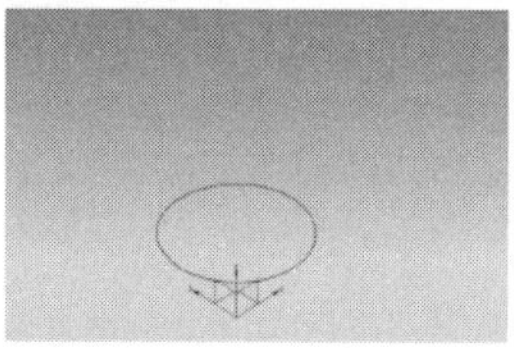	3	创建三维曲线	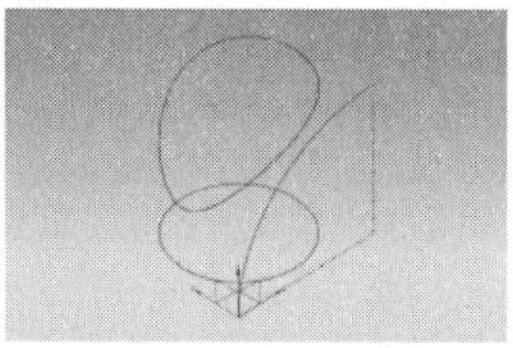
2	创建XZ平面草图	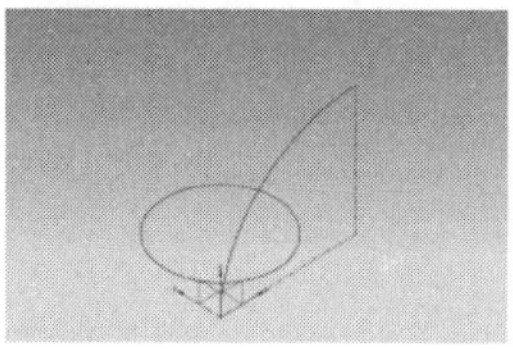	4	测量三维曲线长度	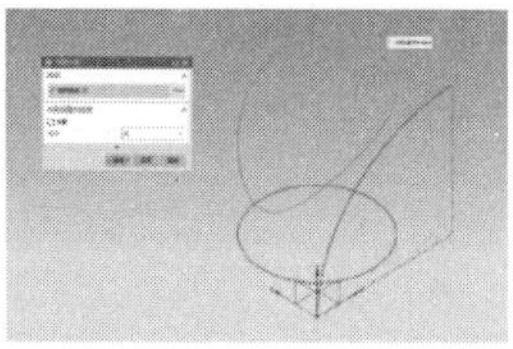

2. 学生三维曲线造型方案

学生根据自己对三维曲线的分析,参照表1-1,独立设计三维曲线造型方案,并填写表1-2。

表1-2 学生三维曲线造型方案

序号	步骤	图示	序号	步骤	图示
1			4		
2			5		
3			6		
考评结论					

任务实施

一、预习效果检查

1. 判断题

(1) 不封闭的截面线串不能创建实体。( )

(2) 不可以使用"欠约束草图去定义"特征。( )

2. 填空题

(1) NX 文件的扩展名是_____。

(2) NX 的计算机辅助设计(CAD)部分主要包含_____、_____、_____等模块。

3. 选择题

(1) NX 采用基于( )的实体建模方法。

　　A. 特征　　　　　　　　　　B. 实体

　　C. 曲面　　　　　　　　　　D. 曲线

(2) NX 的( )坐标系可以任意地进行移动和旋转。

　　A. 用户　　　　　　　　　　B. 绝对

　　C. 相对　　　　　　　　　　D. 工作

二、三维曲线结构分析

1. 参考图样分析

三维曲线图纸图样如图 1-21 所示。该三维曲线在 XY 平面的投影是直径为 25 mm 的圆(圆心位于边长 30 mm 的正方形中心);在 XZ 平面的投影是半径为 30 mm 的圆弧。可以使用草图绘制、组合投影、测量长度功能进行三维曲线长度的测量。

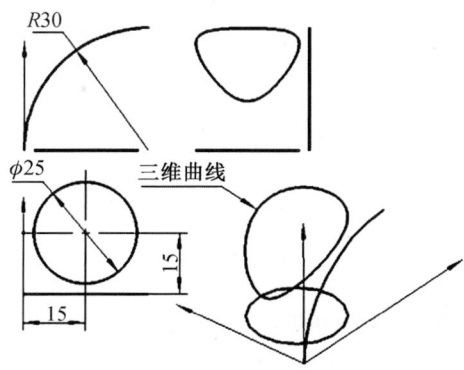

图 1-21　三维曲线图纸图样(单位:mm)

2. 学生图样分析

参考以上提示,独立完成三维曲线图样分析,并填写表 1-3。

表 1-3　三维曲线图样分析

序号	项目	分析结果
1	三维曲线外形特点	
2	三维曲线结构组成	
3	教师评价	

三、三维曲线造型实施过程

1. 新建文件并保存

要求　在"新文件名"选项区的"名称"文本框中输入"三维曲线测量.prt",并指定要保存的文件夹(即指定保存路径)。

2. 创建 XY 平面草图

要求　XY 平面的圆直径为 25 mm,圆心位于边长 30 mm 的正方形中心。

(1) 在边框条中,依次单击插入→在任务环境中绘制草图,选择 XY 平面,绘制草图。

(2) 在边框条中,依次单击插入→曲线→○圆,绘制直径为 25 mm 的圆,距离坐标系 X 轴、Y 轴各 15 mm,如图 1-22 所示。

(3) 绘制完的草图如图 1-23 所示。

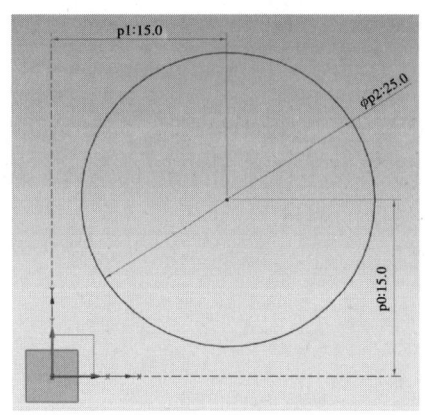

图 1-22　草图 1

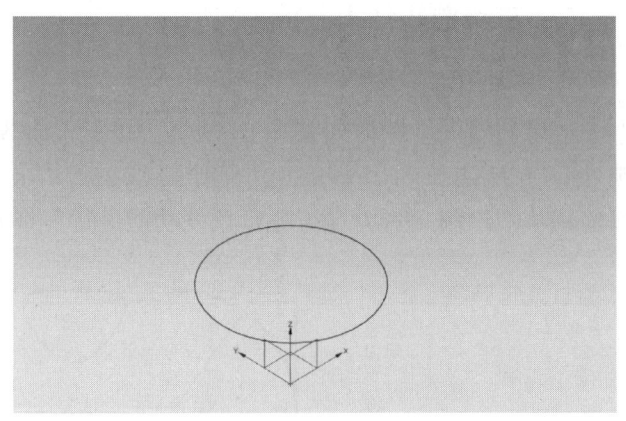

图 1-23　绘制完的草图 1

3. 创建 XZ 平面草图

要求　XZ 平面的圆弧半径为 30 mm。

(1) 在边框条中,依次单击插入→在任务环境中绘制草图,选择 XZ 平面,绘制草图。

(2) 在边框条中,依次单击插入→曲线→圆弧,圆弧绘制半径为 30 mm,如图 1-24 所示。

(3) 绘制完的草图如图 1-25 所示。

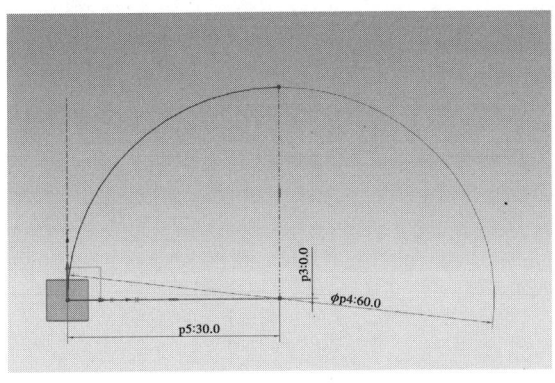

图 1-24 草图 2

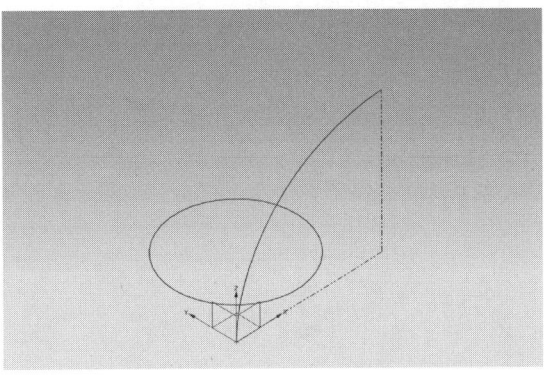

图 1-25 绘制完的草图 2

4. 创建三维曲线

(1) 在边框条中,依次单击插入→派生的曲线→组合投影,弹出"组合投影"对话框,如图 1-26 所示。

(2) 在"组合投影"对话框中,选取 XY 平面草图和 XZ 平面草图。

(3) 单击"确定"按钮,生成三维曲线,如图 1-27 所示。

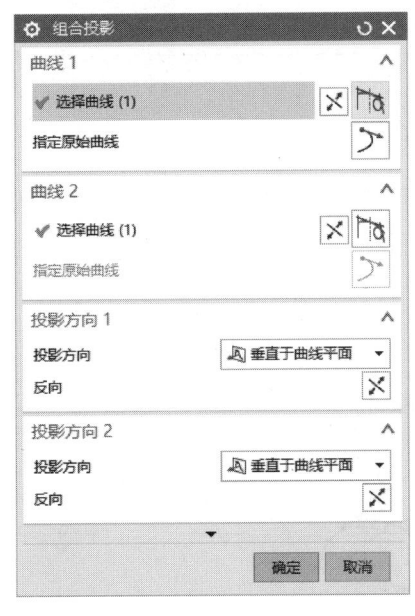

图 1-26 "组合投影"对话框

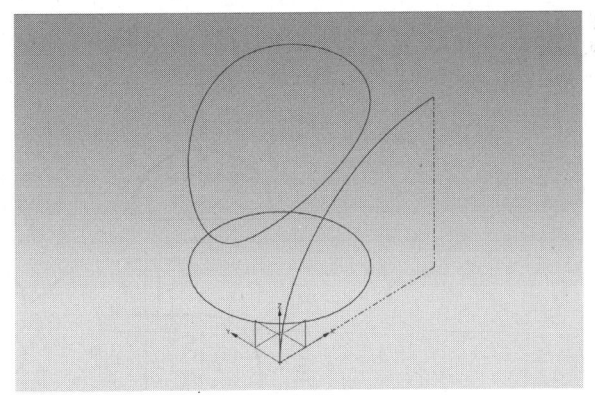

图 1-27 生成的三维曲线

5. 测量三维曲线长度

(1) 在边框条中,依次单击分析→测量长度,弹出"测量长度"对话框。

(2) 在"测量长度"对话框中选取三维曲线,如图 1-28 所示。

(3) 三维曲线长度测量值为 89.421 9 mm,如图 1-29 所示。

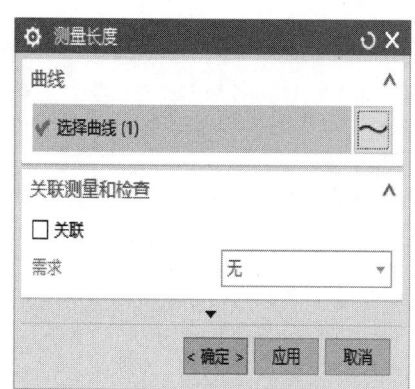

图 1-28 "测量长度"对话框

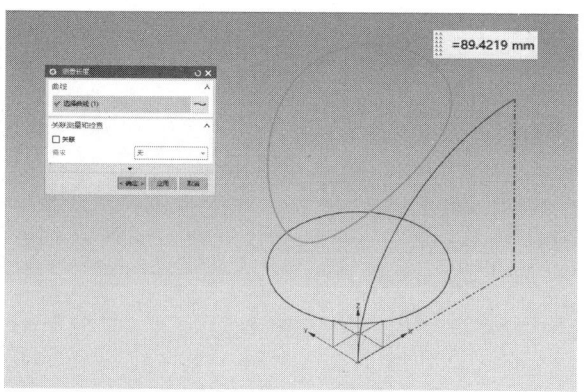

图 1-29 三维曲线长度测量值

任务评价

班级：		姓名：	学号：	成绩：
序号	评价内容	评价标准	评价结果(优/良/合格/不合格)	
1	基础知识的应用	能掌握相关功能的使用方法		
2	建模的基本流程	能按照图纸合理设计基本流程		
3	安全文明	无安全隐患，无违章操作		

拓展训练

1. 三维曲线在 XY 平面的投影如图 1-30 所示（图形外侧与曲面所投影矩形的各边距离均为 10 mm）；在 XZ 平面的投影是半径 50 mm 的圆弧。问该三维曲线的长度是多少？（单位：mm）

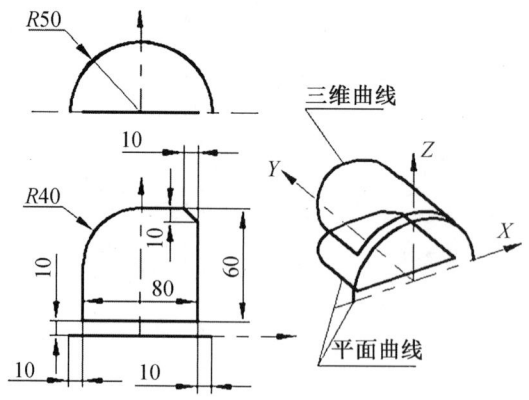

图 1-30 三维曲线测量 1（单位：mm）

2. 图 1-31 所示的三维曲线在 XZ 平面的投影是半径 25 mm 的半圆。问该空间三维曲线的长度是多少？（单位：mm）

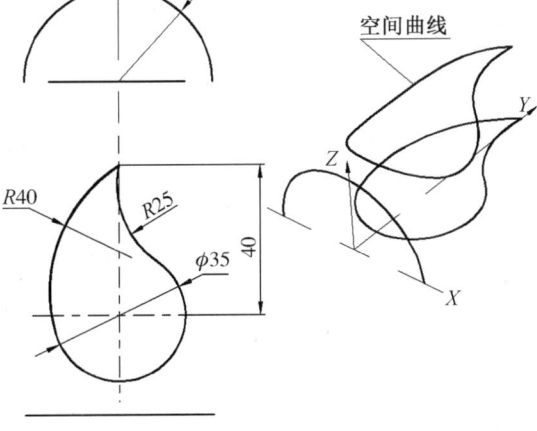

图 1-31　三维曲线测量 2（单位：mm）

知识准备

一、螺旋线

在 NX 10.0 中，通过定义圈数、螺距、半径方法（规律或恒定）、旋转方向和适当的方位，可以创建螺旋线。

在边框条中依次单击插入→曲线→螺旋线，如图 1-32 所示。弹出"螺旋线"对话框，在"方向"选项区中单击"CSYS 对话框"按钮，如图 1-33 所示。弹出"CSYS"对话框，接受默认的选项，如图 1-34 所示。

单击"确定"按钮，返回"螺旋线"对话框，设置直径为 20 mm、螺距为 5 mm、圈数为 20，如图 1-35 所示。

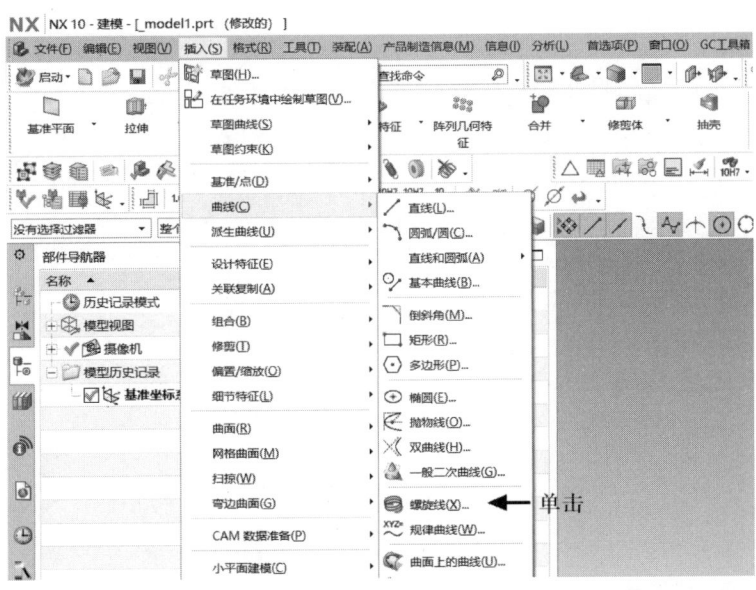

图 1-32　单击"螺旋线"选项

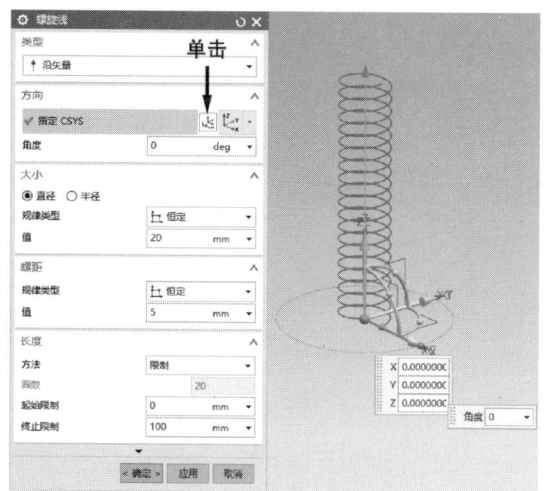

图1-33 单击相应的按钮

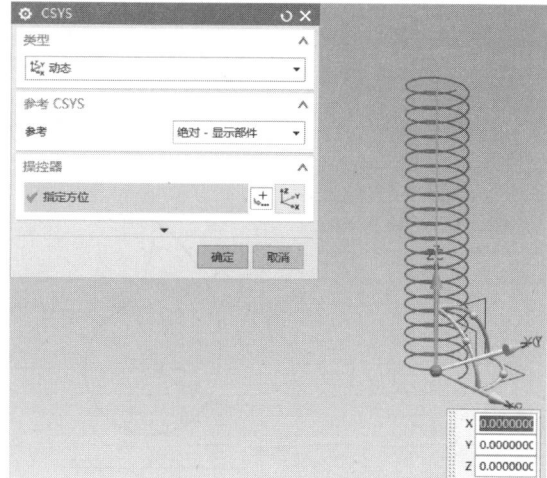

图1-34 接受默认选项

在"螺旋线"对话框中,各主要选项的含义如下。

(1)"大小"选项区:在该选项区中,用户可以根据需要指定螺旋线的直径和半径,还可以指定螺旋线的规律类型。

(2)"螺距"选项区:用于设置相邻两圈螺旋曲线间的距离。

(3)"圈数"文本框:用于设置螺旋线的旋转圈数。

(4)"旋转方向"选项区:用于设置螺旋线的旋转方向,系统默认选择为右手方向。

图1-35右侧的螺旋线示意图中,"定义方位"按钮用于定义螺旋线生成的方向。点(X,Y,Z)文本框用于设置螺旋曲线的起点位置。

最后,单击"确定"按钮即可绘制螺旋线,如图1-36所示。

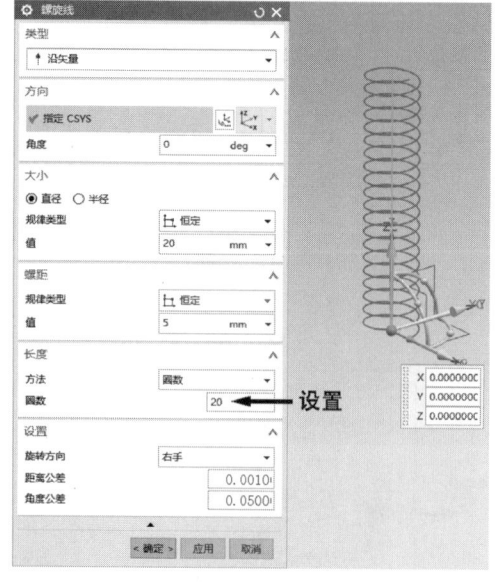

图1-35 设置参数

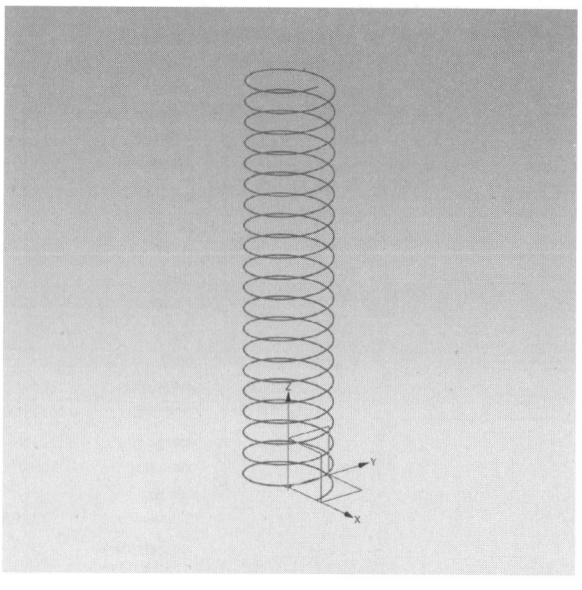

图1-36 绘制螺旋线

二、计算草图曲线周长和面积

在边框条中依次单击分析→高级质量属性→用曲线计算面积,如图1-37所示。

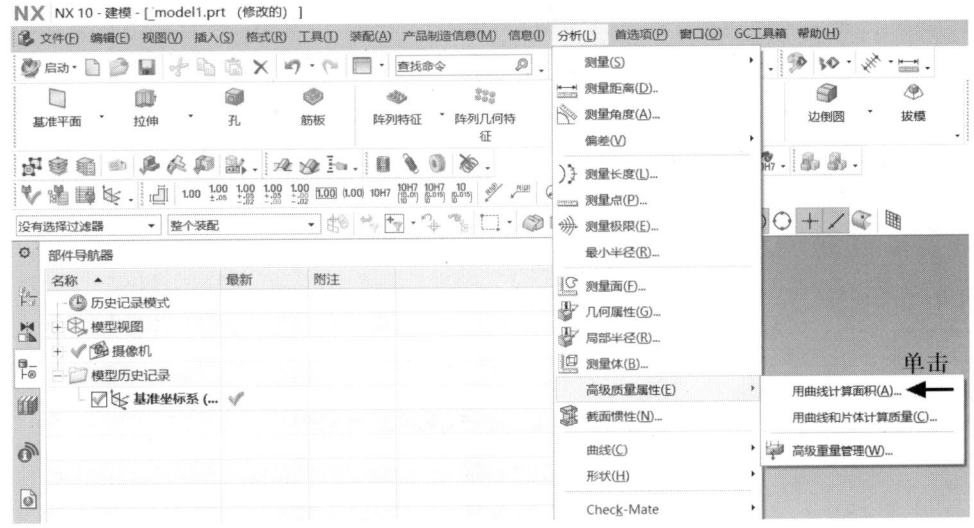

图1-37 单击"用曲线计算面积"选项

在"分析"对话框中,可以选择临时边界,也可以选择永久边界,如图1-38所示。

"2D分析"对话框里,选择"成链"选项,如图1-39所示。之后依次选择要测量面积的轮廓曲线,如图1-40所示(注意:轮廓一定要封闭,开放的轮廓是无法测量面积的)。

选择图1-41中的"周长/面积"选项,得到的周长和面积数据如图1-42所示。

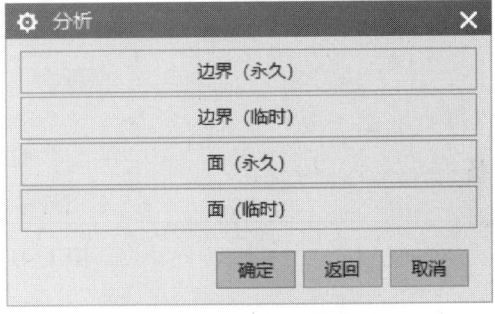

图1-38 "分析"对话框

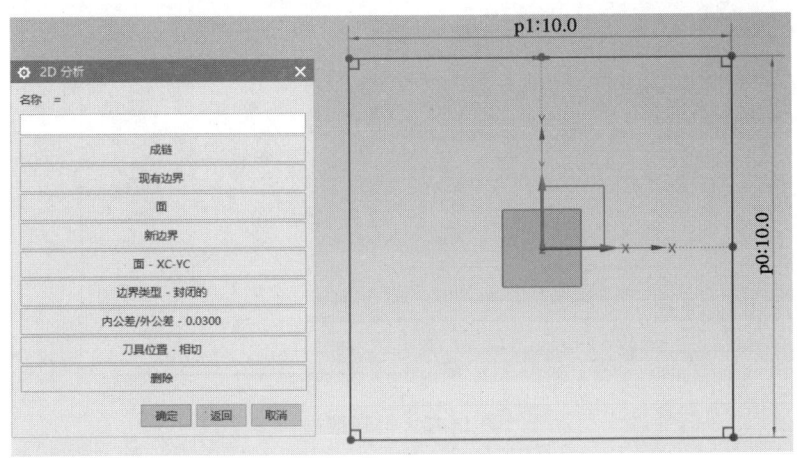

图1-39 选择"成链"选项

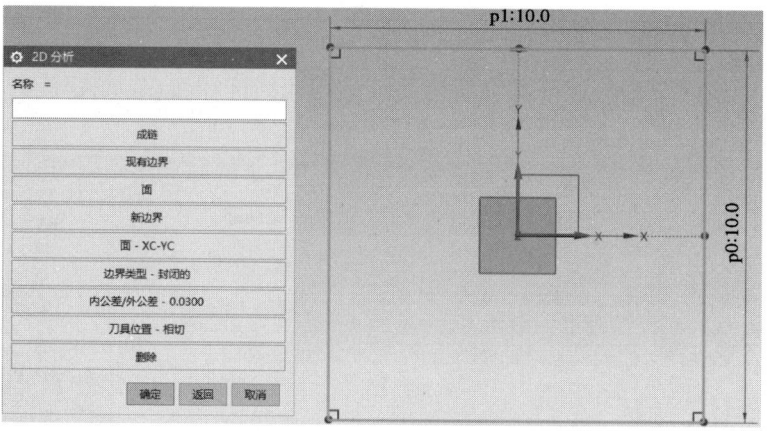

图 1-40 选择曲线

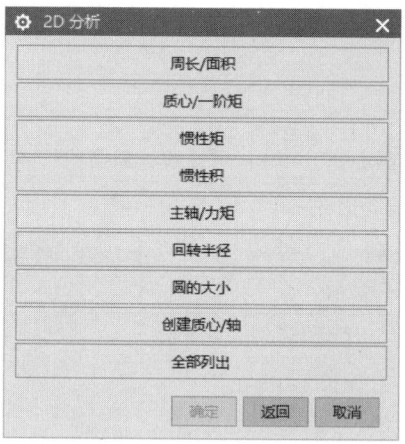

图 1-41 "2D 分析"对话框

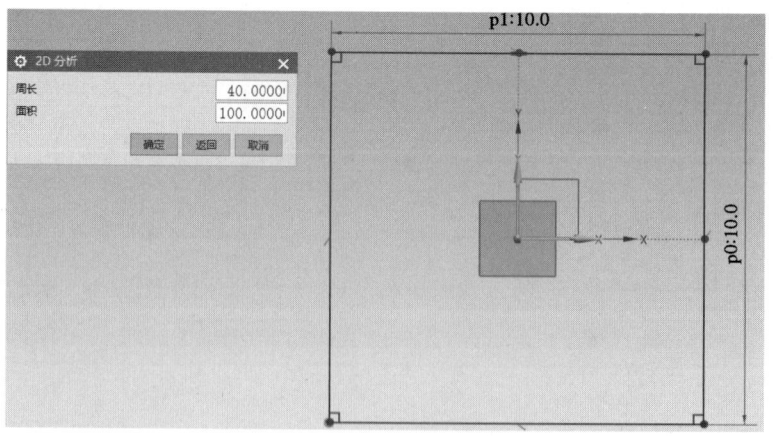

图 1-42 得到数据

三、模型的质量属性分析

通过模型质量属性分析,可以获得模型的体积、曲面区域、质量、回转半径和重量等数据。

在边框条中依次单击分析→ 测量体,如图1-43所示。弹出"测量体"对话框,如图1-44所示。在下拉列表中选择"质量"选项,系统显示该模型的质量,如图1-45所示。

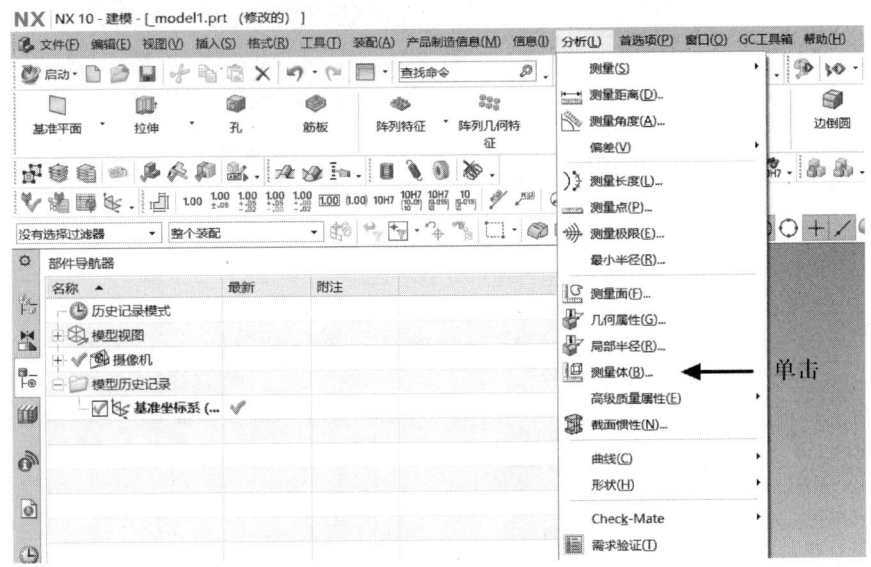

图1-43 单击"测量体"选项

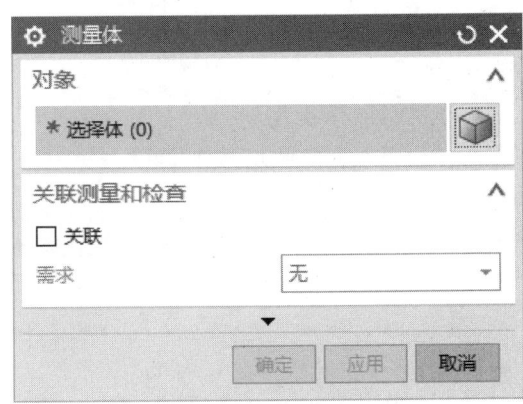

图1-44 "测量体"对话框

四、拉伸

在NX 10.0中,用户可以通过以下两种方法创建拉伸特征。

(1) 在边框条中,依次单击插入→设计特征→ 拉伸,如图1-46所示。

(2) 在功能区"主页"选项卡的"特征"选项板中,单击" 拉伸"按钮,如图1-47所示。

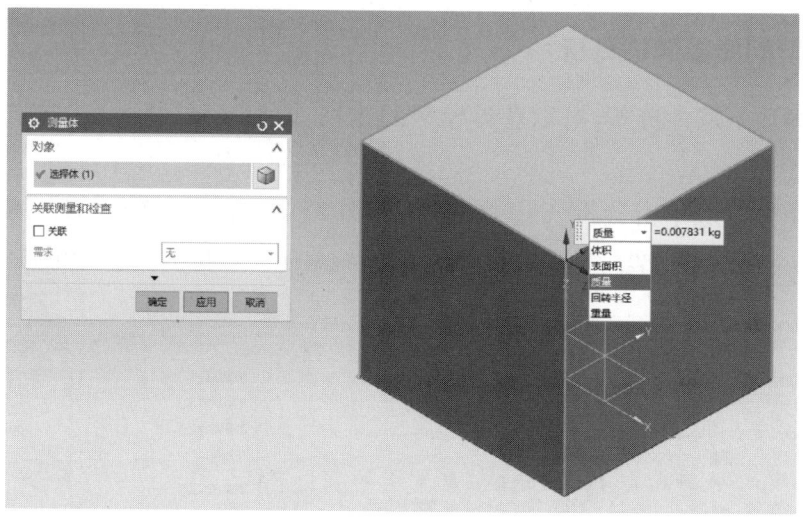

图 1-45　得到质量数据

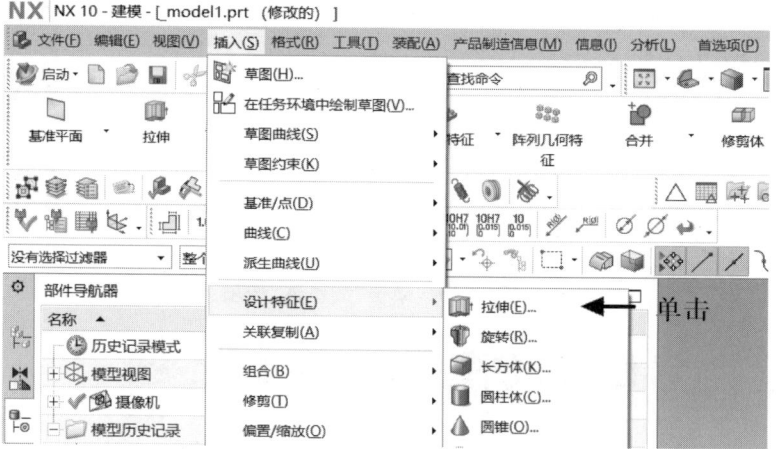

图 1-46　单击"拉伸"选项

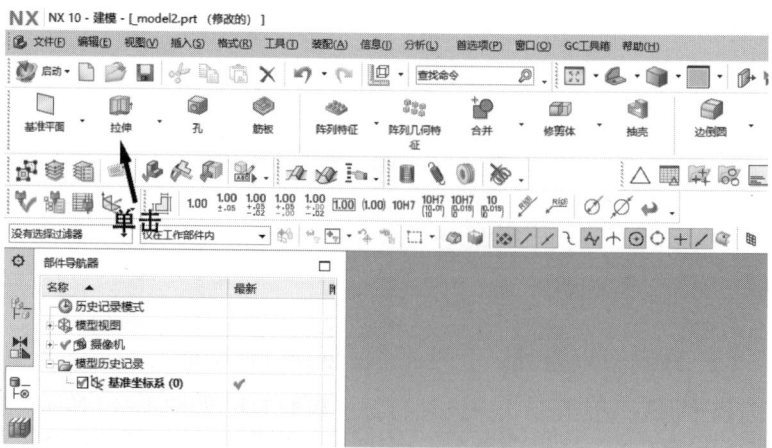

图 1-47　单击"拉伸"按钮

弹出"拉伸"对话框,如图1-48所示,可进行拉伸操作。

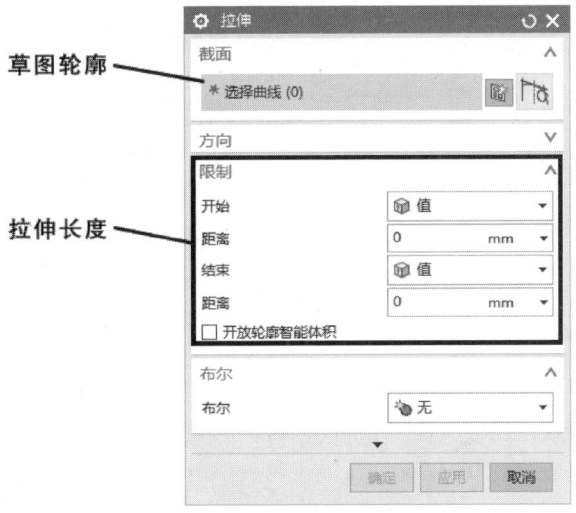

图1-48 "拉伸"对话框

五、旋转

旋转是指将草图截面或曲线等二维对象以所指定的旋转轴线旋转一定角度而形成的实体模型,如带轮、法兰盘和轴类等零件。

在NX 10.0中,用户可以通过以下两种方法创建旋转特征。

(1) 在功能区的"主页"选项卡的"特征"选项板中,单击"拉伸"下拉按钮,再单击"旋转"选项,如图1-49所示。

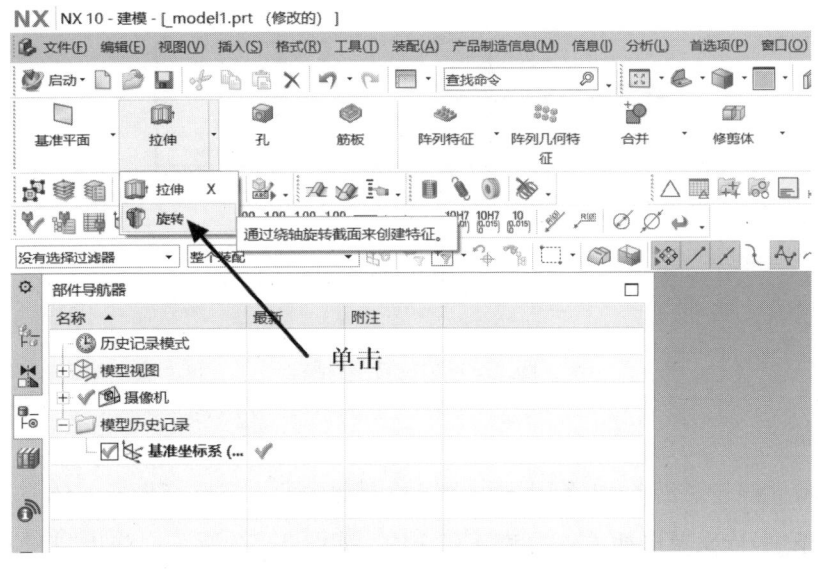

图1-49 单击"旋转"选项1

(2)在边框条中,依次单击插入→设计特征→旋转,如图1-50所示。

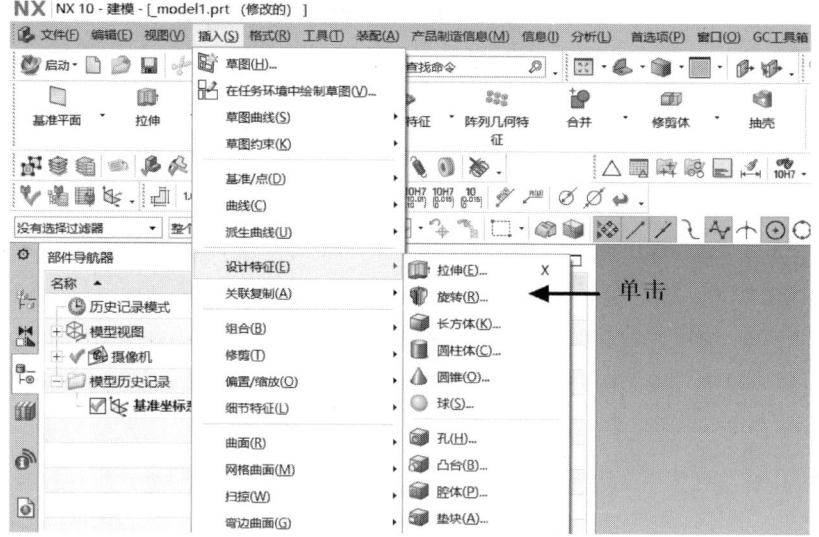

图 1-50　单击"旋转"选项 2

弹出"旋转"对话框,如图1-51所示,可进行旋转操作。

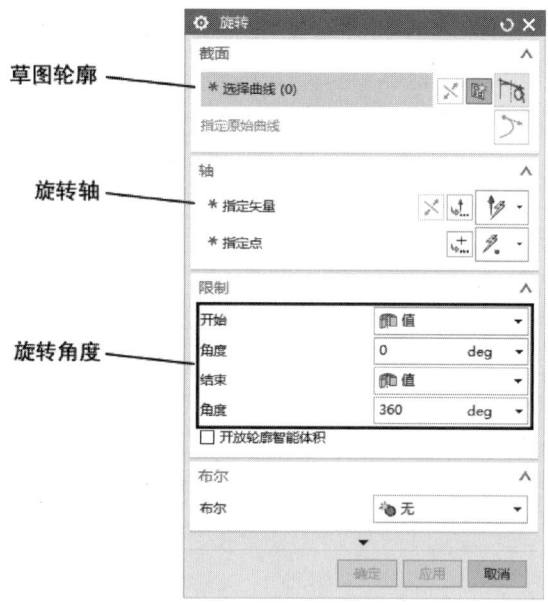

图 1-51　"旋转"对话框

六、扫掠

扫掠是将曲线轮廓沿1~3条引导线串穿过空间中的一条路径形成实体或片体的过程。

在边框条中,依次单击插入→扫掠→扫掠,如图1-52所示。弹出"扫掠"对话框,如图1-53所示,可进行扫掠操作。

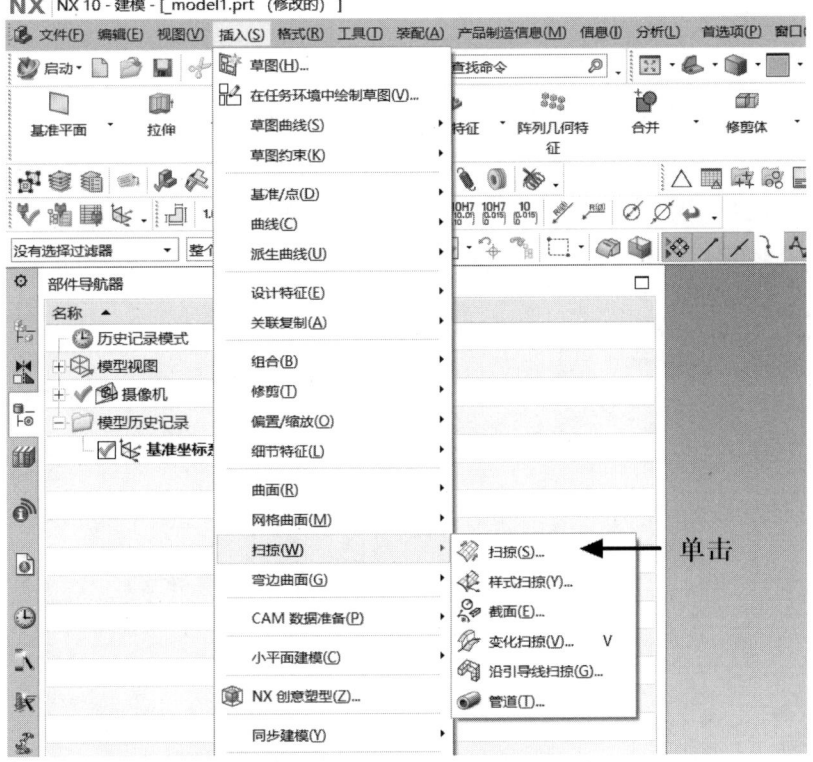

图 1-52 单击"扫掠"选项

图 1-53 "扫掠"对话框

七、抽壳

抽壳又称镂空，是指用移除材料的方法创建一个壳体。执行抽壳操作后，对象表面的厚度可以是相等的，也可以是不等的。

在 NX 10.0 中，用户可以通过以下两种方法创建抽壳特征。

（1）在边框条中，依次单击插入→偏置/缩放→ 抽壳，如图 1-54 所示。

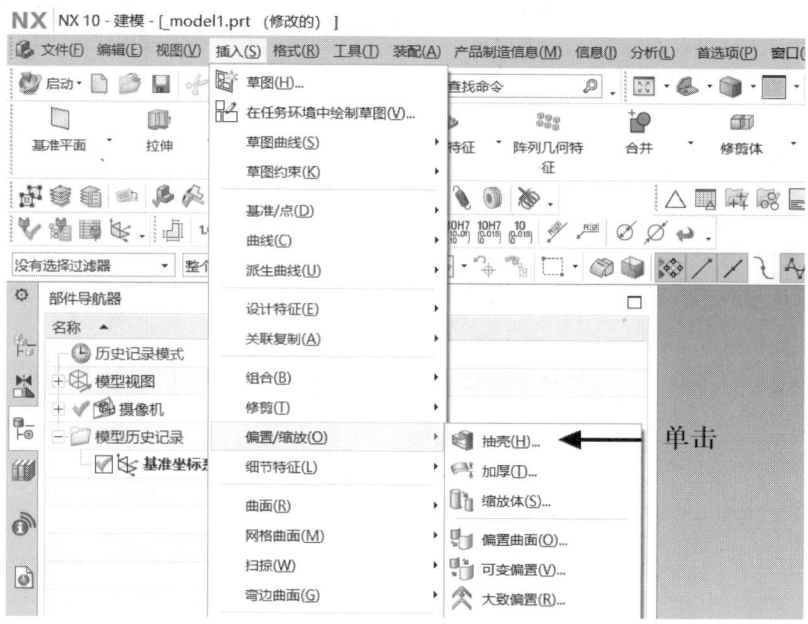

图 1-54　单击"抽壳"选项

（2）在功能区的"主页"选项卡的"特征"选项板中，单击" 抽壳"按钮，如图 1-55 所示。弹出"抽壳"对话框，如图 1-56 所示，可进行抽壳操作。

图 1-55　单击"抽壳"按钮

图 1-56　"抽壳"对话框

八、拔模

"拔模"功能可通过更改相对于脱模方向的角度来修改小平面。

在 NX 10.0 中，用户可以通过以下两种方法创建拔模特征。

（1）在边框条中，依次单击插入→细节特征→拔模，如图 1-57 所示。

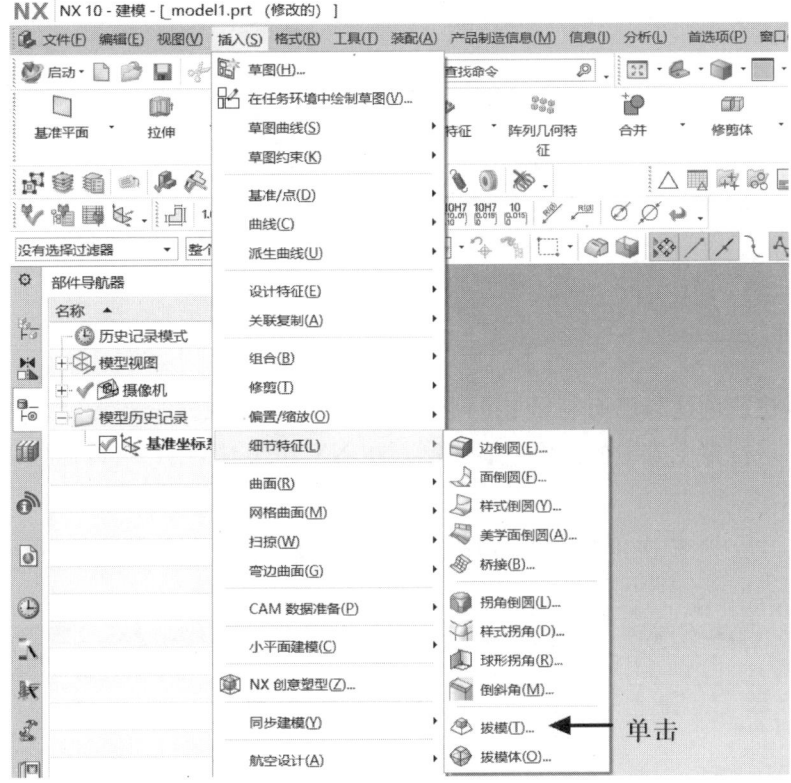

图 1-57　单击"拔模"选项

（2）在功能区的"主页"选项卡的"特征"选项板中，单击 拔模按钮，如图 1-58 所示。

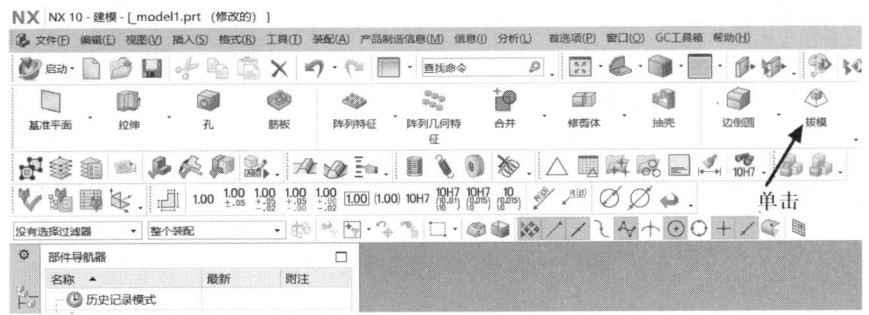

图 1-58　单击"拔模"按钮

弹出"拔模"对话框，如图 1-59 所示，可进行拔模操作。

图 1-59 "拔模"对话框

九、阵列

阵列可以快速创建与已有特征相同形状的多个呈一定规律分布的特征。利用该特征可以对面或体进行多个成组的镜像或者复制。在 NX 10.0 中,用户可以通过以下两种方法创建阵列特征。

(1) 在边框条中,依次单击插入→关联复制→阵列特征,如图 1-60 所示。

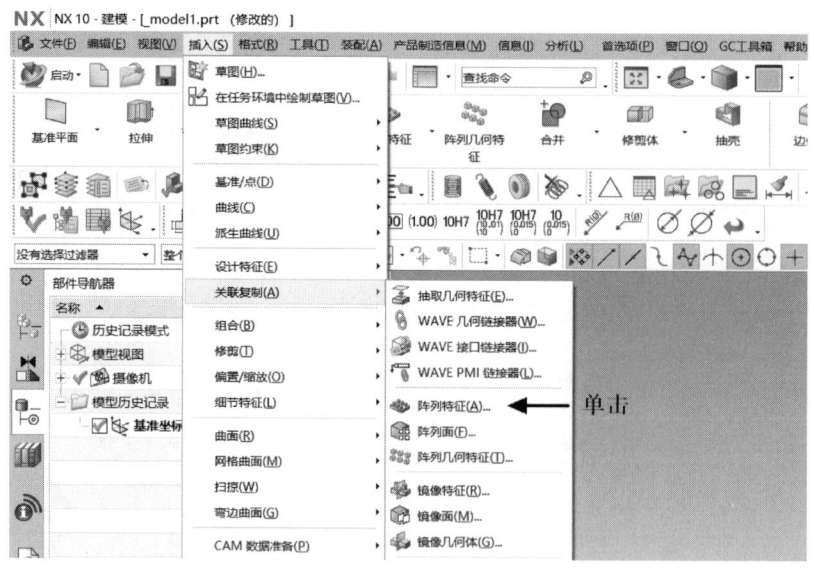

图 1-60 单击"阵列特征"选项

(2) 在功能区的"主页"选项卡的"特征"选项板中,单击"阵列特征"按钮,如图 1-61 所示。

弹出"阵列特征"对话框,如图 1-62 所示,可进行阵列特征操作。

项目一　典型零件造型

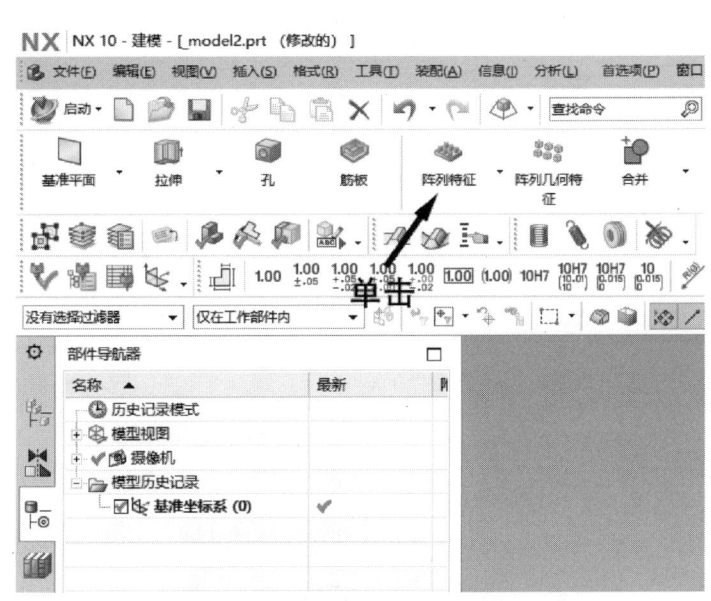

图 1-61　单击"阵列特征"按钮

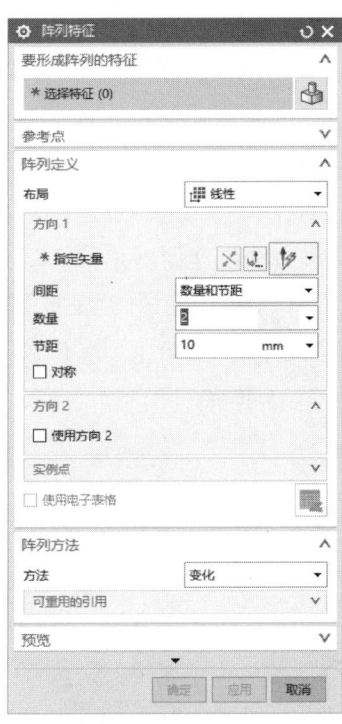

图 1-62　"阵列特征"对话框

十、镜像几何体

镜像几何体用于复制几何体后,再根据指定平面进行镜像以创建镜像复制几何体。

在边框条中,依次单击插入→关联复制→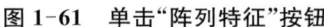镜像几何体,如图 1-63 所示。弹出"镜像几何体"对话框,如图 1-64 所示,可进行镜像几何体操作。

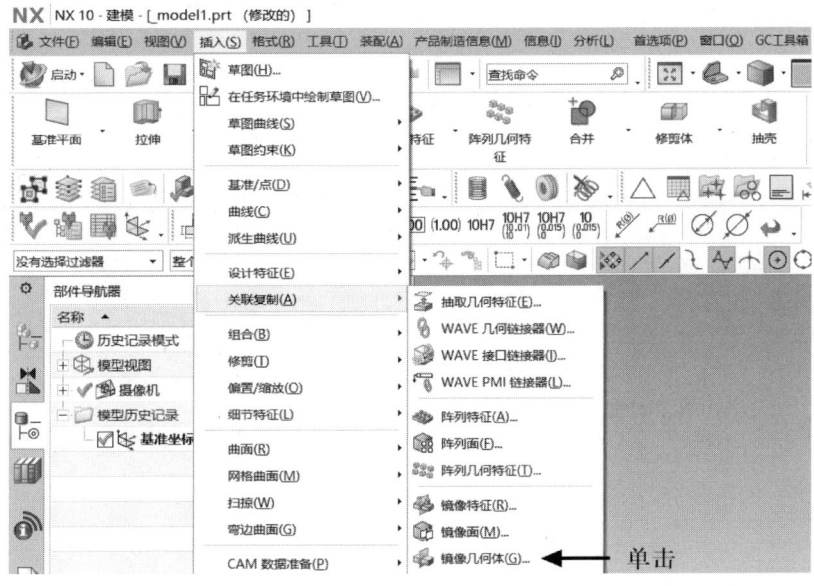

图 1-63　单击"镜像几何体"选项

25

十一、倒斜角

倒斜角功能可以使实体的边缘变成多边形。

在 NX 10.0 中,用户可以通过以下两种方法创建倒斜角特征。

(1) 在功能区的"主页"选项卡的"特征"选项板中,单击" 倒斜角"按钮,如图 1-65 所示。

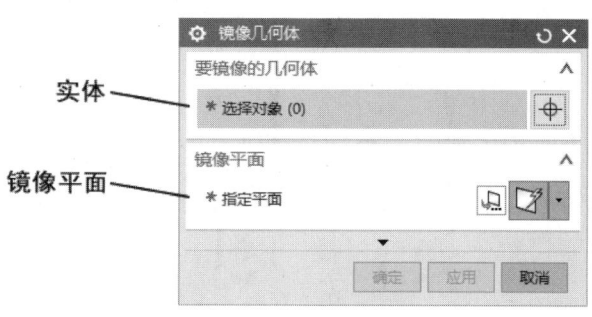

图 1-64 "镜像几何体"对话框

图 1-65 单击"倒斜角"按钮

(2) 在边框条中,依次单击插入→细节特征→ 倒斜角,如图 1-66 所示。

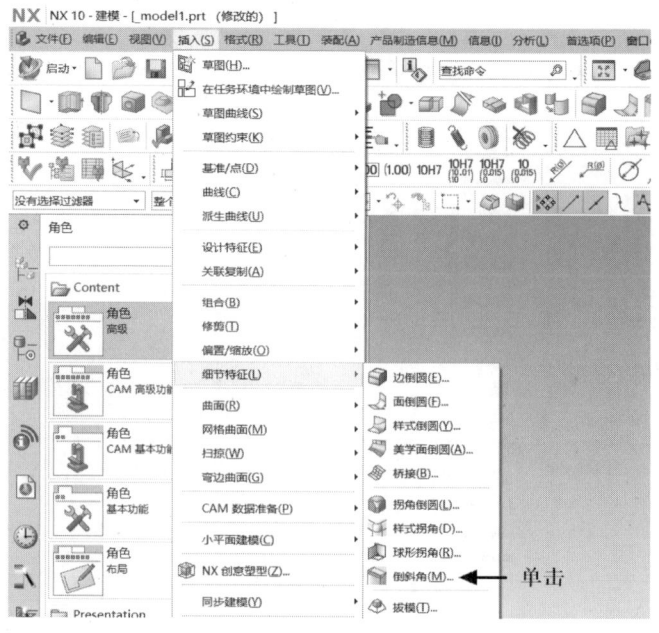

图 1-66 单击"倒斜角"选项

弹出"倒斜角"对话框,如图1-67所示,可进行倒斜角操作。

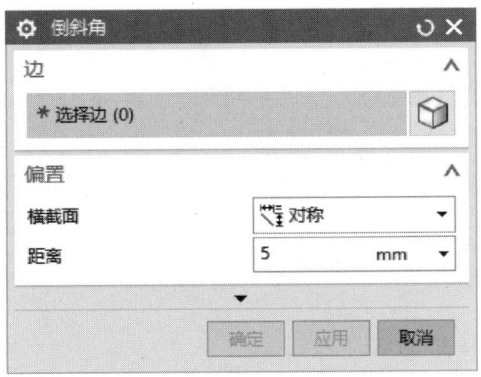

图1-67　"倒斜角"对话框

十二、边倒圆

边倒圆特征在NX的建模过程中比较常见,主要应用于边缘要产生边倒圆的对象。在NX 10.0中,用户可以通过以下两种方法创建边倒圆特征。

(1) 在边框条中依次单击插入→细节特征→边倒圆,如图1-68所示。

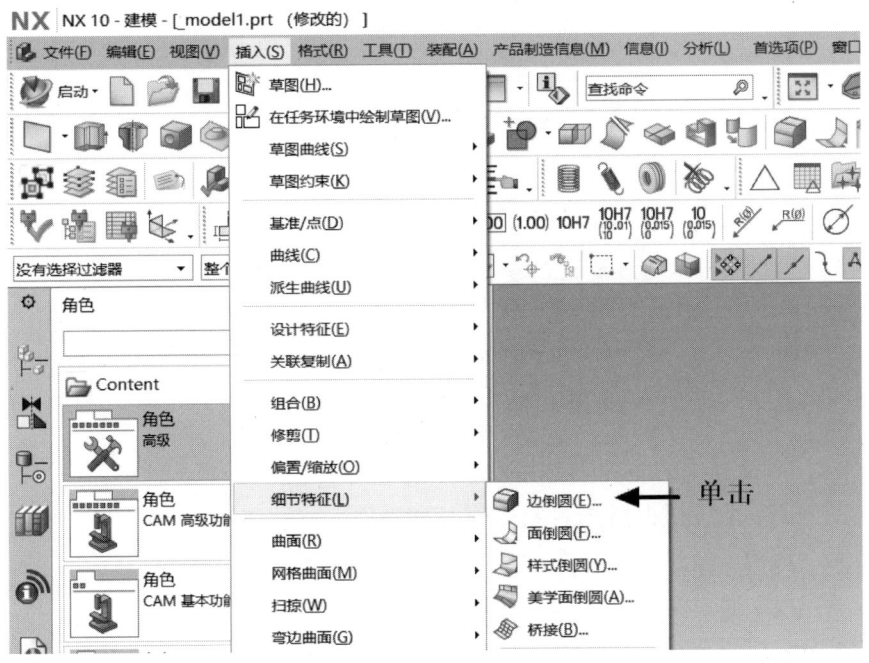

图1-68　单击"边倒圆"选项

(2) 在功能区的"主页"选项卡的"特征"选项板中,单击"边倒圆"按钮,如图1-69所示。弹出"边倒圆"对话框,如图1-70所示,可进行边倒圆操作。

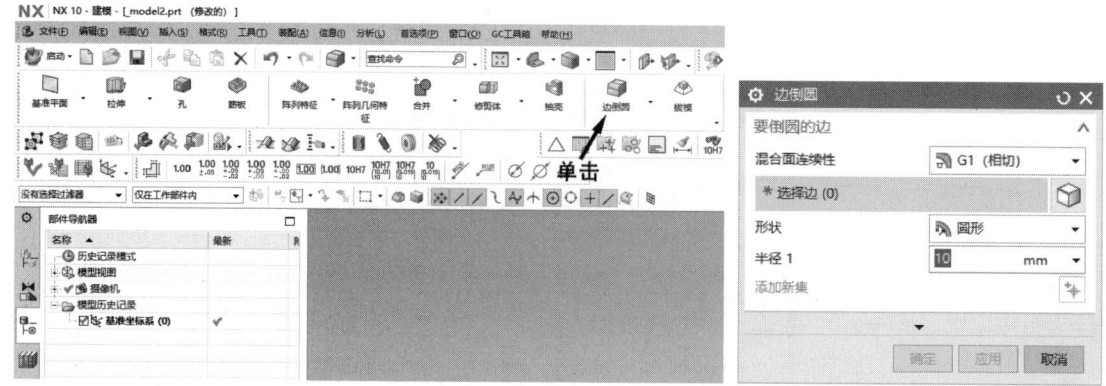

图 1-69 单击"边倒圆"按钮　　　　图 1-70 "边倒圆"对话框

十三、基准平面

在零件建立过程中,可将基准平面作为参照用于尚无基准平面的零件中。当没有其他合适的基准平面时,还可以在新建立的基准平面上草绘或放置特征。

依次单击插入→基准/点→基准平面,打开"基准平面"对话框(图 1-71)。

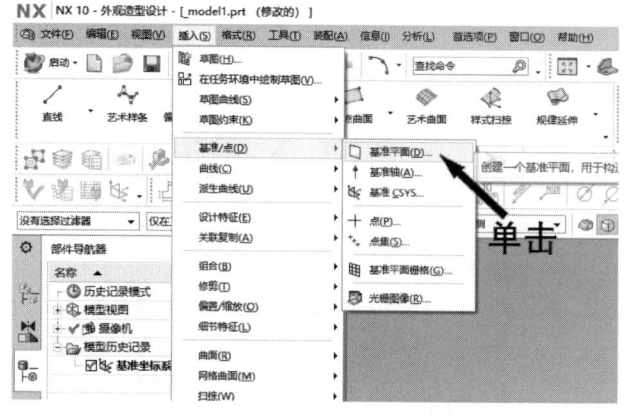 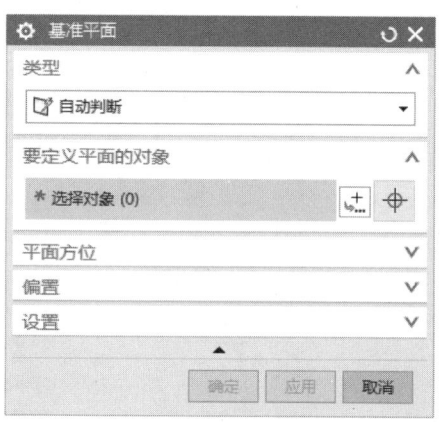

图 1-71 "基准平面"对话框

"基准平面"对话框中的主要参数用法如下。

(1) 自动判断:系统根据所选对象创建基准平面。

(2) 按某一距离:通过和已存在的参考平面或基准平面进行偏置得到新的基准平面。

(3) 成一角度:通过与一个平面或基准平面成指定角度来创建基准平面。

(4) 二等分:在两个相互平行的平面或基准平面的对称中心处创建基准平面。

(5) 曲线和点:通过选择曲线和点来创建基准平面。

(6) 两直线:选择两条直线,若两条直线在同一平面内,则以这两条直线所在平面为基准平面;若两条直线不在同一平面内,那么基准平面通过一条直线且与另一条直线平行。

(7) 相切:与一曲面相切且通过该曲面上的点、线或平面来创建基准平面。

(8) 通过对象：以对象平面为基准平面。

(9) 点和方向：通过选择一个参考点和一个参考矢量来创建基准平面。

(10) 曲线上：通过已存在的曲线，创建在该曲线某点处与该曲线垂直的基准平面。

(11) 视图平面：根据视图方向创建基准平面。

在系统中，可选择 YC-ZC 平面、XC-ZC 平面、XC-YC 平面为基准平面；也可以单击"按系数"选项，自定义基准平面。

十四、合并

合并是通过组合多个实体生成一个新的实体。在组合一些不相交的实体时，虽然显示效果看起来还是多个实体，但实际却是一个对象。

在 NX 10.0 中，用户可以通过以下两种方法进行合并。

(1) 在功能区的"主页"选项卡的"特征"选项板中，单击"合并"按钮，如图 1-72 所示。

(2) 在边框条中依次单击插入→组合→合并，如图 1-73 所示。

弹出"合并"对话框，如图 1-74 所示，可进行合并实体操作。

图 1-72 单击"合并"按钮

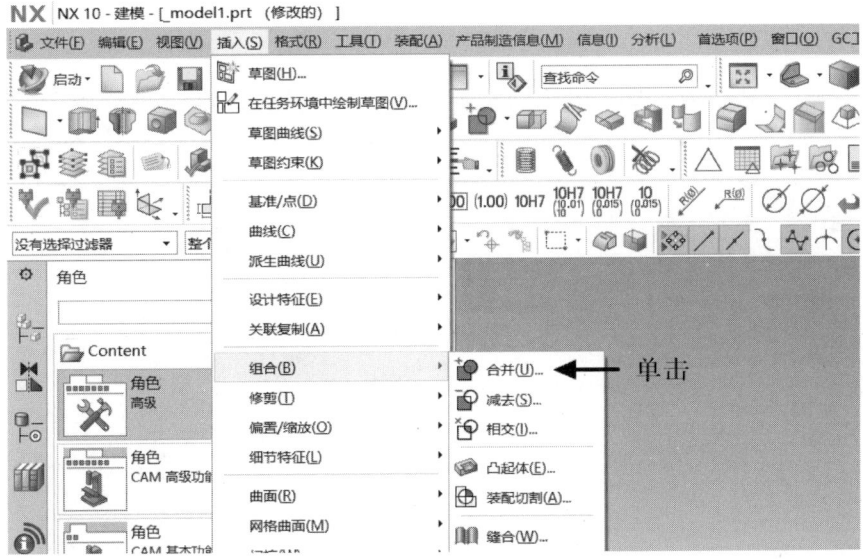

图 1-73 单击"合并"选项

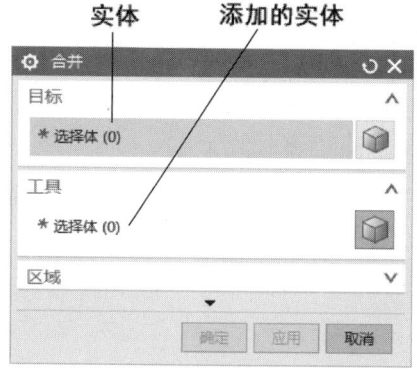

图 1-74 "合并"对话框

十五、减去

减去是指从所选的实体特征中删除一个或多个实体，从而生成一个新的实体特征。

在 NX 10.0 中，用户可以通过以下两种方法进行减去。

（1）在功能区的"主页"选项卡的"特征"选项板中，单击"合并"下拉按钮，在弹出的面板中单击"减去"选项，如图 1-75 所示。

（2）在边框条中，依次单击插入→组合→减去，如图 1-76 所示。

弹出"求差"对话框，如图 1-77 所示，可进行减去实体操作。

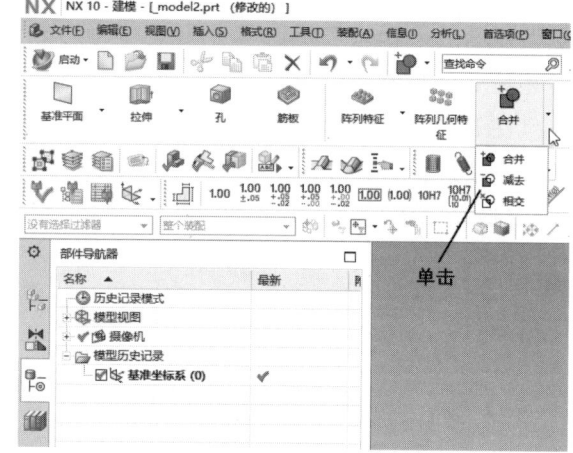

图 1-75 单击"减去"选项 1

图 1-76 单击"减去"选项 2

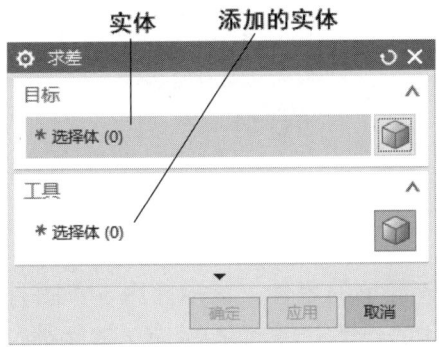

图 1-77 "求差"对话框

十六、孔

孔特征在机械金属零件、注塑件中较常见。

在"特征"选项板中单击" 孔"按钮,打开图 1-78 所示的"孔"对话框。系统提供的孔类型包括"常规孔""钻形孔""螺钉间隙孔""螺纹孔"和"孔系列"。孔特征的默认"布尔"选项为"求差"。

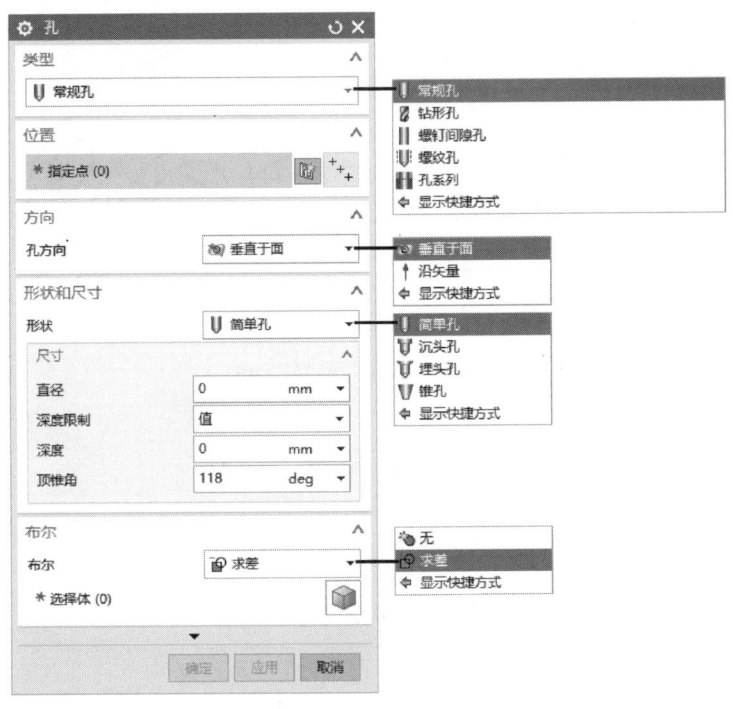

图 1-78 "孔"对话框

创建孔特征通常要定义孔类型、放置位置、孔方向、形状和尺寸(或规格)等。指定形状和尺寸(或规格)这些参数很直观、简单,即只需在"孔"对话框中指定相关的有效值和选项即可。

学习任务 2
壳 体 造 型

任务导入

图1-79所示是一个比较简单的零件。该零件用了草图、拉伸、镜像特征、孔、求和、求差、边倒圆等操作。通过壳体的建模方法,掌握对简单零件进行建模的技巧,同时在建模过程中培养对三维建模的兴趣。

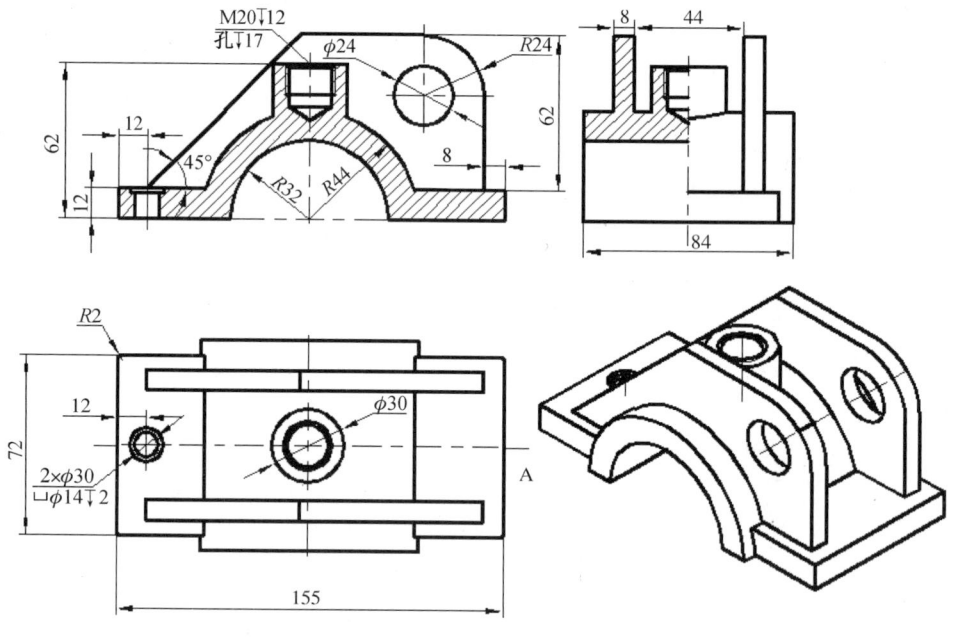

图 1-79 壳体(单位:mm)

任务流程

1. 参考壳体造型方案

根据壳体的结构组成,设计壳体造型,参考方案见表1-4。

表 1-4 壳体造型参考方案

序号	步骤	图示	序号	步骤	图示
1	拉伸草图		2	拉伸草图	

（续表）

序号	步骤	图示	序号	步骤	图示
3	拉伸草图	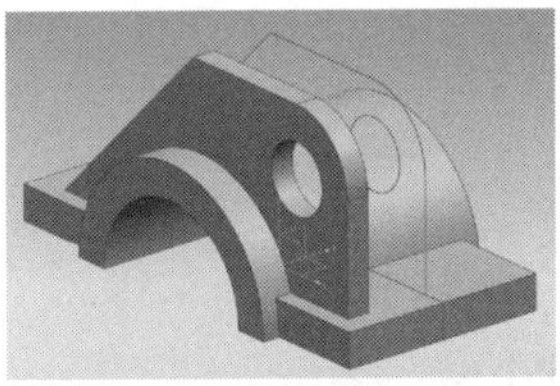	6	拉伸草图	
4	镜像特征		7	边倒圆	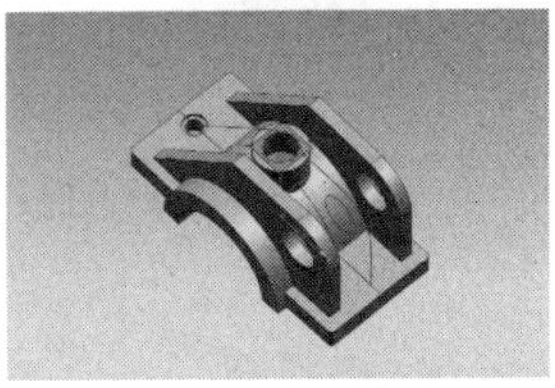
5	创建 $\phi 10$、$\phi 14 \downarrow 2$ 沉头孔	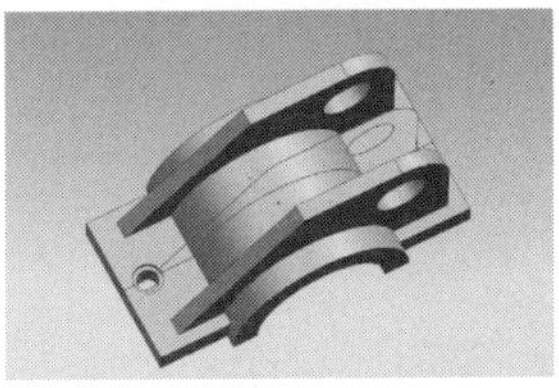			

2. 学生壳体造型方案

学生根据自己对壳体的分析，参照表 1-4，独立设计壳体造型方案，并填写表 1-5。

表 1-5　学生壳体造型方案

序号	步骤	图示	序号	步骤	图示
1			4		
2			5		
3			6		
考评结论					

任务实施

一、预习效果检查

1. 判断题

(1) 在草图中,当曲线的约束状态改变时,它的颜色发生变化。（　）

(2) 在建模时,可以在参数输入框中输入单位。（　）

2. 填空题

(1) "草图"的约束可以分为_____与_____,其中前者用来控制_____,后者用来控制_____。

(2) 对草图几何对象进行约束时,若草图曲线和尺寸变成红色,表明出现_____状态。

3. 选择题

(1) 草图几何约束不包括(　　)。

　　A. 平行　　　　B. 垂直　　　　C. 对称　　　　D. 角度

(2) 如何利用鼠标实现模型的缩放？(　　)

　　A. 左键+中键　　B. 右键+中键　　C. 单击右键　　D. 单击左键

二、壳体结构分析

1. 参考图样分析

壳体图纸图样参考图 1-79。零件整体结构简单,可以使用草图、拉伸、镜像特征、孔、求和、求差、边倒圆等功能进行模型创建。

2. 学生图样分析

参考以上提示,独立完成壳体图样分析,并填写表 1-6。

表 1-6　壳体图样分析

序号	项目	分析结果
1	壳体外形特点	
2	壳体结构组成	
3	教师评价	

三、壳体造型实施过程

1. 新建文件并保存

要求　在"新文件名"选项区的"名称"文本框中输入"壳体造型.prt",并指定要保存的文件夹(即指定保存路径)。

2. 拉伸草图 1

(1) 在边框条中依次单击插入→在任务环境中绘制草图,选择 XZ 平面,绘制草图,绘制完的草图如图1-80所示。

(2) 在"拉伸"对话框中确定参数,对称值设置为42 mm,如图1-81所示。

(3) 单击"确定"按钮,生成模型,如图1-82所示。

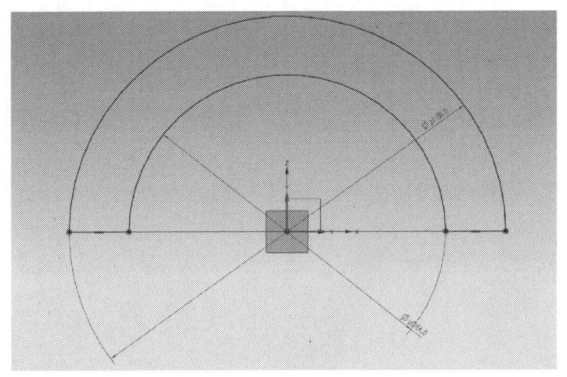

图1-80 草图界面示意1

图1-81 "拉伸"对话框1

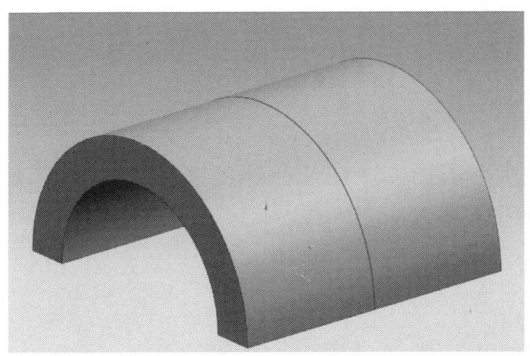

图1-82 创建的模型1

3. 拉伸草图2

(1) 在边框条中依次单击插入→在任务环境中绘制草图,选择XZ平面,绘制草图,绘制完的草图如图1-83所示。

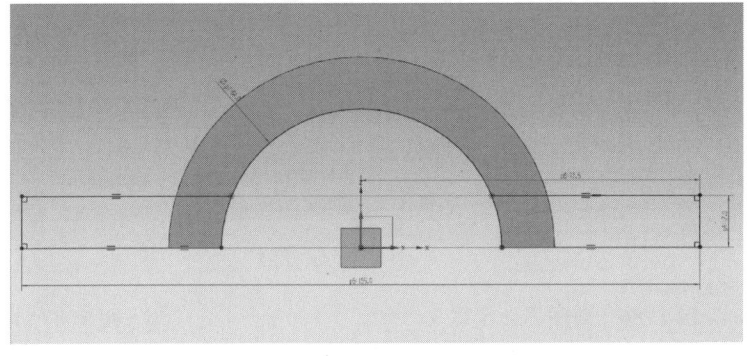

图1-83 草图界面示意2

(2) 在"拉伸"对话框中确定参数,对称值设置为 36 mm,如图 1-84 所示。

(3) 单击"确定"按钮,生成模型,如图 1-85 所示。

图 1-84 "拉伸"对话框 2

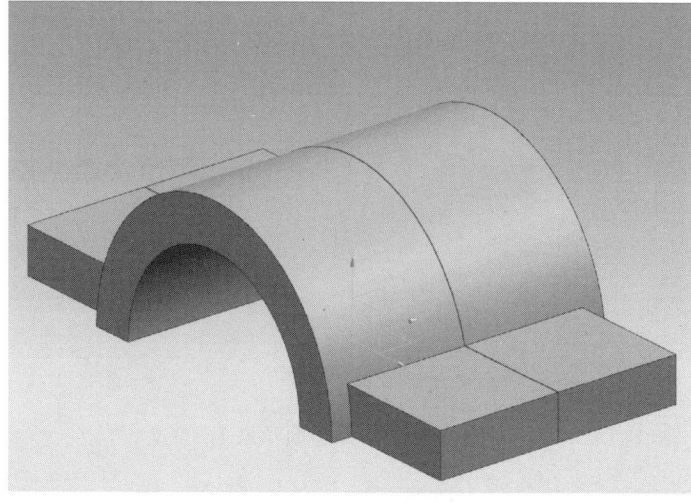

图 1-85 创建的模型 2

4. 拉伸草图 3

(1) 在边框条中,依次单击插入→在任务环境中绘制草图,选择 XZ 平面,绘制草图,绘制完的草图如图 1-86 所示。

(2) 在"拉伸"对话框中确定参数,设置开始距离为 22 mm,结束距离为 30 mm,如图 1-87 所示。

(3) 单击"确定"按钮,生成模型,如图 1-88 所示。

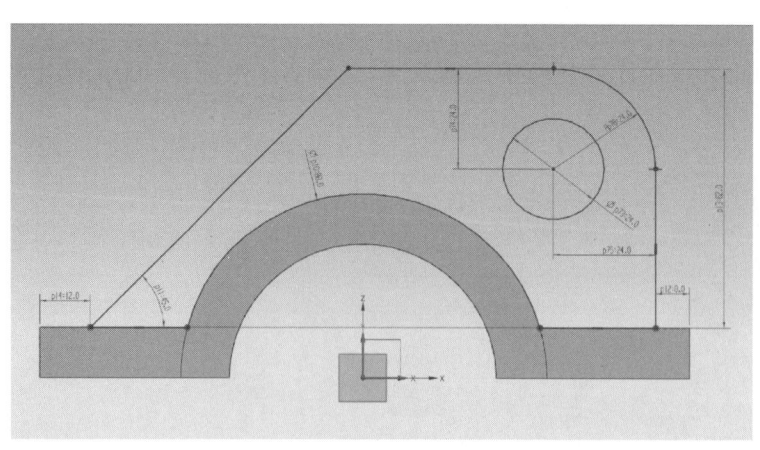

图 1-86 草图界面示意 3

图 1-87 "拉伸"对话框 3

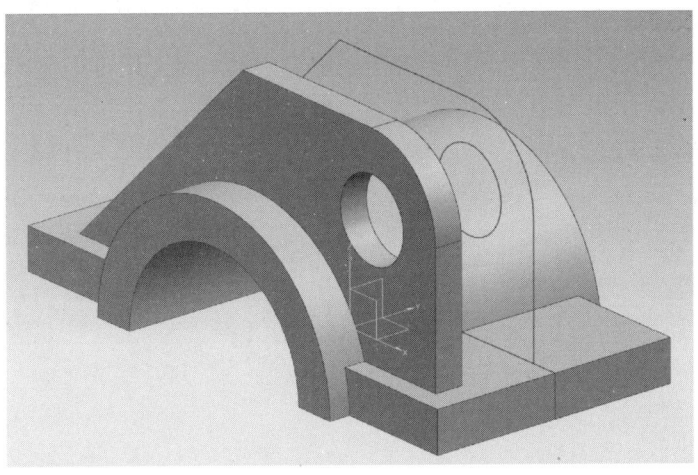

图 1-88　创建的模型 3

5. 镜像特征

（1）在边框条中，依次单击插入→关联复制→镜像特征，弹出"镜像特征"对话框。

（2）在"镜像特征"对话框中选择创建的模型 3，XZ 平面作为镜像平面，如图 1-89 所示。

（3）单击"确定"按钮，生成模型，如图 1-90 所示。

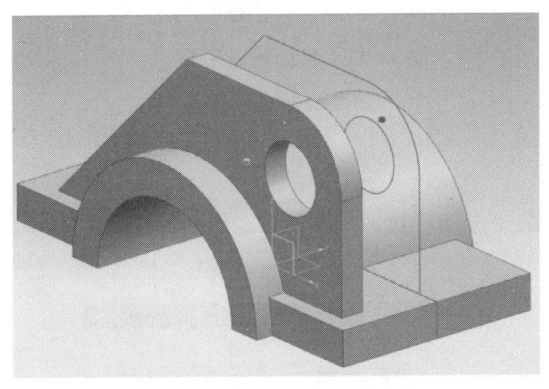
图 1-89　平面镜像示意

图 1-90　镜像后的模型

6. 创建 $\phi10$、$\phi14\top2$ 沉头孔

（1）在"特征"选项板中单击"孔"按钮，弹出"孔"对话框。

（2）在"孔"对话框中，选择"沉头孔"选项，设置沉头直径 14 mm、沉头深度 2 mm、直径 10 mm、深度限制为贯通体，如图 1-91 所示。

（3）单击"确定"按钮，生成模型，如图 1-92 所示。

7. 拉伸草图 4

（1）以坐标系 XY 平面为基础，建立距离其 62 mm 的基准平面，如图 1-93 所示。

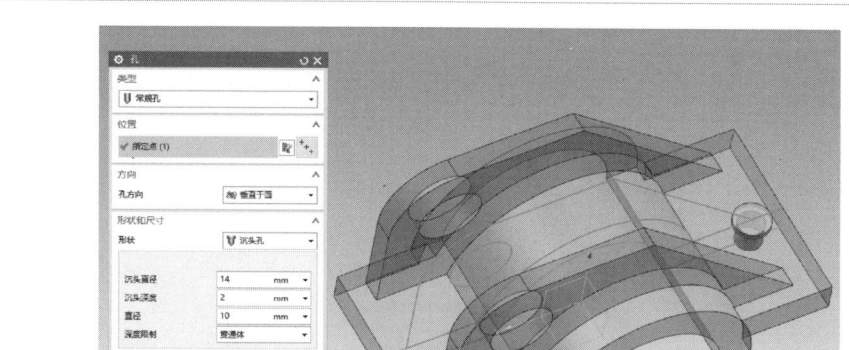

图 1-91 "孔"对话框

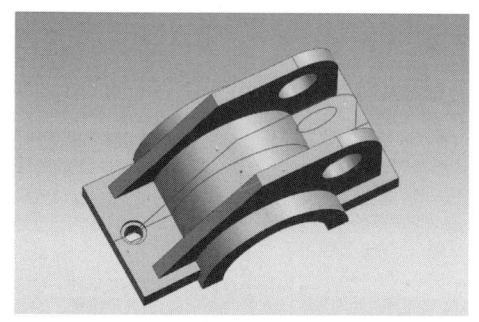

图 1-92 建完沉头孔后的模型

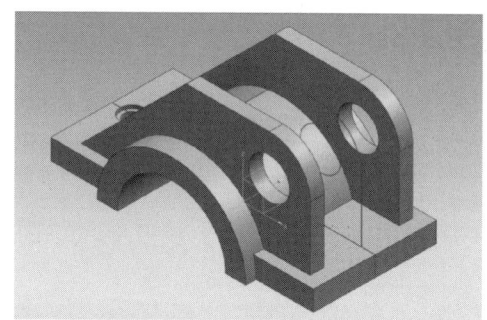

图 1-93 建立基准平面

（2）在边框条中，依次单击插入→在任务环境中绘制草图，选择 XY 平面，绘制草图，绘制完的草图如图 1-94 所示。

（3）在"拉伸"对话框中确定参数，选择"直至下一个"选项，设置结束距离为 0 mm，如图 1-95 所示。

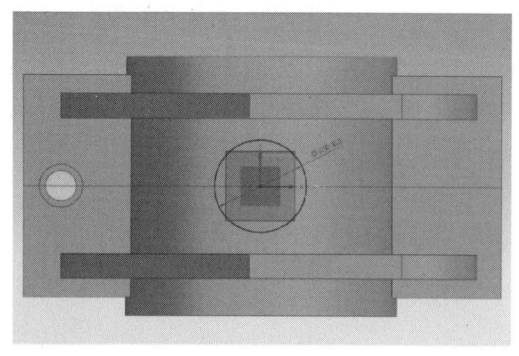

图 1-94 草图界面 4

图 1-95 "拉伸"对话框 4

(4) 单击"确定"按钮,生成模型,如图 1-96 所示。

8. 创建螺纹孔

(1) 在"特征"选项板中单击"孔"按钮,弹出"孔"对话框。

(2) 在"孔"对话框中,选择"螺纹孔"选项,设置螺纹大小为 M20×2.5、螺纹深度为 12 mm、孔深为 17 mm、顶锥角为 118°,如图 1-97 所示。

(3) 单击"确定"按钮,生成模型,如图 1-98 所示。

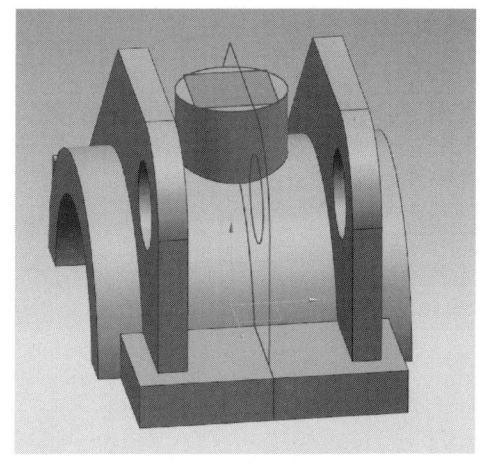

图 1-96 拉伸后的模型

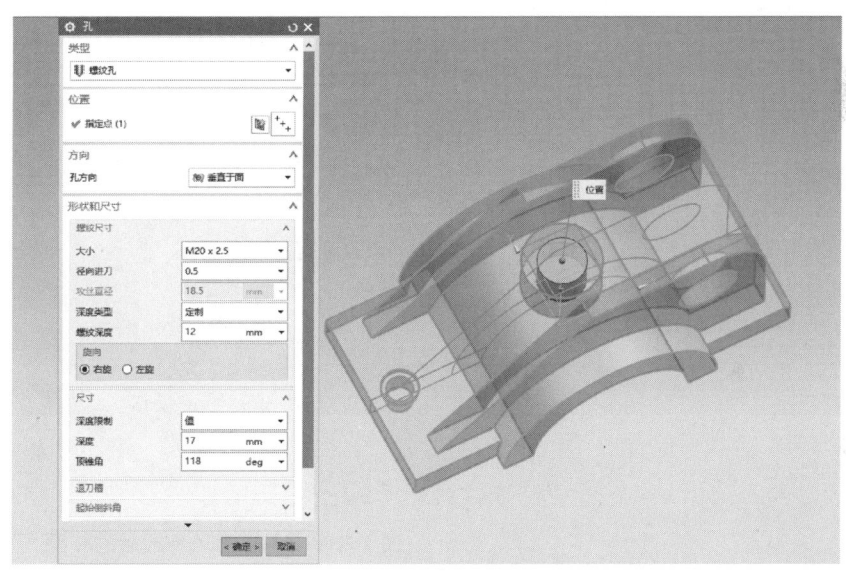

图 1-97 "孔"对话框

9. 边倒圆

(1) 在功能区的"主页"选项卡的"特征"选项板中,单击"边倒圆"按钮,弹出"边倒圆"对话框。

(2) 在"边倒圆"对话框中,选择底座长方形上的四条边,设置半径为 2 mm,如图 1-99 所示。

(3) 单击"确定"按钮,生成模型,如图 1-100 所示。

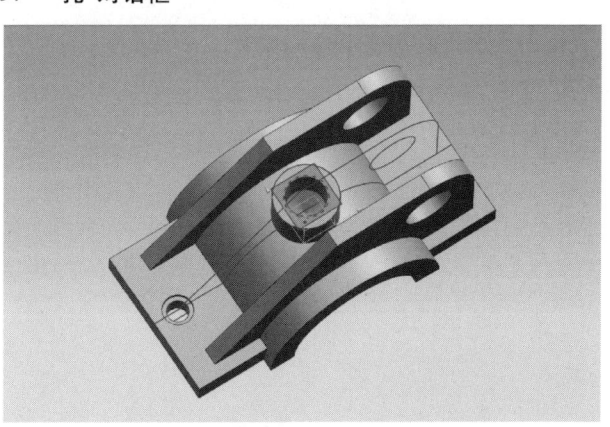

图 1-98 创建完螺纹孔后的模型

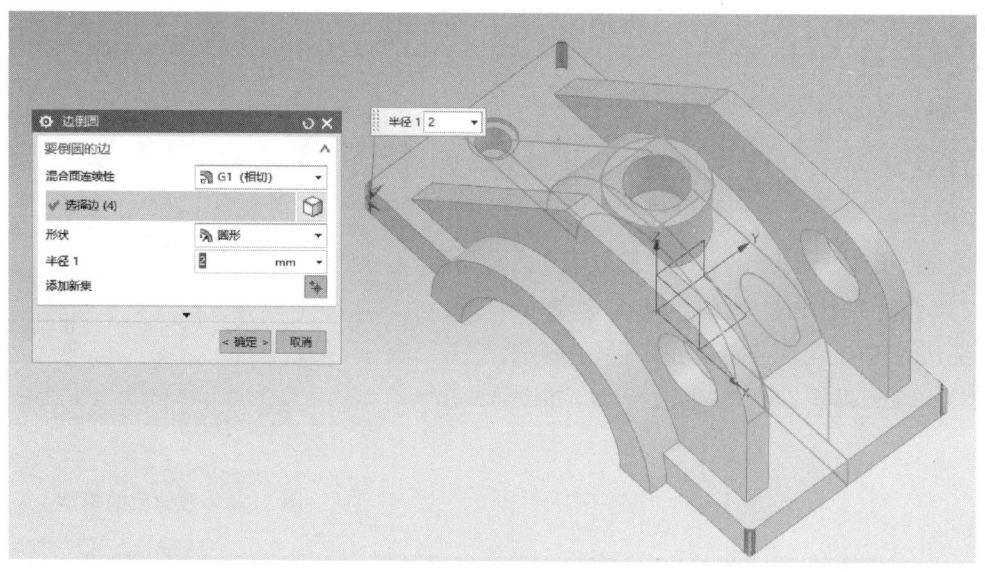

图 1-99 "边倒圆"对话框

10. 质量检测

在边框条中依次单击分析→测量体,弹出"测量体"对话框,在下拉列表中选择"质量"选项,系统显示该模型的质量,如图 1-101 所示。

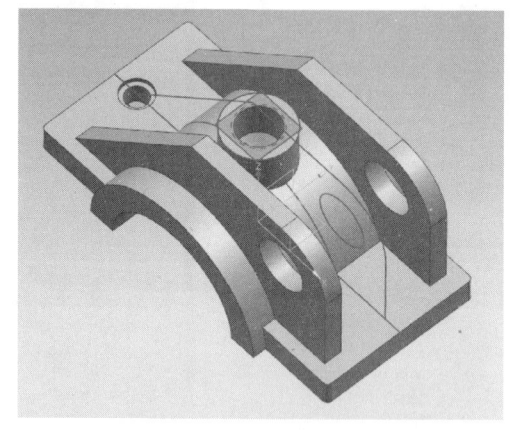

图 1-100 创建完边倒圆后的模型

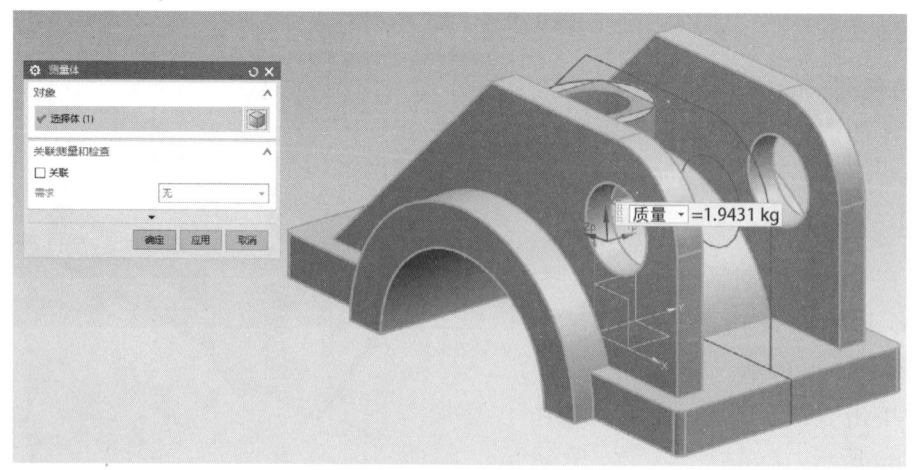

图 1-101 质量检测

任务评价

班级：		姓名：	学号：	成绩：
序号	评价内容	评价标准	评价结果(优/良/合格/不合格)	
1	基础知识的应用	能掌握相关功能的使用方法		
2	建模的基本流程	能按照图纸合理设计基本流程		
3	安全文明	无安全隐患,无违章操作		

拓展训练

1. 按照图 1-102 所示的步骤创建实体，请填写所用步骤的名称。(　　)

   A. 拉伸—扫掠

   B. 扫掠—偏置

   C. 旋转—偏置

   D. 扫掠—延伸片体

2. 要创建图 1-103 所示特征，通过哪种步骤最快？(　　)

   A. 拉伸—抽壳

   B. 拉伸(合并)—拉伸(减去)

   C. 长方体—抽壳

   D. 变化扫掠

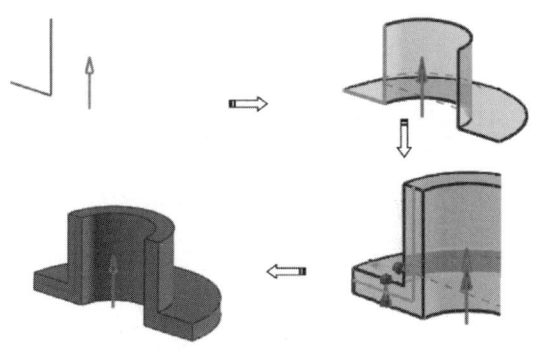

图 1-102　创建实体

3. 图 1-104 所示的二维草图应用何种编辑方式将图形从左图最便捷地转换成右图？
(　　)

   A. 缩放＋圆角　　　　　　　B. 偏移(延伸端盖)

   C. 偏移(圆弧帽形体)　　　　D. 绘制矩形＋圆角

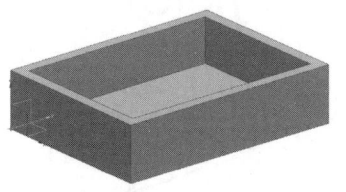

图 1-103　创建特征

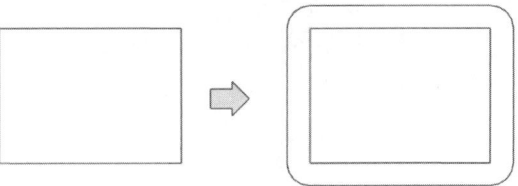

图 1-104　编辑方式

4. 下列对于零件建模的方法中，描述错误的是(　　)。

   A. 拉伸功能只能新增实体,但不能去除实体

   B. 沿引导线扫掠功能可以通过沿一条引导线扫掠一个界面来创建扫掠体

   C. 管道功能用于沿曲线扫掠圆形截面创建体

   D. 旋转一个开口截面,且旋转角度为 360°时,可以获得一个实体

5. 通过以下哪种方式无法创建/确定草图平面？（　　）

A. 使用"自动判断"选项，程序自动选择草图平面。

B. 使用"基于路径"选项，创建所在方位为平行于任意路径的平面。

C. 使用"创建基准坐标系"选项，以创建基准坐标系的方法确定草图平面。

D. 使用"现有平面"选项，可以选择图形区中所有的平面，也包括基准平面和模型上的平面。

学习任务 3 支 架 造 型

任务导入

图 1-105 是一个比较简单的零件，该零件用了草图、拉伸、孔、求和、求差等操作。通过支架的建模方法，掌握对简单零件进行建模的技巧，养成一丝不苟的专业态度。

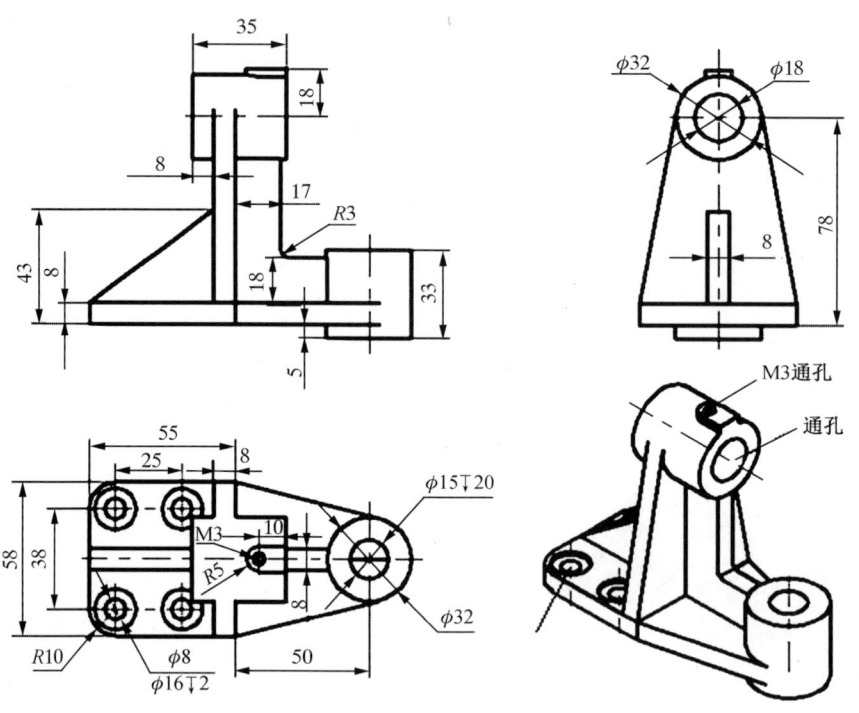

图 1-105 支架（单位：mm）

任务流程

1. 参考支架造型方案

根据支架的结构组成，设计支架造型，参考方案见表 1-7。

表 1-7　支架造型参考方案

序号	步骤	图示	序号	步骤	图示
1	拉伸草图		6	创建 φ15↧20 孔	
2	拉伸草图		7	创建沉头孔	
3	拉伸草图		8	拉伸草图	
4	拉伸草图		9	创建 M3 螺纹孔	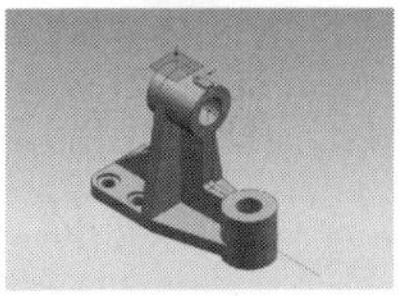
5	创建 φ18 孔				

2. 学生支架造型方案

学生根据自己对支架的分析，参照表 1-7，独立设计支架造型方案，并填写表 1-8。

表 1-8　学生支架造型方案

序号	步骤	图示	序号	步骤	图示
1			6		
2			7		
3			8		
4			9		
5					
考评结论					

任务实施

一、预习效果检查

1. 判断题

(1) NX 是全尺寸约束,不能漏注(即欠约束),也不能多注(即过约束)。（   ）

(2) 布尔运算只适用于两个实体组合成单个实体的运算。（   ）

2. 填空题

(1) NX 以_____为建模核心,采用_____,将显示建模、参数化建模、基于约束建模、后参数化技术融为一体。

(2) NX 中数据格式转化通过_____、_____两种方式实现。

3. 选择题

(1) 特征建模时,特征不能单独存在的有(   )。

  A. 长方体   B. 圆柱体   C. 孔   D. 球

(2) 在进行布尔操作时,需要的体对象有(   )。

  A. 目标体、工具体   B. 目标体

  C. 工具体   D. 实体、曲面体

二、支架结构分析

1. 参考图样分析

支架图纸图样参考图 1-105。零件整体结构简单,可以使用草图、拉伸、孔、求和、求差等功能进行模型创建。

2. 学生图样分析

参考以上提示,独立完成支架图样分析,并填写表 1-9。

表 1-9 支架图样分析

序号	项目	分析结果
1	支架外形特点	
2	支架结构组成	
3	教师评价	

三、支架造型实施过程

1. 新建文件并保存

要求 在"新文件名"选项区的"名称"文本框中输入"支架造型.prt",并指定保存路径。

2. 拉伸草图 1

(1) 在边框条中,依次单击插入→在任务环境中绘制草图,选择 YZ 平面,绘制草图,绘

制完的草图如图 1-106 所示。

（2）在"拉伸"对话框中确定参数，如图 1-107～图 1-109 所示。

（3）单击"确定按钮"，生成模型，如图 1-110 所示。

3. 拉伸草图 2

（1）以坐标系 XY 平面为基准，建立距离 70 mm 的基准平面，如图 1-111 所示。

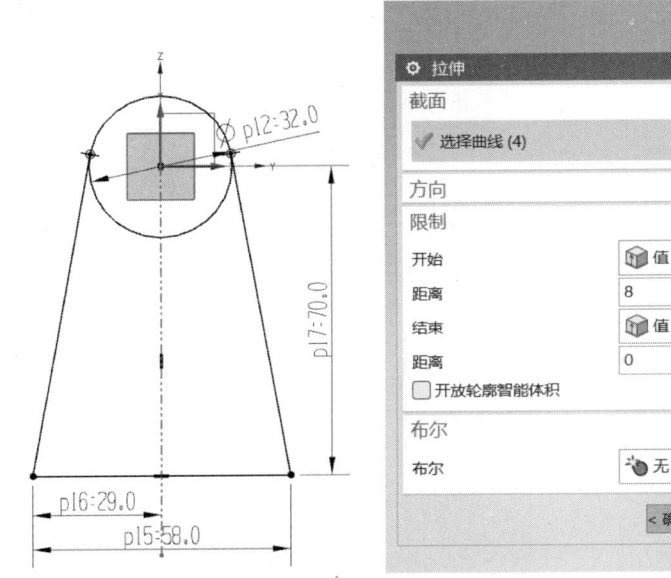

图 1-106　草图示意 1　　　　　　　图 1-107　拉伸 1

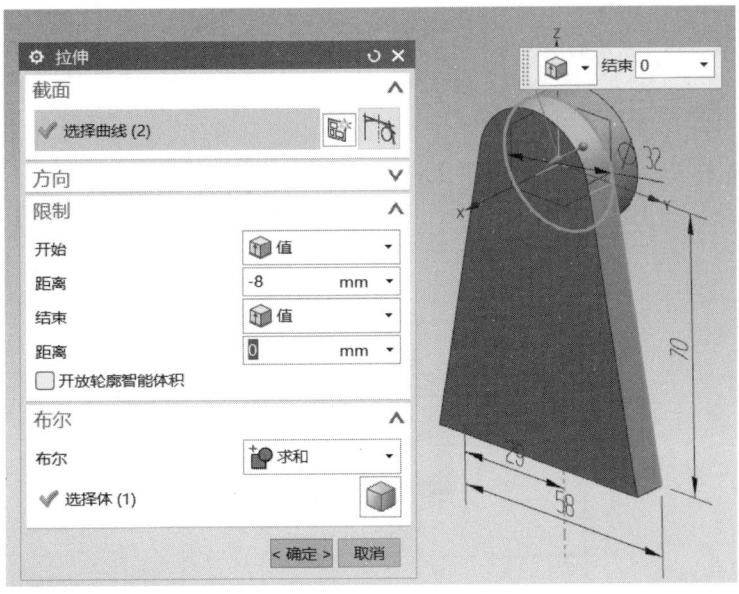

图 1-108　拉伸 2

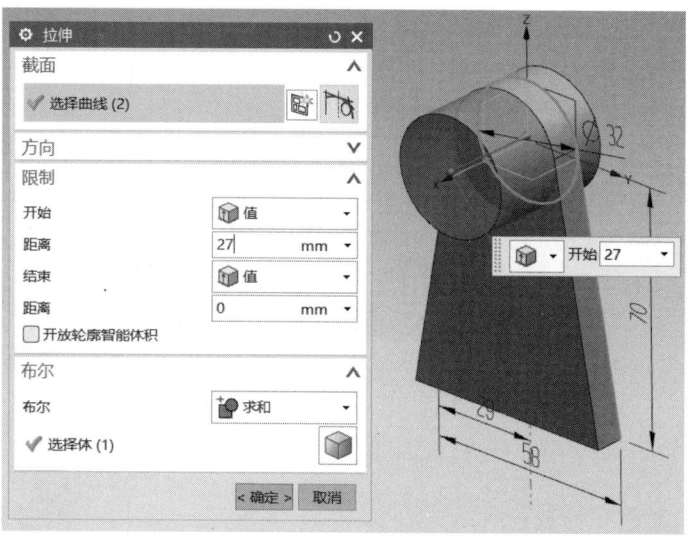

图 1-109　拉伸 3

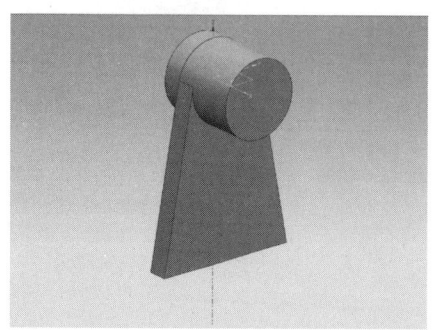

图 1-110　创建的模型 1

图 1-111　创建基准平面

（2）在边框条中，依次单击插入→在任务环境中绘制草图，选择 XY 平面，绘制草图，绘制完的草图如图 1-112 所示。

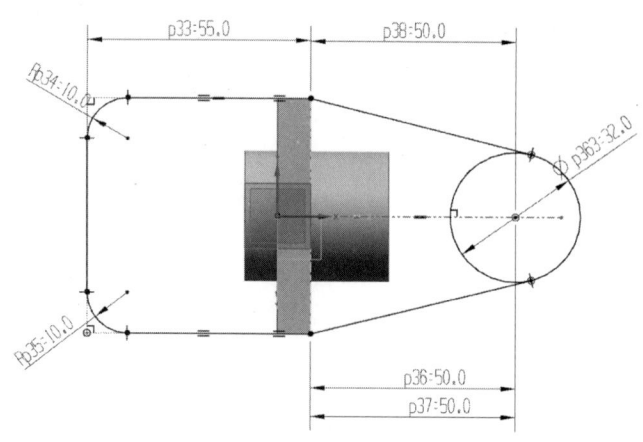

图 1-112　草图示意 2

(3) 在"拉伸"对话框中确定参数，如图1-113～图1-115所示。

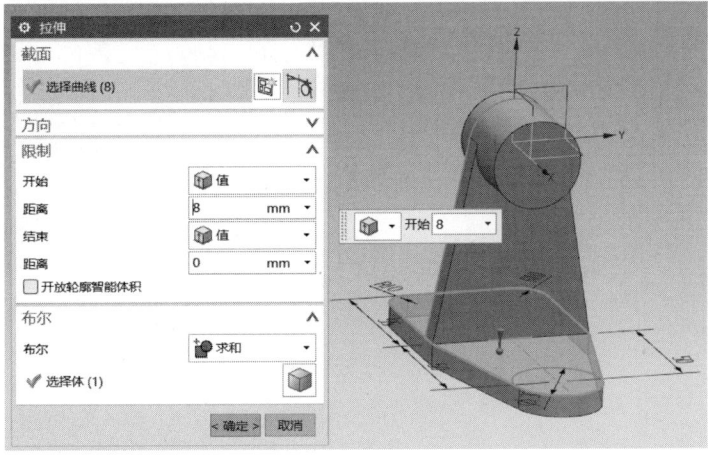

图 1-113　拉伸 4

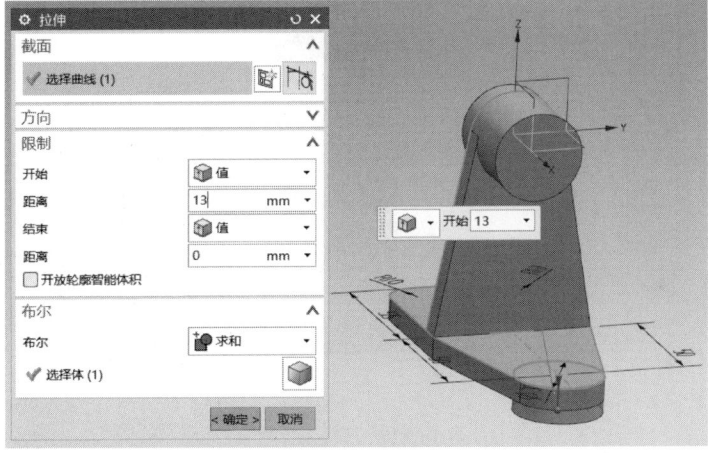

图 1-114　拉伸 5

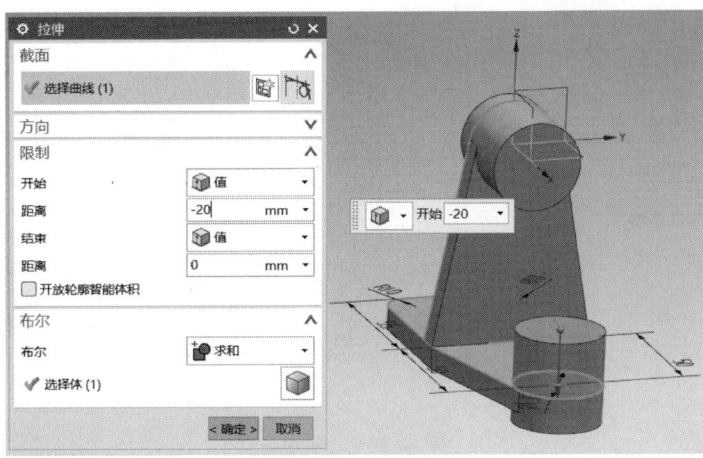

图 1-115　拉伸 6

(4)生成模型,如图 1-116 所示。

4. 拉伸草图 3

(1)在边框条中,依次单击插入→在任务环境中绘制草图,选择 XZ 平面,绘制草图,绘制完的草图如图 1-117 所示。

(2)在"拉伸"对话框中确定参数,对称值为 4 mm,如图 1-118 所示。

(3)单击"确定"按钮,生成模型,如图 1-119 所示。

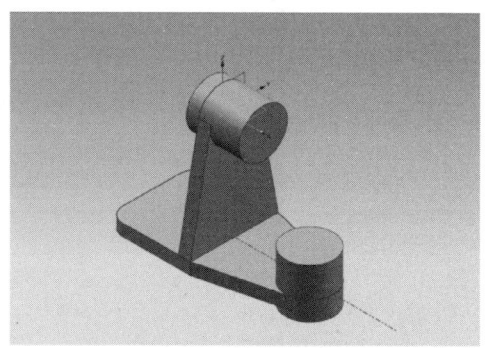

图 1-116 创建的模型 2

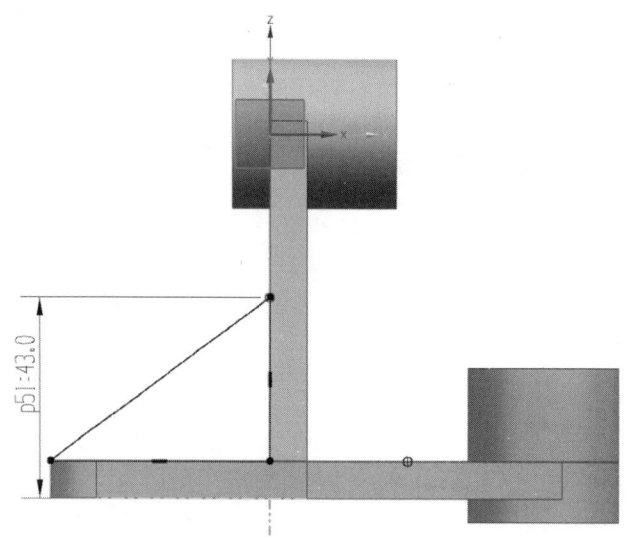

图 1-117 草图示意 3

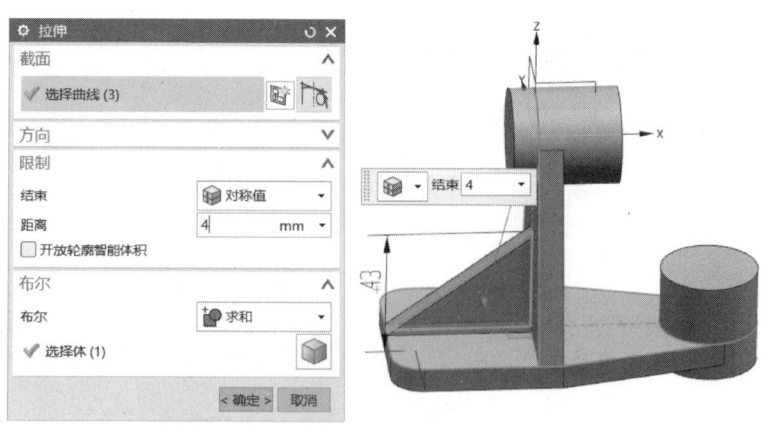

图 1-118 拉伸 7

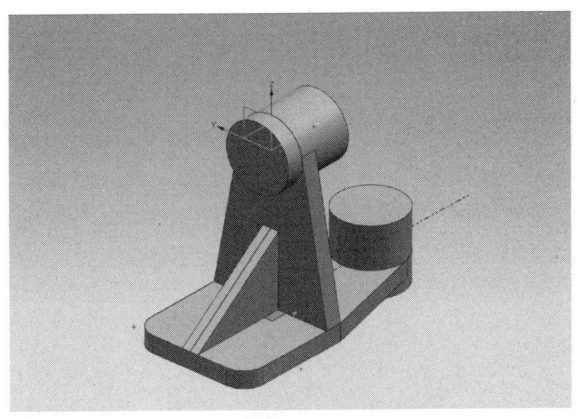

图 1-119　创建的模型 3

5. 拉伸草图 4

(1) 在边框条中，依次单击插入→在任务环境中绘制草图，选择 XZ 平面，绘制草图，绘制完的草图如图 1-120 所示。

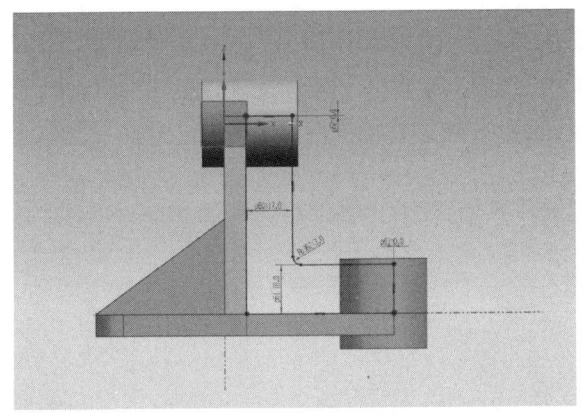

图 1-120　草图示意 4

(2) 在"拉伸"对话框中确定参数，对称值为 4 mm，如图 1-121 所示。

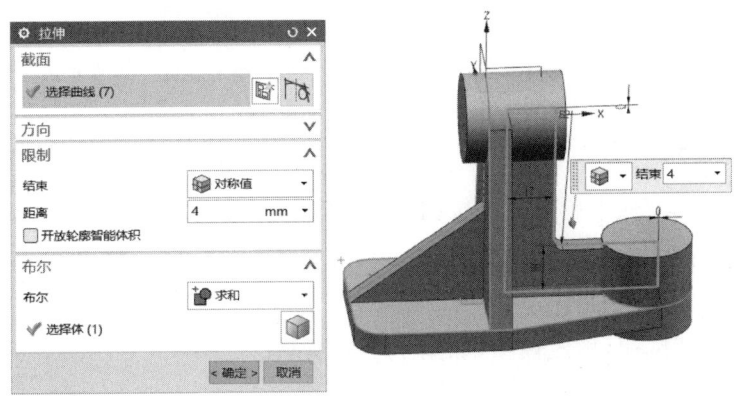

图 1-121　拉伸 8

(3) 单击"确定"按钮,生成模型,如图 1-122 所示。

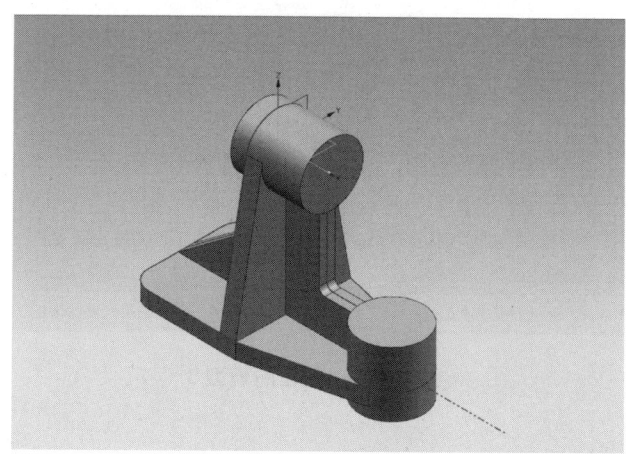

图 1-122　创建的模型 4

6. 创建 φ18 孔

(1) 在"特征"选项板中单击"孔"按钮 ▣,弹出"孔"对话框。

(2) 在"孔"对话框中,选择"简单孔"选项,设置直径 18 mm、贯通体,如图 1-123 所示。

(3) 单击"确定"按钮,生成模型,如图 1-124 所示。

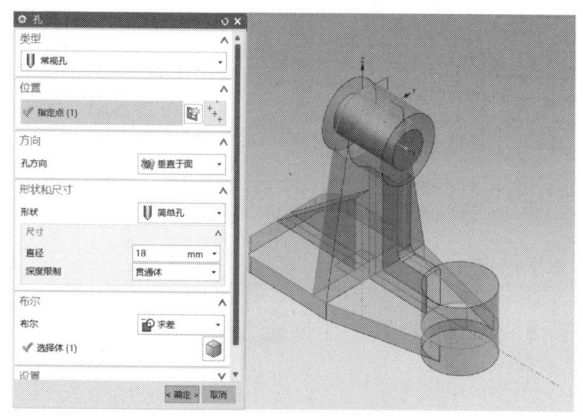
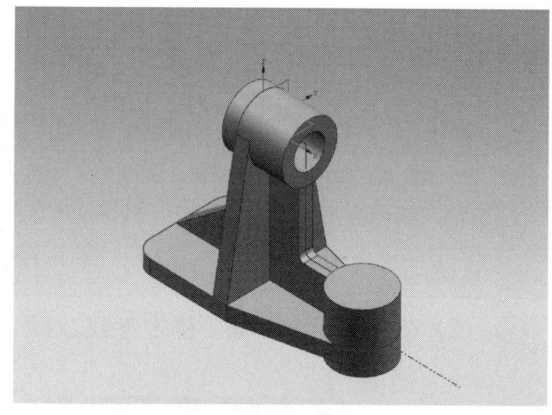

图 1-123　"孔"对话框 1　　　　　　　图 1-124　创建完 φ18 孔后的模型

7. 创建 φ15▼20 孔

(1) 在"特征"选项板中单击"孔"按钮 ▣,弹出"孔"对话框。

(2) 在"孔"对话框中,选择"简单孔"选项,设置直径 15 mm、深度 20 mm,如图 1-125 所示。

(3) 单击"确定"按钮,生成模型,如图 1-126 所示。

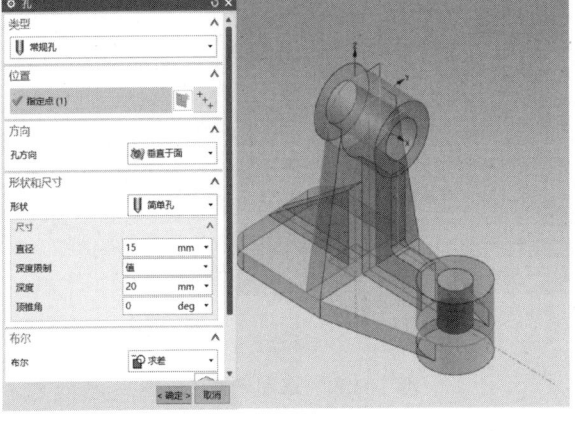
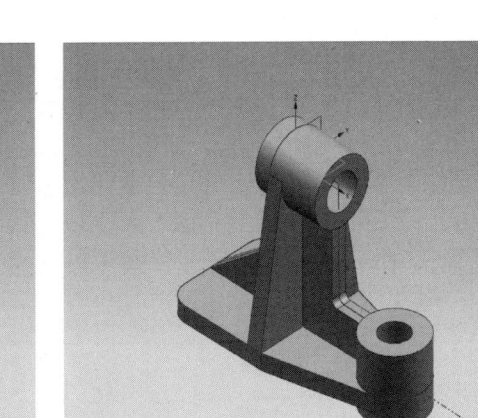

图 1-125　"孔"对话框 2　　　　　图 1-126　创建完 $\phi15\downarrow20$ 孔后的模型

8. 创建沉头孔

（1）在"特征"选项板中单击"孔"按钮，弹出"孔"对话框。

（2）在"孔"对话框中，选择"沉头孔"选项，设置沉头直径 14 mm、沉头深度 2 mm、直径 8 mm、贯通体，如图 1-127 所示。

（3）单击"确定"按钮，生成模型，如图 1-128 所示。

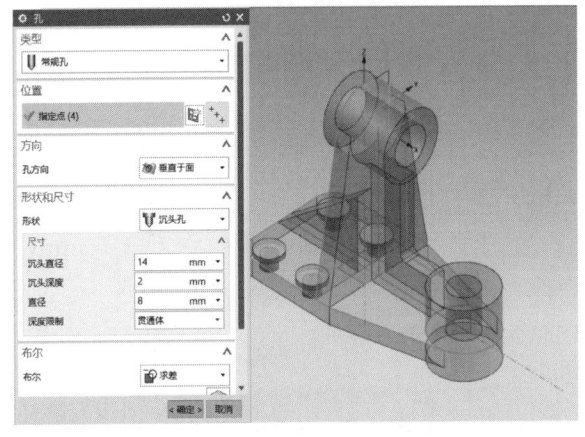
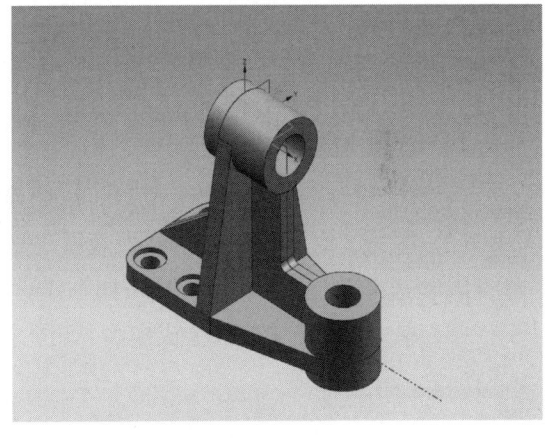

图 1-127　"孔"对话框 3　　　　　图 1-128　创建完沉头孔后的模型

9. 拉伸草图 5

（1）以坐标系 XY 平面为准，建立距离其 18 mm 的基准平面，如图 1-129 所示。

（2）在边框条中，依次单击插入→在任务环境中绘制草图，选择 XZ 平面，绘制草图，绘制完的草图如图 1-130 所示。

（3）在"拉伸"对话框（图 1-131）中确定参数，设置对称值为 4 mm。

（4）单击"确定"按钮，生成模型，如图 1-132 所示。

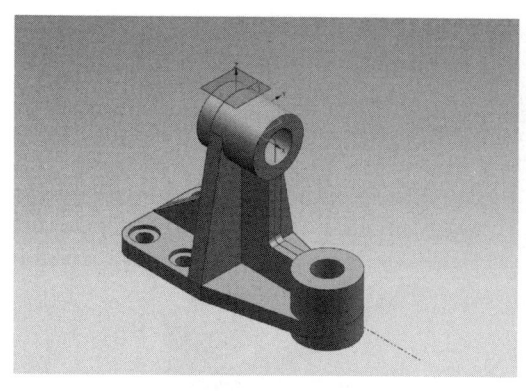

图 1-129　创建基准面

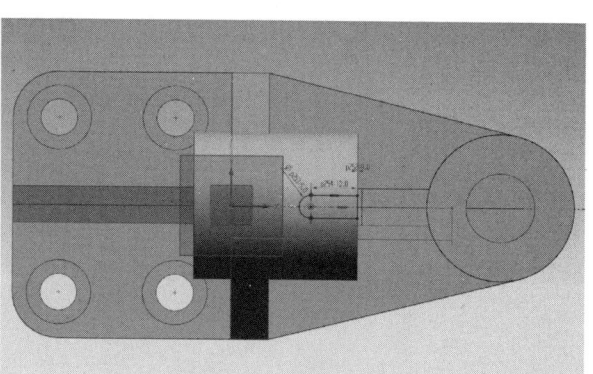

图 1-130　草图示意 5

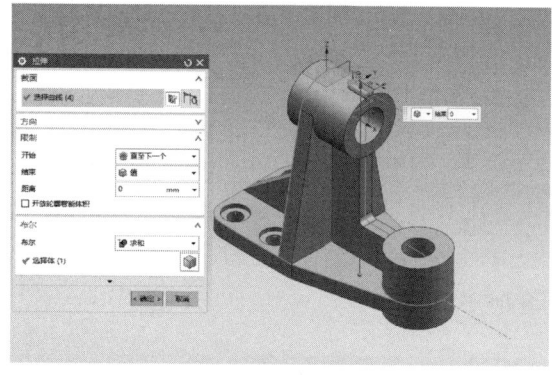

图 1-131　拉伸 9

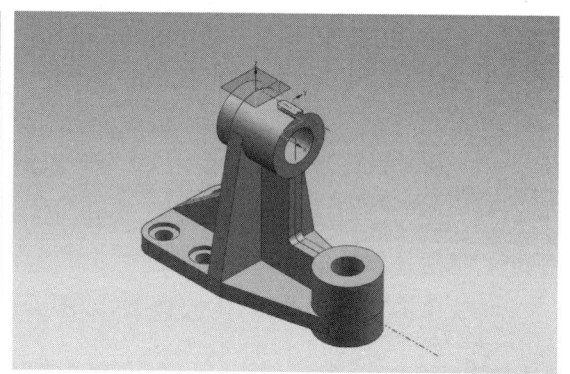

图 1-132　创建的模型 5

10. 创建 M3 螺纹孔

（1）在"特征"选项板中单击"孔"按钮，弹出"孔"对话框。

（2）在"孔"对话框中，选择"螺纹孔"选项，设置螺纹大小 M3×0.5、螺纹深度 4.5 mm，深度限制选择"直至下一个"选项，如图 1-133 所示。

（3）单击"确定"按钮，生成模型，如图 1-134 所示。

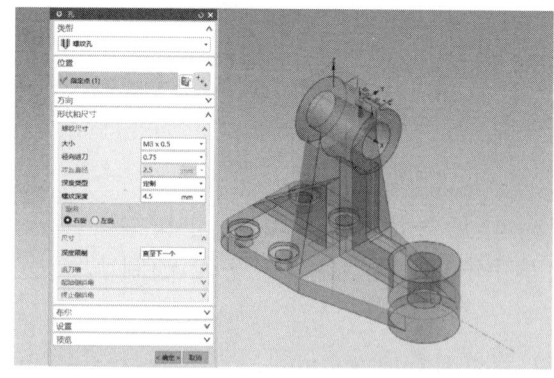

图 1-133　"孔"对话框 4

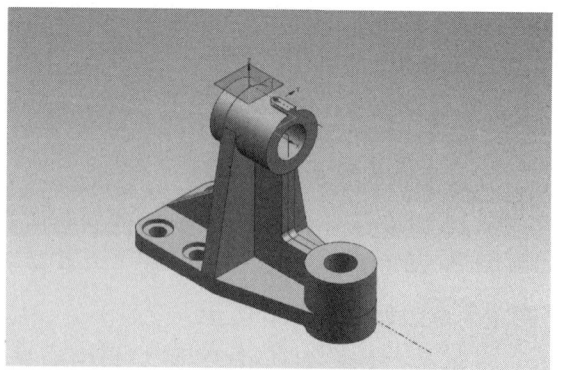

图 1-134　创建完螺纹孔后的模型

11. 质量检测

在边框条中依次单击分析→测量体，弹出"测量体"对话框，在下拉列表中选择"质量"选项，系统显示该模型的质量，如图1-135所示。

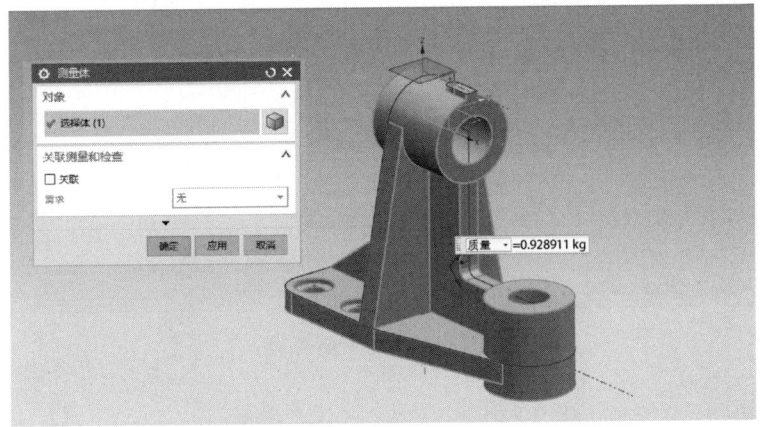

图1-135 质量检测

任务评价

班级：		姓名：	学号：	成绩：
序号	评价内容	评价标准	评价结果(优/良/合格/不合格)	
1	基础知识的应用	能掌握相关功能的使用方法		
2	建模的基本流程	能按照图纸合理设计基本流程		
3	安全文明	无安全隐患，无违章操作		

拓展训练

1. 如图1-136所示，通过哪个操作可使左图变右图？（　　　）

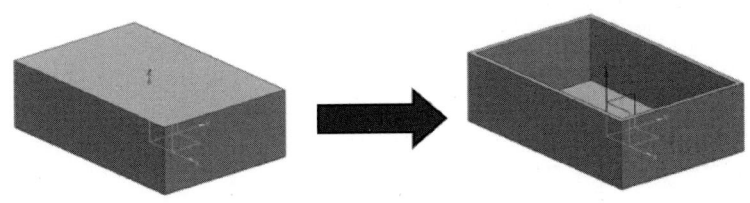

图1-136 变化示意

A. 抽壳　　　　B. 拔模　　　　C. 拉伸　　　　D. 修剪体

2. 如图 1-137 所示,在部件导航器中,可以通过查看模型历史记录对模型、草图等进行编辑、抑制、隐藏等操作。同时,在执行操作后,对应的模型、草图名称也会有变化。文字变灰对应的操作是(   )。

图 1-137　部件导航器

A. 编辑　　　　　B. 抑制　　　　　C. 隐藏　　　　　D. 替换

3. 如果需要使用截面拉伸工具将一个截面拉伸至一个创建好的平面上,通过下面哪种限制可以一步实现?(   )

  A. 距离值　　　　　　　　　　　B. 直至延伸部分

  C. 直至选定　　　　　　　　　　D. 对称值

4. 修剪体操作在什么样的表面修剪实体时,必须完全通过实体?(   )

  A. 所有表面　　　　　　　　　　B. 垂直于实体某个表面的基准平面

  C. 实体或片体表面　　　　　　　D. 其余三项均不对

5. 直纹操作需要通过选择什么样的曲线以生成实体?(   )

  A. 一系列(大致在同一方向)多个轮廓曲线

  B. 2 条闭合截面曲线

  C. 1 条开放截面曲线与 1 条闭合截面曲线

  D. 任意(条数大于等于 2)截面曲线

学习任务 4

阀 体 造 型

任务导入

图 1-138 所示是一个比较简单的零件,该零件用了草图、拉伸、孔、求和、求差、边倒圆等功能操作。通过阀体的建模方法,掌握对简单零件进行建模的技巧,养成一丝不苟的专业态度。

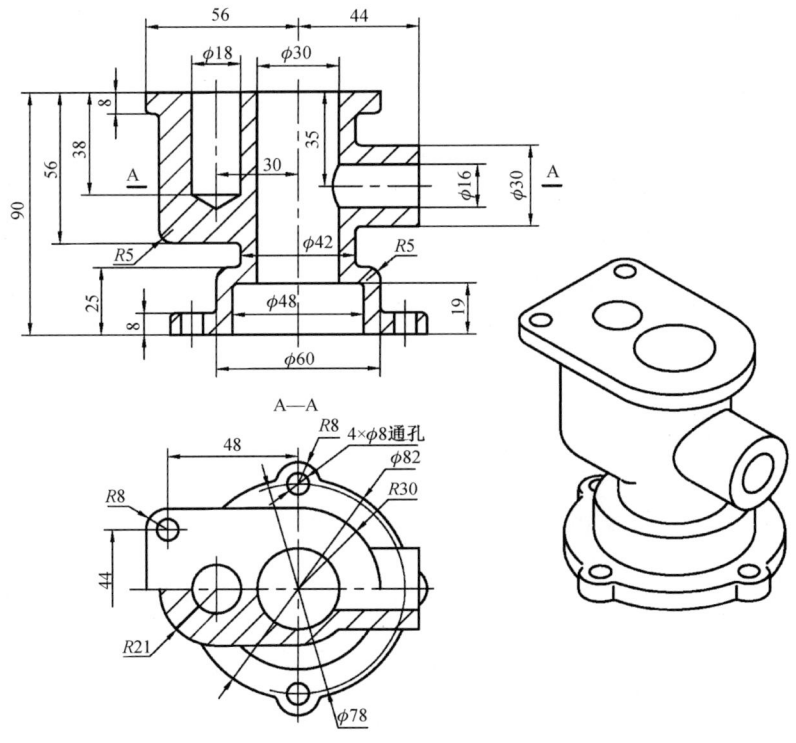

图 1-138 阀体（单位：mm）

任务流程

1. 参考阀体造型方案

根据阀体的结构组成，设计阀体造型，参考方案见表 1-10。

表 1-10 阀体造型参考方案

序号	步骤	图示	序号	步骤	图示
1	拉伸草图		3	拉伸草图	
2	拉伸草图		4	拉伸草图	

（续表）

序号	步骤	图示	序号	步骤	图示
5	拉伸草图		10	φ30孔	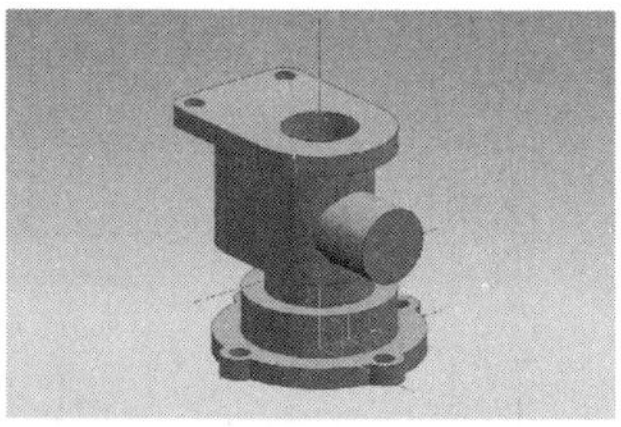
6	拉伸草图	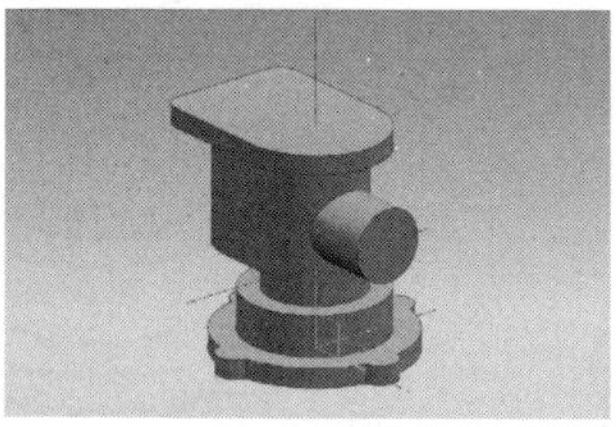	11	φ16孔	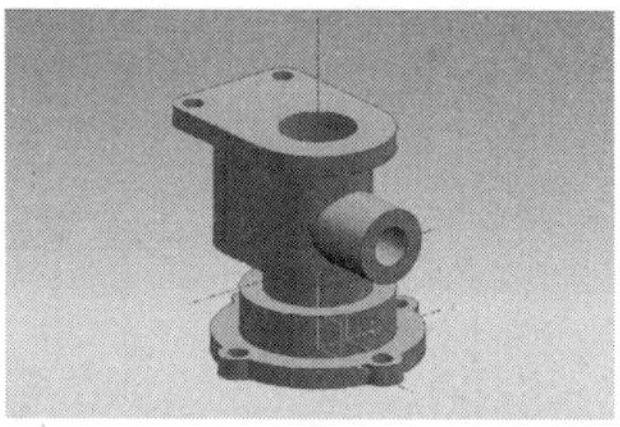
7	2×φ8孔	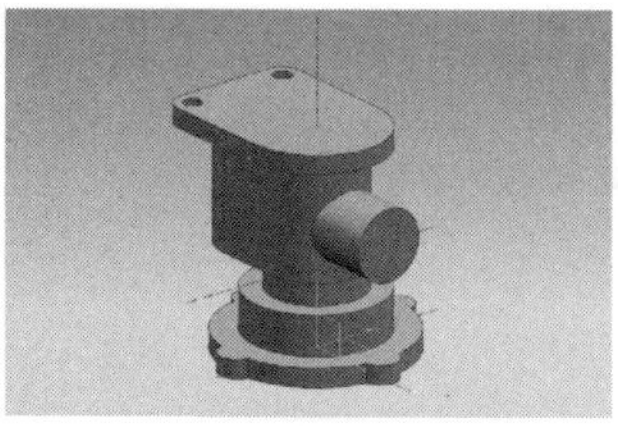	12	φ18孔	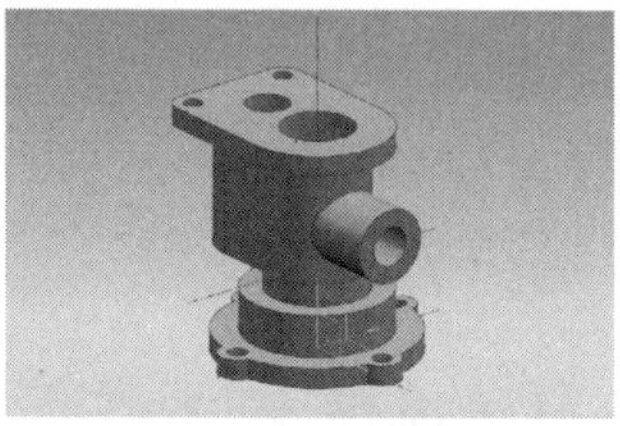
8	4×φ8孔	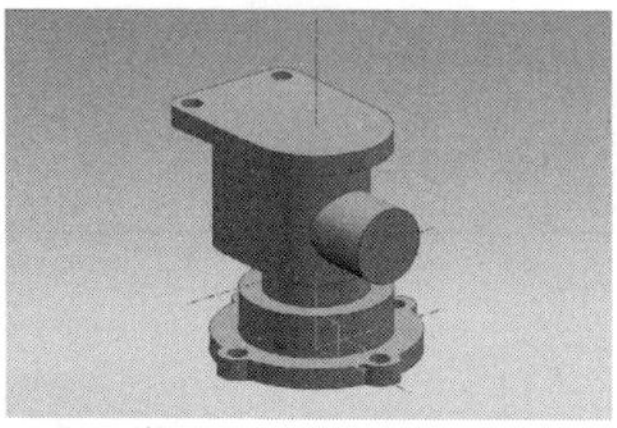	13	边倒圆	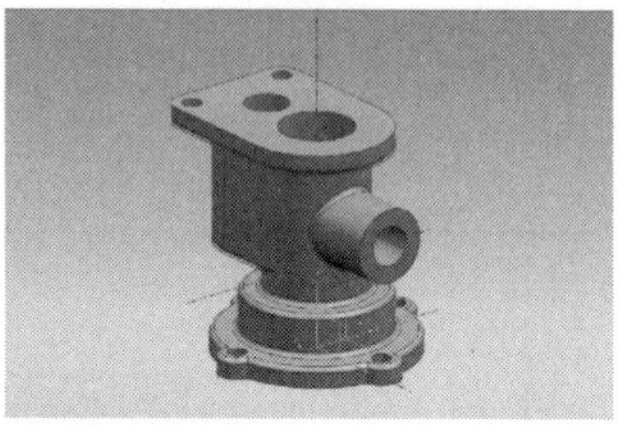
9	φ48孔	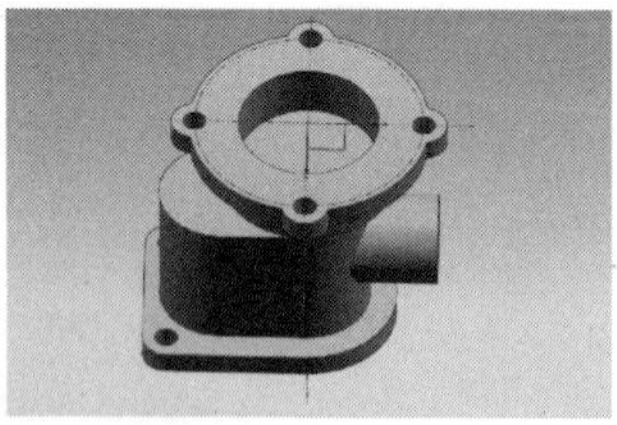			

2. 学生阀体造型方案

学生根据自己对阀体的分析，参照表1-10，独立设计阀体造型方案，并填写表1-11。

表 1-11 学生阀体造型方案

序号	步骤	图示	序号	步骤	图示
1			8		
2			9		
3			10		
4			11		
5			12		
6			13		
7					
考评结论					

任务实施

一、预习效果检查

1. 判断题

(1) 草图对象变成黄色代表尺寸约束有冲突。 ( )

(2) 草图中的几何约束用于约束两个或多个对象之间的几何位置关系,也可以定义单个对象的几何位置关系。 ( )

2. 填空题

（1）在键槽功能中，可以创建_____、_____、_____、_____、_____。

（2）实体间的布尔操作包括_____、_____和_____。

3. 选择题

（1）下列哪项不属于边倒圆？（　　）

　　A. 恒半径倒圆　　　　　　　　　B. 变半径倒圆

　　C. 陡峭边倒圆　　　　　　　　　D. 软倒圆

（2）（　　）特征可以生成直径、形状、大小不同的圆柱体。

　　A. 拉伸　　　　B. 旋转　　　　C. 沿导线扫描　　　　D. 直纹面

二、阀体结构分析

1. 参考图样分析

阀体图纸图样参考图1-138，零件整体结构简单，可以使用草图、拉伸、孔、求和、求差、边倒圆等功能进行模型创建。

2. 学生图样分析

参考以上提示，独立完成阀体图样分析，并填写表1-12。

表1-12　阀体图样分析

序号	项目	分析结果
1	阀体外形特点	
2	阀体结构组成	
3	教师评价	

三、阀体造型实施过程

1. 新建文件并保存

要求　在"新文件名"选项区的"名称"文本框中输入"阀体造型.prt"，并指定保存路径。

2. 拉伸草图1

（1）在边框条中，依次单击插入→在任务环境中绘制草图，选择XY平面，绘制草图，绘制完的草图如图1-139所示。

（2）在"拉伸"对话框中确定参数，如图1-140所示。

（3）生成模型，如图1-141所示。

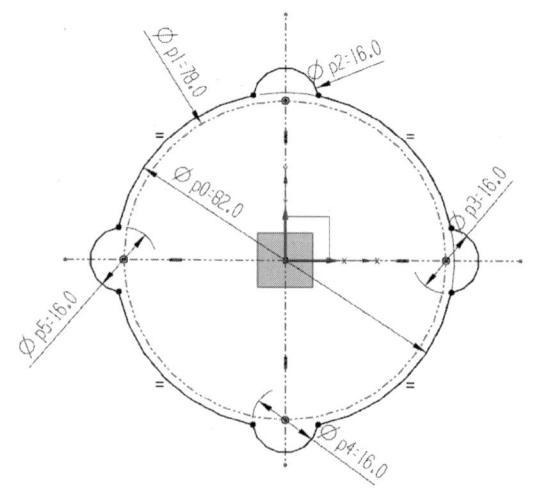

图1-139　草图界面1

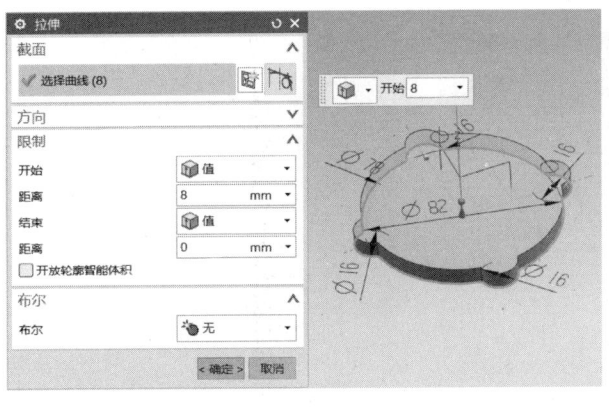

图 1-140 拉伸 1

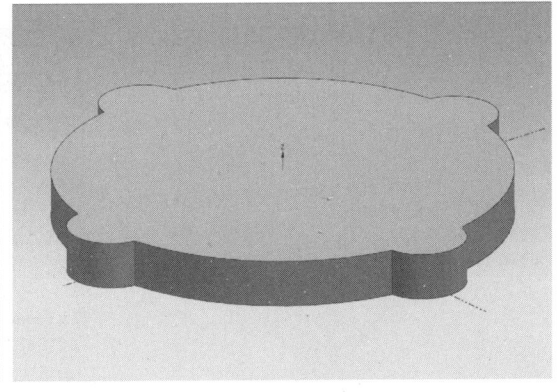

图 1-141 创建的模型 1

3. 拉伸草图 2

(1) 在边框条中,依次单击插入→在任务环境中绘制草图,选择 XY 平面,绘制草图,绘制完的草图如图 1-142 所示。

(2) 在"拉伸"对话框中确定参数,如图 1-143 所示。

(3) 生成模型,如图 1-144 所示。

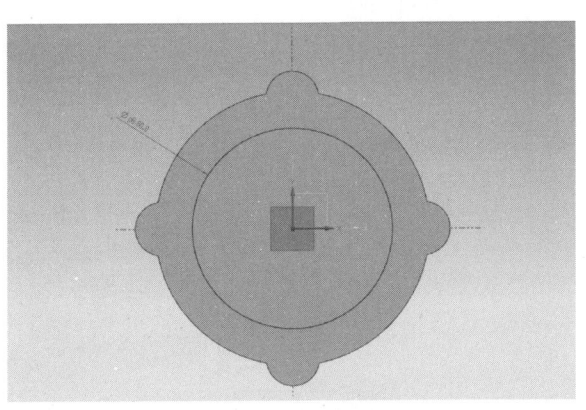

图 1-142 草图界面 2

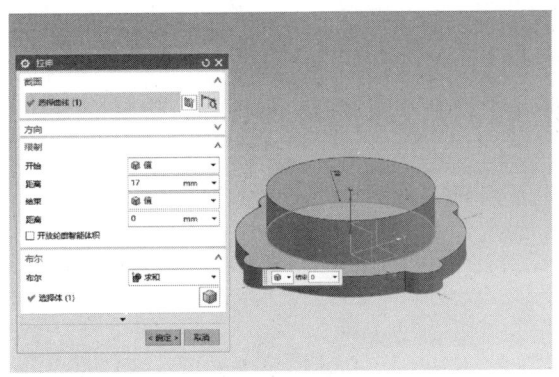

图 1-143 拉伸 2

图 1-144 创建的模型 2

4. 拉伸草图 3

(1) 在边框条中,依次单击插入→在任务环境中绘制草图,选择 XY 平面,绘制草图,绘制完的草图如图 1-145 所示。

(2) 在"拉伸"对话框中确定参数,如图 1-146 所示。

(3) 生成模型,如图 1-147 所示。

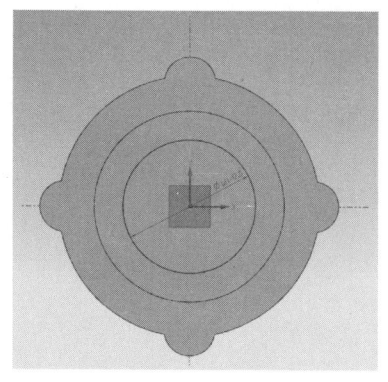

图 1-145　草图界面 3

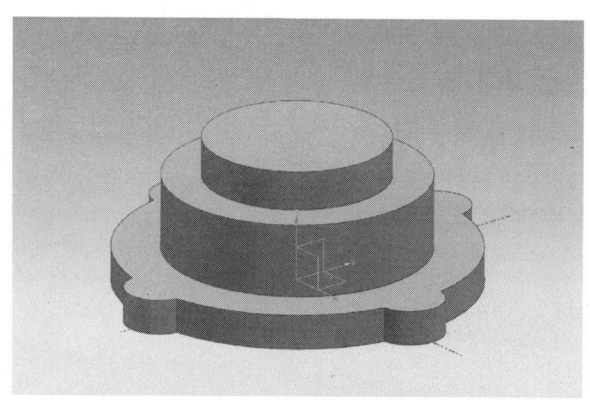

图 1-146　拉伸 3

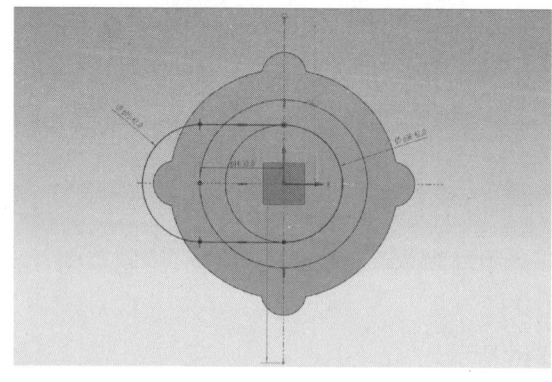

图 1-147　创建的模型 3

5．拉伸草图 4

（1）在边框条中，依次单击插入→在任务环境中绘制草图，选择 XY 平面，绘制草图，绘制完的草图如图 1-148 所示。

（2）在"拉伸"对话框中确定参数，如图 1-149 所示。

（3）生成模型，如图 1-150 所示。

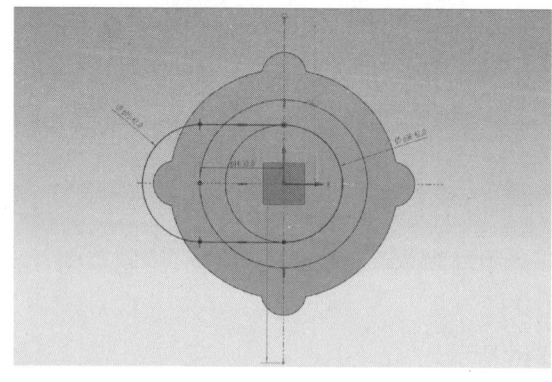

图 1-148　草图界面 4

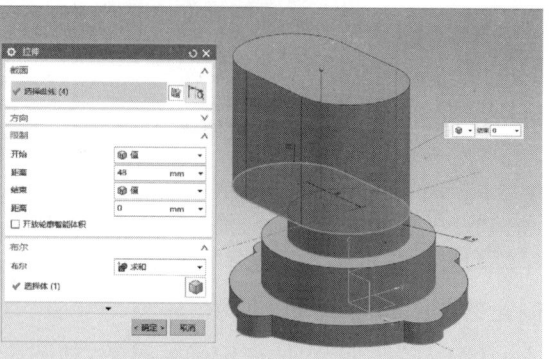

图 1-149　拉伸 4

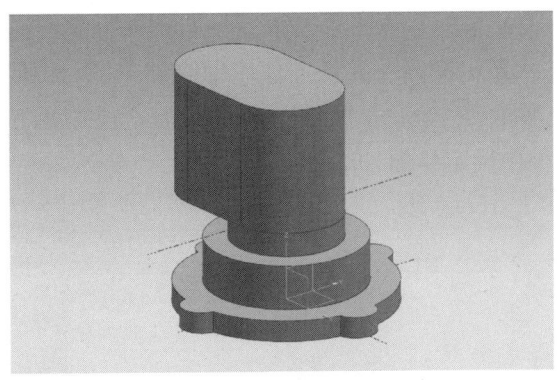

图 1-150　创建的模型 4

6. 拉伸草图 5

（1）在边框条中，依次单击插入→在任务环境中绘制草图，选择 XY 平面，绘制草图，绘制完的草图如图 1-151 所示。

（2）在"拉伸"对话框中确定参数，如图 1-152 所示。

（3）生成模型，如图 1-153 所示。

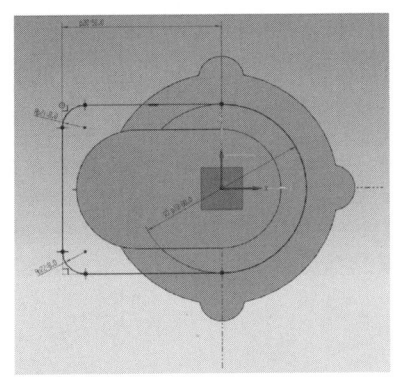

图 1-151　草图界面 5

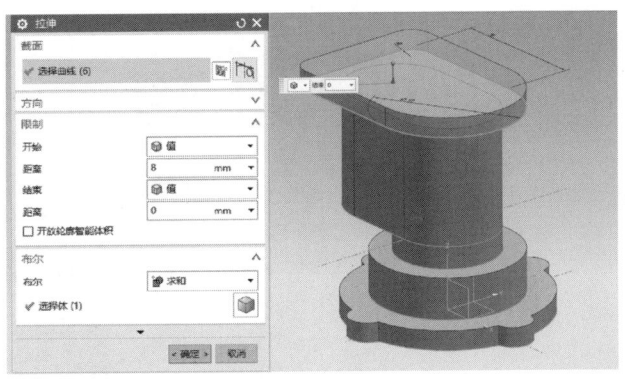

图 1-152　拉伸 5

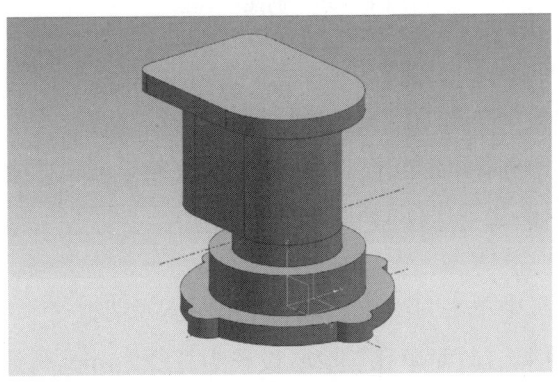

图 1-153　创建的模型 5

7. 拉伸草图6

（1）在边框条中，依次单击插入→在任务环境中绘制草图，选择YZ平面，绘制草图，绘制完的草图如图1-154所示。

（2）在"拉伸"对话框中确定参数，如图1-155所示。

（3）生成模型，如图1-156所示。

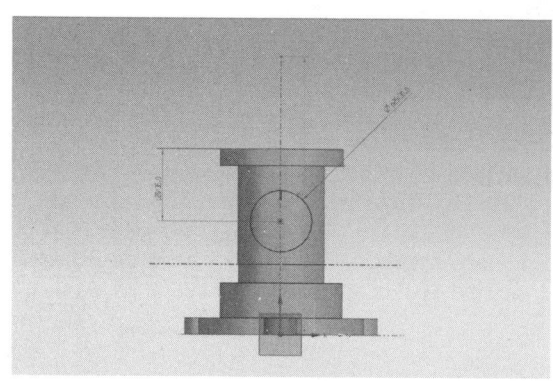

图1-154　草图界面6

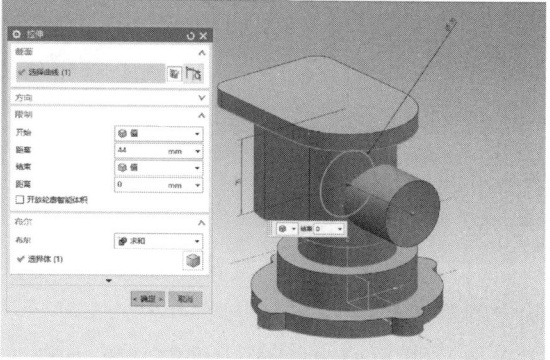

图1-155　拉伸6

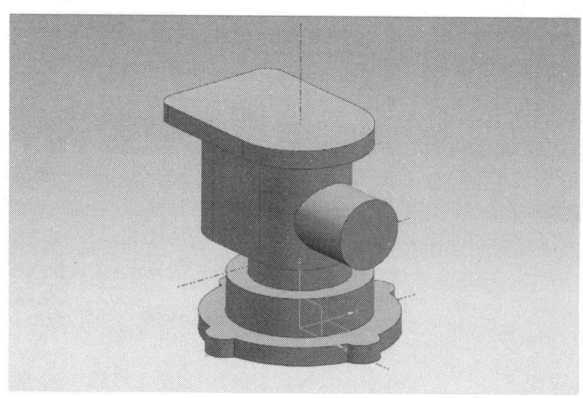

图1-156　创建的模型6

8. 创建2×φ8孔

（1）在"特征"选项板中单击"孔"按钮，弹出"孔"对话框。

（2）在"孔"对话框中选择"简单孔"选项，设置为直径8mm、贯通体，如图1-157所示。

（3）单击"确定"按钮，生成实体，如图1-158所示。

9. 创建4×φ8孔

（1）在"特征"选项板中单击"孔"按钮，弹出"孔"对话框。

（2）在"孔"对话框中选择"简单孔"选项，设置为直径8mm、贯通体，如图1-159所示。

（3）单击"确定"按钮，生成模型，如图1-160所示。

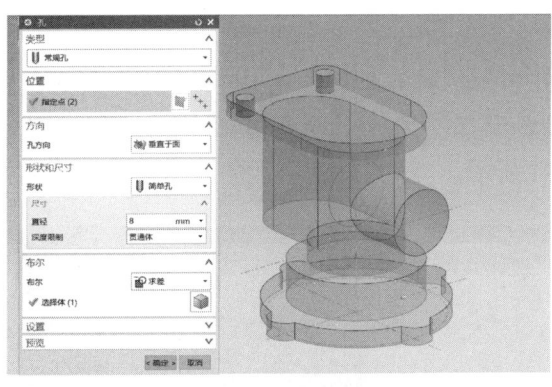

图 1-157 "孔"对话框 1

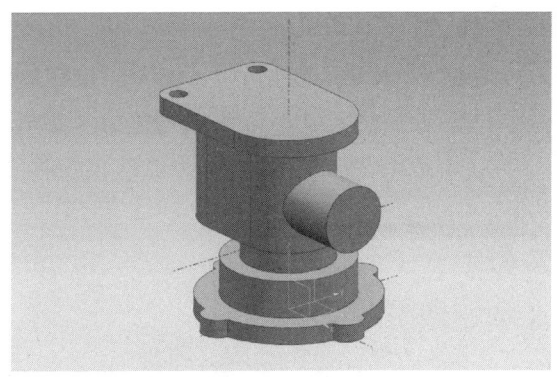

图 1-158 创建完 2×φ8 孔后的模型

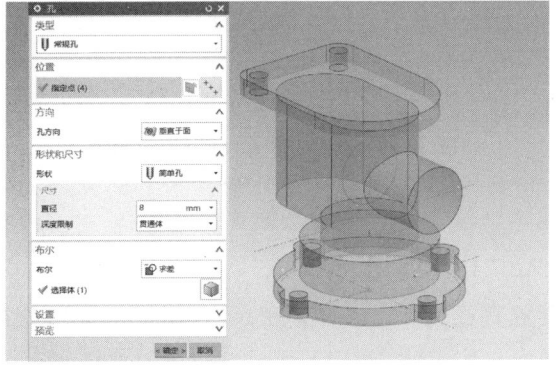

图 1-159 "孔"对话框 2

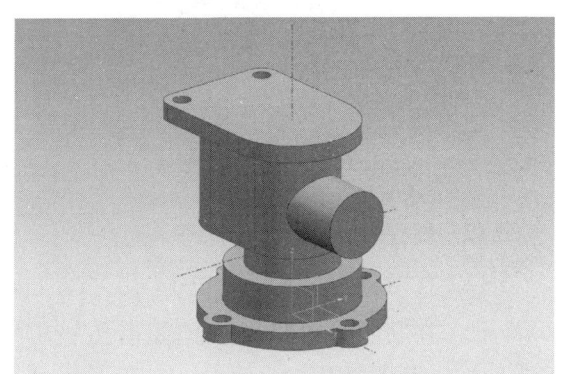

图 1-160 创建完 4×φ8 孔后的模型

10. 创建 φ48 孔

（1）在"特征"选项板中单击"孔"按钮，弹出"孔"对话框。

（2）在"孔"对话框中选择"简单孔"选项，设置为直径 48 mm、深度 19 mm、顶锥角 0°，如图 1-161 所示。

（3）单击"确定"按钮，生成模型，如图 1-162 所示。

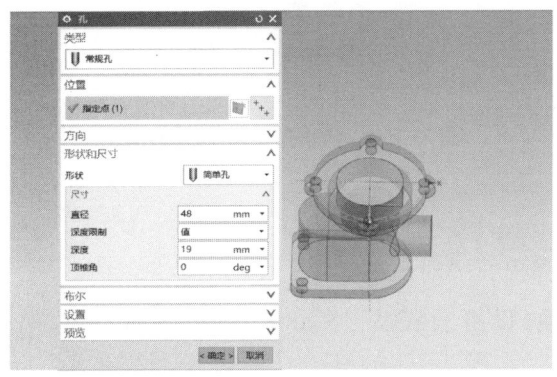

图 1-161 "孔"对话框 3

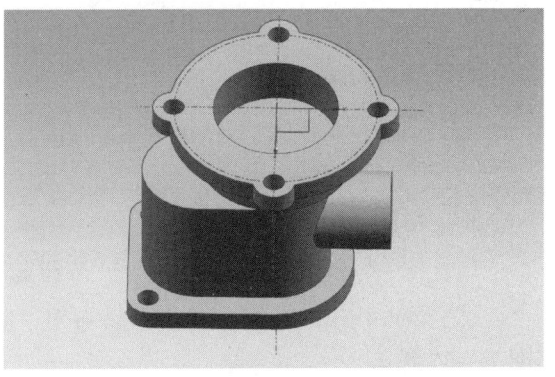

图 1-162 创建完 φ48 孔后的模型

11. 创建 φ30 孔

(1) 在"特征"选项板中单击"孔"按钮 ,弹出"孔"对话框。

(2) 在"孔"对话框中选择"简单孔"选项,设置为直径 30 mm、贯通体,如图 1-163 所示。

(3) 单击"确定"按钮,生成模型,如图 1-164 所示。

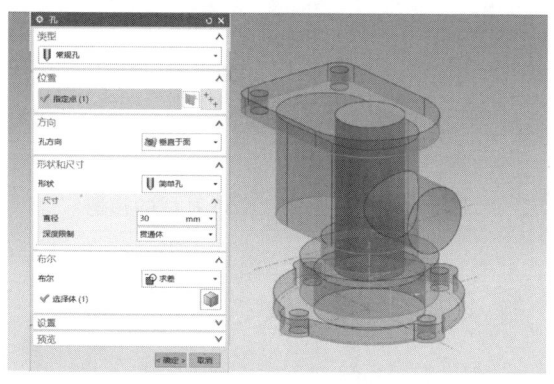

图 1-163　"孔"对话框 4　　　　　图 1-164　创建完 φ30 孔后的模型

12. 创建 φ16 孔

(1) 在"特征"选项板中单击"孔"按钮 ,弹出"孔"对话框。

(2) 在"孔"对话框中选择"简单孔"选项,设置直径为 16 mm、深度为"直至下一个",如图 1-165 所示。

(3) 单击"确定"按钮,生成模型,如图 1-166 所示。

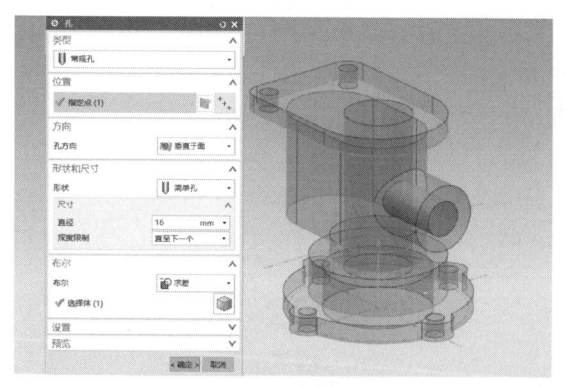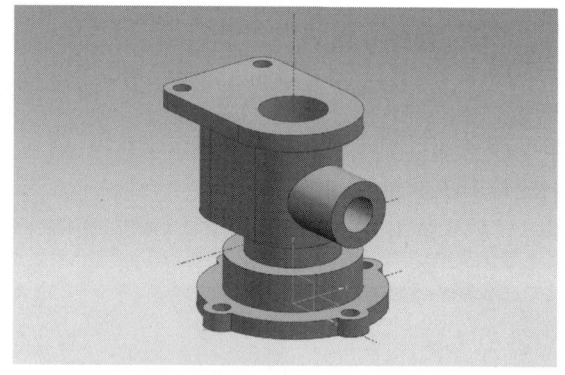

图 1-165　"孔"对话框 5　　　　　图 1-166　创建完 φ16 孔后的模型

13. 创建 φ18 孔

(1) 在"特征"选项板中单击"孔"按钮 ,弹出"孔"对话框。

(2) 在"孔"对话框中选择"简单孔"选项,设置直径为 18 mm,深度为 38 mm,如图 1-167 所示。

(3) 单击"确定"按钮,生成模型,如图 1-168 所示。

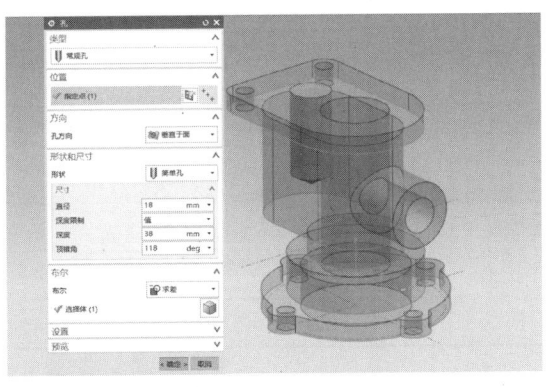

图 1-167　"孔"对话框 6　　　　　　图 1-168　创建完 φ18 孔后的模型

14. 边倒圆

（1）在功能区的"主页"选项卡的"特征"选项板中，单击"边倒圆"按钮，弹出"边倒圆"对话框。

（2）在"边倒圆"对话框中，选择图 1-169 所示的 8 条边，设置半径为 2 mm。

（3）单击"确定"按钮，生成模型，如图 1-170 所示。

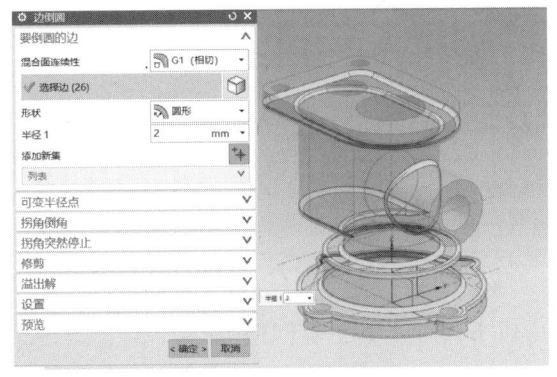
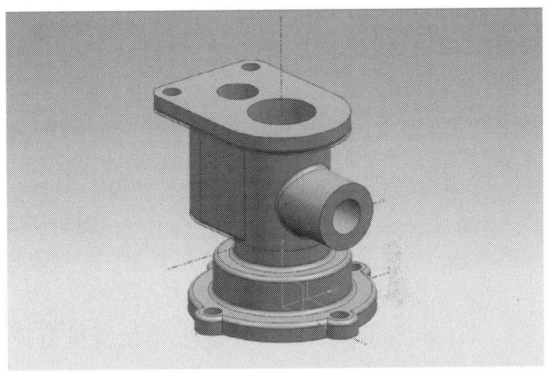

图 1-169　选择 8 条边　　　　　　图 1-170　创建边倒圆后的模型

15. 质量检测

在边框条中依次单击分析→测量体，弹出"测量体"对话框。在下拉列表中选择"质量"选项，系统显示该模型的质量，如图 1-171 所示。

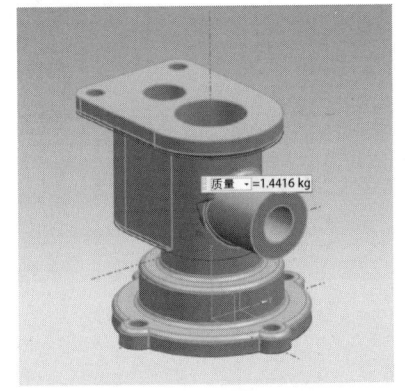

图 1-171　质量检测

任务评价

班级：		姓名：	学号：	成绩：
序号	评价内容	评价标准	评价结果(优/良/合格/不合格)	
1	基础知识的应用	能掌握相关功能的使用方法		
2	建模的基本流程	能按照图纸合理设计基本流程		
3	安全文明	无安全隐患,无违章操作		

拓展训练

1. 图 1-172 所示的二维草图应用何种编辑方式将图形从Ⅰ图最便捷地转换成Ⅱ图？
（　　）

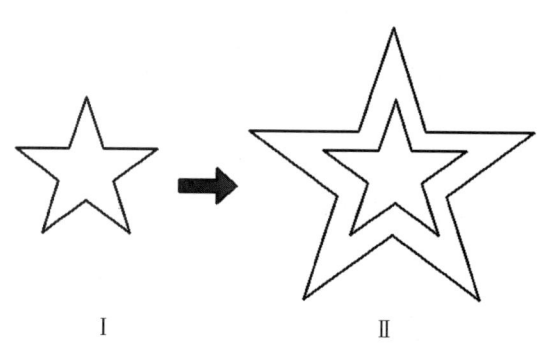

图 1-172　变化示意

A. 镜像　　　　B. 复制　　　　C. 阵列　　　　D. 偏置

2. 如图 1-173 所示,零件的五角星特征可由以下何种工具一步创建？（　　）

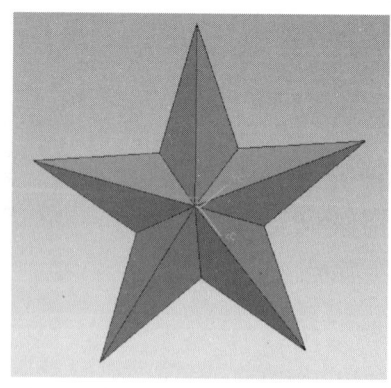

图 1-173　创建特征

A. 拉伸　　　　B. 旋转　　　　C. 通过曲线组　　　　D. 变化扫掠

3. (　　)在设计过程中起到十分重要的辅助作用,能够详细记录设计过程所用的特征、特征操作、参数,以及装配零部件等。

  A. 装配导航器 B. 部件导航器 C. 浏览器 D. 特征树

4. 使用抽壳功能时,下列说法正确的是(　　)。

  A. 移除面只能选择一个 B. 得到的实体一定是壁厚均匀的

  C. 备选面只能有一个 D. 备选厚度可以与抽壳厚度不一致

5. 基准平面的作用是(　　)。

  A. 作为草图的放置面 B. 作为定位基准

  C. 可减少特征间父子关系 D. 以上都对

项目二 零件装配

◇ 项目情境

通过装配设计可以将设计好的零件组装在一起形成零部件或完整的产品模型,还可以对装配好的模型进行间隙分析、重量管理等操作。装配设计是一个产品造型与结构设计师需要重点掌握的内容。

◇ 知 识 点

- 自底向上装配。
- 自顶向下装配。
- 装配序列。

◇ 技 能 点

- 掌握项目文件的创建与管理方法。
- 掌握装配环境下零件的装入、移动、旋转和编辑的基本操作方法。

◇ 素养目标

培养学生良好的职业习惯和严谨的工作作风。

◇ 知识准备

一、装配方法基础

在 NX 10.0 中可以采用虚拟装配方式,只需通过指针引用各零部件模型,使装配部件和零部件之间存在关联性,这样当更新零部件时,相应的装配文件也会跟着一起自动更新。

典型的装配设计思路主要有两种,一种是自底向上装配,另一种则是自顶向下装配。在实际设计中,可以根据情况选用两种装配方法,或者两种装配设计方法混合应用。

1. 自底向上装配

自底向上装配是指先分别创建最底层的零件(子装配件),然后再把这些单独创建好的零件装配到上一级的装配部件,直到完成整个装配任务。通俗地理解就是先创建好装配体所需的各个零部件,再将它们以组件的形式添加到装配文件中以形成所需的产品装配体。

采用自底向上装配方法通常包括以下两个设计环节:
- 装配设计之前的零部件设计。
- 零部件装配操作过程。

2. 自顶向下装配

自顶向下装配设计主要体现为从一开始便注重产品结构规划,从顶级层次向下细化设计。这种设计方法适合协作能力强的团队采用。自顶向下装配设计的典型应用之一是先新建一个装配文件,在该装配文件中创建空的新组件,并使其成为工作部件,然后按上下文中设计的方法在其中创建所需的几何模型。

在装配文件中创建的新组件可以是空的,也可以包含加入的几何模型。在装配文件中创建新组件的一般方法如下。

(1) 在功能区"装配"选项卡的"组件"面板中单击"新建"按钮,系统弹出如图2-1所示的"新建"对话框。

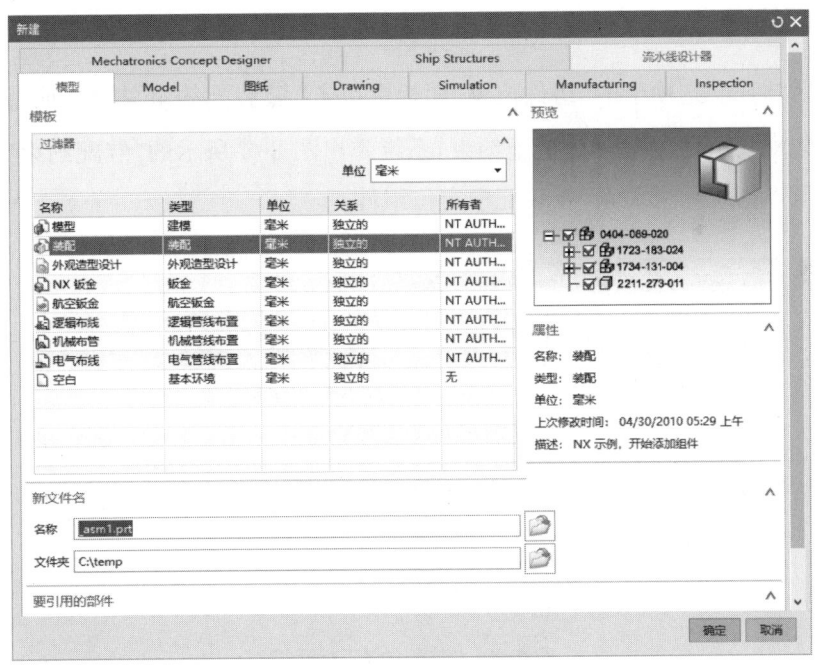

图 2-1 "新建"对话框

(2) 指定模型模板(以名称为"装配"的模板为例),设置名称和文件夹后,单击"确定"按钮,系统弹出"新建组件"对话框,如图2-2所示。

(3) 为新组件选择对象,也可以根据实际情况或设计需要不作选择而创建空组件。另外,可以设置是否添加定义对象。

(4)展开"设置"选项区(图 2-3)。在"组件名"文本框中可指定组件名称;在"引用集"下拉列表中选择一个引用集选项;在"图层选项"下拉列表中指定用于组件安放的图层("原始的""工作的"或"按指定的");在"组件原点"下拉列表中选择"WCS"选项或"绝对坐标系"选项,以定义采用工作相对坐标还是采用绝对坐标系;"删除原对象"复选框则用于设置是否删除原先的几何模型对象。

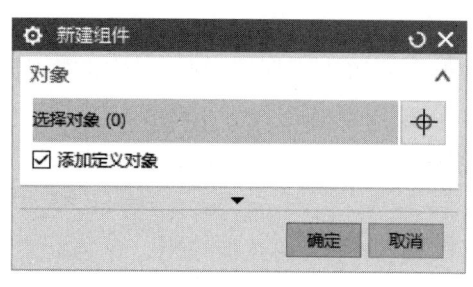 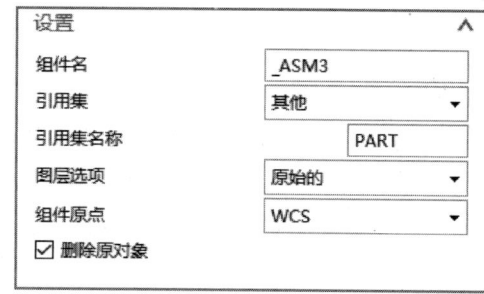

图 2-2 "新建组件"对话框　　　　　图 2-3 "设置"选项区

(5)在"新建组件"对话框中单击"确定"按钮。

二、装配约束

在功能区"装配"选项卡的"组件位置"面板中单击" 装配约束"按钮,或者在上边框条中依次单击装配→组件位置→ 装配约束,系统弹出图 2-4 所示的"装配约束"对话框。利用该对话框可以指定约束关系,在装配中定位组件。

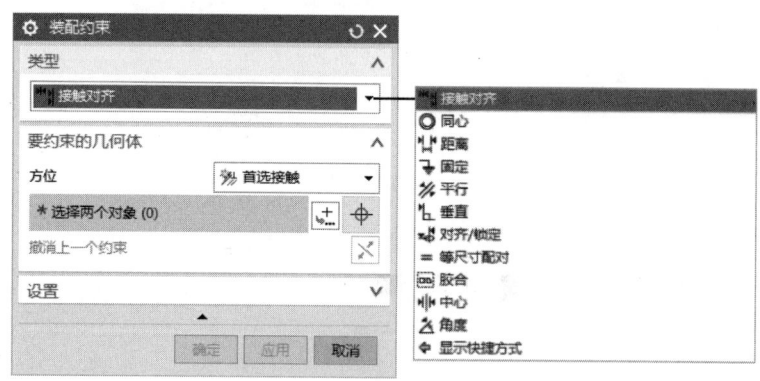

图 2-4 "装配约束"对话框

1. 角度约束

角度约束用于装配约束组件之间的角度尺寸,该约束的子类型有 3D 角和方向角度。前者用于在未定义旋转轴的情况下设置两个对象之间的角度约束,后者使用选定的旋转轴设置两个对象之间的角度约束。当设置角度约束的子类型为 3D 角时,需要选择两个有效对象(在组件和装配体中各选择一个对象,如实体面),并设置这两个对象之间的角度尺寸,如图 2-5 所示。当设置角度约束的子类型为方向角度时,需要选择 3 个对象,其中一个对象可为轴或边。

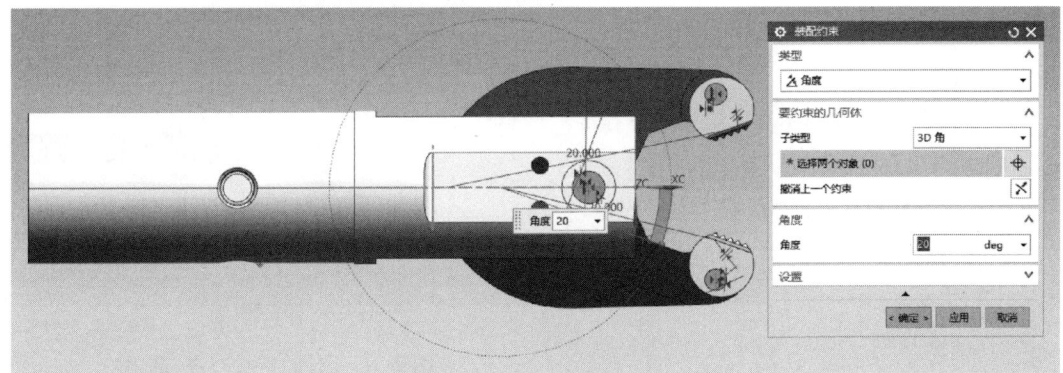

图 2-5　3D 角约束示例

2. 中心约束

使用中心约束,可以使一对对象之间的一个或两个对象居中,或使一对对象沿另一个对象居中。如图 2-6 所示,在"类型"下拉列表中选择"中心"选项时,该约束类型的子类型包括"1 对 2""2 对 1"和"2 对 2"三个选项。

- 1 对 2:使第一个所选对象居中于后两个所选对象之间。
- 2 对 1:使两个所选对象沿第三个所选对象居中。
- 2 对 2:使两个所选对象在两个其他所选对象之间居中。

3. 胶合约束

在"装配约束"对话框的"类型"下拉列表中选择"胶合"选项,如图 2-7 所示。此时可为胶合约束选择要约束的几何体或拖动几何体。

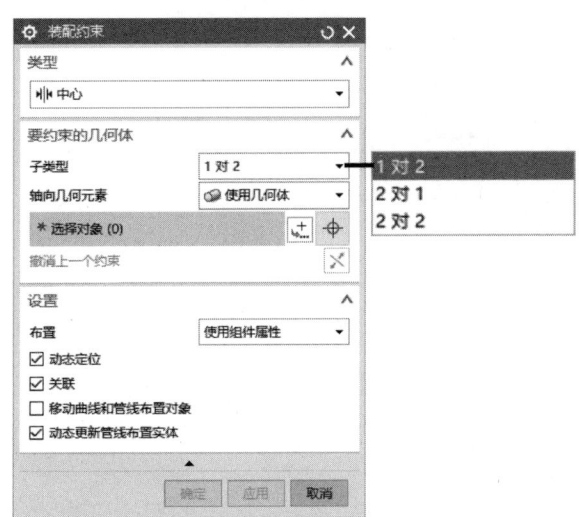

图 2-6　选择中心约束类型

图 2-7　选择胶合约束类型

使用胶合约束相当于将组件"焊接"在一起,使它们作为刚体移动。胶合约束只能应用于组件或组件和装配级的几何体,其他对象不可选。

4. 接触对齐约束

接触对齐约束用于约束两个组件,使它们彼此接触或对齐。

在"装配约束"对话框的"类型"下拉列表中选择"接触对齐"选项,此时在"方位"下拉列表中可以选择"首选接触""接触""对齐"和"自动判断中心/轴"选项,如图2-8所示。

图2-8 选择"接触对齐"选项

（1）首选接触

用于当接触和对齐都存在时显示接触约束。选择对象时,系统提供的方位方式首选为"接触"。此为默认选项。

（2）接触

用于约束对象,使其曲面法向在反方向上。选择该方位方式时,指定的两个相配合对象接触（贴合）在一起。如果要配合的两对象是平面,则两平面贴合且默认法向相反,同时用户可以单击"撤销上一个约束"按钮 进行反向设置；如果要配合的两对象是圆柱面,则两圆柱面以相切形式接触,用户可以根据实际情况设置是外相切还是内相切。在图2-9所示的示例中,定义了两个接触方位约束,其中对于"接触1"位置单击了"撤销上一个约束"按钮 进行反向设置（即将接触约束切换为对齐约束）。

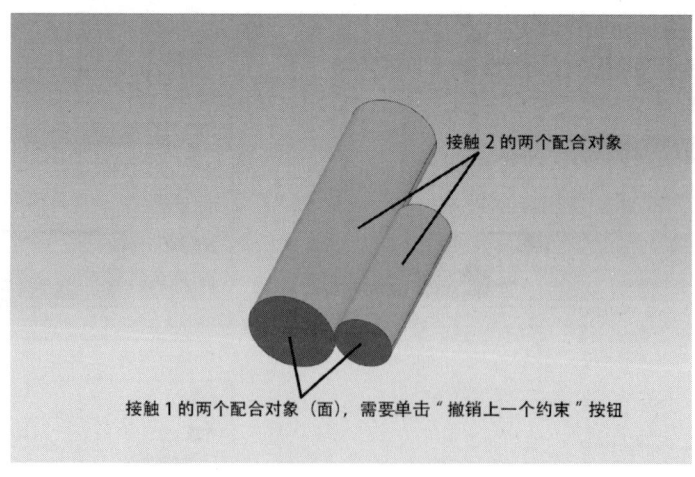

图2-9 接触对齐约束的接触示例

（3）对齐

用于约束对象,使其曲面法向在相同的方向。选择该方式时,选定的两个要配合的对象将对齐。对于平面对象而言,将默认选定的两个平面共面并且法向相同,同样可以根据设计要求进行反向设置。对于圆柱面,也可以实现面相切约束,还可以对齐中心线。在图 2-10 所示的示例中,定义了两个对齐约束,均没有进行反向设置。用户可以总结或对比接触约束与对齐约束的异同。

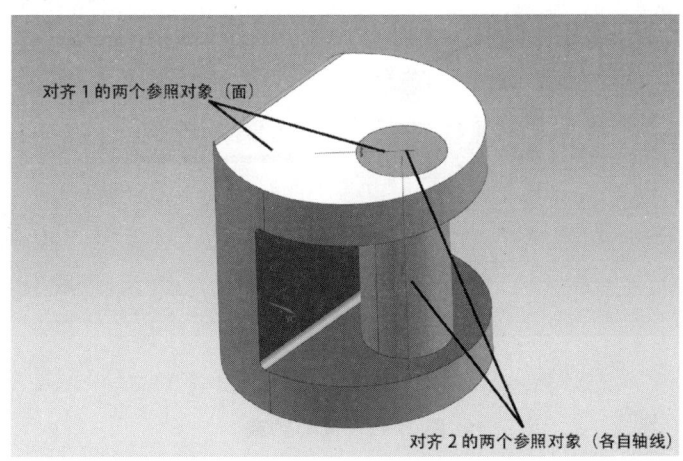

图 2-10　接触对齐约束的对齐示例

（4）自动判断中心/轴

指定在选择圆柱面或圆锥面时,NX 将使用面的中心/轴而不是面本身作为约束。选择该方位方式时,可根据所选参照曲面来自动判断中心/轴,从而实现中心/轴的接触对齐,如图 2-11 所示。

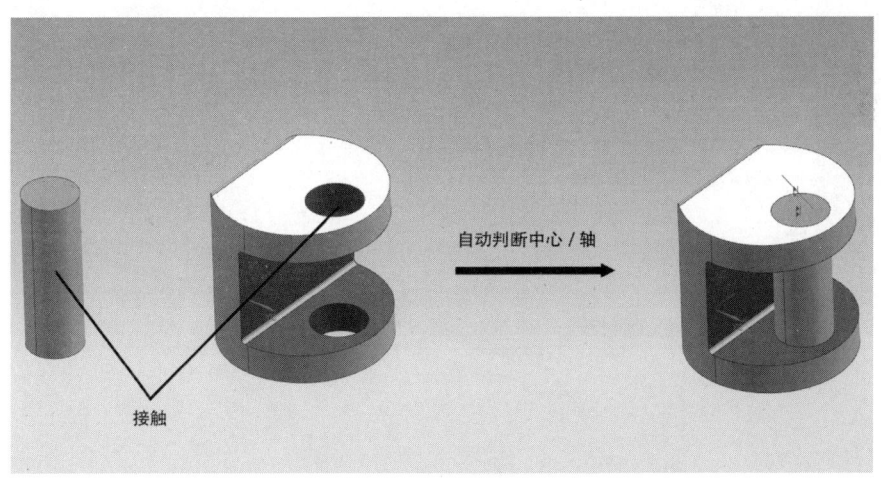

图 2-11　接触对齐约束的自动判断中心/轴示例

5. 同心约束

同心约束类型用于约束两个组件的圆形边或椭圆形边,以使中心重合,并使边的平面共面。采用同心约束的示例如图 2-12 所示,选择"同心"选项后,应分别在装配体原有组件中选择一个端面圆（圆对象）,在要添加的组件中选择一个端面圆（圆对象）。

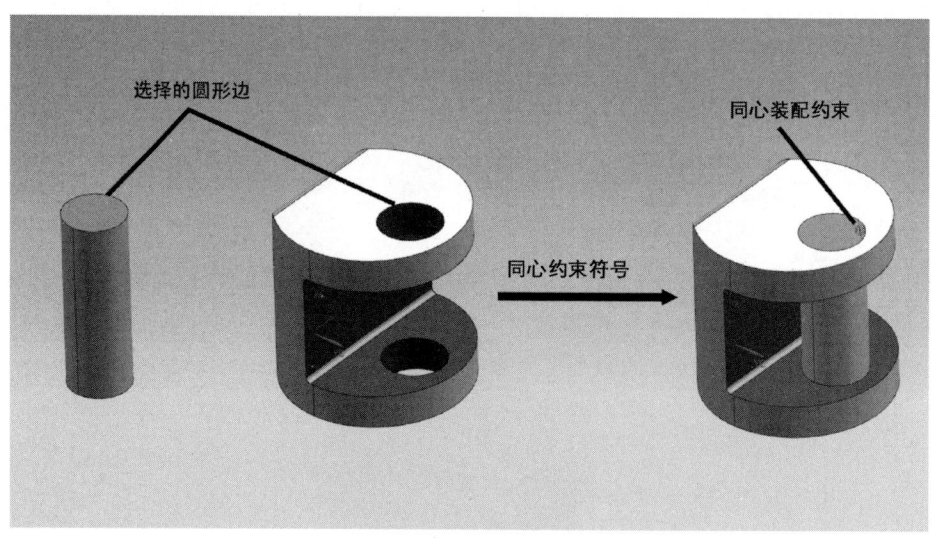

图 2-12　同心约束

6. 距离约束

距离约束指定两个对象之间的最小距离,选择该约束类型选项时,在选择要约束的两个对象参照后,需要输入这两个对象之间的最小距离,距离可以是正数,也可以是负数。采用距离约束的典型示例如图 2-13 所示。

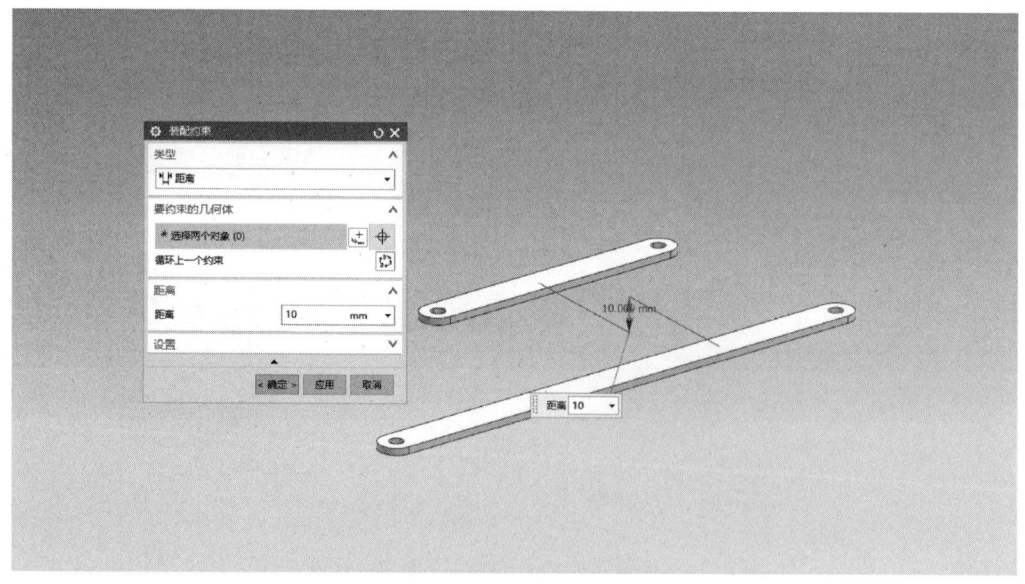

图 2-13　距离约束的典型示例

7. 平行约束

平行约束将两个对象的方向矢量定义为相互平行。图 2-14 所示的示例中选择两个实体面来定义方向矢量平行。

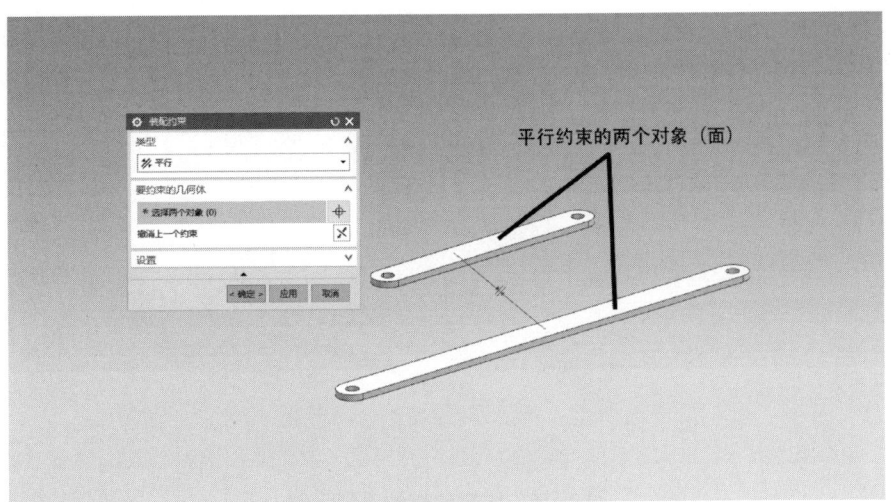

图 2-14　平行约束的典型示例

8. 垂直约束

垂直约束将两个对象的方向矢量定义为相互垂直。该约束类型和平行约束类型类似，只是方向矢量限制不同而已。垂直约束的典型示例如图 2-15 所示。

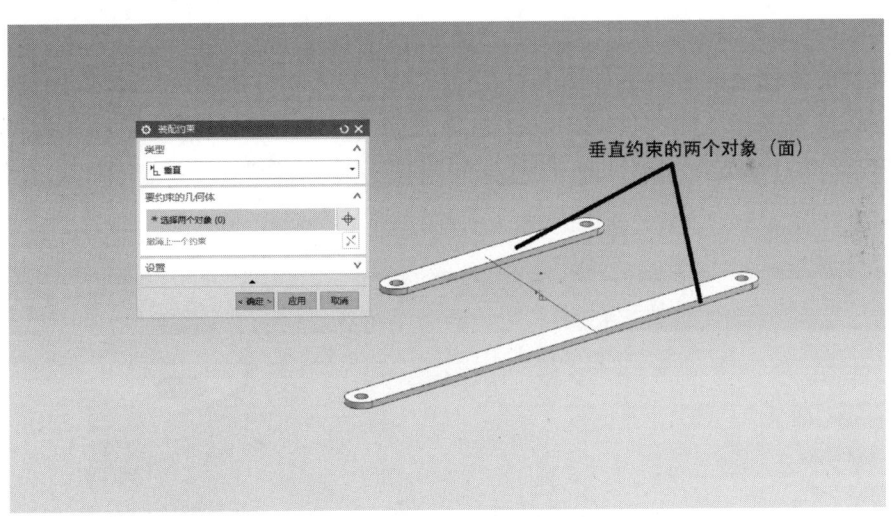

图 2-15　垂直约束的典型示例

9. 固定约束

固定约束用于将组件固定在装配体中的当前指定位置。当需要隐含静止对象时，固定约束会很有用；如果没有固定的节点，整个装配可以自由移动。

在"装配约束"对话框的"类型"下拉列表中选择"固定"选项时，系统提示为"固定"选择对象或拖动几何体。选择对象即可在当前位置处固定它，固定的几何体会显示固定符号，如图 2-16 所示。

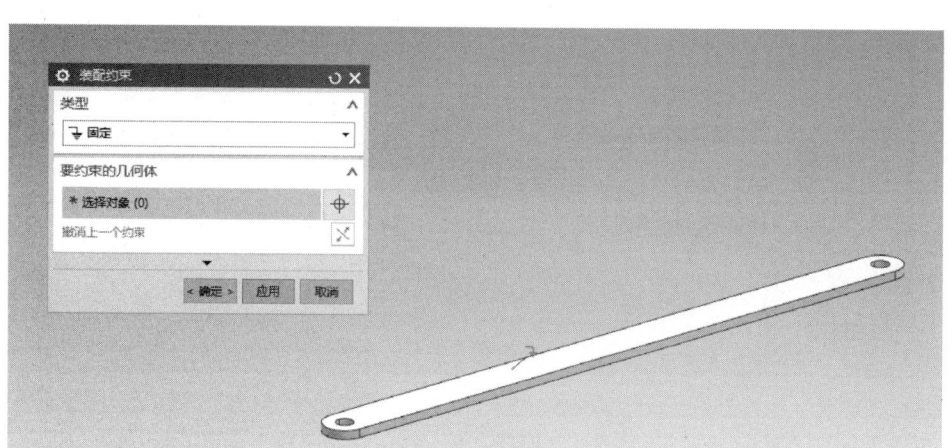

图 2-16　固定约束的典型示例

10. 等尺寸配对约束

等尺寸配对约束可以将半径相等的两个圆柱面结合在一起。该约束对确定孔中销或螺栓的位置很有用；如果以后半径变为不等，则该约束无效。

在"装配约束"对话框的"类型"下拉列表中选择"等尺寸配对"选项时，"要约束的几何体"选项区中的"选择两个对象"栏处于被激活状态，由用户选择两个有效对象（要约束的几何体）。典型的等尺寸配对约束如图 2-17 所示，选择"等尺寸配对"选项时，先选择小圆柱体的圆柱面，接着选择主体部件的内孔圆柱面。因为这两个圆柱面的半径相等，所以二者能够以等尺寸配对约束在一起，即小圆柱体的圆柱面被"拟合"到主体部件的内孔圆柱面位置处。

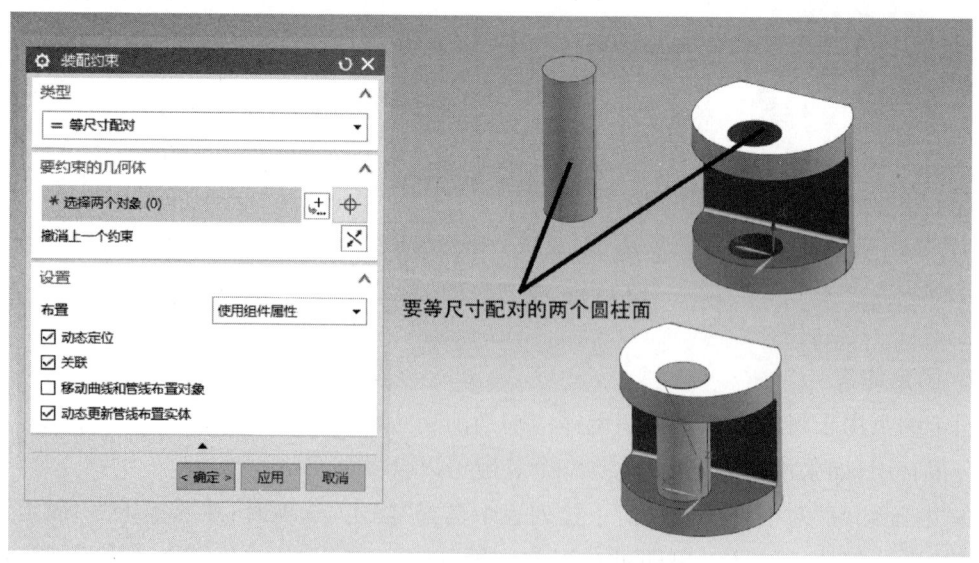

图 2-17　等尺寸配对约束的典型示例

11. 对齐/锁定约束

对齐/锁定约束可将两个对象(所选对象要一致,如圆柱面对圆柱面、圆边线对圆边线、直边线对直边线等)快速对齐/锁定。例如,使用该约束可以使选定的两个圆柱面的中心线对齐,或者使选定的两个圆边共面且中心对齐。

三、装配序列基础与应用

NX 10.0 提供了一个"装配序列"模块(任务环境),该模块用于控制组件装配或拆卸的顺序,并仿真组件运动。每个序列均与装配布置(即组件的空间组织)相关联。可以每次装配或拆卸一个组件或组件组,也可以在开始当前序列之前预装一组组件。

要进入"装配序列"任务环境,可在边框条中单击"菜单"按钮并选择装配→序列,或者在功能区"装配"选项卡的"常规"面板中单击"序列"按钮。装配序列界面如图 2-18 所示。在装配序列界面中,资源条区会出现一个序列导航器,该序列导航器用于显示各序列的基本信息。

图 2-18 "装配序列"任务环境示意

在"装配序列"任务环境中,从功能区"主页"选项卡的"装配序列"面板中单击"新建"按钮,开始新建任务,即新建装配序列。此时,用户应该熟悉"装配序列"面板、"序列步骤"面板、"工具"面板、"回放"面板、"碰撞"面板和"测量"面板(这些面板均位于功能区的"主页"选项卡)中的实用工具。

1. 装配任务环境中各面板的相关工具的功能

(1)"装配序列"面板

"装配序列"面板包含以下三个实用工具。

- "完成"按钮 ▶ ：完成序列，并退出装配序列任务环境。
- "新建"按钮 ：新建装配序列。
- "设置关联序列"下拉列表：列出显示部件中的所有序列，并将选定的序列作为关联序列。

(2)"序列步骤"面板

"序列步骤"面板主要包含以下工具按钮。

- "插入运动"按钮 ：为组件插入运动步骤，使其可以形成动画。单击该按钮，可打开图 2-19 所示的"录制组件运动"对话框。
- "装配"按钮 ：为选定组件按其选定的顺序创建单个装配步骤。
- "一起装配"按钮 ：在单个序列步骤中，将一套组件作为一个单元进行装配。
- "拆卸"按钮 ：为选定组件创建拆卸步骤。
- "一起拆卸"按钮 ：在单个序列步骤中，将选定的子组或一套组件作为一个单元进行拆卸。

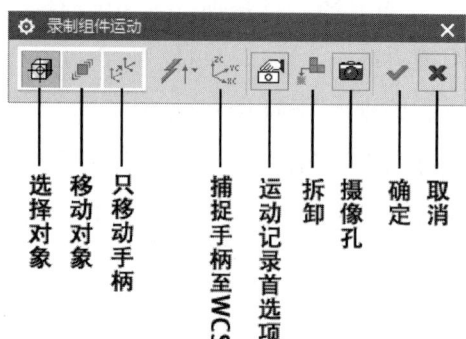

图 2-19 "录制组件运动"对话框

- "记录摄像位置"按钮 ：将当前视图方位和比例作为一个序列步骤进行捕捉，回放此序列时，该视图将过渡到该摄像位置，有利于清晰展现较细小的组件。
- "插入暂停"按钮 ：在当前序列中插入暂停步骤，以便回放该序列时，视图暂停在该步骤。
- "抽取路径"按钮 ：为选定的组件创建一个无碰撞抽取路径序列步骤，以便在起始和终止位置之间移动。间隙值将确保选定组件的运动路径，避免与视图中其他可见组件碰撞。

(3)"工具"面板

"工具"面板主要包含以下工具按钮。

- "删除"按钮 ：用于删除选定的顺序或顺序步骤。
- "捕捉布置"按钮 ：将装配组件的当前位置作为一个布置进行捕捉。
- "在序列中查找"按钮 ：在序列导航器中查找特定的组件。
- "显示所有序列"按钮 ：显示序列导航器中所有已显示部件的序列(仅在关闭时显示关联序列)。
- "运动包络体"按钮 ：通过连续序列运动步骤扫掠选定的对象(装配组件、实体、片体或组件中的小平面体),在显示部件(或新部件)中创建一个运动包络体。

(4)"回放"面板

"回放"面板集中了用来显示装配序列和回放运动的工具命令。当工具按钮为灰色显示时,表示该工具按钮当前不可用。"回放"面板中各工具按钮或下拉列表的功能、含义如下。

- "设置当前帧"下拉列表:显示按序列播放的当前帧,并转至所选定的或输入的帧。
- "倒回到开始"按钮 ：直接移动至序列中的第一帧。
- "前一帧"按钮 ：序列单步倒回到前一帧。
- "向后播放"按钮 ：反向播放序列中的所有帧。
- "向前播放"按钮 ：按前进顺序播放序列中的所有帧。
- "下一帧"按钮 ：序列单步向前一帧。
- "快进到结尾"按钮 ：直接移动至序列中的最后一帧。
- "导出至电影"按钮 ：导出序列帧到电影。
- "停止"按钮 ：停止序列回放。
- "回放速度"下拉列表:用于控制回放的速度(数字越大,速度越快)。

(5)"碰撞"面板

"碰撞"面板主要包含以下工具。

- "无检查"按钮 ：关闭动态碰撞检测并忽略任何碰撞。
- "高亮显示碰撞"按钮 ：在继续移动组件的同时,高亮显示碰撞区域。
- "在碰撞前停止"按钮 ：在发生碰撞干涉之前停止运动。
- "认可碰撞"按钮 ：认可碰撞并允许运动继续。
- "检查类型"下拉列表:指定对象类型以在运动期间用于间隙检测,可供选择的检查类型有"小平面/实体"和"快速小平面"。虽然"快速小平面"较快,但"小平面/实体"更精确。

(6)"测量"面板

"测量"面板主要包含以下工具内容。

- "高亮显示测量"按钮 ：高亮显示测量违例需求,同时继续移动组件。
- "违例后停止"按钮 ：发生需求违例后立即停止移动,并高亮显示测量。
- "认可测量违例"按钮 ：认可测量需求违例,并允许运动继续。
- "测量更新频率"下拉列表:定义在运动期间测量尺寸显示的更新频率(以帧计)。

2. 装配序列应用的主要操作步骤

装配序列应用的主要操作如下。

(1)新建序列

打开"装配序列"界面,在功能区"主页"选项卡的"装配序列"面板中单击"新建"按钮 ,

则创建一个新的序列,该序列以默认名称显示在"设置关联序列"下拉列表中。

每个序列分为一系列步骤,每个步骤代表装配或拆卸过程中的一个阶段。

(2)插入运动

在"序列步骤"面板中单击"插入运动"按钮,打开"录制组件运动"对话框。利用该对话框,结合设计要求和系统提示,将组件拖动或旋转成特定状态,从而完成插入运动操作。

(3)记录摄像位置

记录摄像位置是很实用的一个操作,它可以将当前视图方位和比例作为一个序列步骤进行捕捉。通常可把视图调整到较佳的观察位置并进行适当放大,此时在"序列步骤"面板中单击"记录摄像位置"按钮,从而完成记录摄像位置操作。

(4)拆卸与装配

在"序列步骤"面板中单击"拆卸"按钮,系统弹出"类选择"对话框。从装配中选择要拆卸的组件,单击"确定"按钮,完成一个拆卸步骤。如果需要,可继续使用同样的方法来创建其他的拆卸步骤。

装配步骤与拆卸步骤是相对的,两者的操作方法类似。如要创建装配步骤,则在"序列步骤"面板中单击"装配"按钮,然后选择要装配的组件。

在单个序列步骤中,可以进行一起拆卸和一起装配等操作。以一起拆卸为例,首先选择要一起拆卸的多个组件,然后单击"序列步骤"面板中的"一起拆卸"按钮即可。

(5)回放装配序列

利用"回放"面板来进行回放装配序列的操作,如以下两个例子。

① 在"装配序列"面板的"设置关联序列"下拉列表中选定一个要回放的序列作为关联序列。

② 在"回放"面板的"回放速度"下拉列表中设置回放速度,接着单击"倒回到开始"按钮,再单击"向前播放"按钮,以前进顺序播放序列。可灵活执行"回放"面板中的其他功能按钮进行回放操作。

(6)删除序列

对于不满意的序列,用户可以对其删除。

四、WAVE 几何链接器

WAVE 几何链接器是一个重要工具,其可以根据不同的设计意图及目的进行部件间的点、线、面、区域、实体或草图的复制,从而满足不同的设计需要。单击"装配"工具栏中的"WAVE 几何链接器"按钮,弹出"WAVE 几何链接器"对话框,如图 2-20 所示。

操作时,可以根据需要修改"类型"选项,并从中选择"复合曲线""点""基准""面""体"等内容,以方便对象链接,还可以改变"关联"复选框及其他复选框,使链接更符合需求。

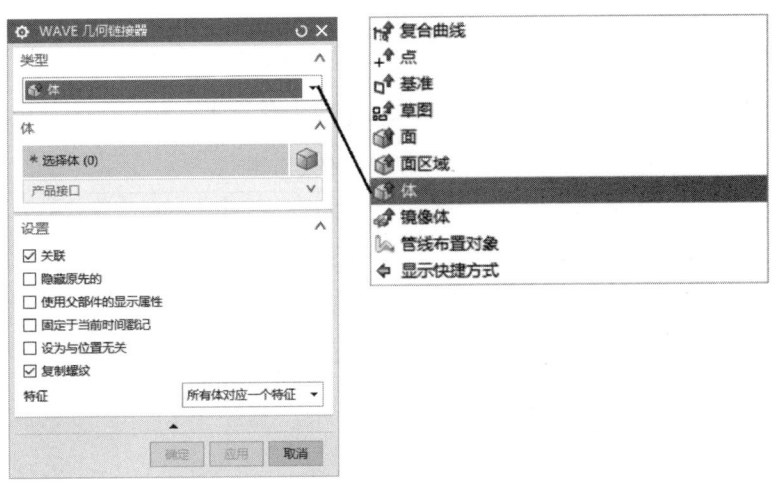

图 2-20 "WAVE 几何链接器"对话框

学习任务 1

卡 爪 装 配

任务导入

NX 装配是一种基于三维实体模型的装配设计方法,它可以在计算机上模拟产品的装配过程,检验产品的装配性能,优化产品的结构设计,提高产品的质量和效率。通过装配学习,学会图 2-21 所示的装配操作方法。

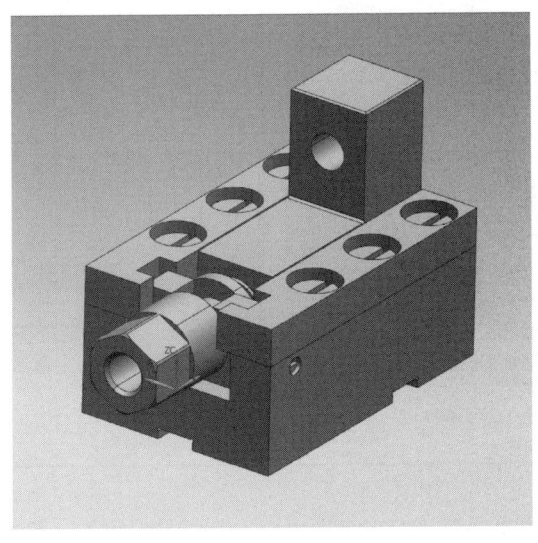

图 2-21 卡爪模型

任务流程

1. 参考装配方案

根据装配规则,设计卡爪装配的参考方案,内容见表 2-1。

表 2-1 卡爪装配参考方案

序号	步骤	图示	序号	步骤	图示
1	固定基体	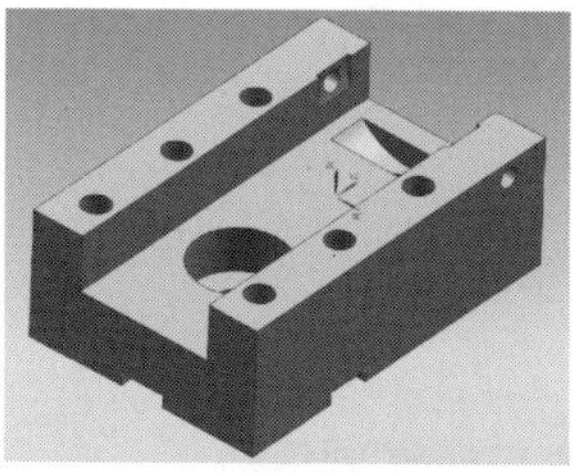	5	添加 2 个螺钉	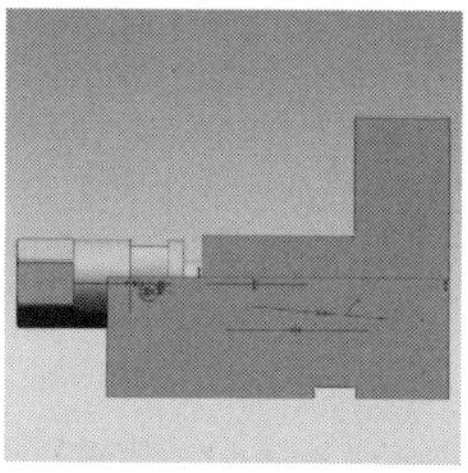
2	卡爪和螺杆配合	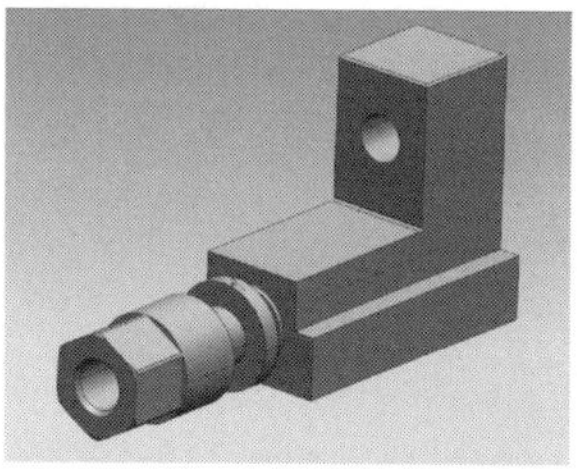	6	添加盖板	
3	添加垫铁	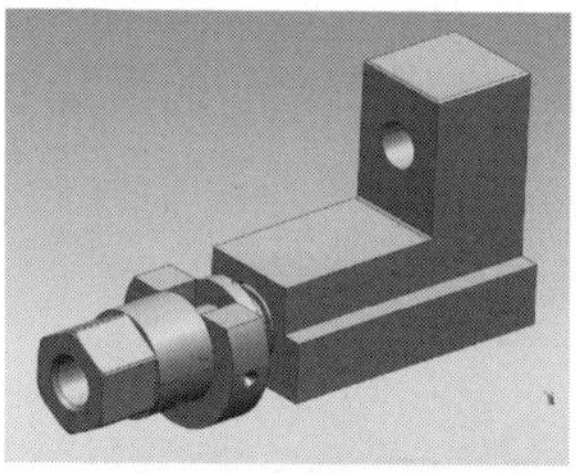	7	添加 6 个 M8 螺钉	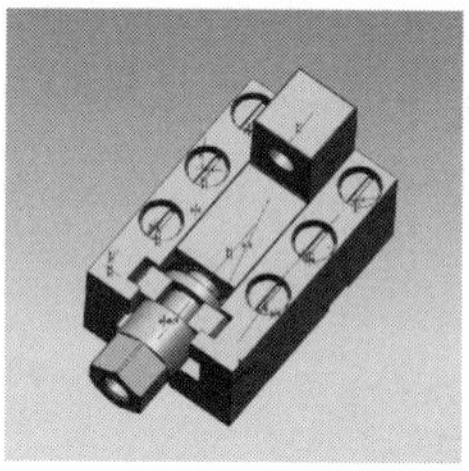
4	与基体配合	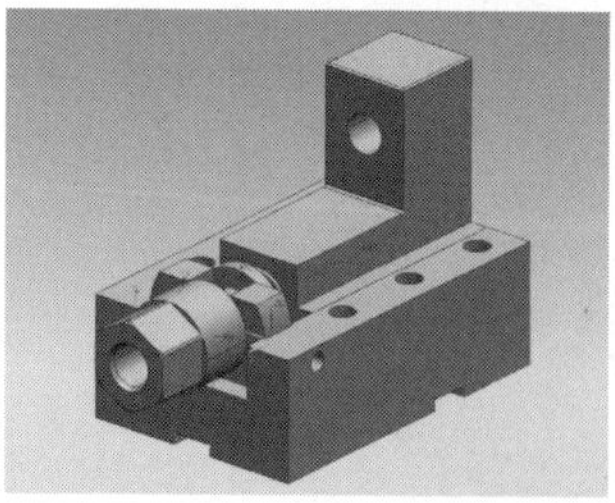			

2. 学生装配方案

学生根据自己对装配规则的理解,参照装配参考方案,独立设计卡爪装配方案,并填写表 2-2。

表 2-2　学生卡爪装配方案

序号	步骤	图示	序号	步骤	图示
1			6		
2			7		
3			8		
4			9		
5					
考评结论					

任务实施

一、预习效果检查

1. 判断题

(1) 采用自底向上装配方法,零组件的定位方法有两种:绝对坐标定位法;配对定位法。　　　　　　　　　　　　　　　　　　　　　　　　　　　　　　(　　)

(2) 自顶向下的设计是一种重要的零件设计方法,它具有零件尺寸设计准确、迅速,特别是装配尺寸不易出错的特点,已被设计人员广泛应用。　　　　　　　　(　　)

2. 填空题

(1) NX 装配采用_____方式,在装配文件中建立零件的指针集合,装配中的组件与零件完全相关。

（2）装配定位的方式有_____、_____。

3. 选择题

（1）由装配体设计意图到组件装配体设计意图，再到零件设计意图的设计装配方式为（　　）。

  A. 自顶向下的装配设计方式 B. 自顶向上的装配设计方式

  C. 自底向上的装配设计方式 D. 自底向下的装配设计方式

（2）零件在装配件中的放置状态有（　　）。

  A. 没有约束、部分约束、完全约束三种 B. 没有约束、完全约束两种

  C. 部分约束、完全约束两种 D. 完全约束一种

二、卡爪装配体结构分析

1. 参考图样分析

卡爪装配图如图 2-22 所示，装配图由卡爪、螺杆、垫铁、螺钉、M8 螺钉、基体、盖板组成。

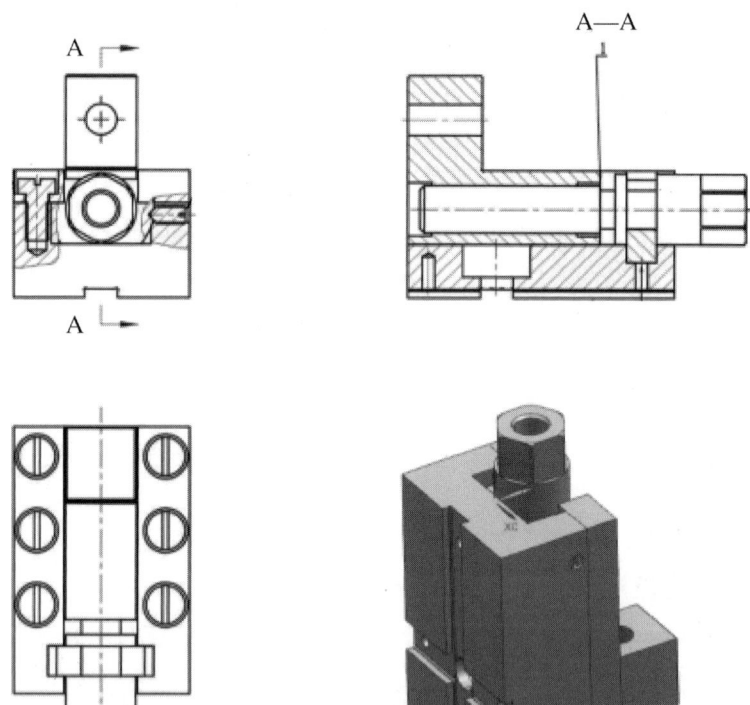

图 2-22　卡爪装配图纸图样

2. 学生图样分析

参考以上提示，独立完成卡爪装配图样分析，并填写表 2-3。

表 2-3　卡爪装配图样分析

序号	项目	分析结果
1	卡爪装配体结构组成	
2	教师评价	

三、卡爪装配实施过程

1. 新建文件并保存

要求　在"新文件名"选项区的"名称"文本框中输入"卡爪装配.prt",并指定保存路径。

2. 载入部件

在弹出的"添加组件"对话框中选择卡爪装配的部件,如图 2-23 所示。

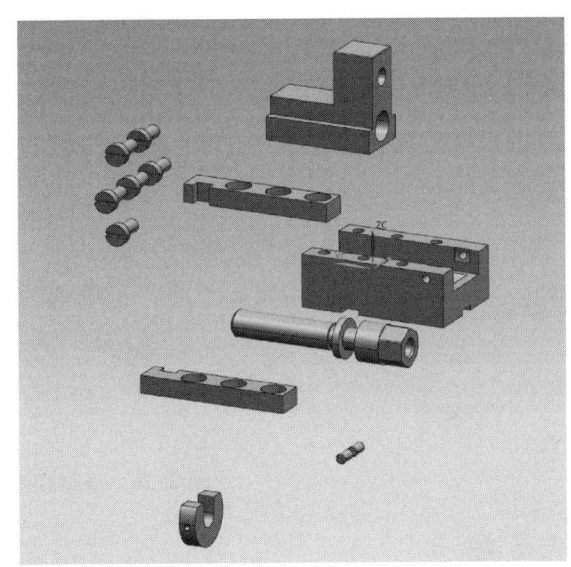

图 2-23　载入部件

3. 固定基体

选择基体,使其固定,如图 2-24 所示。

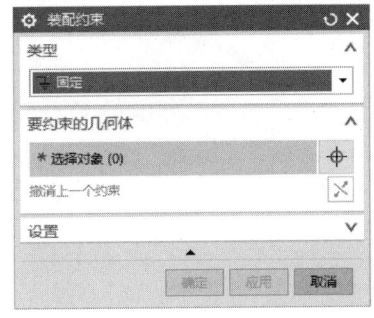
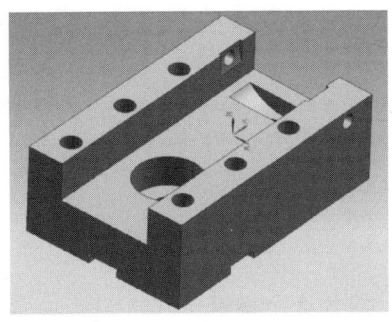

图 2-24　固定基体

4. 卡爪和螺杆配合

选择螺杆,使用接触对齐约束与卡爪进行配合,如图 2-25 所示。

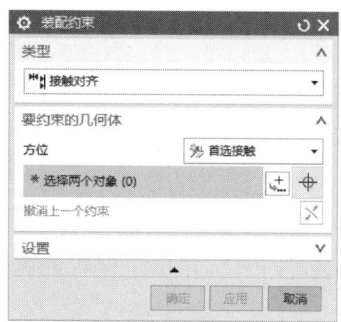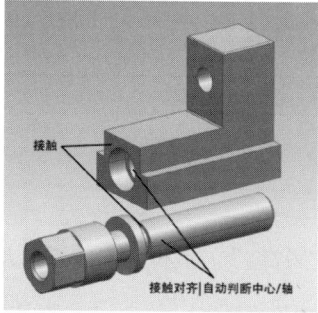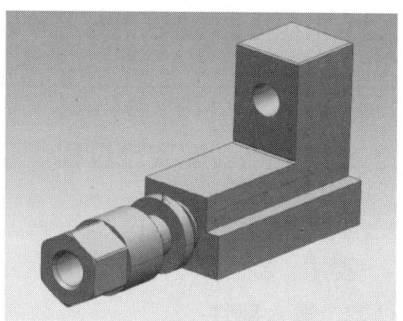

图 2-25　卡爪和螺杆配合

5. 添加垫铁

选择垫铁,使用接触对齐的方法与螺杆进行配合,如图 2-26 所示。

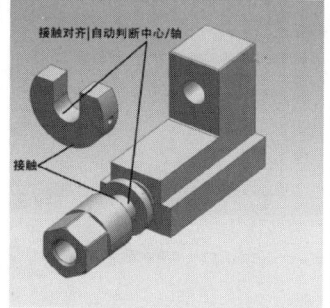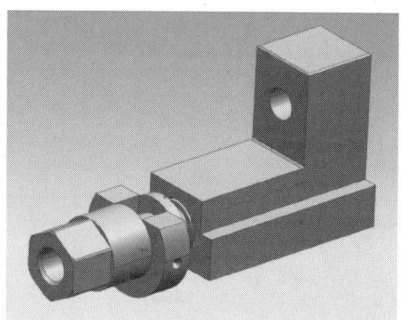

图 2-26　添加垫铁

6. 与基体配合

将装配完的组件与基体配合,如图 2-27 所示。

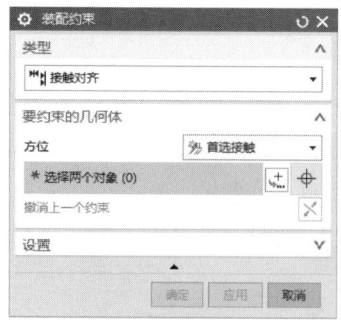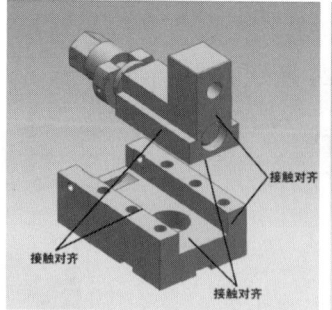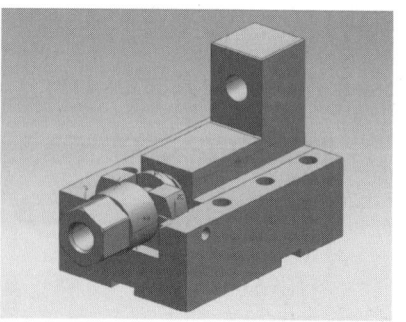

图 2-27　与基体配合

7. 添加 2 个螺钉

选择 2 个螺钉,用接触对齐约束配合,如图 2-28 所示。

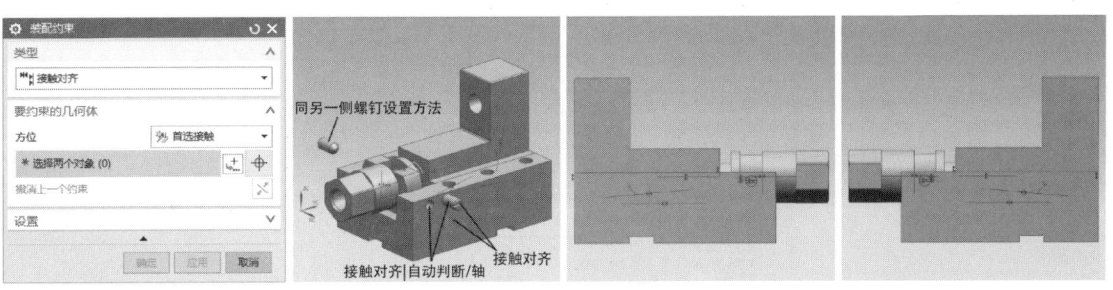

图 2-28 添加螺钉

8. 添加盖板

选择两个盖板，用接触对齐约束配合，如图 2-29 所示。

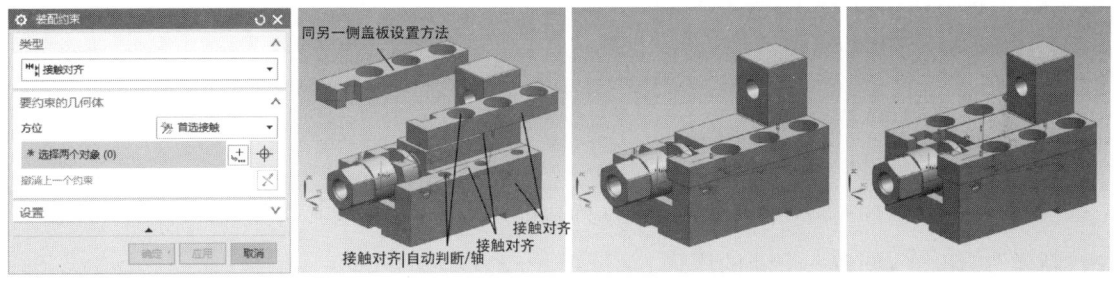

图 2-29 添加盖板

9. 添加 6 个 M8 螺钉

选择 6 个 M8 螺钉，用接触对齐约束配合，如图 2-30 所示。

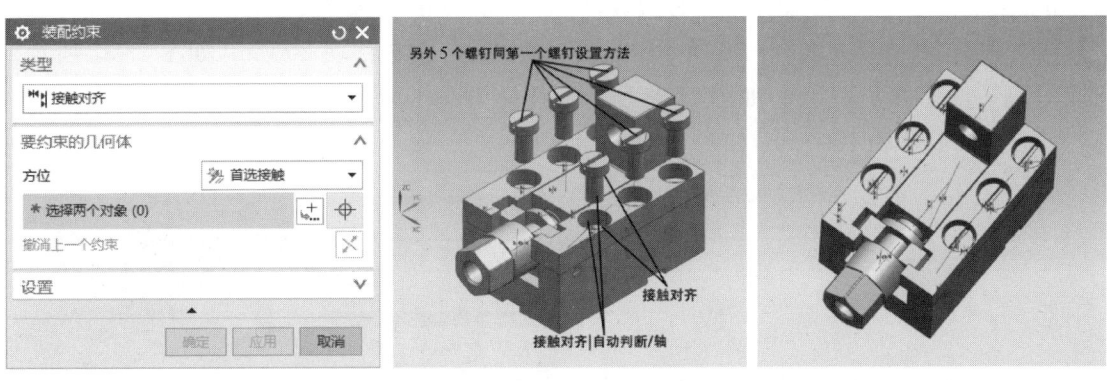

图 2-30 添加 6 个 M8 螺钉

10. 测量质心

在边框条中依次单击分析→测量体，弹出"测量体"对话框，如图 2-31 所示。勾选"显示信息窗口"复选框，选中装配体整体，弹出"信息"对话框，测得质心，如图 2-32 所示。

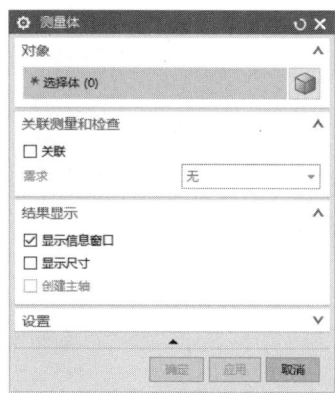

图 2-31 "测量体"对话框

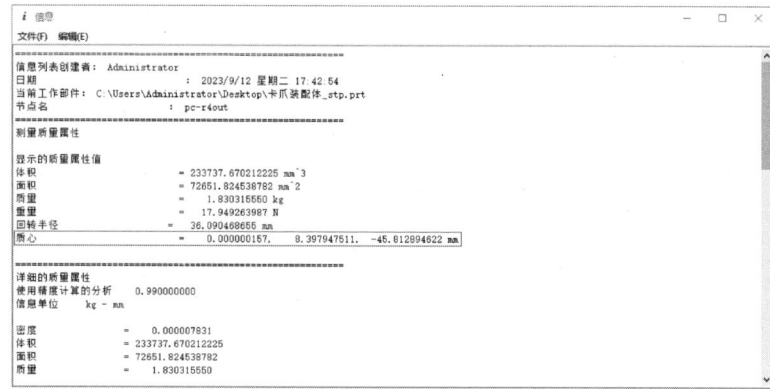

图 2-32 "信息"对话框

四、卡爪装配序列实施过程

1. 打开文件

打开"卡爪装配.prt"文件。

2. 新建装配序列

单击"菜单"按钮,选择装配→序列,从功能区"主页"选项卡的"装配序列"面板中单击"新建"按钮,创建一个新的序列。

3. 插入运动

在装配序列环境下,在"序列步骤"面板中单击"插入运动"按钮,弹出"录制组件运动"对话框,如图 2-33 所示。选择 6 个 M8 螺钉,单击对话框中移动对象按钮,向上移动 50 mm,如图 2-34 所示。选择左、右盖板,向上移动 30 mm,如图 2-35 所示。选择右侧螺钉,向右移动 20 mm,如图 2-36 所示。选择左侧螺钉,向左移动 20 mm,如图 2-37 所示。选择基座,向下移动 50 mm,如图 2-38 所示。选择垫铁,向下移动 30 mm,如图 2-39 所示。选择螺杆,向前移动 100 mm,如图 2-40 所示。

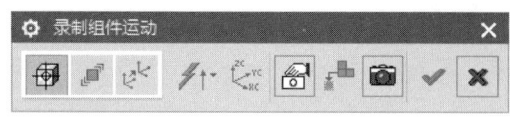

图 2-33 "录制组件运动"对话框

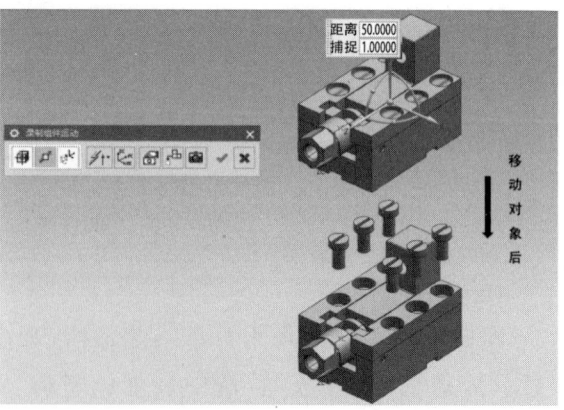

图 2-34 移动 M8 螺钉

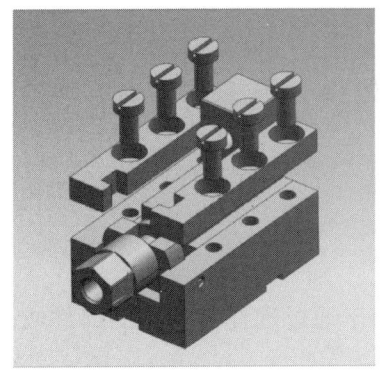 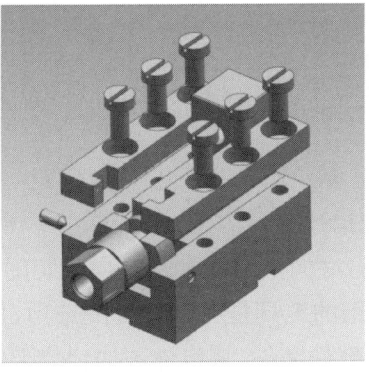 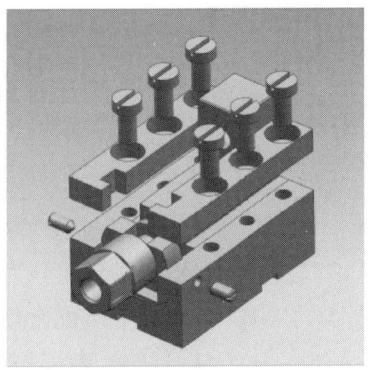

图 2-35　移动左、右盖板　　图 2-36　移动右侧螺钉　　图 2-37　移动左侧螺钉

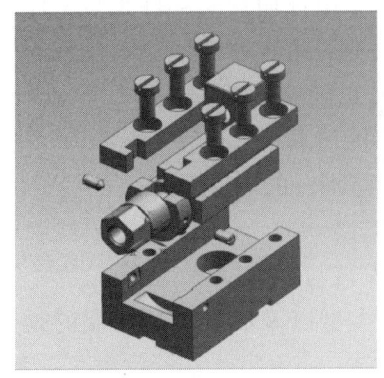 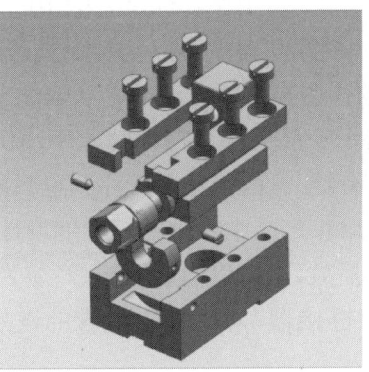 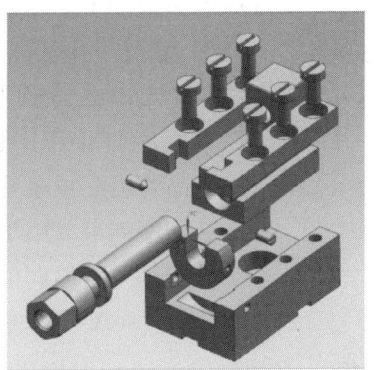

图 2-38　移动基座　　图 2-39　移动垫铁　　图 2-40　移动螺杆

4. 导出视频

点击 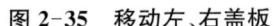 按钮，导出卡爪视频。

任务评价

班级：		姓名：	学号：	成绩：
序号	评价内容	评价标准	评价结果（优/良/合格/不合格）	
1	基础知识的应用	能掌握相关功能的使用方法		
2	装配的基本流程	能按照图纸合理设计基本流程		
3	安全文明	无安全隐患，无违章操作		

拓展训练

1. 若需将两个任意对象约束到一起,使它们作为刚体移动,应采取下面哪种约束?(　　)

   A. 对齐/锁定　　　B. 胶合　　　C. 固定　　　D. 接触对齐

2. 以下对于NX虚拟装配描述错误的是(　　)。

   A. NX虚拟装配分为自底向上装配和自顶向下装配

   B. 自底向上装配常使用的工具是"添加组件"选项,用于通过选择已加载的部件或从系统磁盘中选择部件文件,将组件添加到装配中

   C. 自顶向下装配常使用的工具是"新建组件"选项,用于选择几何体并将其保存为组件,或者在装配中创建组件

   D. 在装配的上下文设计中,当工作部件是装配中的一个组件而现实部件是装配件时,定义工作部件中的几何对象可以复制现实部件中的几何对象

3. 以下对产品装配序列的作用与制作方法的各项描述中,正确的是(　　)。

   A. 装配序列可用于展示产品装配和拆卸的顺序,但不能仿真组件运动

   B. 产品的装配顺序具有唯一性,因此装配序列也只能是唯一的

   C. 装配序列可以用于修正产品中零件的粗糙度设计错误

   D. 装配序列可以向前播放,也可以向后播放,对应为安装与拆卸过程

4. 以下关于"WAVE几何链接器"对话框中包含的链接类型以及设置描述错误的是(　　)。

   A. 草图:复制组件的草图

   B. 复合曲线:装配中所有组件上的边

   C. 允许自相交:允许复制的面或面区域自相交

   D. 隐藏原先的:勾选此复选框,则原先的组件将被隐藏

5. 在设计好装配中的部件几何模型后,将该部件的几何模型添加到装配中,可以使该部件成为一个组件,以上操作中,系统会调用"添加现存部件相关信息设置"对话框,以下于该对话框中参数描述错误的是(　　)。

   A. Component name,组件名称,可以重新设置

   B. Reference Set,用于改变引用集

   C. Multiple add,用于指定添加部件,一次只能添加一个部件

   D. Positioning,用于指定部件在装配中的定位方式

学习任务 2
连 杆 装 配

任务导入

图 2-41 所示为连杆装配体模型,A 的角度为 15°,通过装配连杆模型,激发学生对装配的兴趣。

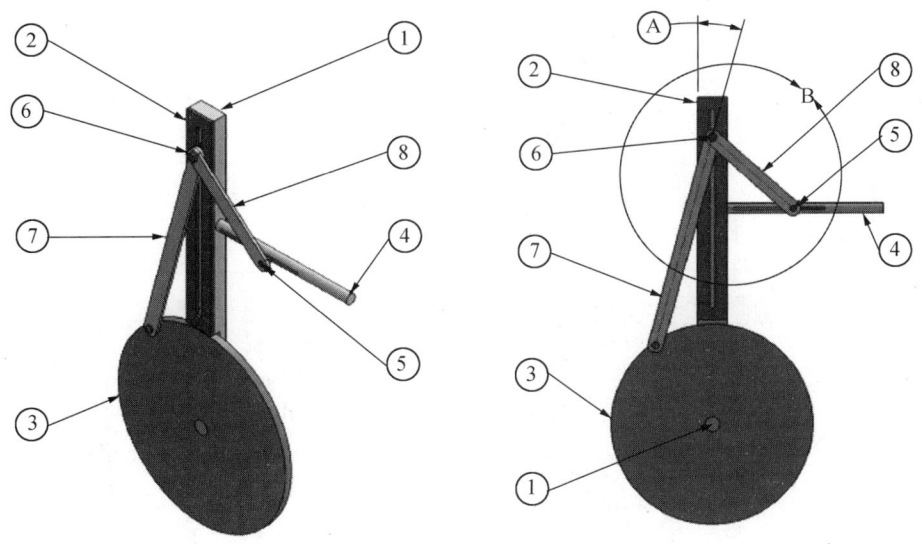

序号	名称	序号	名称
1	Base	5	Piston
2	Rail Lid	6	Cylinder Connector
3	Wheel	7	Large Link
4	Piston Cylinder	8	Small Link

图 2-41 连杆模型

任务流程

1. 参考装配方案

根据装配规则,设计连杆装配的参考方案,内容见表 2-4。

表 2-4 连杆参考方案

序号	步骤	图示	序号	步骤	图示
1	固定 Base	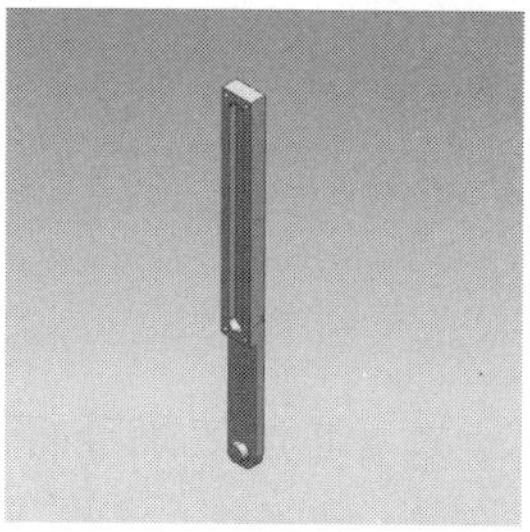	6	Piston 和 Piston Cylinder 配合	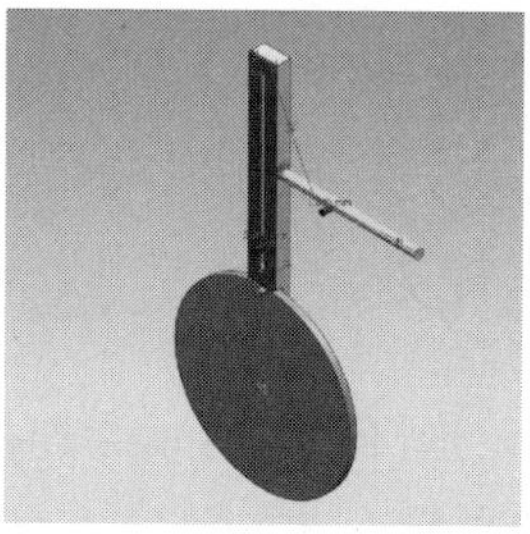
2	Base 和 Wheel 配合	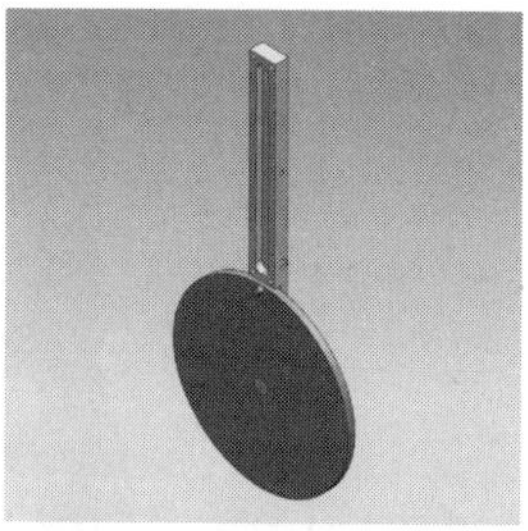	7	Large Link 和 Wheel、Cylinder Connector 配合	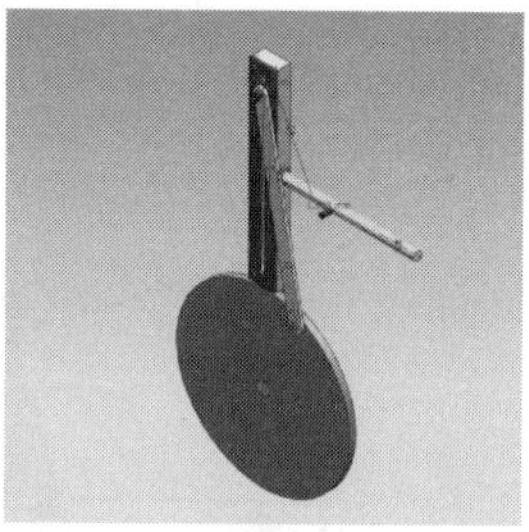
3	Piston Cylinder 和 Base 配合	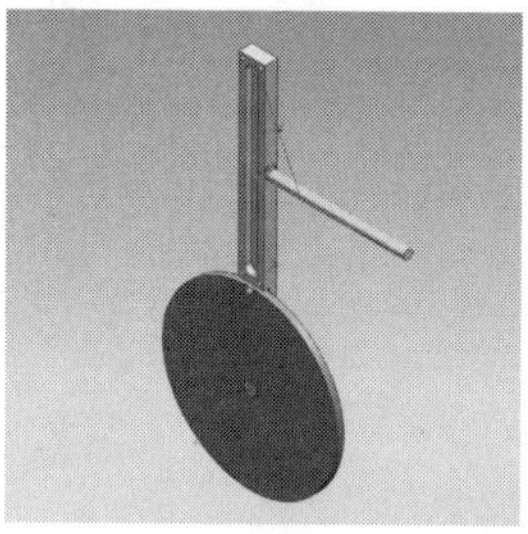	8	Small Link 和 Piston、Cylinder Connector 配合	
4	Cylinder Connector 和 Base 配合	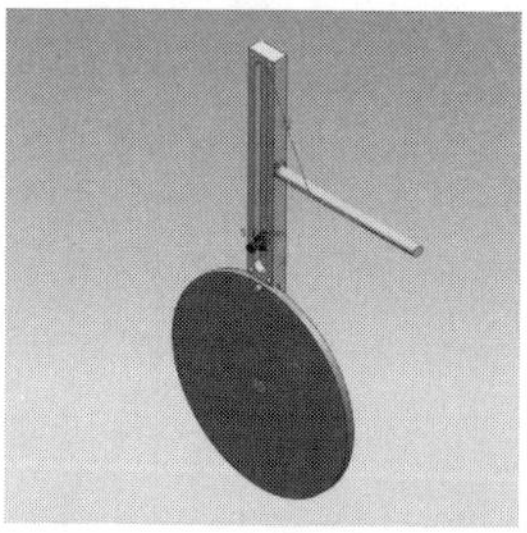	9	设置 Large Link 和 Rail Lid 之间的角度	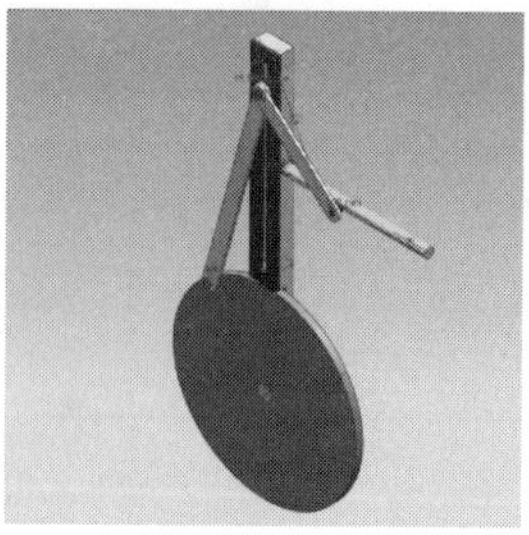
5	Rail Lid 和 Base 配合	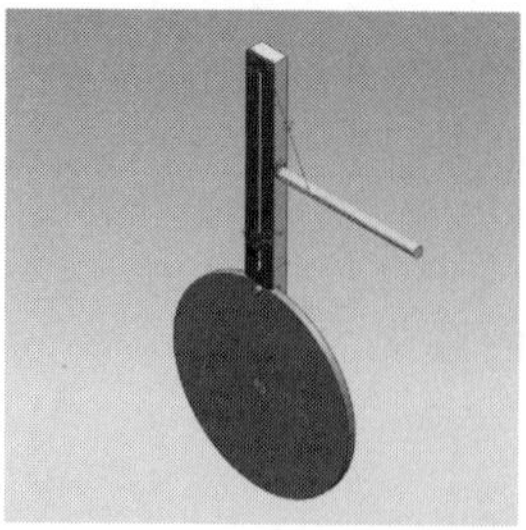			

2. 学生装配方案

学生根据自己对装配规则的理解,参照装配参考方案,独立设计连杆装配方案,并填写表 2-5。

表 2-5　学生连杆装配方案

序号	步骤	图示	序号	步骤	图示
1			6		
2			7		
3			8		
4			9		
5					
考评结论					

任务实施

一、预习效果检查

1. 判断题

(1) 在装配导航器上也可以查看组件之间的定位约束关系。　　　　　　　　(　　)

(2) 在装配中可以对组件进行镜像或阵列的创建。　　　　　　　　　　　　(　　)

2. 填空题

(1) 在装配模型中拆分指定组件的图形称为_____。

（2）在装配过程中，可以进行其中任何零部件的_____和编辑，也可以随时_____零部件。

3. 选择题

（1）下列哪个选项不是装配中组件阵列的方法？（　　）

  A. 线性　　　　　　　　　　　　B. 从引用集阵列

  C. 参考　　　　　　　　　　　　D. 圆形

（2）当组件的引用集在装配文件中被使用时，此引用集若被删除，那么下次打开此装配文件时，组件的哪个引用集将会被使用？（　　）

  A. 空集　　　　　　　　　　　　B. 默认引用集

  C. 装配文件将打开失败　　　　　　D. 整集

二、连杆装配体结构分析

1. 参考图样分析

连杆装配图如图 2-42 所示，装配图由 Base、Cylinder Connector、Large Link、Piston Cylinder、Piston、Rail Lid、Small Link、Wheel 组成。

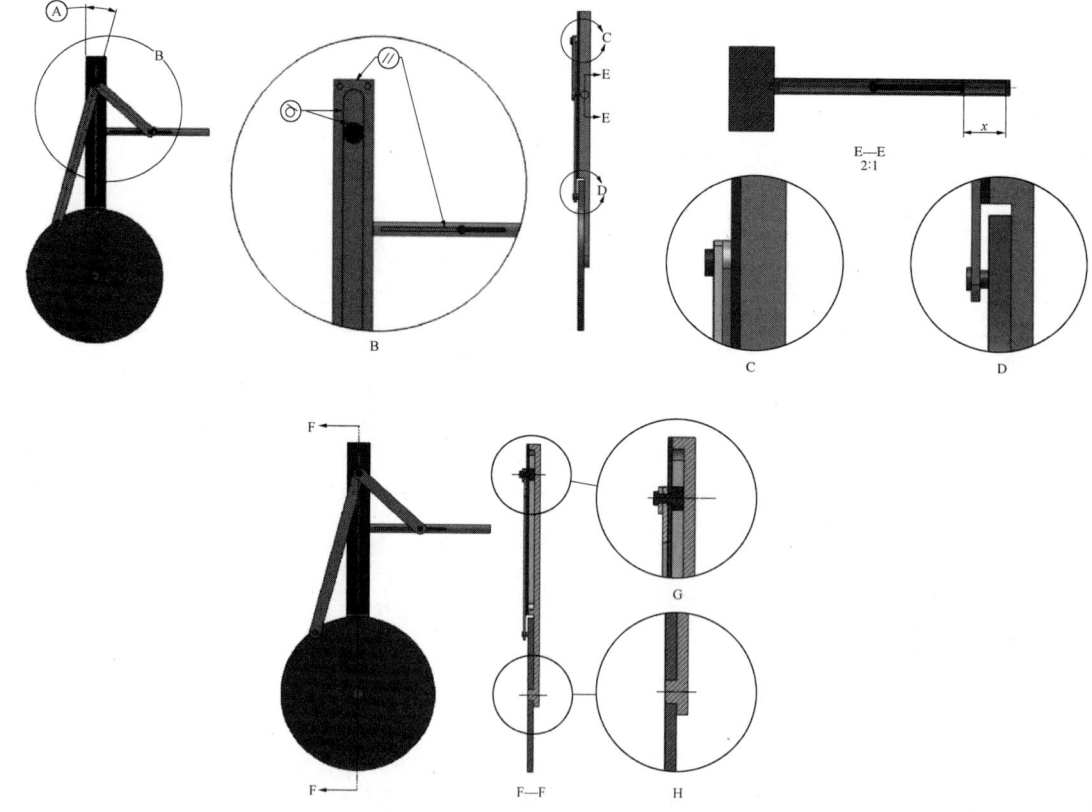

图 2-42　连杆装配图样

2. 学生图样分析

参考图 2-42,独立完成连杆装配图样分析,并填写表 2-6。

表 2-6 连杆装配图样分析

序号	项目	分析结果
1	连杆装配体结构组成	
2	教师评价	

三、连杆装配实施过程

1. 新建文件并保存

要求 在"新文件名"选项区的"名称"文本框中输入"连杆装配.prt",并指定要保存的文件夹(即指定保存路径)。

2. 载入部件

在弹出的"添加组件"对话框中选择连杆装配的部件,如图 2-43 所示。

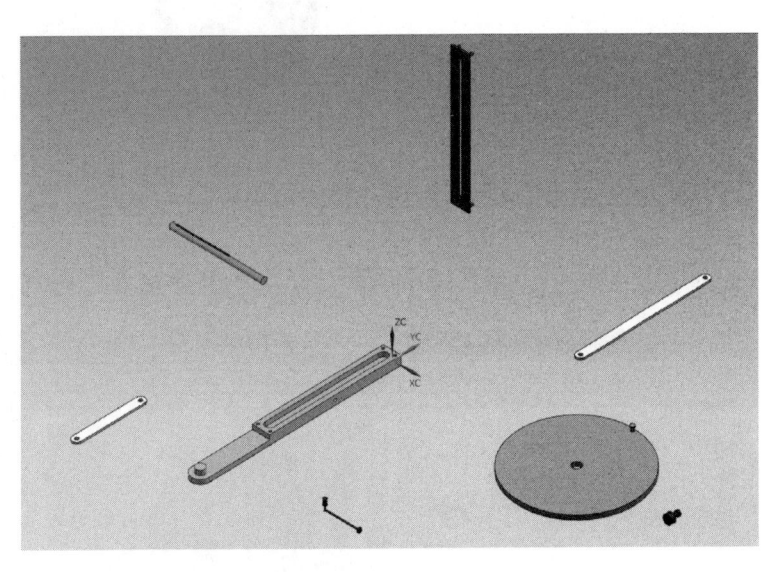

图 2-43 载入部件

3. 固定 Base

选择 Base,使其固定,如图 2-44 所示。

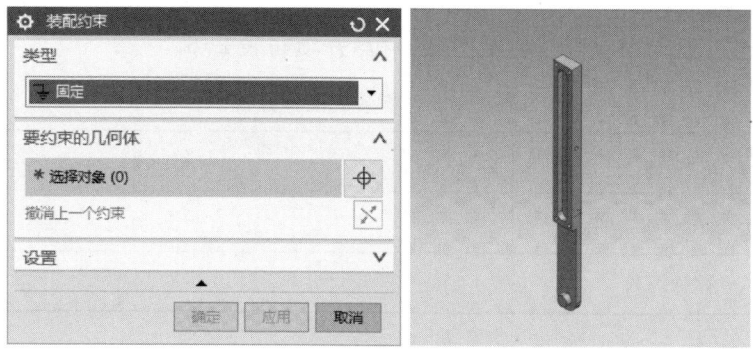

图 2-44　固定 Base

4. Base 和 Wheel 配合

选择 Wheel，使用接触对齐约束和 Base 进行配合，如图 2-45 所示。

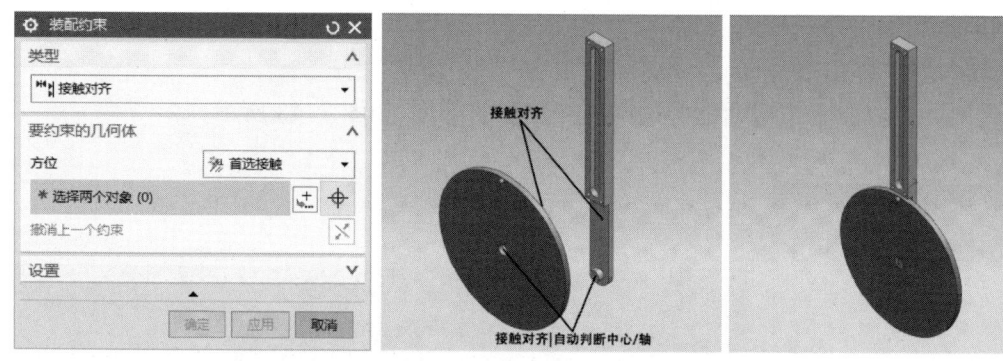

图 2-45　Base 和 Wheel 配合

5. Piston Cylinder 和 Base 配合

选择 Piston Cylinder，使用接触对齐约束和 Base 进行配合，如图 2-46 所示。

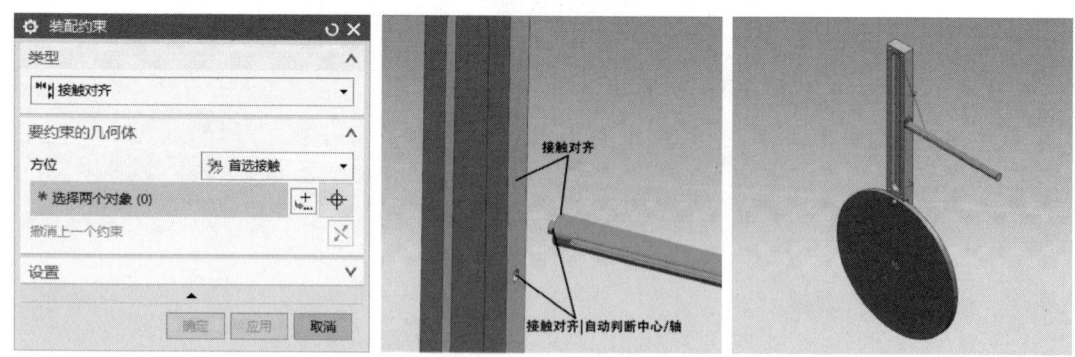

图 2-46　Piston Cylinder 和 Base 配合

6. Cylinder Connector 和 Base 配合

Cylinder Connector 和 Base 配合，距离设置为 10 mm，如图 2-47 所示。

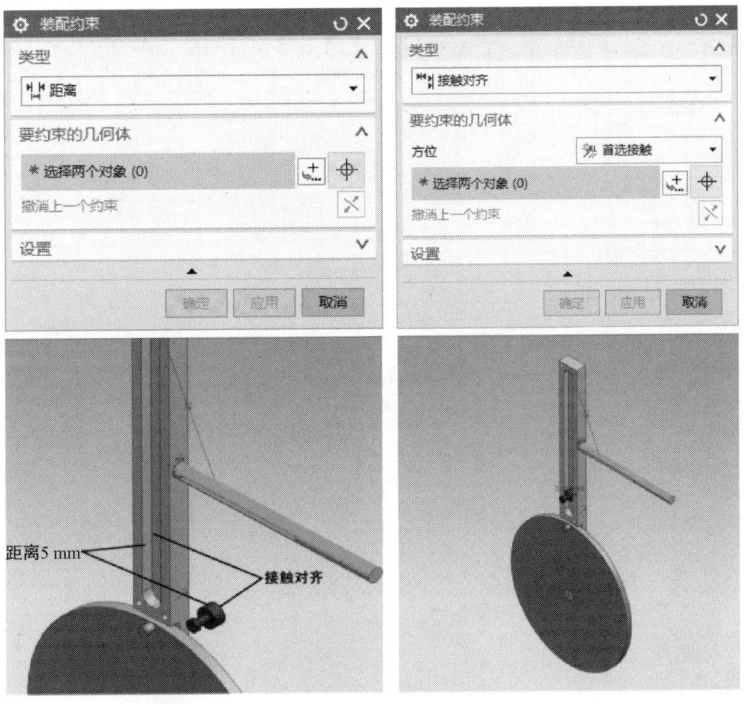

图 2-47 Cylinder Connector 和 Base 配合

7. Rail Lid 和 Base 配合

Rail Lid 和 Base 用接触对齐的方法配合,如图 2-48 所示。

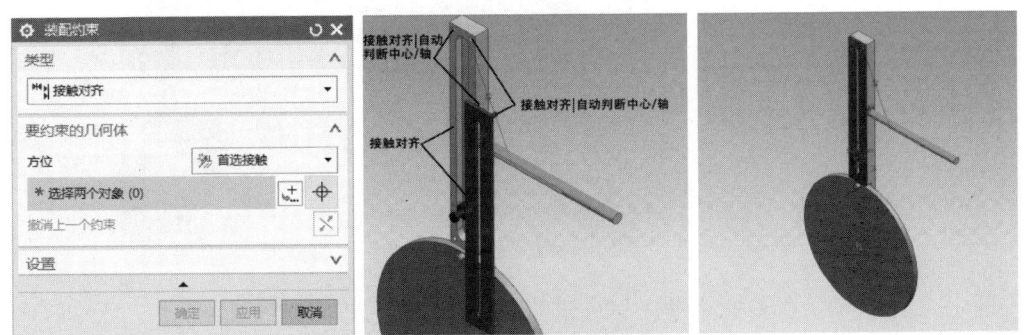

图 2-48 Rail Lid 和 Base 配合

8. Piston 和 Piston Cylinder 配合

Piston 和 Piston Cylinder 配合,距离设置为 1 mm,如图 2-49 所示。

9. Large Link 和 Wheel、Cylinder Connector 配合

选择 Large Link 和 Wheel、Cylinder Connector,用接触对齐的方法配合,如图 2-50 所示。

10. Small Link 和 Piston、Cylinder Connector 配合

选择 Small Link 和 Piston、Cylinder Connector,用接触对齐的方法配合,如图 2-51 所示。

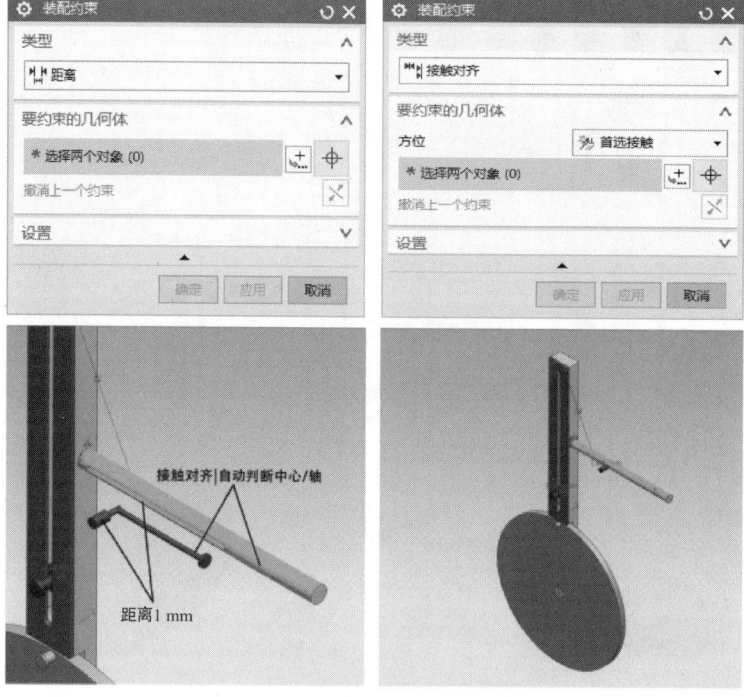

图 2-49　Piston 和 Piston Cylinder 配合

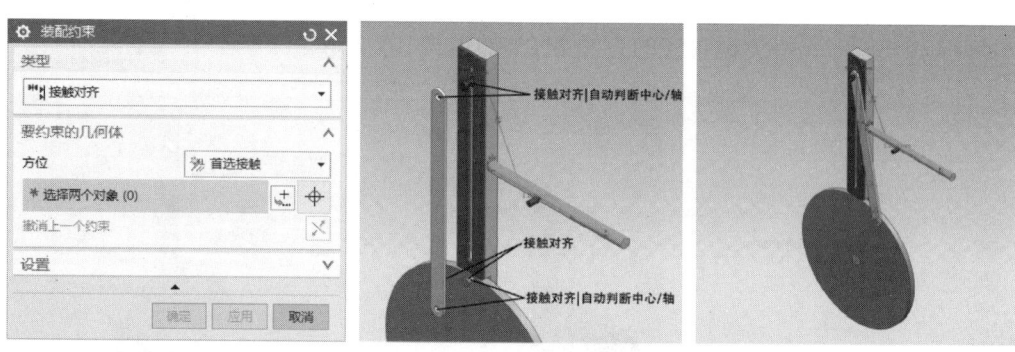

图 2-50　Large Link 和 Wheel、Cylinder Connector 配合

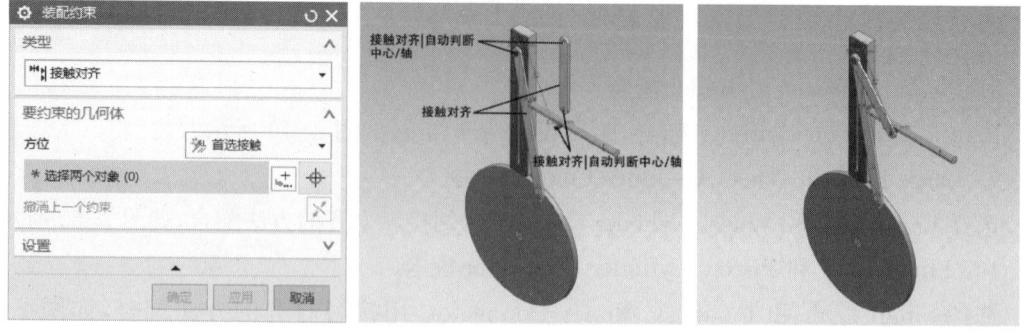

图 2-51　Small Link 和 Piston、Cylinder Connector 配合

11. 设置 Large Link 和 Rail Lid 之间的角度

设置 Large Link 和 Rail Lid 之间的角度为 15°，如图 2-52 所示。

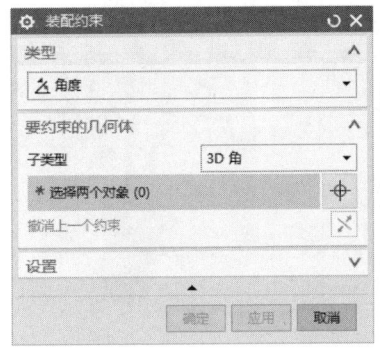 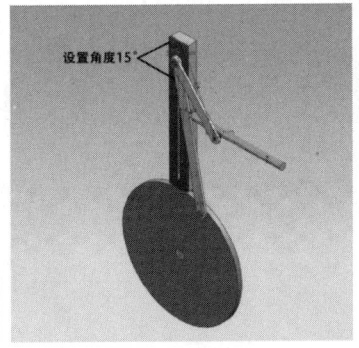 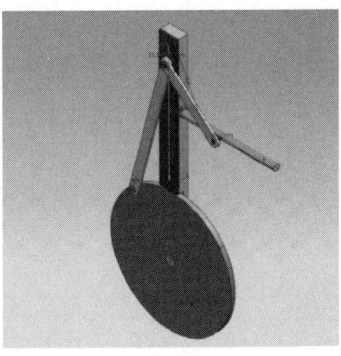

图 2-52　设置 Large Link 和 Rail Lid 之间角度

12. 测量质心

在边框条中依次单击分析→测量体，弹出"测量体"对话框，如图 2-53 所示。勾选"显示信息窗口"复选框，选中装配体整体，弹出"信息"对话框，测得质心，如图 2-54 所示。

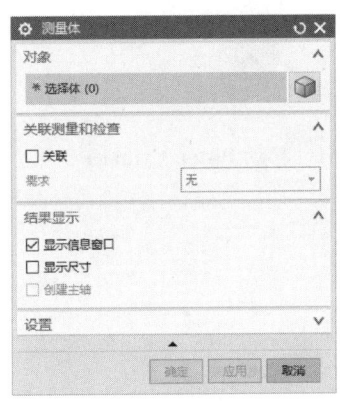 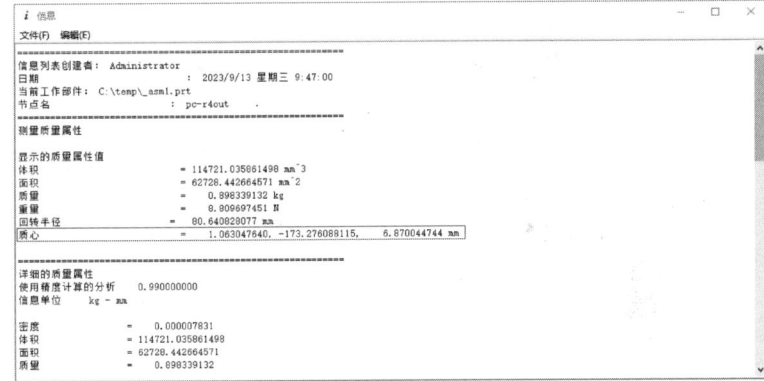

图 2-53　"测量体"对话框　　　　　　　图 2-54　"信息"对话框

四、连杆装配序列实施过程

1. 打开文件

打开"连杆装配.prt"文件。

2. 新建装配序列

单击"菜单"按钮，选择装配→序列，从功能区"主页"选项卡的"装配序列"面板中单击"新建"按钮，创建一个新的序列。

3. 插入运动

在装配序列环境下，在"序列步骤"面板中单击"插入运动"按钮，选择 Small Link，向前移动 50 mm，如图 2-55 所示。选择 Large Link，向前移动 40 mm，如图 2-56 所示。选择

Wheel,向前移动 30 mm,如图 2-57 所示。选择 Rail Lid,向前移动 20 mm,如图 2-58 所示。选择 Cylinder Connector,向前移动 10 mm,如图 2-59 所示。选择 Piston,向前移动 20 mm,如图 2-60 所示。选择 Piston Cylinder,向右移动 20 mm,如图 2-61 所示。

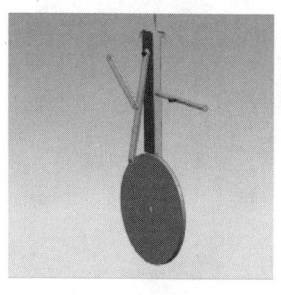 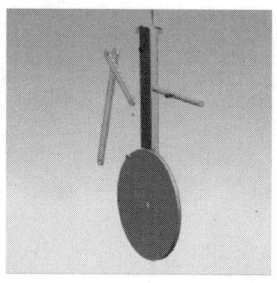 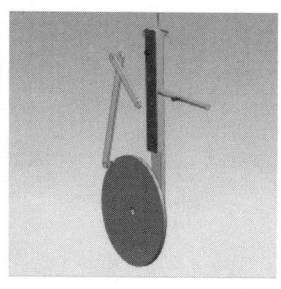 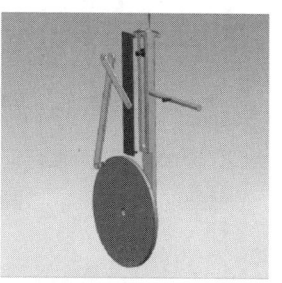

图 2-55　移动 Small Link　　图 2-56　移动 Large Link　　图 2-57　移动 Wheel　　图 2-58　移动 Rail Lid

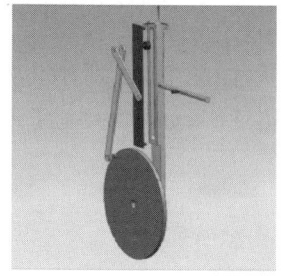 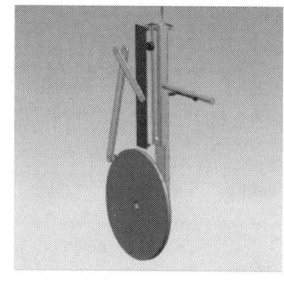 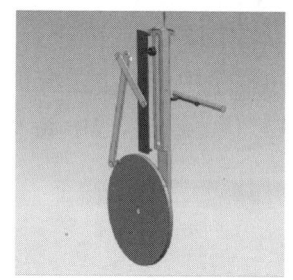

图 2-59　移动 Cylinder Connector　　图 2-60　移动 Piston　　图 2-61　移动 Piston Cylinder

4. 导出视频

点击 按钮,导出连杆视频。

任务评价

班级:		姓名:	学号:	成绩:
序号	评价内容	评价标准	评价结果(优/良/合格/不合格)	
1	基础知识的应用	能掌握相关功能的使用方法		
2	装配的基本流程	能按照图纸合理设计基本流程		
3	安全文明	无安全隐患,无违章操作		

拓展训练

1. 若需约束一个子组件,其某个特征以父部件上的两个特征作为约束对象进行对齐或轴重合,应使用如下哪个配对条件?(　　)

　　A. 镜像　　　　B. 中心　　　　C. 适合　　　　D. 胶合

2. 先由产品的大致形状特征对整体进行设计,然后根据装配情况对零件进行详细的设计,此种装配方法是(   )。

  A. 混合装配   B. 自底向上装配

  C. 自顶向下装配   D. 其余三项都不是

3. 可以由 WAVE 几何链接器_WAVE Geometry Linker 建立部件间相互关系,若要使所关联性复制的几何体保持当时状态,不随后加的特征对复制的几何体产生作用,应选择哪个选项?(   )

  A. 设为与位置无关   B. 允许自相关

  C. 固定于当前时间戳记   D. 隐藏原先的

4. 对于孔轴类型的工件具有多种约束方式,下列哪种约束要求两个约束对象的尺寸大小完全相等?(   )

  A. 接触/对齐约束 B. 适合约束 C. 同心约束 D. 中心约束

5. 通过"添加组件"对话框可以将组件添加到装配中,其中,为方便在下一个添加操作中快速添加同样的部件,可以选择哪种命令?(   )

  A. 数量输入 B. 循环定向 C. 保持选定 D. 移动放置

学习任务 3

夹 具 装 配

任务导入

图 2-62 所示为夹具装配体模型,通过装配夹具模型,掌握装配的技巧,养成一丝不苟的专业态度。

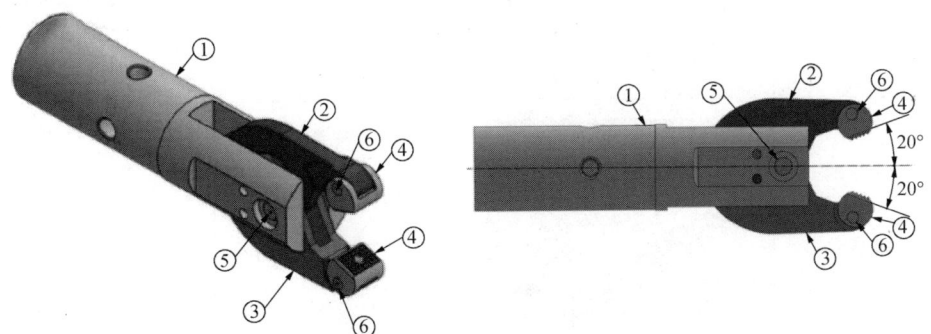

序号	名称	序号	名称
1	Body	4	Grip
2	Arm1	5	Large Pin
3	Arm2	6	Small Pin

图 2-62 夹具模型

任务流程

1. 参考装配方案

根据装配规则,设计夹具装配的参考方案,内容见表 2-7。

表 2-7 夹具参考方案

序号	步骤	图示	序号	步骤	图示
1	固定 Body	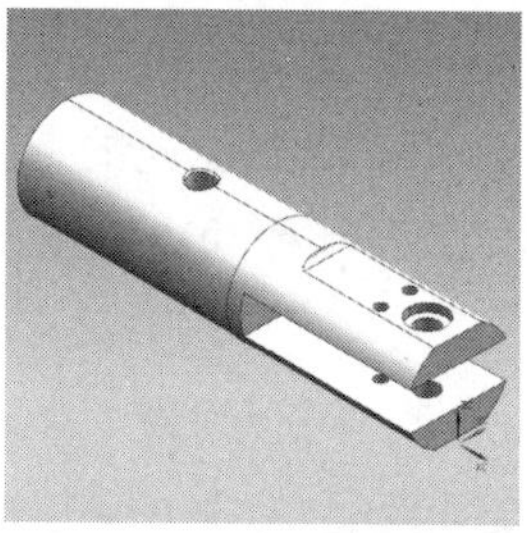	5	Grip 和 Arm1、Arm2 配合	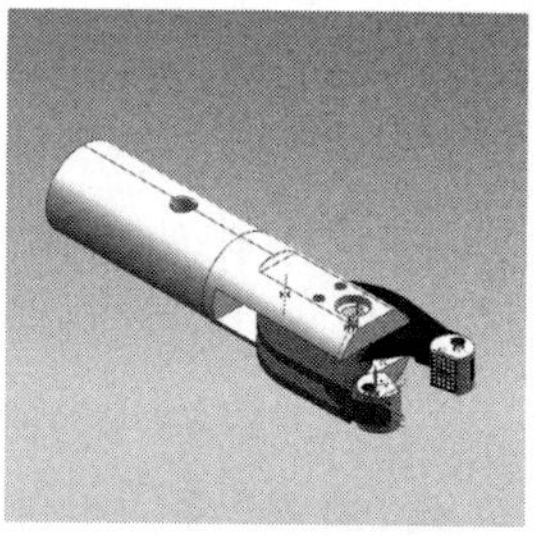
2	Body 和 Arm2 配合	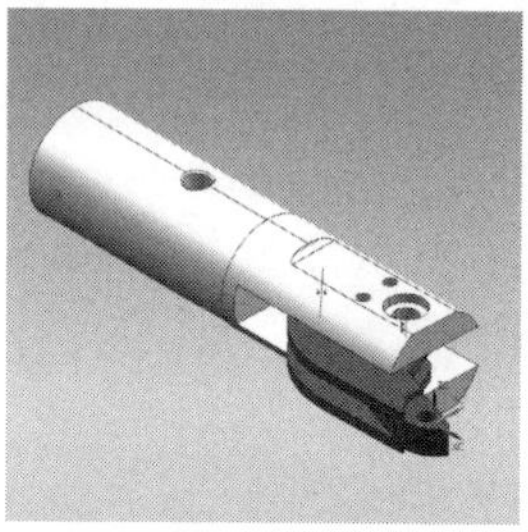	6	Small_Pin 和 Grip 配合	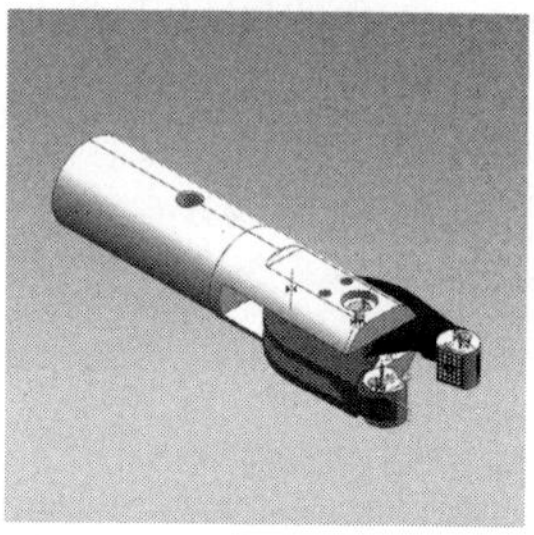
3	Arm1 和 Arm2 配合	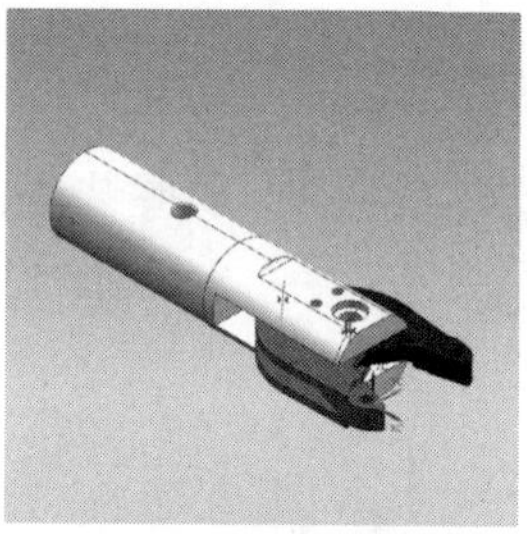	7	设置 Grip 和 Body 轴线之间角度	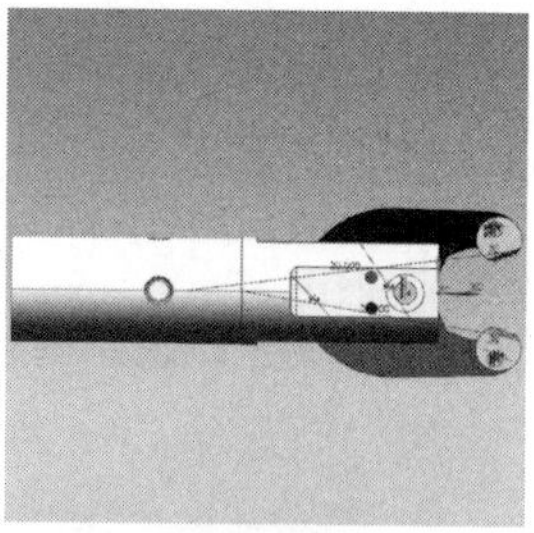
4	Large_Pin 和 Body 配合				

2. 学生装配方案

学生根据自己对装配规则的理解,参照装配参考方案,独立设计夹具装配方案,并填写表 2-8。

表 2-8 学生夹具装配方案

序号	步骤	图示	序号	步骤	图示
1			5		
2			6		
3			7		
4					
考评结论					

任务实施

一、预习效果检查

1. 判断题

(1) 编辑装配组件就是对装配中的各零部件的形状进行修改。　　　　　　(　　)

(2) 装配建模是由多个零件组成的产品建模的基础。　　　　　　　　　　(　　)

2. 填空题

(1) 装配配对的约束类型有：＿＿＿＿、＿＿＿＿、＿＿＿＿、＿＿＿＿(至少列举四种)等。

(2) 装配建模中的＿＿＿＿由一个或多个关联约束组成，用来限制组件在装配中的自由度。

3. 选择题

(1) 由零件设计意图到组件装配体设计意图，再到装配体设计意图的设计装配方式为(　　)。

　　A. 自顶向下的装配设计方式　　　　B. 自顶向上的装配设计方式

　　C. 自底向上的装配设计方式　　　　D. 自底向下的装配设计方式

(2) 在 NX 装配中，若需确保 A 零件圆柱面的轴线位于 B 零件两个平面的对称中心线上，可以使用(　　)配对条件？

　　A. 贴合　　　　B. 对齐　　　　C. 对中(1 to 1)　　　D. 对中(2 to 1)

二、夹具装配体结构分析

1. 参考图样分析

夹具装配图如图 2-63 所示，装配图由 Base、Cylinder Connector、Large Link、Piston Cylinder、Piston、Rail Lid、Small Link、Wheel 组成。

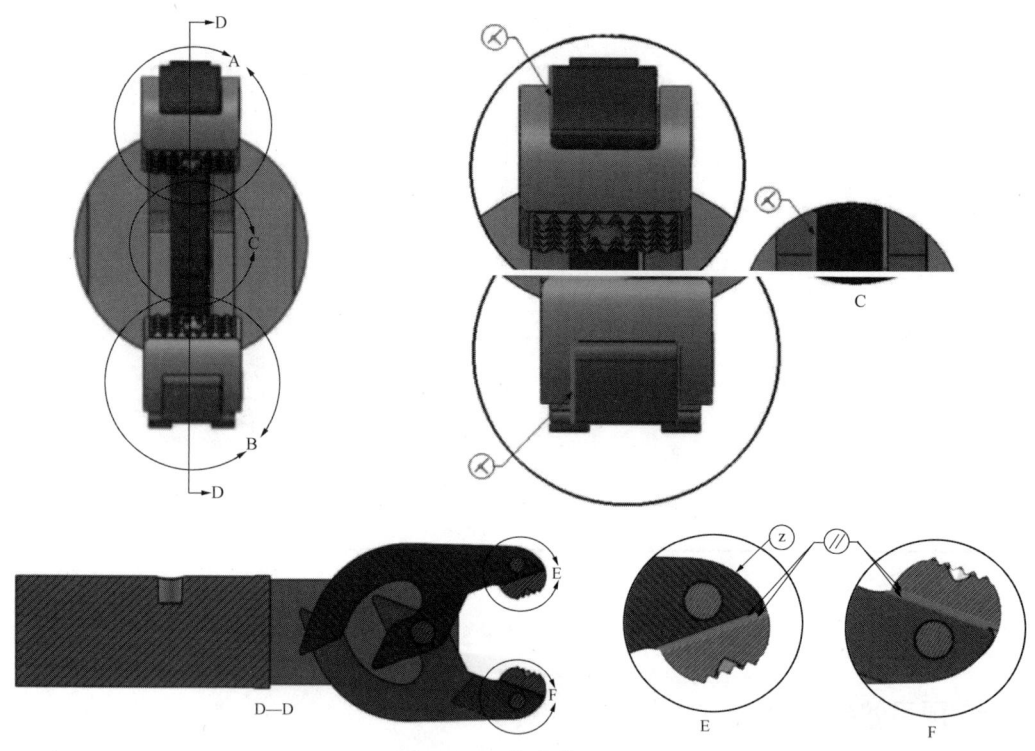

图 2-63　夹具装配图

2. 学生图样分析

参考图 2-62 和图 2-63，独立完成夹具装配图样分析，并填写表 2-9。

表 2-9　夹具装配图样分析

序号	项目	分析结果
1	夹具装配体结构组成	
2	教师评价	

三、夹具装配实施过程

1. 新建文件并保存

要求　在"新文件名"选项区的"名称"文本框中输入"夹具装配.prt"，并指定保存路径。

2. 载入部件

在弹出的"添加组件"对话框中，选择夹具装配的部件，如图 2-64 所示。

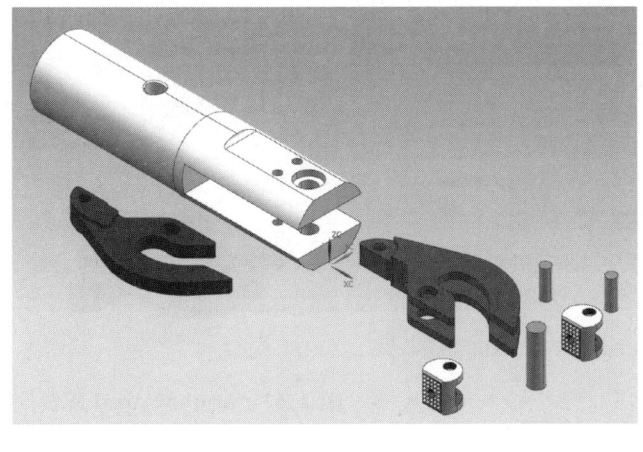

图 2-64　载入部件

3. 固定 Body

选择 Body，使其固定，如图 2-65 所示。

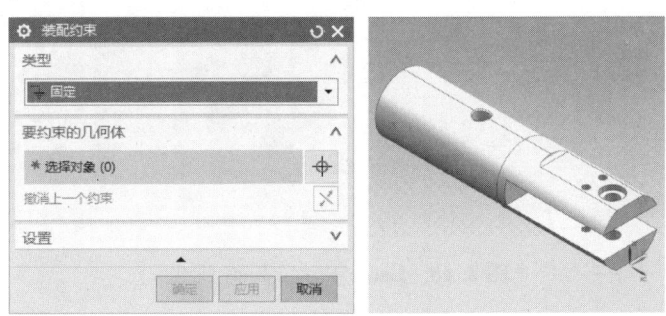

图 2-65　固定 Body

4. Body 和 Arm2 配合

选择 Body，使用接触对齐约束与 Arm2 进行配合，如图 2-66 所示。

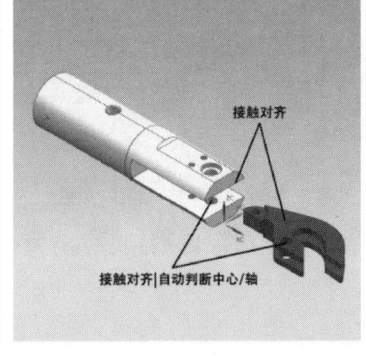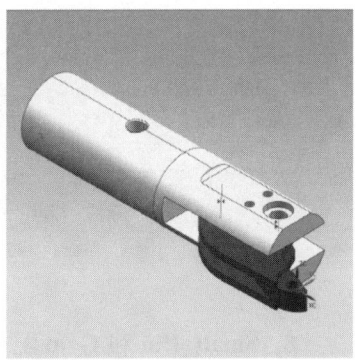

图 2-66　Body 和 Arm2 配合

5. Arm1 和 Arm2 配合

选择 Arm1，使用接触对齐约束与 Arm2 进行配合，如图 2-67 所示。

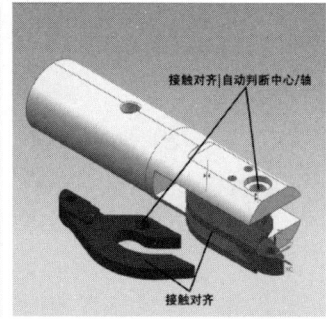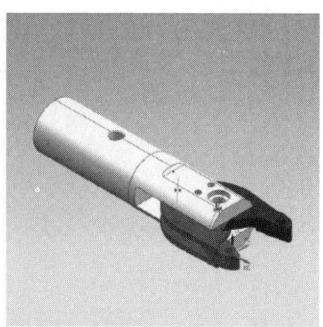

图 2-67　Arm1 和 Arm2 配合

6. Large_Pin 和 Body 配合

选择 Large_Pin，使用接触对齐约束与 Body 进行配合，如图 2-68 所示。

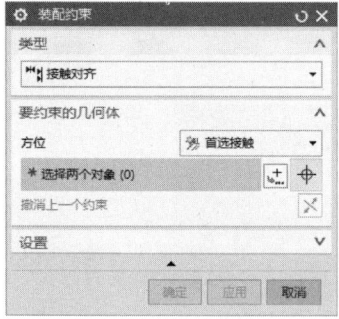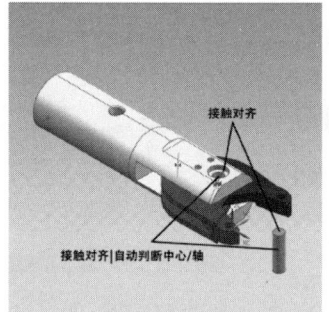

图 2-68　Large_Pin 和 Body 配合

7. Grip 和 Arm1、Arm2 配合

选择 Grip，使用接触对齐约束与 Arm1、Arm2 进行配合，如图 2-69 所示。

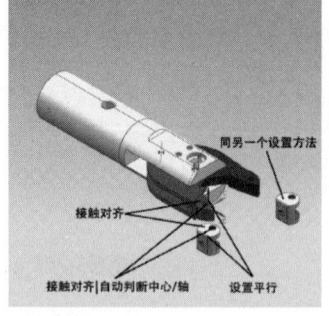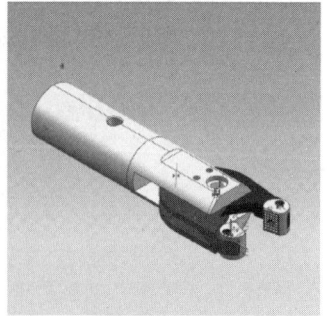

图 2-69　Grip 和 Arm1、Arm2 配合

8. Small_Pin 和 Grip 配合

Small_Pin 和 Grip 配合，距离设置为 1 mm，如图 2-70 所示。

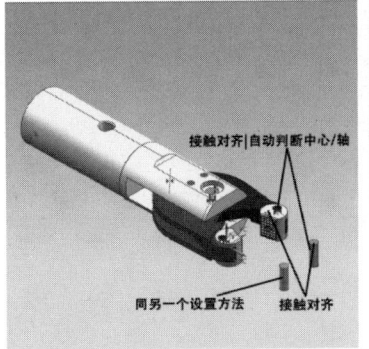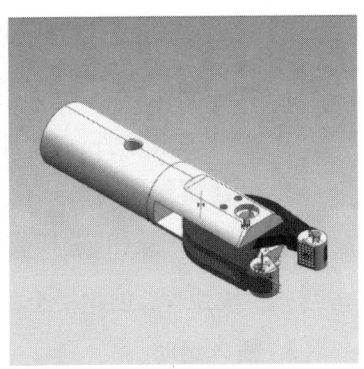

图 2-70　Small_Pin 和 Grip 配合

9. 设置 Grip 和 Body 轴线之间角度

设置 Grip 和 Body 轴线之间的角度为 20°，如图 2-71 所示。

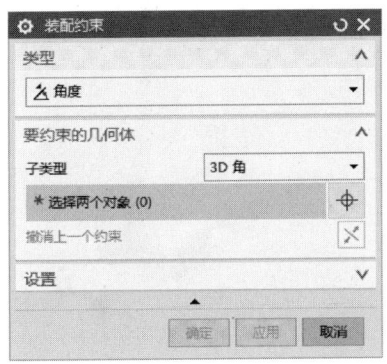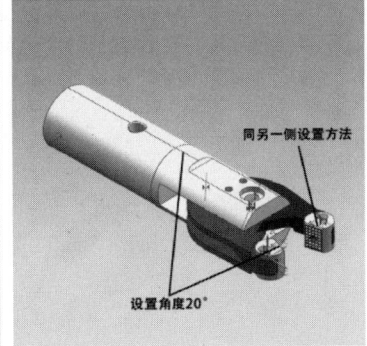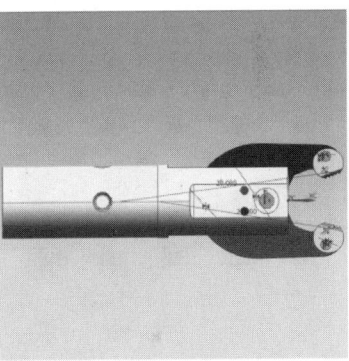

图 2-71　设置 Grip 和 Body 轴线之间角度

10. 测量质心

在边框条中依次单击分析→测量体，弹出"测量体"对话框，如图 2-72 所示。勾选"显示信息窗口"复选框，选中装配体整体，弹出"信息"对话框，测得质心，如图 2-73 所示。

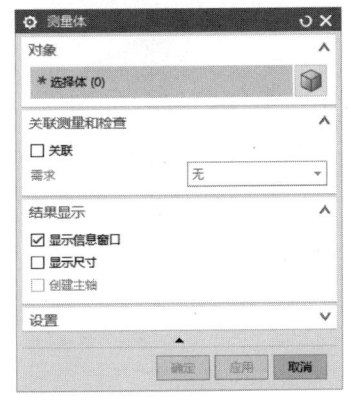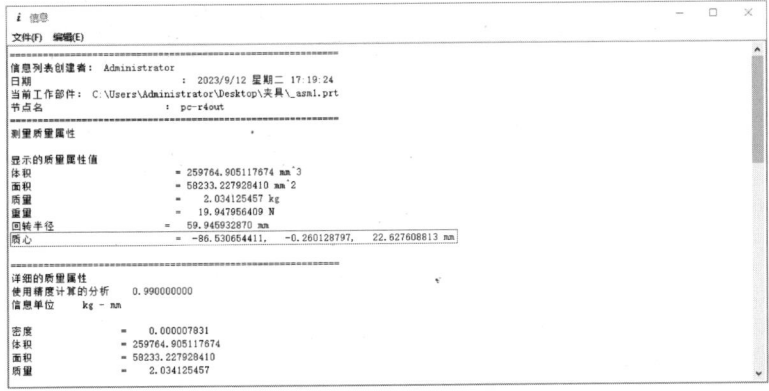

图 2-72　"测量体"对话框　　　　　　　　图 2-73　"信息"对话框

四、夹具装配序列实施过程

1. 打开文件

打开"夹具装配.prt"文件。

2. 新建装配序列

单击"菜单"按钮,选择装配→序列,从功能区"主页"选项卡的"装配序列"面板中单击"新建"按钮,创建一个新的序列。

3. 插入运动

在装配序列环境下,在"序列步骤"面板中单击"插入运动"按钮。选择 2 个 Small_Pin,向上移动 50 mm,如图 2-74 所示。选择左侧 Grip,向外移动,如图 2-75 所示。选择右侧 Grip,向外移动,如图 2-76 所示。选择 Large_Pin,向上移动 50 mm,如图 2-77 所示。选择 Arm1,向右移动 50 mm,如图 2-78 所示。选择 Arm2,向左移动 50 mm,如图 2-79 所示。

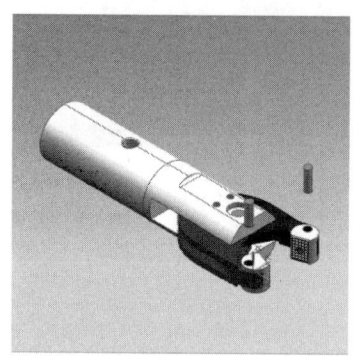
图 2-74 移动 2 个 Small_Pin

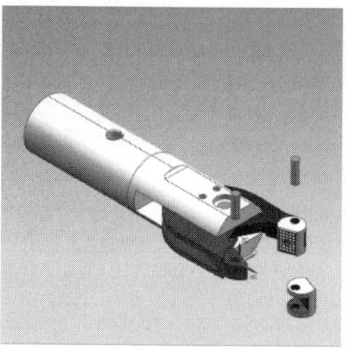
图 2-75 移动左侧 Grip

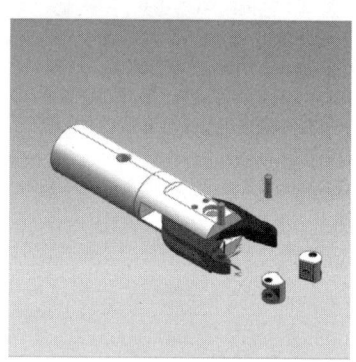
图 2-76 移动右侧 Grip

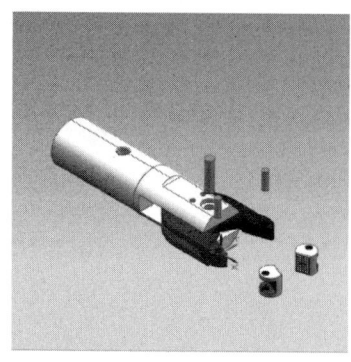
图 2-77 移动 Large_Pin

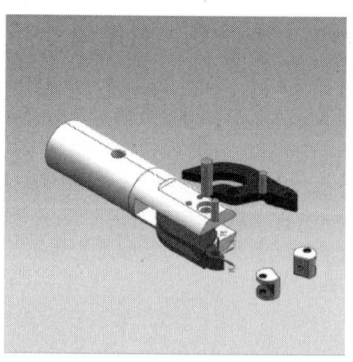
图 2-78 移动 Arm1

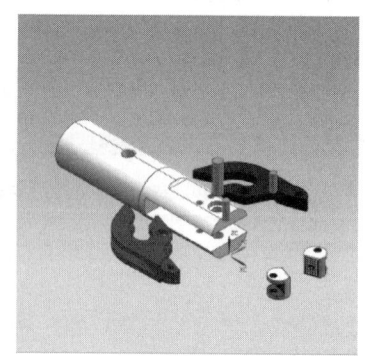
图 2-79 移动 Arm2

4. 导出视频

点击 按钮,导出夹具视频。

任务评价

班级：		姓名：	学号：	成绩：
序号	评价内容	评价标准	评价结果(优/良/合格/不合格)	
1	基础知识的应用	能掌握相关功能的使用方法		
2	装配的基本流程	能按照图纸合理设计基本流程		
3	安全文明	无安全隐患，无违章操作		

拓展训练

1. 在装配中，组件移动描述错误的是哪一项？（   ）

    A. 组件可以沿着 X、Y、Z 轴移动

    B. 组件可以绕着 X、Y、Z 轴旋转

    C. 组件可以沿着 X、Y、Z 轴移动，不可以绕着 X、Y、Z 轴旋转

    D. 组件既可以沿着 X、Y、Z 轴移动，又可以绕着 X、Y、Z 轴旋转

2. 自顶向下装配设计时，可以使用 WAVE 几何链接器，下面选择路径描述正确的是哪一项？（   ）

    A. 菜单→插入→关联复制→WAVE PMI 链接器

    B. 菜单→装配→WAVE→关联管理器

    C. 菜单→插入→关联复制→WAVE 几何链接器

    D. 菜单→编辑→特征→WAVE 几何链接器

3. 通过装配序列制作拆装动画时，如果需要移动或者旋转组件，需要选择哪个命令？（   ）

    A. 一起装配   B. 拆卸   C. 插入运动   D. 装配

4. 若需装配零件表面与另一零件表面限定距离为 30 mm，可以采用哪种类型的配对条件？（   ）

    A. 接触对齐   B. 距离   C. 同心   D. 平行

5. 自顶向下装配设计时，下列采用 WAVE 几何链接器方法描述错误的是哪一项？（   ）

    A. 是概念设计与结构设计的桥梁

    B. 易于实现模型总体装配的快速自动更新

    C. 数据的关联性使装配位置得到严格保证，但是精度不太高

    D. 极大避免了设计人员的重复设计

项目三 效果图

项目情境

NX 的渲染与后处理是指对所建的数字模型进行视觉效果的处理,如对灯光、材料、纹理、颜色、环境等参数进行设置。通过 NX 渲染器对模型进行处理,可生成逼真的效果图。通过效果图可以形象、准确、客观地表达出设计意图,强化可视性。

NX 的渲染功能主要包括图片渲染、材料/纹理设置、灯光效果、视觉效果、可视化参数设置以及图像的输出。

知识点

- 材料/纹理设置。
- 编辑对象显示。

技能点

- 掌握编辑对象显示改变模型外观。

素养目标

- 培养学生善于动脑思考、动手操作的良好职业习惯。

知识准备

一、材料/纹理设置

材料/纹理的设置是通过"材料/纹理"对话框实现的。依次选择视图→可视化→ 材料/纹理,弹出图 3-1 所示的"材料/纹理"对话框。

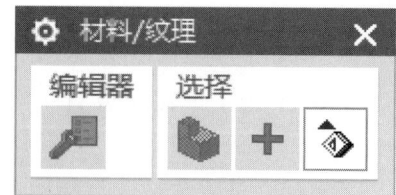

图 3-1 "材料/纹理"对话框

> 说明:在进行此操作之前,因为已选定材料,所以图 3-1 的"材料/纹理"对话框为激活状态;若未选定材料,此时的"材料/纹理"对话框中的部分按钮为灰色(即处于未激活状态)。

"材料/纹理"对话框中的部分按钮说明如下。

：用于启用材料编辑器。

：用于显示指定对象的材料属性。

：用于继承选定的实体材料。

二、材料编辑器

材料编辑器的功能是对零件材料进行编辑,通过材料编辑器可实现对材料的亮度、纹理及颜色的设置。单击"材料/纹理"对话框中的 按钮,系统弹出图 3-2 所示的"材料编辑器"对话框。"材料编辑器"对话框中主要包括"常规""凹凸""图样""透明度"和"纹理空间"选项卡,通过这些选项卡可直接对材料进行设置。

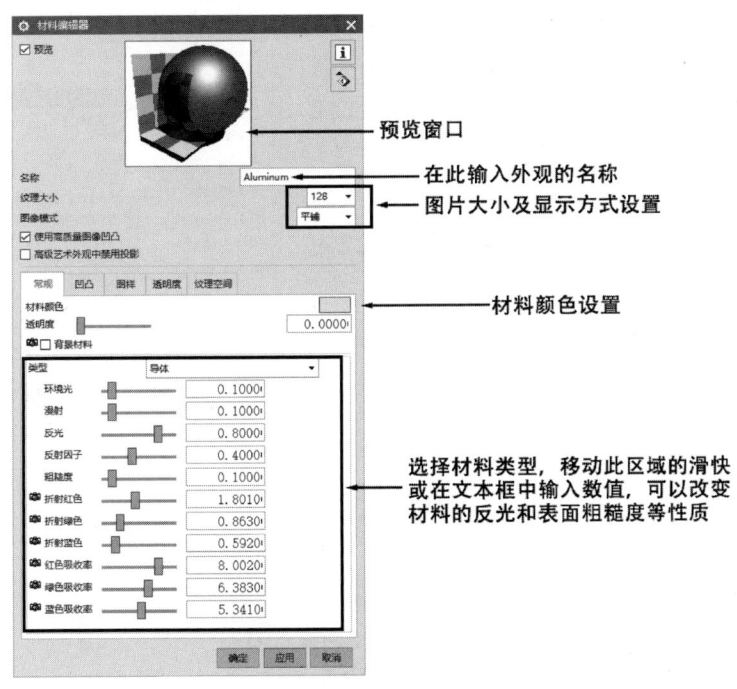

图 3-2 "材料编辑器"对话框

1. "常规"选项卡

单击"材料编辑器"对话框中的"常规"选项卡(图 3-3),通过该选项卡可以对材料的颜色、材料背景、透明度和类型进行设置。

(1) 材料颜色:用于定义系统中的材料颜色。

(2) 透明度:用于定义材料透明度。

(3) 背景材料:选中此项后,系统会自动将选定的材料作为渲染图片的背景,从而达到特定的效果。

(4) 类型:用于定义要渲染的材料类型。

2. "凹凸"选项卡

单击"材料编辑器"对话框中的"凹凸"选项卡（图3-4），通过该选项卡可以设置凹凸的类型及相对应的参数，各选项说明如下。

（1）无：该选项用于不设置材料纹理。

（2）铸造面（仅用于高质量图像）：该选项用于将材料设置成铸造面效果，包括"比例""浇注范围""凹进比例""凹进幅度""凹进阈值"和"详细"六个选项的参数设置。

（3）粗糙面（仅用于高质量图像）：该选项用于将材料设置成粗糙面效果，包括"比例""粗糙值""详细"和"锐度"四个选项的参数设置。

（4）缠绕凹凸点：该选项用于将材料设置成缠绕的凹凸效果，包括"比例""分隔""半径""中心深度"和"圆角"五个选项的参数设置。

（5）缠绕粗糙面：该选项用于将材料设置成缠绕粗糙面的效果，包括"比例""粗糙值""详细"和"锐度"四个选项的参数设置。

（6）缠绕图像：该选项用于设置材料的缠绕图像效果，包括"柔软度""幅值"和"图像"三个选项的参数设置。

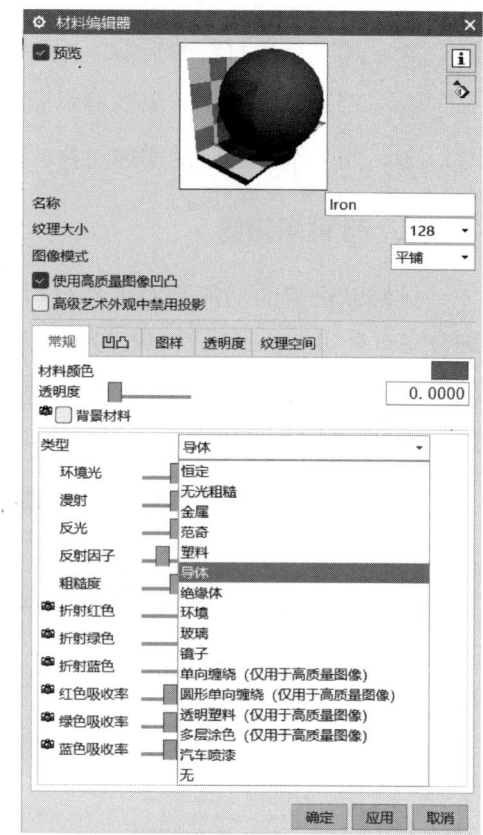

图3-3 "常规"选项卡

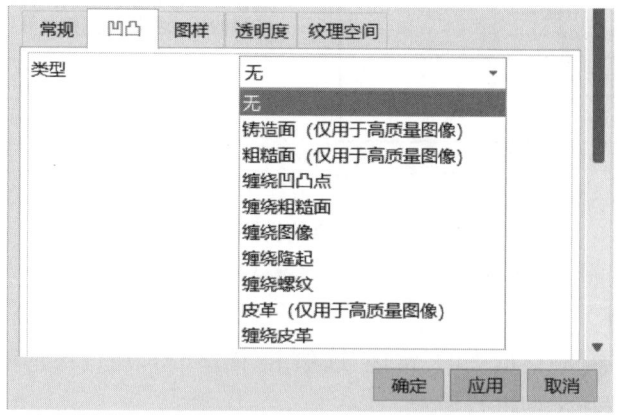

图3-4 "凹凸"选项卡

（7）缠绕隆起：该选项用于设置材料的缠绕隆起效果，包括"比例""圆角"和"幅值"三个选项的参数设置。

（8）缠绕螺纹：该选项用于设置材料的缠绕螺纹效果，包括"比例""圆角""半径"和"幅值"四个选项的参数设置。

（9）皮革（仅用于高质量图像）：该选项用于设置材料的皮革效果，包括"比例""不规则"和"粗糙值"等选项的参数设置。

（10）缠绕皮革：该选项用于设置材料的缠绕皮革效果，包括"比例""不规则"和"粗糙值"等选项的参数设置。

3."图样"选项卡

单击"材料编辑器"对话框中的"图样"选项卡（图 3-5），通过该选项卡可以设置图样的类型及相对应的参数。

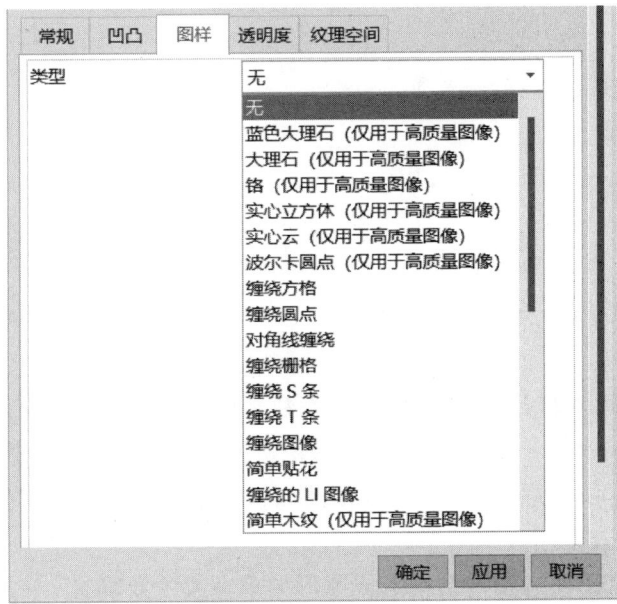

图 3-5 "图样"选项卡

4."透明度"选项卡

单击"材料编辑器"对话框中的"透明度"选项卡（图 3-6），通过该选项卡可以设置透明度的类型及对应的参数。

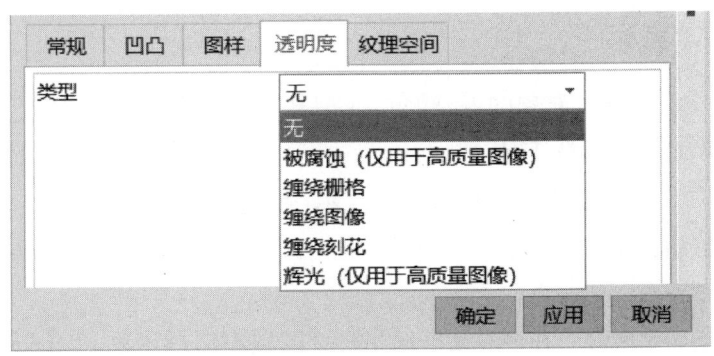

图 3-6 "透明度"选项卡

5. "纹理空间"选项卡

单击"材料编辑器"对话框中的"纹理空间"选项卡(图 3-7),通过该选项卡可以设置纹理空间的类型及相对应的参数,以下为部分选项和功能说明。

(1) 类型:该下拉列表中包括"任意平面""圆柱坐标系""球坐标系""自动定义 WCS 轴""Uv"和"摄像机方向平面"选项。

(2) 任意平面:选择该选项,以平面的形式投影。

(3) 圆柱坐标系:选择该选项,以圆柱形的形式投影。

(4) 球坐标系:选择该选项,以球形的形式投影。

(5) 自动定义 WCS 轴:选择该选项,根据曲面法向选择 X、Y 或 Z 轴。

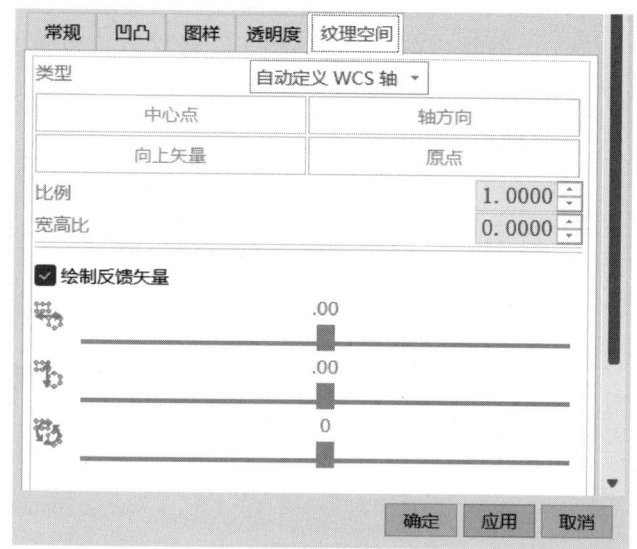

图 3-7 "纹理空间"选项卡

(6) Uv:从几何体的 UV 坐标映射,将参数坐标系分配到纹理空间。

(7) 摄像机方向平面:选择该选项,以摄像机所在平面方向进行投影。

(8) 中心点:可以任意指定纹理空间的原点,可用于"任意平面""圆柱形""球形"纹理空间。

(9) 轴方向:可以任意指定圆锥形或球形的垂直或主要轴。

(10) 向上矢量:可以任意指定纹理空间的参考轴。仅可用于"任意平面"纹理空间。

(11) 比例:指定纹理空间的总体大小。

(12) 宽高比:指定纹理空间的高度和宽度的比率。

(13) 绘制反馈矢量:可动态地调整对象的纹理设置。其效果取决于所应用的纹理空间类型。

三、编辑对象显示

编辑对象显示就是修改对象的层、颜色、线型和宽度等。下面以图 3-8 所示的模型为例,说明编辑对象显示的一般过程。

(1) 选择选项。选择编辑→编辑对象显示,弹出"类选择"对话框。

(2) 定义需编辑的对象。选择图 3-8 的圆柱体,单击"确定"按钮,系统弹出"编辑对象显示"对话框。

(3) 修改对象显示属性。在该对话框的"颜色"区域中选择蓝色,单击"确定"按钮,在"线型"下拉列表中选择"无更改"选项,在"宽度"下拉列表中选择 0.70 mm 宽度,如图 3-9 所示。

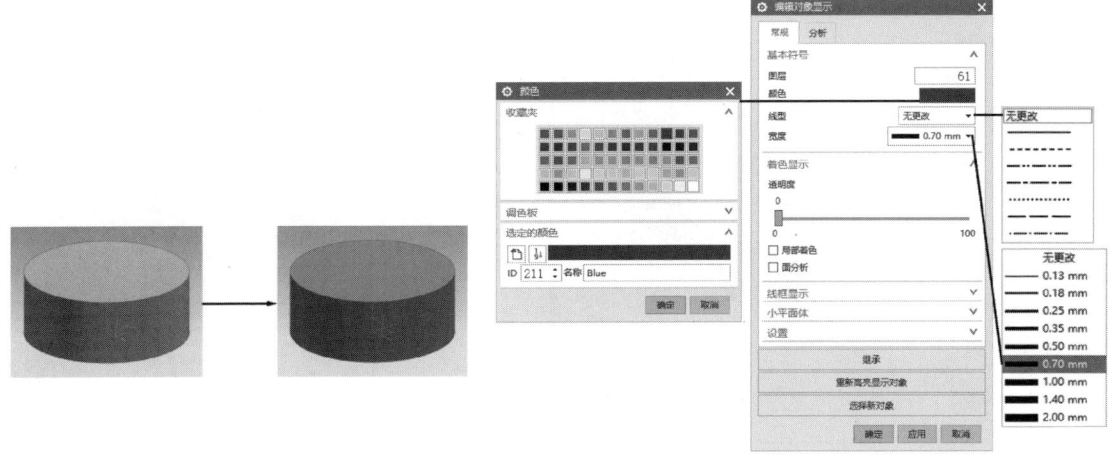

图 3-8　编辑对象显示模型　　　　图 3-9　"编辑对象显示"对话框

（4）单击"确定"按钮,完成对象显示的编辑。

学习任务 1
卡爪效果图设计

任务导入

效果图设计是将指定的材料或纹理应用到相应的零件上,使零件表现出特定的效果,从而在感观上更具有真实性。NX 10.0 的材料本质上是描述特定材料表面光学特性的参数集合,纹理是对零件表面粗糙度、图样的综合性描述。通过效果图学习,学会图 3-10 所示编辑模型颜色的操作方法。

图 3-10　卡爪效果图

任务流程

1. 参考卡爪效果图方案

设计卡爪效果图的参考方案,内容见表 3-1。

表 3-1 卡爪效果图参考方案

序号	步骤	图示	序号	步骤	图示
1	添加螺杆外观		5	添加垫铁外观	
2	添加基体外观	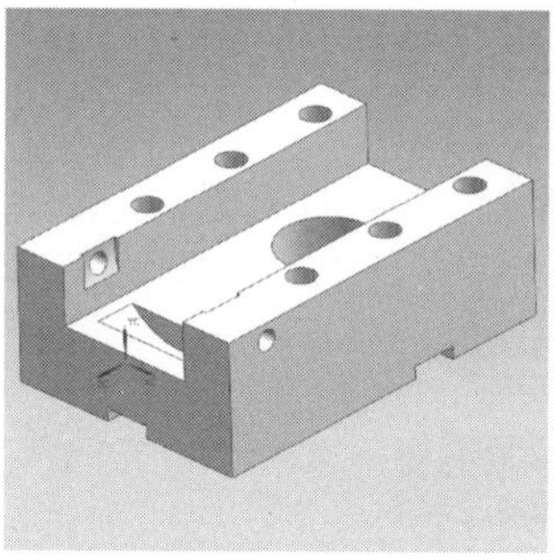	6	添加卡爪外观	
3	添加左、右盖板外观		7	添加M8螺钉外观	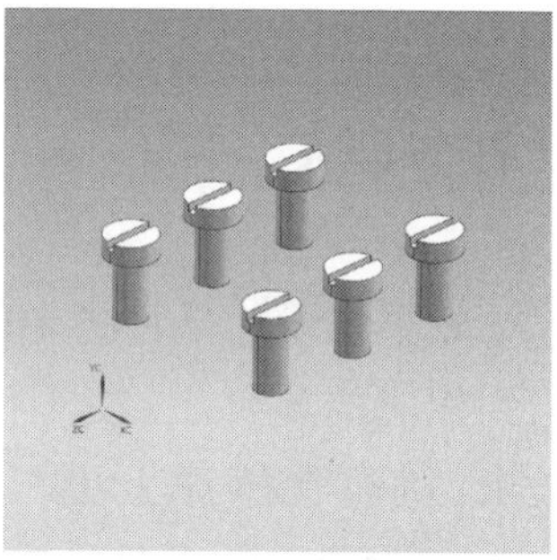
4	添加螺钉外观		8	导出效果图	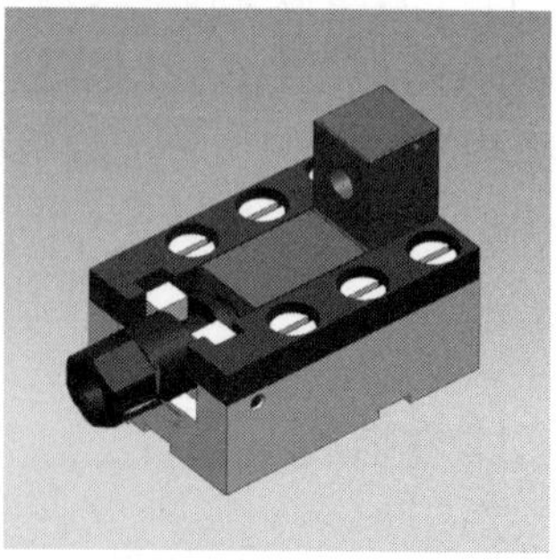

2. 学生卡爪效果图方案

学生根据自己对效果图规则的理解,参照卡爪效果图参考方案,独立设计卡爪效果图方案,并填写表3-2。

表3-2 学生卡爪效果图方案

序号	步骤	图示	序号	步骤	图示
1			5		
2			6		
3			7		
4			8		
考评结论					

任务实施

一、预习效果检查

1. 判断题

(1) 可以不打开草图,利用部件导航器改变草图尺寸。   ( )

(2) 可以利用编辑—变换的方法移动孔的位置。   ( )

2. 填空题

(1) 可以通过导航器中的_____来观察和编辑已选定的特征参数。

(2) 在主窗口中_____将对用户的每步操作给出反馈和确认。

3. 选择题

(1) 若要对某个结构的参数进行修改,可用鼠标(   )键选中该特征,在弹出的菜单中选择"编辑参数"选项,也可以(   )键双击该特征,直接出现编辑参数界面。

A. 左、右　　　　B. 中、右　　　　C. 右、左　　　　D. 右、中

（2）下列（　　）项操作不属于对象变换的范畴。

　　A. 平移　　　　B. 修改特征参数　　C. 阵列　　　　D. 旋转

二、卡爪装配体结构分析

1. 参考图样分析

卡爪装配图参考图 3-10，该产品使用了修改模型颜色的方法。

2. 学生图样分析

参考以下提示，独立完成卡爪装配图样分析，并填写表 3-3。

表 3-3　卡爪装配图样分析

序号	项目	分析结果
1	卡爪效果图材质	
2	教师评价	

三、卡爪编辑对象显示实施过程

1. 打开文件

打开"卡爪装配.prt"文件。

2. 添加螺杆外观

（1）选择编辑→ 编辑对象显示，系统弹出"类选择"对话框。

（2）选择图 3-11 所示的螺杆，单击"确定"按钮，系统弹出"编辑对象显示"对话框。

（3）修改螺杆显示属性。在该对话框的"颜色"区域中选择"Dark Gray"颜色选项，单击"确定"按钮，在"线型"下拉列表中选择"无更改"选项，在"宽度"下拉列表中选择"无更改"选项，如图 3-12、图 3-13 所示。

（4）单击"确定"按钮，完成螺杆显示的编辑。

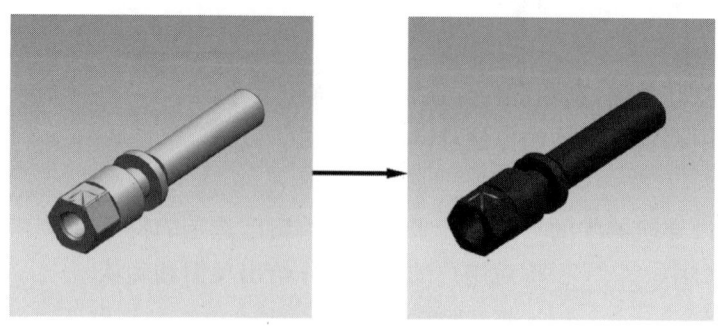

图 3-11　螺杆显示

图 3-12 "编辑对象显示"对话框 1

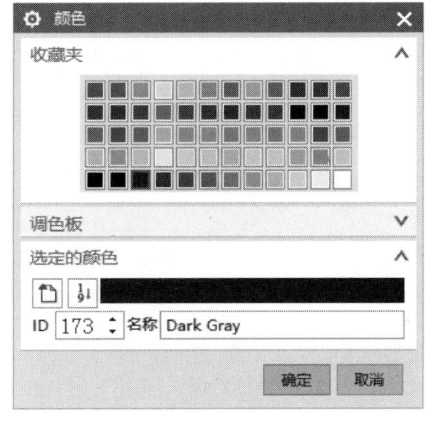

图 3-13 设置颜色 1

3. 添加基体外观

(1) 选择编辑→编辑对象显示,系统弹出"类选择"对话框。

(2) 选择图 3-14 所示的基体,单击"确定"按钮,系统弹出"编辑对象显示"对话框。

(3) 修改基体显示属性。在该对话框的"颜色"区域中选择"White"颜色选项,单击"确定"按钮,在"线型"下拉列表中选择无更改,在"宽度"下拉列表中选择无更改,如图 3-15、图 3-16 所示。

(4) 单击"确定"按钮,完成基体显示的编辑。

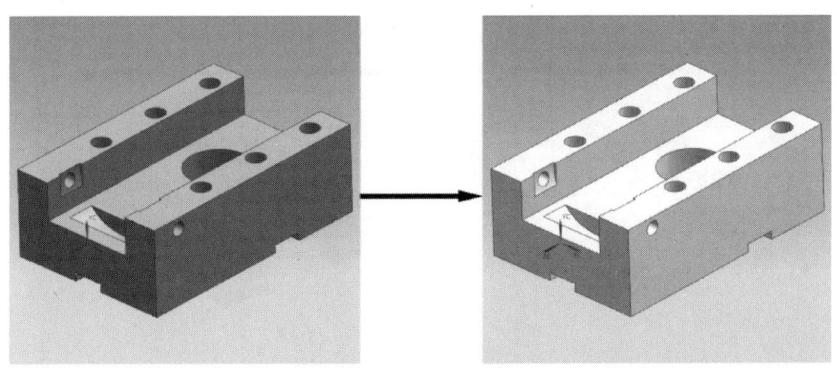

图 3-14 基体显示

图 3-15 "编辑对象显示"对话框 2

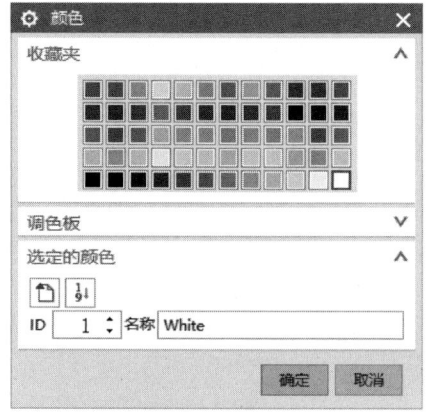

图 3-16 设置颜色 2

4. 添加左、右盖板外观

（1）选择编辑→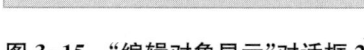编辑对象显示，系统弹出"类选择"对话框。

（2）选择图 3-17 所示的左、右盖板，单击"确定"按钮，系统弹出"编辑对象显示"对话框。

（3）修改左、右盖板显示属性。在该对话框的"颜色"区域中选择"Strong Moss"颜色选项，单击"确定"按钮，在"线型"下拉列表中选择"无更改"选项，在"宽度"下拉列表中选择"无更改"选项，如图 3-18、图 3-19 所示。

（4）单击"确定"按钮，完成左、右盖板显示的编辑。

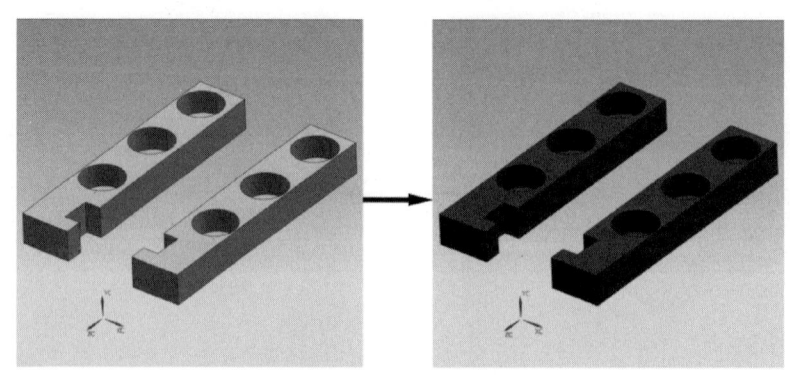

图 3-17 左、右盖板显示

 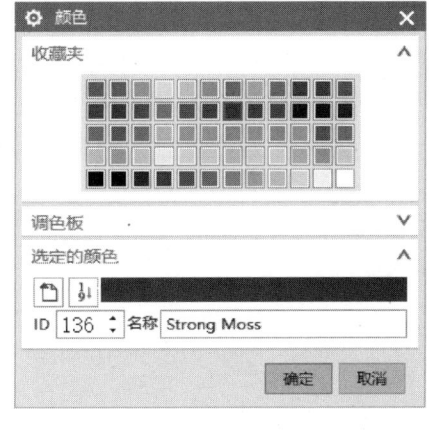

图 3-18　"编辑对象显示"对话框 3　　　图 3-19　设置颜色 3

5．添加螺钉外观

（1）选择编辑→ 编辑对象显示，系统弹出"类选择"对话框。

（2）选择图 3-20 所示的螺钉，单击"确定"按钮，系统弹出"编辑对象显示"对话框。

（3）修改螺钉显示属性。在该对话框的"颜色"区域中选择"Dark Gray"颜色选项，单击"确定"按钮，在"线型"下拉列表中选择"无更改"选项，在"宽度"下拉列表中选择"无更改"选项，如图 3-21、图 3-22 所示。

（4）单击"确定"按钮，完成螺钉显示的编辑。

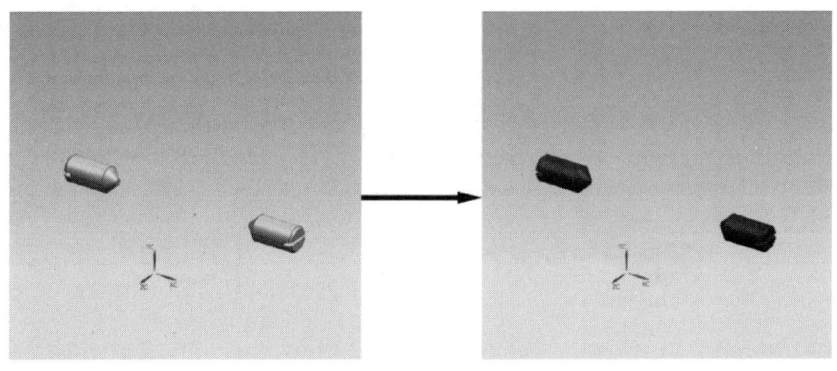

图 3-20　螺钉显示

图 3-21 "编辑对象显示"对话框 4

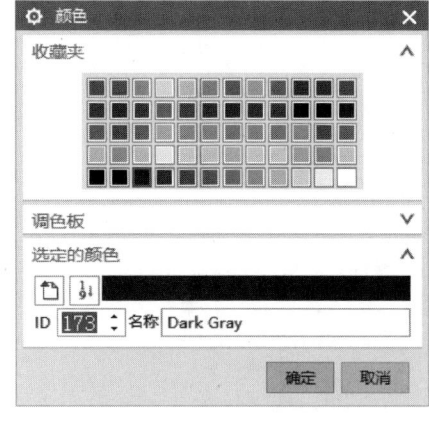

图 3-22 设置颜色 4

6. 添加垫铁外观

（1）选择编辑→编辑对象显示，系统弹出"类选择"对话框。

（2）选择图 3-23 所示的垫铁，单击"确定"按钮，系统弹出"编辑对象显示"对话框。

（3）修改垫铁显示属性。在该对话框的"颜色"区域中选择"White"颜色选项，单击"确定"按钮，在"线型"下拉列表中选择"无更改"选项，在"宽度"下拉列表中选择"无更改"选项，如图 3-24、图 3-25 所示。

（4）单击"确定"按钮，完成垫铁显示的编辑。

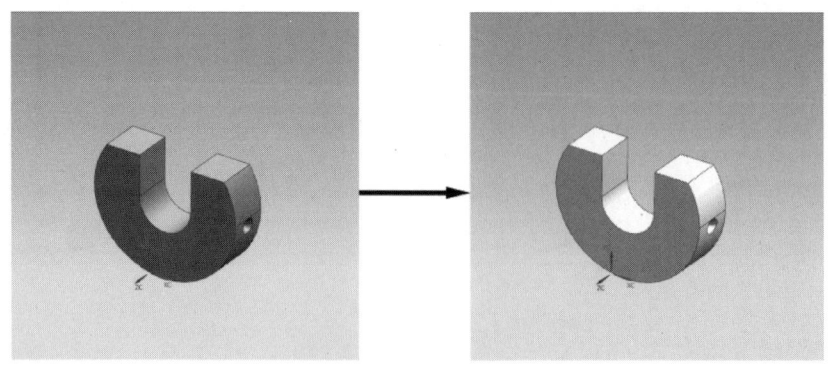

图 3-23 垫铁显示

图 3-24 "编辑对象显示"对话框 5

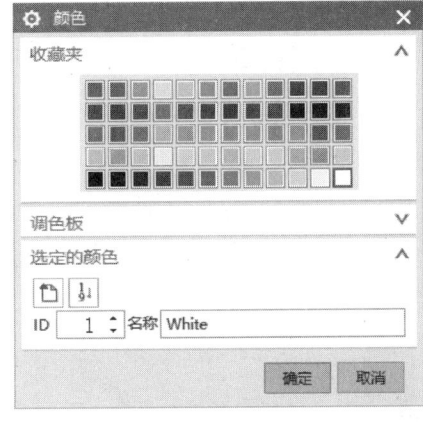

图 3-25 设置颜色 5

7. 添加卡爪外观

（1）选择编辑→ 编辑对象显示，系统弹出"类选择"对话框。

（2）选择图 3-26 所示的卡爪，单击"确定"按钮，系统弹出"编辑对象显示"对话框。

（3）修改卡爪显示属性。在该对话框的"颜色"区域中选择"Brown"颜色选项，单击"确定"按钮，在"线型"下拉列表中选择"无更改"选项，在"宽度"下拉列表中选择"无更改"选项，如图 3-27、图 3-28 所示。

（4）单击"确定"按钮，完成卡爪显示的编辑。

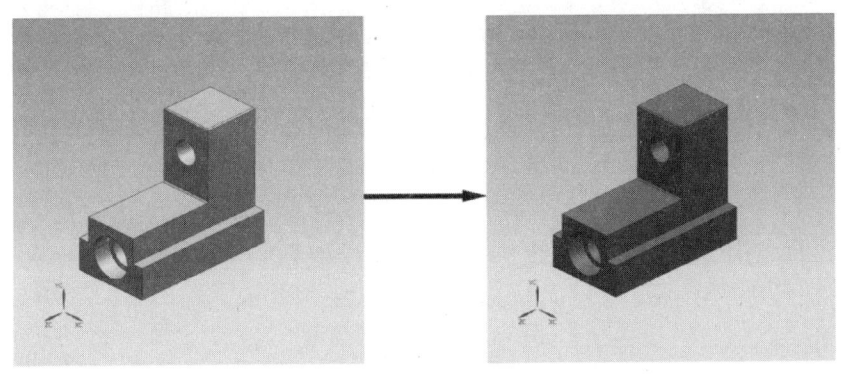

图 3-26 卡爪显示

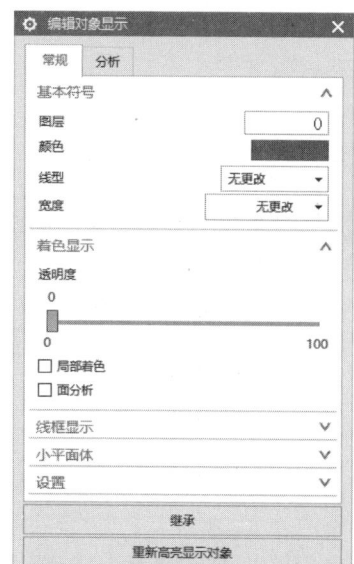

图 3-27 "编辑对象显示"对话框 6

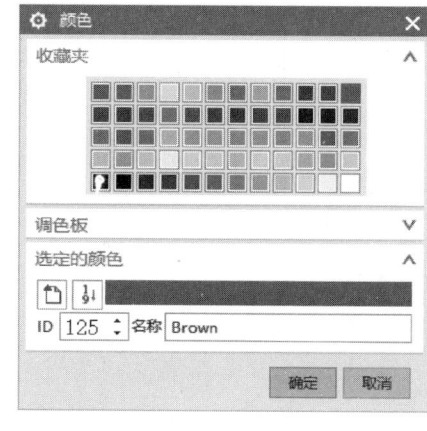

图 3-28 设置颜色 6

8. 添加 M8 螺钉外观

(1) 选择编辑→ 编辑对象显示,系统弹出"类选择"对话框。

(2) 选择图 3-29 所示的 M8 螺钉,单击"确定"按钮,系统弹出"编辑对象显示"对话框。

(3) 修改 M8 螺钉显示属性。在该对话框的"颜色"区域中选择"White"颜色选项,单击"确定"按钮,在"线型"下拉列表中选择"无更改"选项,在"宽度"下拉列表中选择"无更改"选项,如图 3-30、图 3-31 所示。

(4) 单击"确定"按钮,完成 M8 螺钉显示的编辑。

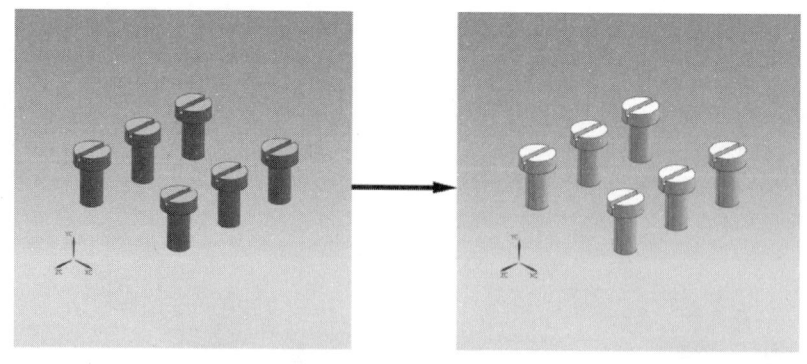

图 3-29 M8 螺钉显示

9. 导出效果图

选择文件→导出→PNG,导出效果图,如图 3-32 所示。

项目三 效果图

图 3-30 "编辑对象显示"对话框 7　　　　图 3-31 设置颜色 7

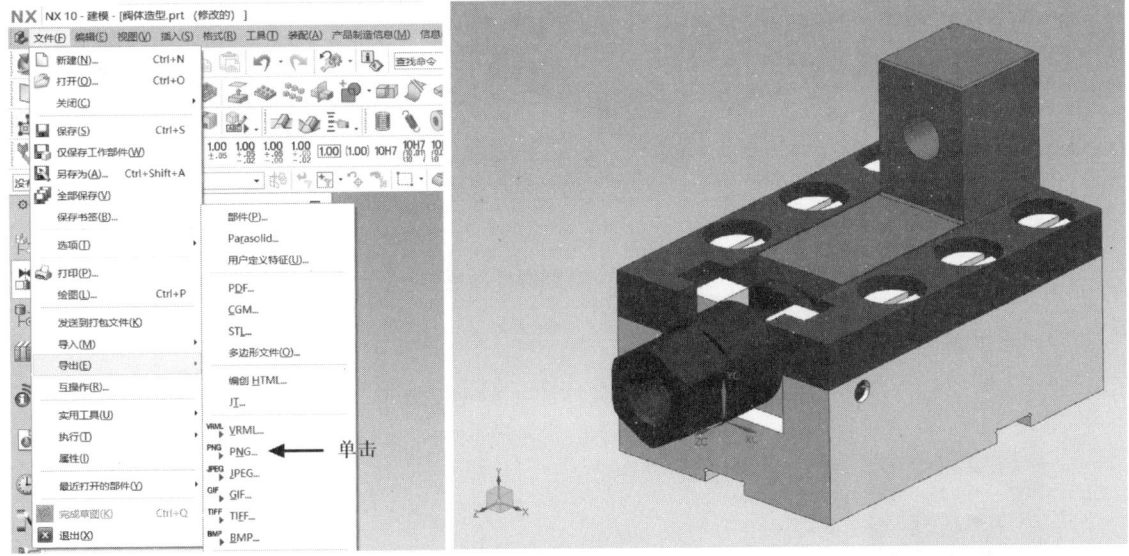

图 3-32 卡爪效果图

四、卡爪艺术外观任务实施过程

1. 打开文件

打开"卡爪装配.prt"文件。

125

2. 进入艺术外观任务环境

在边框条中，依次单击视图→可视化→艺术外观任务，进入艺术外观任务环境，如图 3-33 所示。

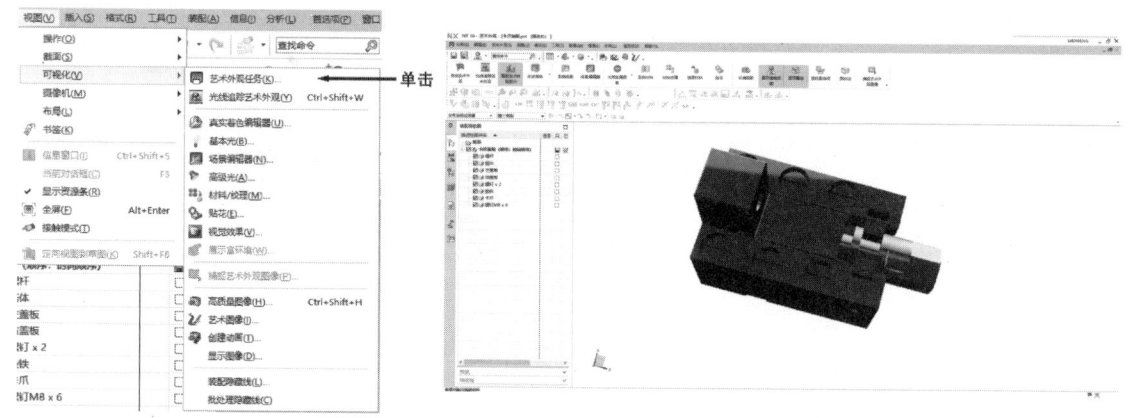

图 3-33　进入艺术外观任务环境示意

3. 添加螺杆外观

单击 系统材料 按钮，选择 Glossy Plastic(有光泽的塑料)，给螺杆添加外观，如图 3-34 所示。

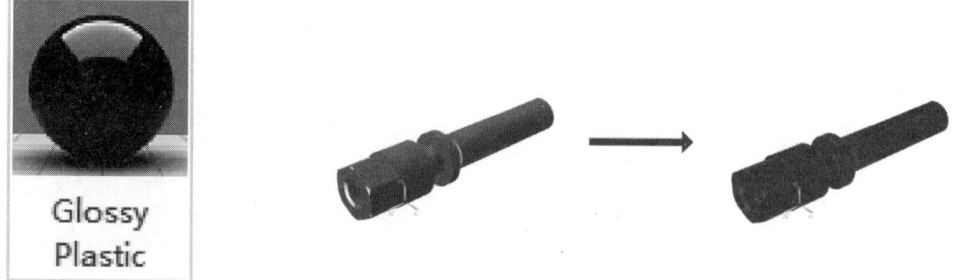

图 3-34　设置螺杆颜色

4. 添加基体外观

单击 系统材料 按钮，选择 Glossy Plastic，给基体添加外观，如图 3-35 所示。

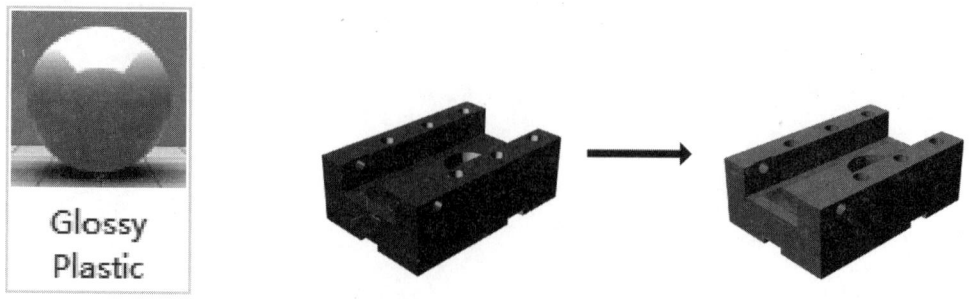

图 3-35　设置基体颜色

5. 添加左、右盖板外观

单击 按钮，选择 Glossy Plastic，给左、右盖板添加外观，如图 3-36 所示。

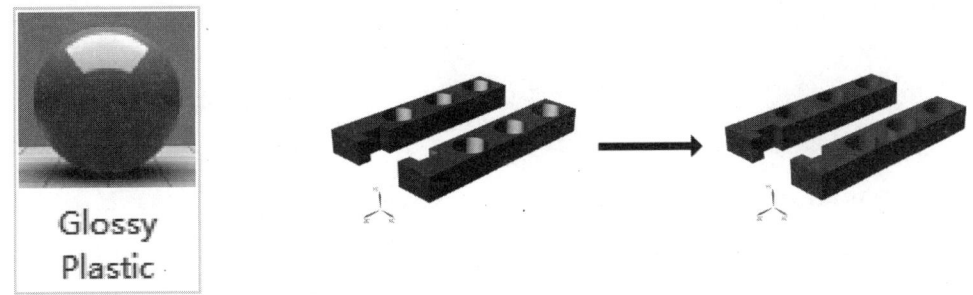

图 3-36　设置左、右盖板颜色

6. 添加螺钉外观

单击 按钮，选择 Glossy Plastic，给螺钉添加外观，如图 3-37 所示。

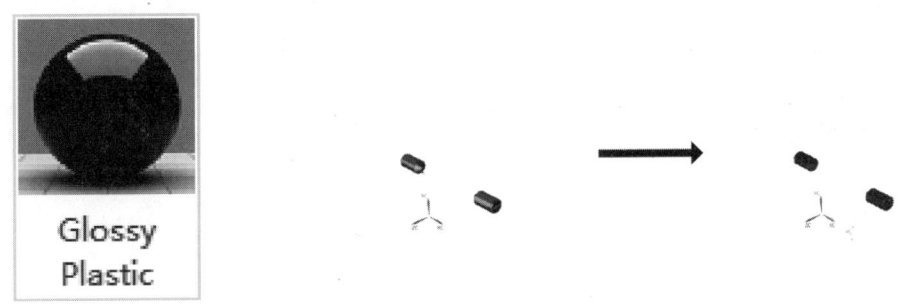

图 3-37　设置螺钉颜色

7. 添加垫铁外观

单击 按钮，选择 Glossy Plastic，给垫铁添加外观，如图 3-38 所示。

图 3-38　设置垫铁颜色

8. 添加卡爪外观

单击 系统材料 按钮,选择 Translucent Plastic(半透明塑料),给卡爪添加外观,如图3-39所示。

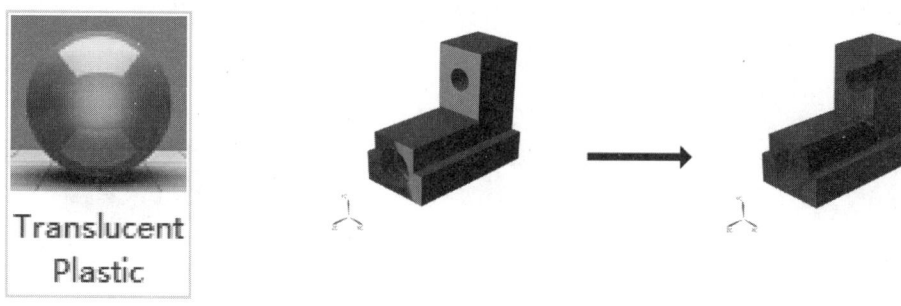

图3-39 设置卡爪颜色

9. 添加 M8 螺钉外观

单击 系统材料 按钮,选择 Glossy Plastic,给 M8 螺钉添加外观,如图3-40所示。

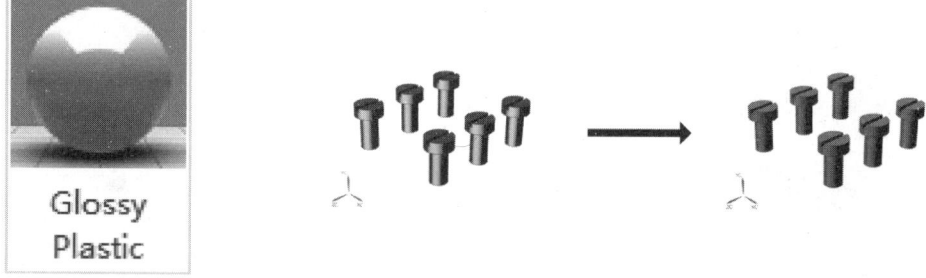

图3-40 设置 M8 螺钉颜色

10. 导出效果图

单击 按钮,弹出"光线追踪艺术外观"对话框,如图3-41所示,单击 按钮,等待 按钮变亮后单击,导出的效果图如图3-42所示。

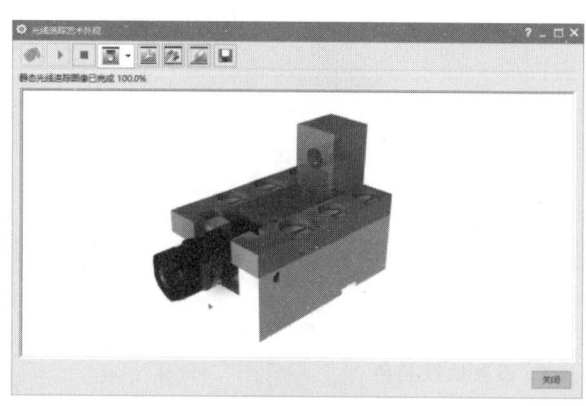

图3-41 "光线追踪艺术外观"对话框　　　图3-42 卡爪效果图

任务评价

班级：		姓名：	学号：	成绩：
序号	评价内容	评价标准	评价结果(优/良/合格/不合格)	
1	基础知识的应用	能掌握相关功能的使用方法		
2	效果图的基本流程	能按照图纸合理设计基本流程		
3	安全文明	无安全隐患，无违章操作		

拓展训练

1. 欲使得零件模型在图形区域中看上去比较真实，应该采用什么显示模式？（　　）
   A. 着色模式　　　　　　　　　　B. 隐藏线可见的线框模式
   C. 隐藏线变灰的线框模式　　　　D. 隐藏线变虚线的线框模式

2. 以下对于外观、材质的描述错误的选项是（　　）。
   A. 如果需要制作高质量渲染图片，可以使用"视图—可视化—高质量图像"的方法进行操作
   B. 前景设置的几种效果只有在开始着色后才能看到
   C. 在材料编辑器中可以选择材料的各种参数，但尽量不要在一种材料中设置多种样式
   D. 材料库中的相关信息可以在赋予工件之前查看、修改，但赋予零件后便不可更改

3. 以下对于外观、材质的描述错误的选项是（　　）。
   A. 材料库有搜索功能，如果知道相关材料的信息，可以搜索这种材料，然后查看相关信息
   B. 通过"菜单→视图→可视化→艺术外观任务"可以更换背景，系统艺术外观材料可以更换数据的材料效果
   C. 材料特性是计算质量和惯性矩的关键因素，软件的材料功能可以创建新的材料、查询材料和赋予机构中的实体等
   D. 材料库中默认材料的参数中只有材料密度不可更改，其他参数均可人为调整

4. 以下对于外观、材质的描述正确的选项是（　　）。
   A. 材料库中的材料一般具有默认外观，且可通过外观浏览器对其进行更改
   B. 在未对工件赋予材质时，不可以单独设定零件外观颜色
   C. 只有实体可以作为可赋予颜色的对象
   D. 片体可以作为对象赋予颜色，但不可以指定材质

5. 有关产品设计效果图说法不正确的是（　　）。
   A. 在设计构思阶段，设计师要表现的构想应采用细描表现法
   B. 设计师与合作者、客户交流，出示的效果图应体现产品的雏形效果，应采用快速表现法
   C. 效果图可作为有关部门审查、生产部门和技术部门制作的依据
   D. 效果图是表达设计的最终结果，可用作广告宣传

项目四 工程图样制作

项目情境

在实际生产环节中,工程图的应用较为普遍,这就要求设计人员必须掌握工程图设计方法以及应用技巧等。NX 10.0 的 NX 工程制图功能非常强大,使用该功能可以很方便地创建合格的工程图。

知识点

- 基本视图、局部放大图、剖视图、断开图、局部剖视图、标注。

技能点

- 会根据零件尺寸选用合适的图幅。
- 能按相关国家标准要求,准确绘制零件图样各视图的图线。

素养目标

- 培养学生精益求精、耐心细致的职业素养。

知识准备

一、工程制图参数预设置

工程制图通常需要遵循一定的标准。为了使工程图满足相关的标准,有时在创建工程图之前,要对工程图参数进行预设置,从而统一工程图标准化,提高设计效率。

在"制图"应用模块中,从功能区的"文件"选项卡中选择实用工具→用户默认设置,打开"用户默认设置"对话框,如图 4-1 所示。在左窗格中选择"制图"节点下的"常规/设置"子节点,在右侧区域的"标准"选项卡的"制图标准"下拉列表中选择标准,如"GB"标准,之后单击"应用"按钮,即可在当前设置级别下将所选标准设置为默认的制图标准,重新启动 NX 10.0 后,该默认制图标准将起作用。

用户可以在出厂设置的指定标准基础上创建符合公司政策或内部标准的定制标准。在"用户默认设置"对话框的"制图标准"下拉列表中选择所需的一个出厂设置标准,接着单

图 4-1 "用户默认设置"对话框

击"定制标准"按钮,弹出如图 4-2 所示的"定制制图标准"对话框。在左侧的"制图标准"列表中选择一个类别,在右侧选项卡中修改相关选项和参数,完成修改设置后,单击"另存为"按钮,弹出如图 4-3 所示的"另存为制图标准"对话框。在"标准名称"文本框中指定新的标准名称,单击"确定"按钮,则创建并保存了一个定制标准。

图 4-2 "定制制图标准-GB"对话框

图 4-3 "另存为制图标准"对话框

在"制图"应用模块中,用户还可以通过相关首选项命令来对制图、视图剖切等首选项进行设置,但首选项设置只对当前文件有效,之后新建的文件将不继承首选项的设置。

选择公共→直线/箭头,如图 4-4 所示,在右侧选项卡中可修改相应属性。

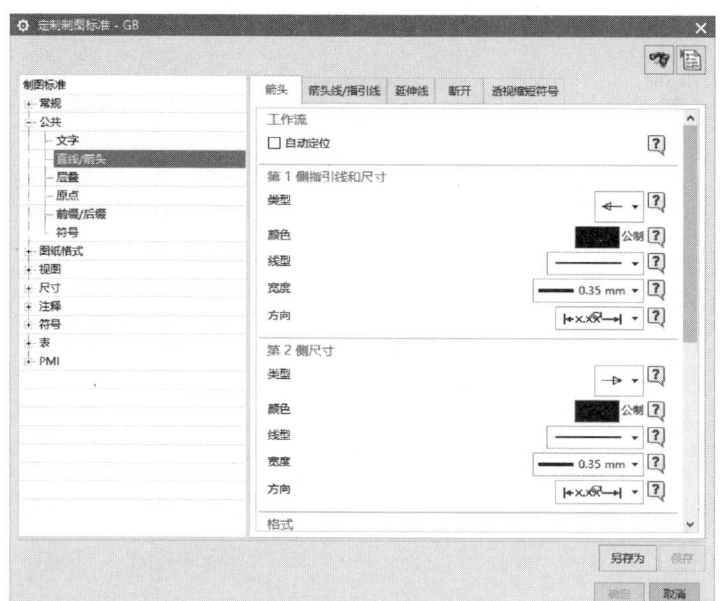

图 4-4 选择"直线/箭头"选项

二、制图标准设置

进入"制图"应用模块后,在边框条中单击"菜单"按钮并选择工具→制图标准(该选项功能是将由选定的用户默认制图标准定义的设置加载到会话中),系统弹出图 4-5 所示的"加载制图标准"对话框,确保用户默认设置级别为用户或出厂设置,要加载的标准为 GB,然后单击"确定"按钮。

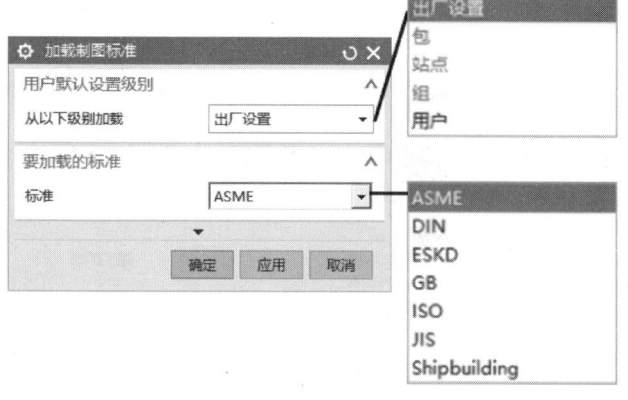

图 4-5 "加载制图标准"对话框

三、新建图纸页

在功能区的"主页"选项卡中单击"新建图纸页"按钮,打开图 4-6 所示的"图纸页"对话框。该对话框的"大小"选项区中提供了 3 个实用的单选按钮,即"使用模板"单选按钮、"标准尺寸"单选按钮和"定制尺寸"单选按钮。

(1)"使用模板"单选按钮:选择此单选按钮时,从对话框出现的列表框中选择 NX 提供的一种制图模板,如"A0-无视图""A1-无视图""A2-无视图""A3-无视图"和"A4-无视图"等。选择某制图模板时,可以在"预览"选项区中预览该制图模板的大致样式。

(2)"标准尺寸"单选按钮:选择此单选按钮时(图 4-7),可以从"大小"下拉列表中选择一种标准尺寸样式,有"A0－841×1 189""A0+－841×1 635""A0++－841×2 387""A1－594×841""A2－420×594""A3－297×420"或"A4－210×297"等选项;可以从"比

例"下拉列表中选择一种绘图比例,或者选择"定制比例"选项来设置所需的比例;在"名称"选项区的"图纸页名称"文本框中输入新建图纸页的名称,或者接受 NX 自动为新建图纸页指定的默认名称,并可指定页号和版本;在"设置"选项区中,可以设置单位为毫米或英寸,以及设置投影方式,投影方式分 ⌐◎(第一角投影)和 ◎⌐(第三角投影)。其中,第一角投影符合我国的制图标准。

(3)"定制尺寸"单选按钮:选择此单选按钮时,由用户设置图纸高度、长度、比例和图纸页名称、单位和投影方式等。定义好图纸页参数和选项后,在"图纸页"对话框中单击"应用"按钮或"确定"按钮,就可在图纸页上创建和编辑具体的工程视图了。

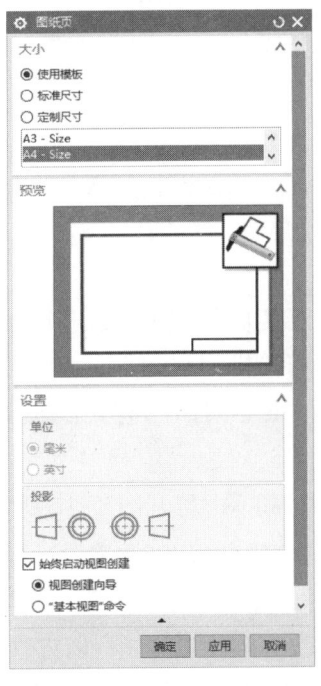

图 4-6 "图纸页"对话框

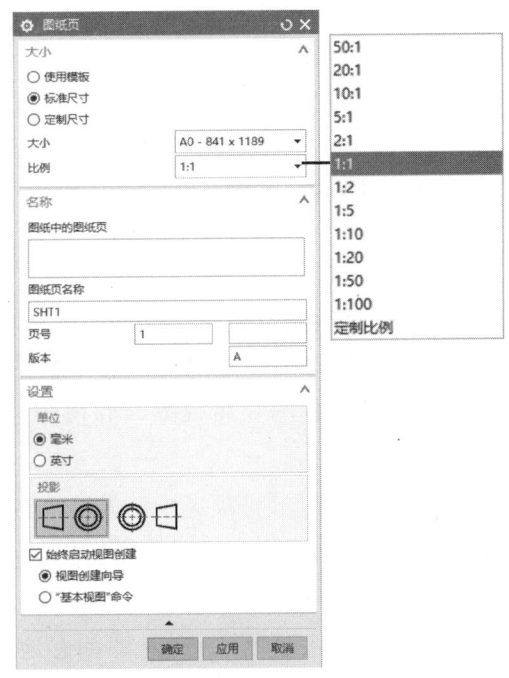

图 4-7 使用"标准尺寸"

四、基本视图

基本视图是基于模型的视图,它可以是仰视图、俯视图、前视图、后视图、左视图、右视图、正等测图和正三轴测图等。下面介绍创建基本视图的一般方法和注意事项。

在功能区"主页"选项卡的"视图"面板中单击"基本视图"按钮,打开图 4-8 所示的"基本视图"对话框。在"基本视图"对话框中可以进行以下设置。

1. 指定要为其创建基本视图的部件

系统默认加载的当前工作部件是要为其创建基本视图的部件。如果更改要创建基本视图的部件,则用户需要展开图 4-9 所示的"部件"选项区,从"已加载的部件"列表或"最近访问的部件"列表中选择所需的部件,或单击"打开"按钮,从弹出的"部件名"对话框中选择。

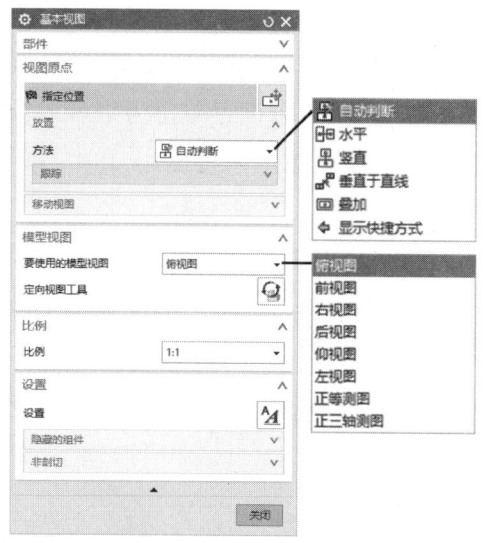

图 4-8 "基本视图"对话框

图 4-9 指定所需部件

2. 确定视图

在"基本视图"对话框中展开"模型视图"选项区,从"要使用的模型视图"下拉列表中选择相应的视图选项,即可生成对应的基本视图。"要使用的模型视图"下拉列表中提供"俯视图""前视图""右视图""后视图""仰视图""左视图""正等测图"和"正三轴测图"等选项。

用户可以在"模型视图"选项区中单击"定向视图工具"按钮 ,打开图 4-10 所示的"定向视图工具"对话框。利用该对话框可定义视图法向、X 向等定向视图,在定向过程中可以在图 4-11 所示的"定向视图"窗口选择参照对象及调整视角等。在"定向视图工具"对话框中执行某个操作后,视图的操作效果立即动态地显示在"定向视图"窗口中,以方便用户观察视图方向,调整并获得满意的视图方位。完成定向视图操作后,单击"定向视图工具"对话框中的"确定"按钮。

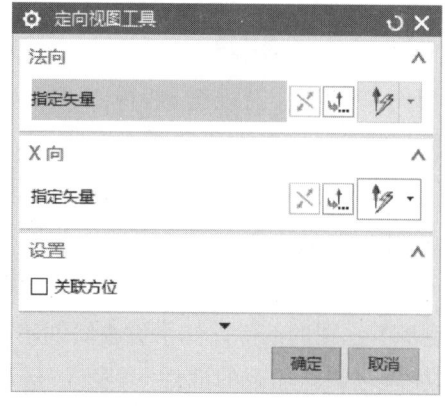

图 4-10 "定向视图工具"对话框

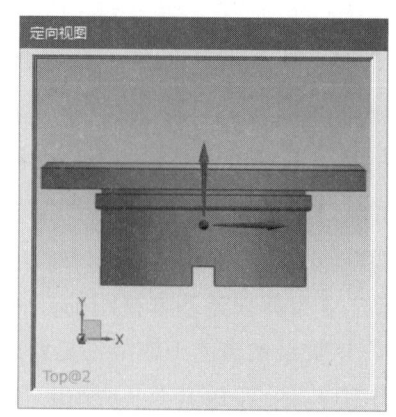

图 4-11 "定向视图"窗口

3. 设置比例

在"基本视图"对话框的"比例"选项区中的"比例"下拉列表中选择所需的比例值（图 4-12），也可以从中选择"比率"选项或"表达式"选项来定义制图比例。

4. 设置视图样式

通常使用系统默认的视图样式即可。如果在某些特殊制图情况下默认的视图样式不能满足用户的设计要求，那么可以采用手动的方式指定视图样式，其方法是在"基本视图"对话框的"设置"选项区中单击"设置"按钮，打开图 4-13 所示的"设置"对话框。在"设置"对话框中，用户从左窗格中选择所需的类别或子类别，然后进行相关的参数设置。

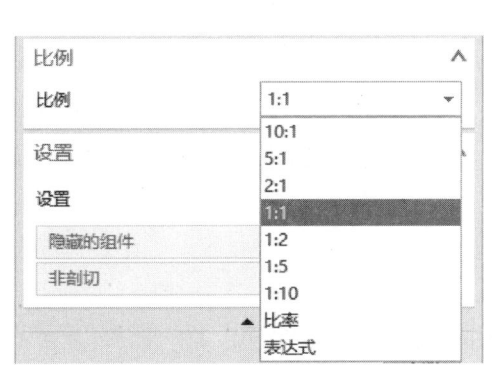

图 4-12　设置制图比例

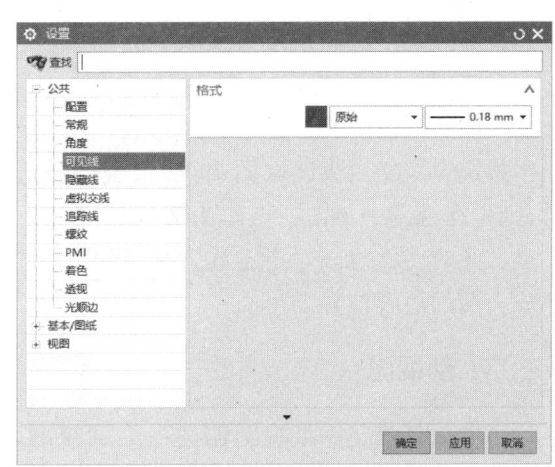

图 4-13　"设置"对话框

5. 指定视图原点

在"基本视图"对话框的"视图原点"选项区中，可以设置视图放置"方法"选项，还可以启用"光标跟踪"功能。设置好相关内容后，使用鼠标指针将定义的基本视图放置在图纸页面上即可。

五、局部放大图

创建局部放大图是指创建一个包含图样视图放大部分的视图。局部放大图在实际的工程图设计工作中时常应用到。例如，针对一些模型中的细小特征或结构，需要创建该特征或该结构的局部放大图。

在功能区"主页"选项卡的"视图"面板中单击"局部放大图"按钮，打开"局部放大图"对话框，如图 4-14 所示。

图 4-14　"局部放大图"对话框

利用"局部放大图"对话框可执行以下操作。

1. 指定局部放大图边界的类型选项

在"类型"选项区的"类型"下拉列表中选择一种选项来定义局部放大图的边界形状,可供选择的类型有"圆形""按拐角绘制矩形"和"按中心和拐角绘制矩形"等选项。

2. 设置放大比例值

在"比例"选项区的"比例"下拉列表中选择所需的比例值,或者从中选择"比率"选项或"表达式"选项来定义比例。

3. 定义父项上的标签

在"父项上的标签"选项区中,从"标签"下拉列表中可以选择"无""圆""注释""标签""内嵌"或"边界"选项来定义父项上的标签。

4. 定义边界和指定放置视图的位置

按照所选的"类型"选项为圆形、按拐角绘制矩形或按中心和拐角绘制矩形,分别在视图中指定点定义放大区域的边界,系统会就近判断父视图。例如,选择类型选项为"圆形"时,则先在视图中单击一点作为放大区域的中心位置,然后指定另一点作为边界圆周上的一点。此时,系统提示"指定放置视图的位置"。在图纸页中的合适位置处选择一点作为局部放大图的放置位置即可。

六、剖视图

可以从任何父图纸视图创建一个剖视图,包括简单剖/阶梯剖视图、半剖视图、旋转剖视图和点到点剖视图。

在功能区的"主页"选项卡的"视图"面板中单击"剖视图"按钮,打开图 4-15 所示的"剖视图"对话框。剖切线(截面线)的定义有两种形式,一种是"动态"选项,另一种则是"选择现有的"选项。前者允许指定动态剖切线,后者则允许选择现有独立剖切线(截面线)来创建剖视图(图 4-16)。

图 4-15 "剖视图"对话框

图 4-16 "选择现有的"选项

七、断开视图

创建断开视图是将一个视图分解成多个边界并进行压缩,从而隐藏不感兴趣的部分,以此减少该视图的大小。使用 NX 提供的"断开视图"工具,可以创建用于将一个视图分为多个边界的断裂线。在 NX 10.0 中,断开视图的类型分两种,一种为"常规"断开视图,另一种为"单侧"断开视图。

在功能区"主页"选项卡的"视图"面板中单击"断开视图"按钮,打开图 4-17 所示的"断开视图"对话框。"主模型视图"选项区用于选择主模型视图,在"类型"选项区的"类型"下拉列表中选择"常规"或"单侧"选项。当选择"常规"选项时,需要分别指定方向、断裂线 1 和断裂线 2;当选择"单侧"选项时,则需要分别指定方向和断裂线(仅需一条断裂线)。在"设置"选项区中,可以设置间隙、样式、幅值、延伸 1、延伸 2、颜色和宽度等参数值。

图 4-17 "断开视图"对话框

八、局部剖视图

局部剖视图是指使用剖切面局部剖开机件而得到的剖视图。

在 NX 10.0 中,可以通过在任何父图样视图中移除一个部件区域来创建一个局部剖视图。需要注意的是,在 NX 10.0 中,在创建局部剖视图之前,需要先定义与视图相关的局部剖视边界。定义局部剖视边界的典型方法如下。

(1)在图纸页上选择要进行局部剖视的视图,单击鼠标右键,接着从快捷菜单中选择"展开(扩展)"选项,从而进入视图成员模型工作状态,NX 扩大选定的视图使其充满整个图形窗口。

(2)使用相关的曲线功能(如单击"菜单"按钮并选择"插入""曲线""艺术样条"选项,可以通过"定制"选项将"曲线"级联菜单定制到"菜单""插入"级联菜单中),在要建立局部剖切的部位,绘制局部剖切的边界线。

（3）完成创建边界线后，在图形窗口的空余区域单击鼠标右键，然后再次从快捷菜单中选择"展开"选项，返回到"制图"环境。这样便完成了与选择视图相关联的边界线的操作。

九、尺寸标注的按钮介绍

在"制图"应用模块中，用于尺寸标注的按钮位于功能区的"主页"选项卡的"尺寸"面板（图4-18）中，主要包括"快速"按钮、"线性"按钮、"径向"按钮、"角度"按钮、"倒斜角尺寸"按钮、"厚度"按钮、"弧长尺寸"按钮和"坐标"按钮等。

图4-18 "尺寸"面板

1."快速"按钮

"快速"按钮可根据选定对象和光标的位置自动判断尺寸类型来创建一个尺寸，或者按照设定的其他测量方法（如"水平""竖直""点到点""垂直""圆柱坐标系""斜角""径向"或"直径"）来创建相应类型的尺寸。

2."线性"按钮

"线性"按钮用于在两个对象或点位置之间创建线性尺寸。使用"制图"应用环境中的该按钮还可以创建线性尺寸集，线性尺寸集的方法有"无""链"和"基线"。

基线尺寸和链尺寸的创建步骤相似。以创建链尺寸为例，在"尺寸"面板中单击"线性"按钮，弹出"线性尺寸"对话框。在"测量"选项区的"方法"下拉列表中选择"水平"选项，在"尺寸集"选项区的"方法"下拉列表中选择"链"选项，在"原点"选项区中取消选择"自动放置"复选框，如图4-19所示。

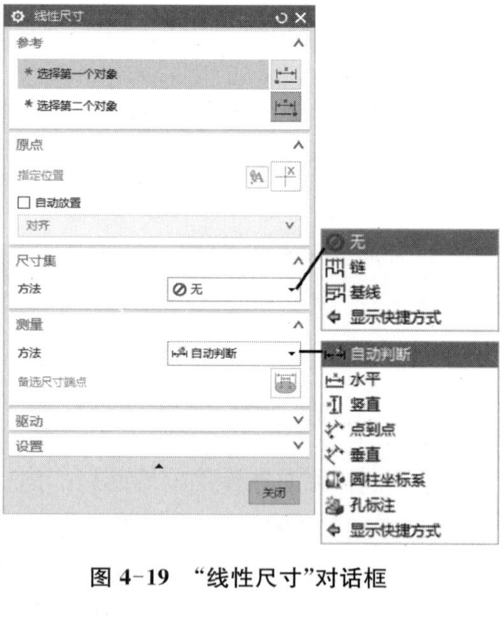

图4-19 "线性尺寸"对话框

3."径向"按钮

"径向"按钮用于创建圆形对象的半径或直径尺寸。单击此按钮，弹出图4-20所示的"半径尺寸"对话框，从"测量"选项区的"方法"下拉列表中选择"自动判断""径向""直径"或"孔标注"选项，接着选择对象并指定尺寸放置位置。如果测量方法为"径向"，还可以根据实际情况决定是否创建带折线的半径。

4."角度"按钮

"角度"按钮用于在两条不平行的直线之间创建角度尺寸。单击此按钮，弹出图4-21

所示的"角度尺寸"对话框,接着在"参考"选项区中指定选择模式并根据该选择模式进行相应的选择操作,以及自动放置或手动放置角度尺寸等。

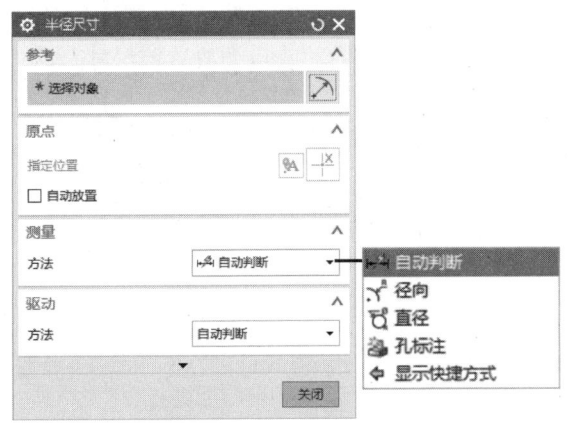
图 4-20 "半径尺寸"对话框

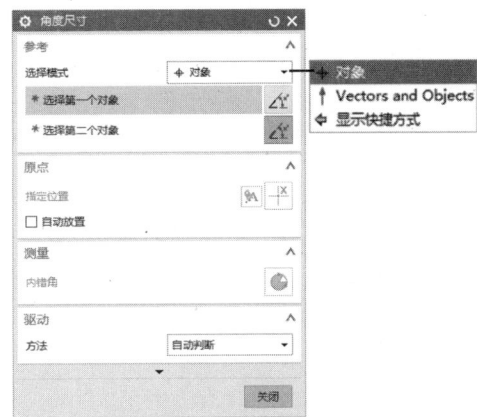
图 4-21 "角度尺寸"对话框

5. "倒斜角尺寸"按钮

"倒斜角尺寸"按钮 用于在倒斜角曲线上创建"倒斜角尺寸"。单击此按钮,弹出图 4-22 所示的"倒斜角尺寸"对话框,接着选择要标注倒斜角尺寸的倒斜角,并选择自动放置或手动放置该倒斜角尺寸即可。在创建倒斜角尺寸之前,可以在"设置"选项区中单击"设置"按钮 ,打开"设置"对话框,从中设置倒斜角格式和前缀,如图 4-23 所示。

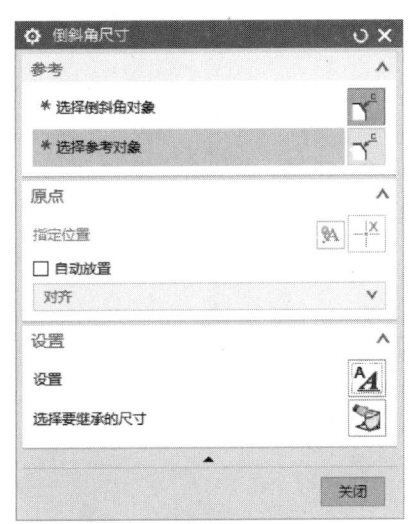
图 4-22 "倒斜角尺寸"对话框

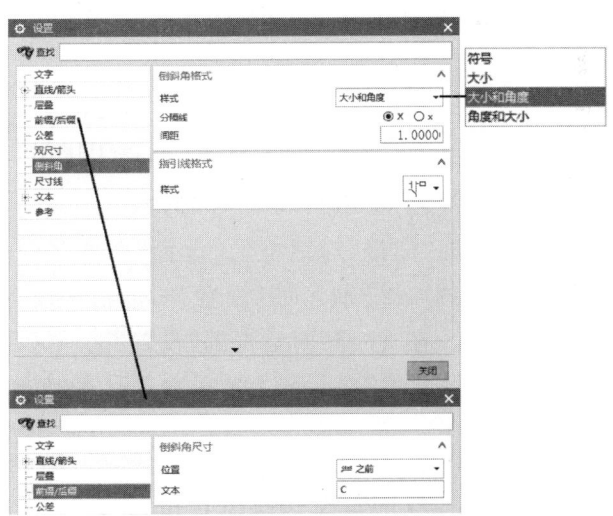
图 4-23 设置倒斜角格式和前缀

6. "厚度"按钮

"厚度"按钮 用于创建一个厚度尺寸,以测量两条曲线之间的距离。单击此按钮,弹出图 4-24 所示的"厚度尺寸"对话框,接着选择要标注厚度尺寸的第一个对象和第二个对象,并放置该尺寸即可。

7. "弧长尺寸"按钮

"弧长尺寸"按钮用于创建一个弧长尺寸来测量圆弧周长。单击此按钮,弹出图4-25所示的"弧长尺寸"对话框,接着选择要标注弧长尺寸的对象,并手动或自动放置该尺寸。

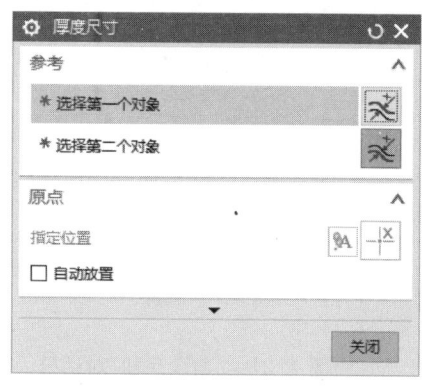

图4-24 "厚度尺寸"对话框

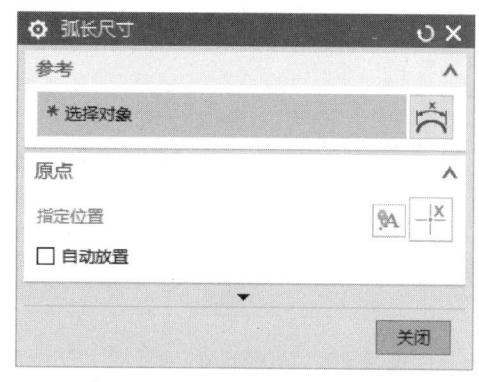

图4-25 "弧长尺寸"对话框

8. "坐标"按钮

"坐标"按钮用于创建一个坐标尺寸,测量从公共点沿一条坐标基线到某一对象位置的距离。坐标尺寸的类型分为"单个尺寸"和"多个尺寸",前者用于在单个点处创建坐标尺寸,后者用于一次在多个点处创建自动坐标尺寸。

十、文本注释

在功能区"主页"选项卡的"注释"面板中单击"注释"按钮,打开图4-26所示的"注释"对话框。

用户可以在"注释"对话框的"设置"选项区中单击"设置"按钮,打开图4-27所示的"设置"对话框来设置文字和层叠两种样式。在"注释"对话框的"设置"选项区中还可以指定是否"竖直文本",以及设置文本斜体角度和粗体宽度等。

十一、标注几何公差和基准特征符号

1. 创建基准特征符号

从功能区的"主页"选项卡的"注释"面板中单击"基准特征符号"按钮,打开"基准特征符号"对话框,如图4-28所示。

图4-26 "注释"对话框

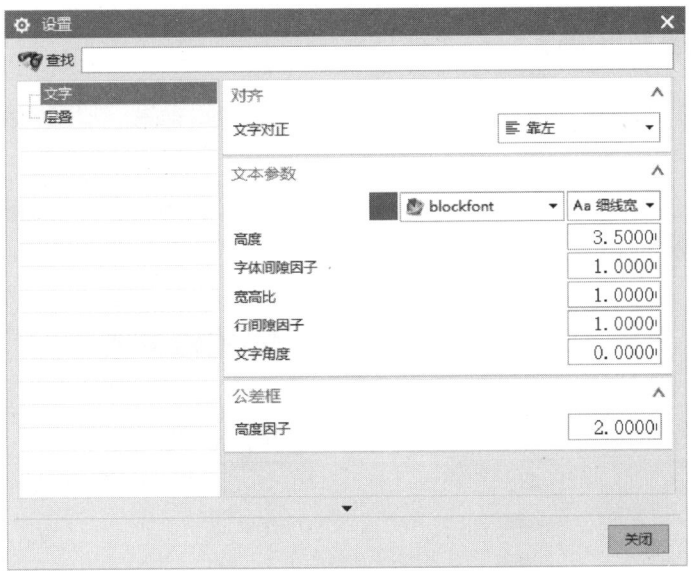

图 4-27 "设置"对话框

2. 注写几何公差

从功能区的"主页"选项卡的"注释"面板中单击"特征控制框"按钮，打开图 4-29 所示的"特征控制框"对话框。

图 4-28 "基准特征符号"对话框

图 4-29 "特征控制框"对话框

十二、标注表面粗糙度

可以创建一个表面粗糙度符号来指定表面参数,如粗糙度、处理或涂层、模式、加工余量和波纹。

在功能区的"主页"选项卡的"注释"面板中单击"表面粗糙度符号"按钮 √ ,打开图 4-30 所示的"表面粗糙度"对话框。

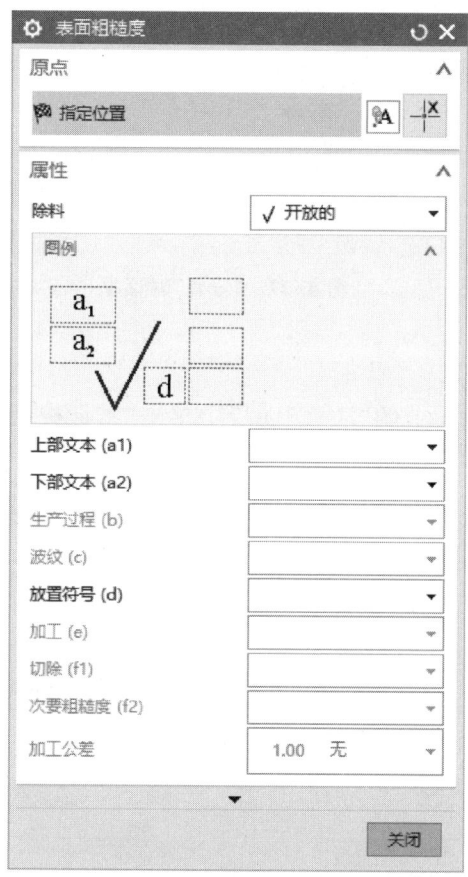

图 4-30 "表面粗糙度"对话框

十三、导入 CAD 图框

1. 在 CAD 中将图框单独保存

将标准图框 CAD 文件保存为.dwg 或.dxf 文件。

2. 打开 NX,新建一个模型

新建模型,如图 4-31 所示。

3. 导入 CAD 文件

导入 DXF/DWG,选取先前保存的.dwg 或.dxf 文件,如图 4-32 所示。

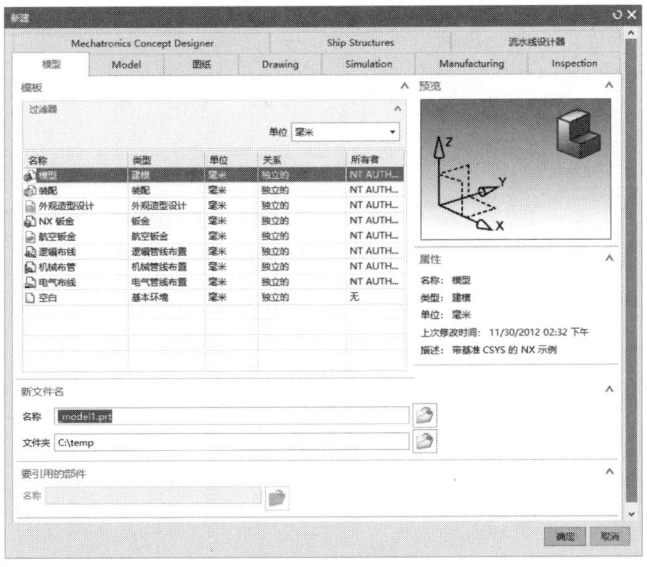

图 4-31 新建模型

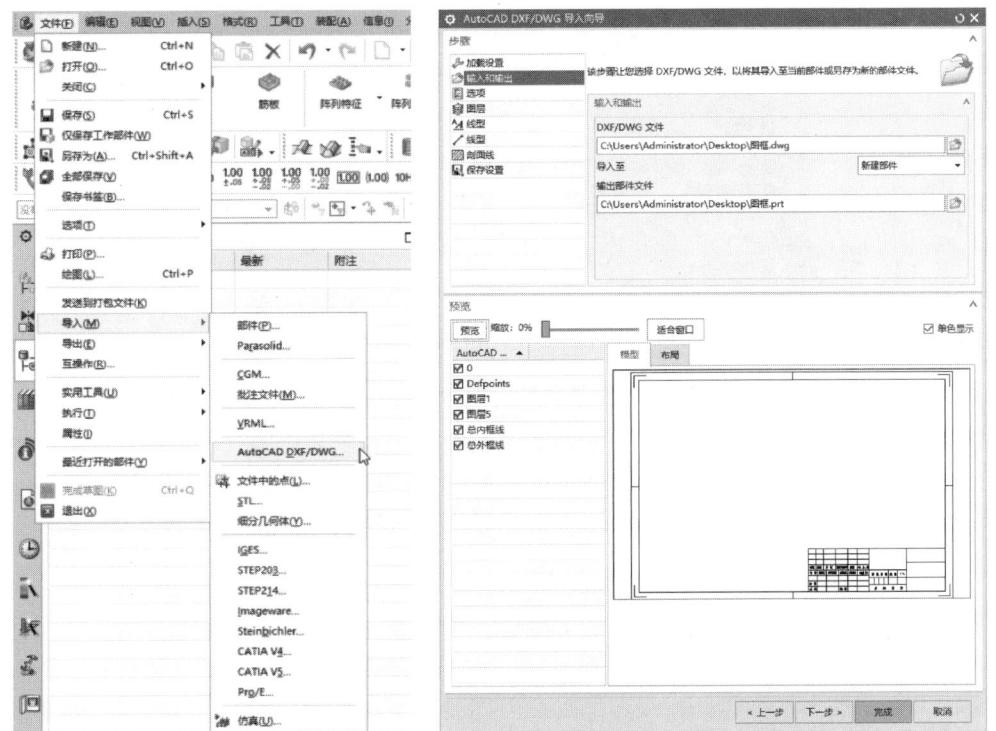

图 4-32 导入 CAD 文件

4. 另存为文件

另存为"图框.prt",如图 4-33 所示。

5. 在制图状态下,导入.prt 文件

在制图环境下,单击文件→部件,导入"图框.prt"文件,如图 4-34 所示。

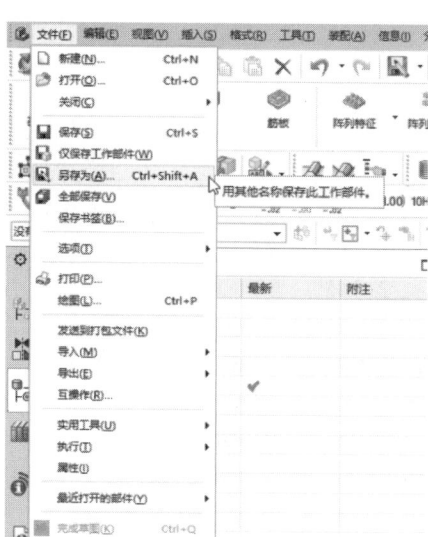

图 4-33 另存为文件

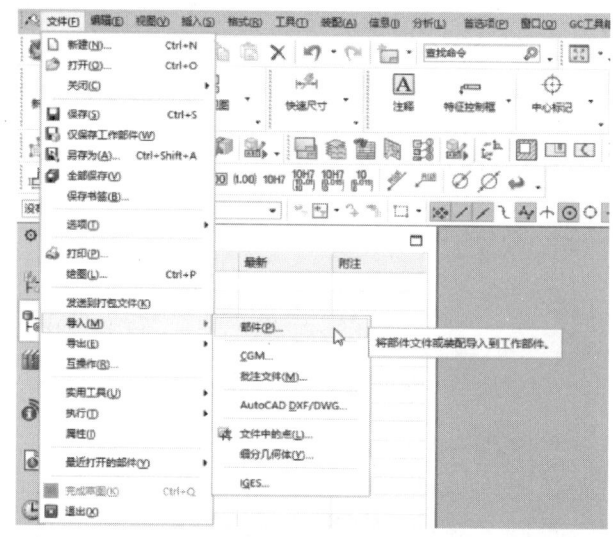

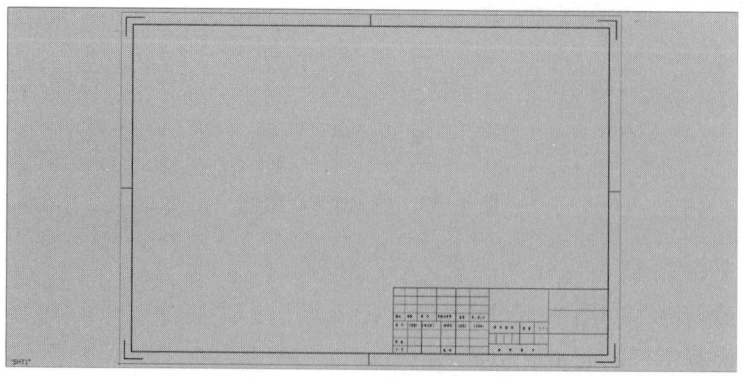

图 4-34 导入图框.prt

学习任务 1
端盖零件

任务导入

通过工程图样制作学习,学会图 4-35 所示端盖工程图样制作的操作方法。

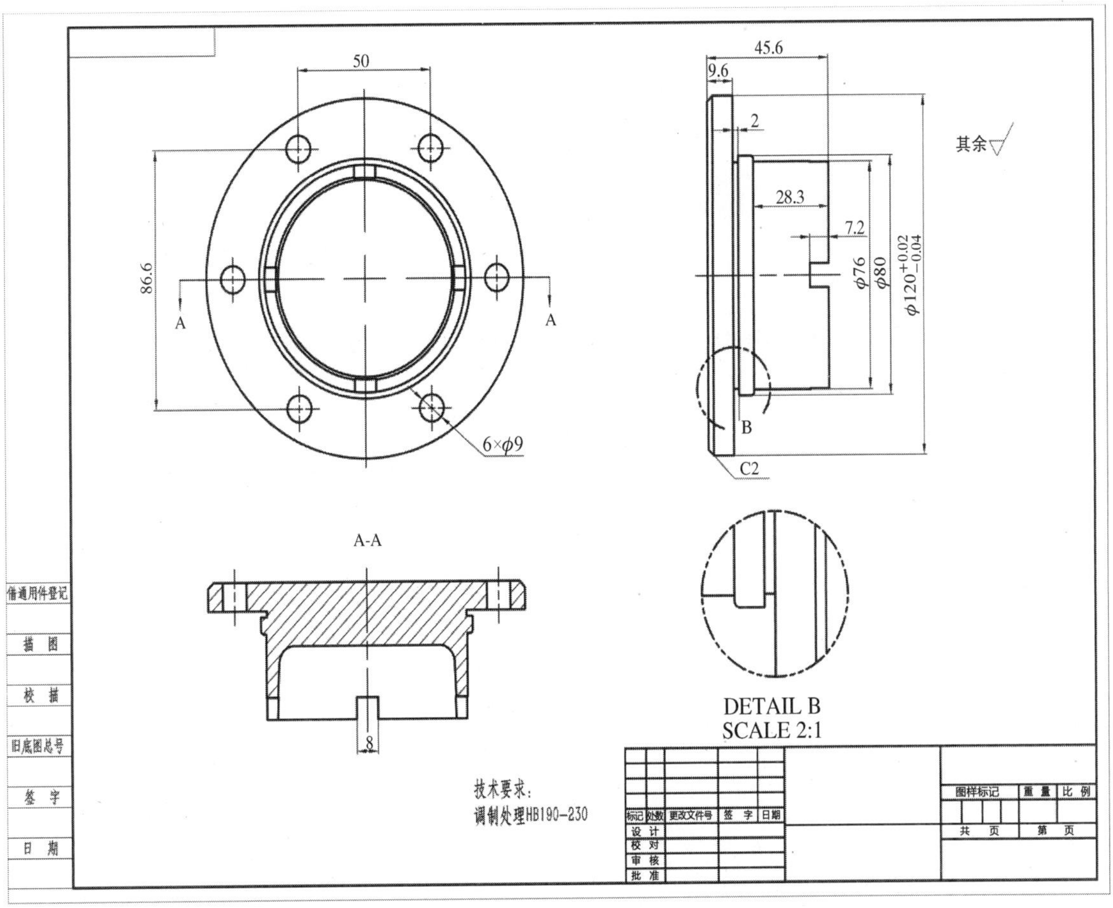

图 4-35 端盖工程图样(单位:mm)

任务流程

1. 参考工程图制作方案

设计工程图制作的参考方案,内容见表 4-1。

表 4-1 工程图制作参考方案

序号	步骤	图示	序号	步骤	图示
1	导入图框	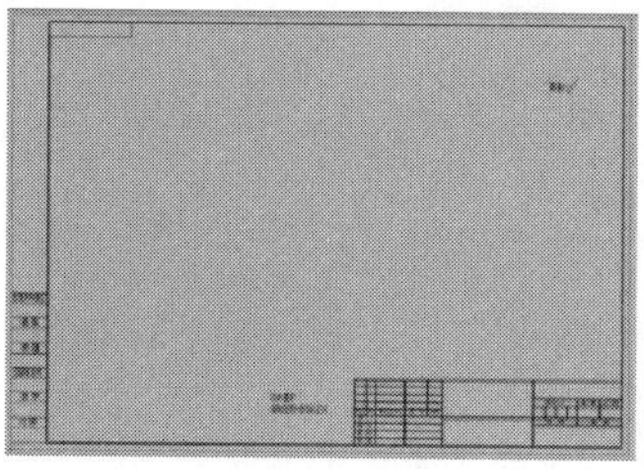	3	添加尺寸标注	
2	生成所需视图	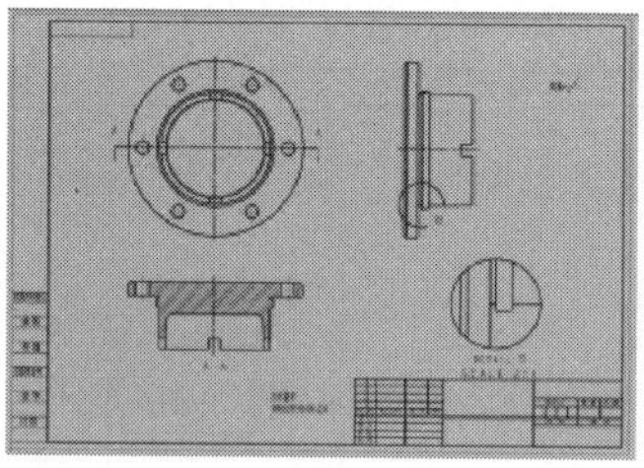			

2. 学生工程图制作方案

学生根据自己对工程图制作的理解,参照工程图制作参考方案,独立设计工程图制作方案,并填写表 4-2。

表 4-2 学生工程图制作方案

序号	步骤	图示	序号	步骤	图示
1			4		
2			5		
3			6		
考评结论					

任务实施

一、预习效果检查

1. 判断题

（1）只有当图纸上没有投射视图存在时，才可以改变投射角。（ ）

（2）NX 的工程图模块能自动生成装配件二维工程图，并自动对该装配图进行零件编号、明细表填写。（ ）

2. 填空题

（1）工程图的标注是为了表达零部件的_____和_____信息，没有进行标注的工程图只能表达零部件的形状、装配关系等信息，只有经过了标注的工程图才可能成为加工的依据。

（2）应用 NX 生成的二维工程图是由_____得到的，工程图的尺寸直接引用三维模型的尺寸。

3. 选择题

（1）以下哪一项不属于长度标注？（ ）

    A. 半径标注   B. 线段长度标注

    C. 两点距离标注   D. 点与线之间距离的标注

（2）标注线段长度，要单击（ ）。

    A. 线段   B. 两点   C. 点   D. 点和直线

二、端盖工程图样分析

1. 参考图样分析

端盖工程图样参考图 4-35，采用了全剖和局部放大图。

2. 学生图样分析

参考以上提示，独立完成端盖工程图样分析，并填写表 4-3。

表 4-3　端盖工程图样分析

序号	项目	分析结果
1	端盖工程图样采用视图	
2	教师评价	

三、端盖工程图样实施过程

1. 导入图框

在"制图"环境下，新建 A3 图纸页，导入"端盖.prt"部件（文件自带图框），如图 4-36 所示。

2. 生成所需视图

在功能区单击"基本视图"按钮，弹出"基本视图"对话框，如图 4-37 所示。生成所需视图，如图 4-38 所示。

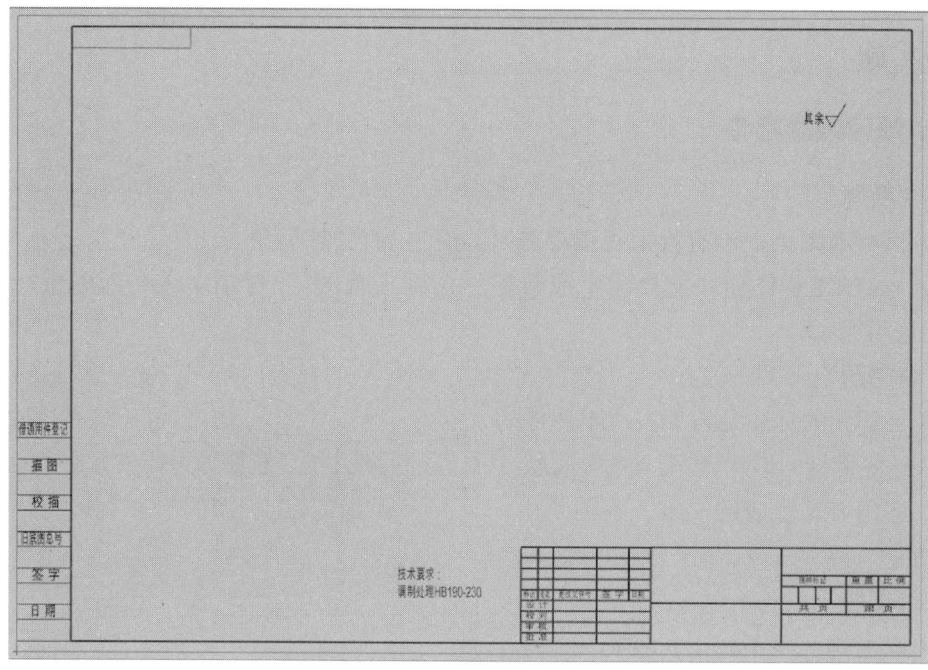

图 4-36 图框示意

图 4-37 "基本视图"对话框   图 4-38 添加基本视图示意

在功能区单击"剖视图"按钮,弹出"剖视图"对话框,如图 4-39 所示。添加所需视图,如图 4-40 所示。

图 4-39 "剖视图"对话框

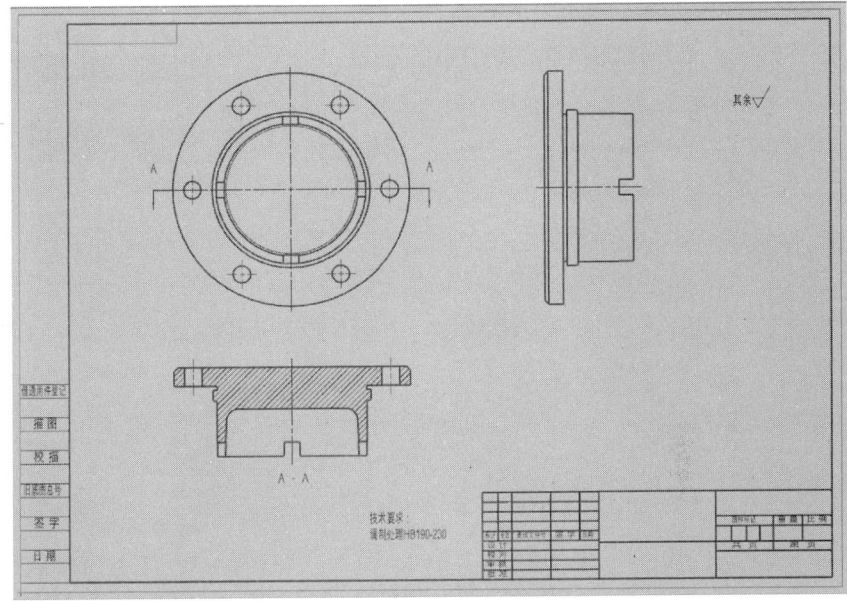

图 4-40 添加剖视图示意

在功能区单击"局部放大图"按钮,弹出"局部放大图"对话框,如图 4-41 所示。添加所需视图,如图 4-42 所示。

图 4-41 "局部放大图"对话框

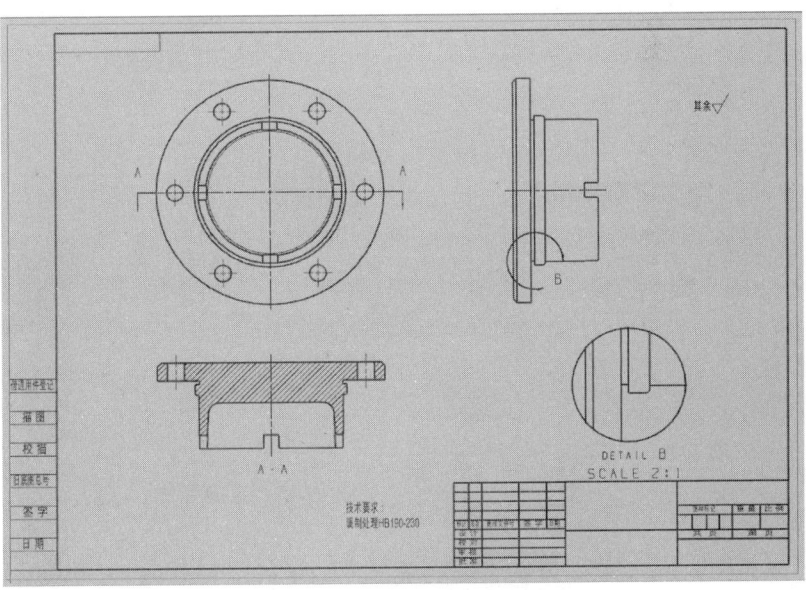

图 4-42 添加局部放大图示意

3. 添加尺寸标注

在功能区,单击"线性"按钮,弹出"线性尺寸"对话框(图 4-43),对零件进行标注。在功能区,单击"径向"按钮,弹出"半径尺寸"对话框(图 4-44),对零件进行标注。按图 4-45 所示方法设置,尺寸标注后如图 4-46 所示。

图 4-43 "线性尺寸"对话框

图 4-44 "半径尺寸"对话框

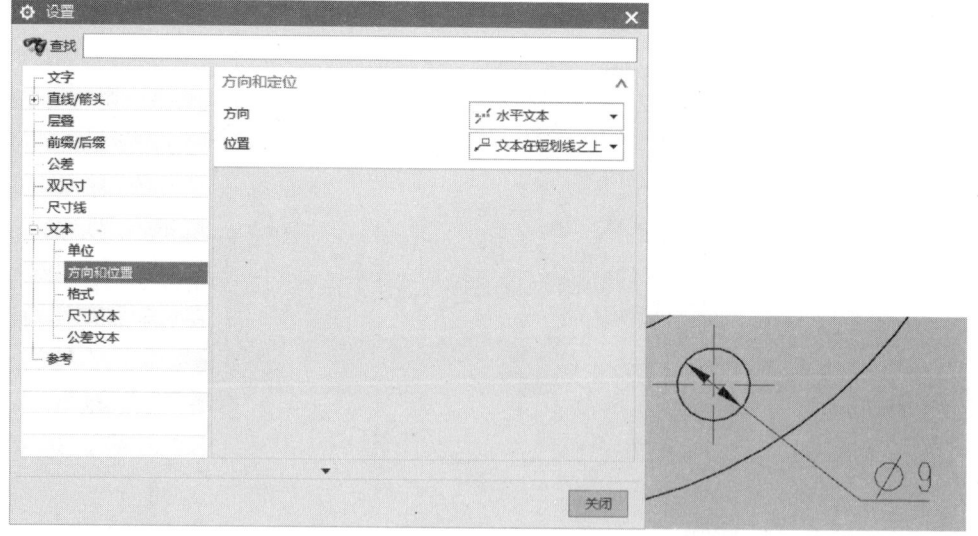

图 4-45 直径标注

双击"φ9"尺寸,弹出如图 4-47 所示对话框,单击按钮 A ,弹出"附加文本"对话框(图 4-48),并输入"6×"。双击"φ120"尺寸,弹出如图 4-49 所示对话框,在 中选择 选项,并设置 +0.02,−0.04 公差。标注完的图纸如图 4-50 所示。

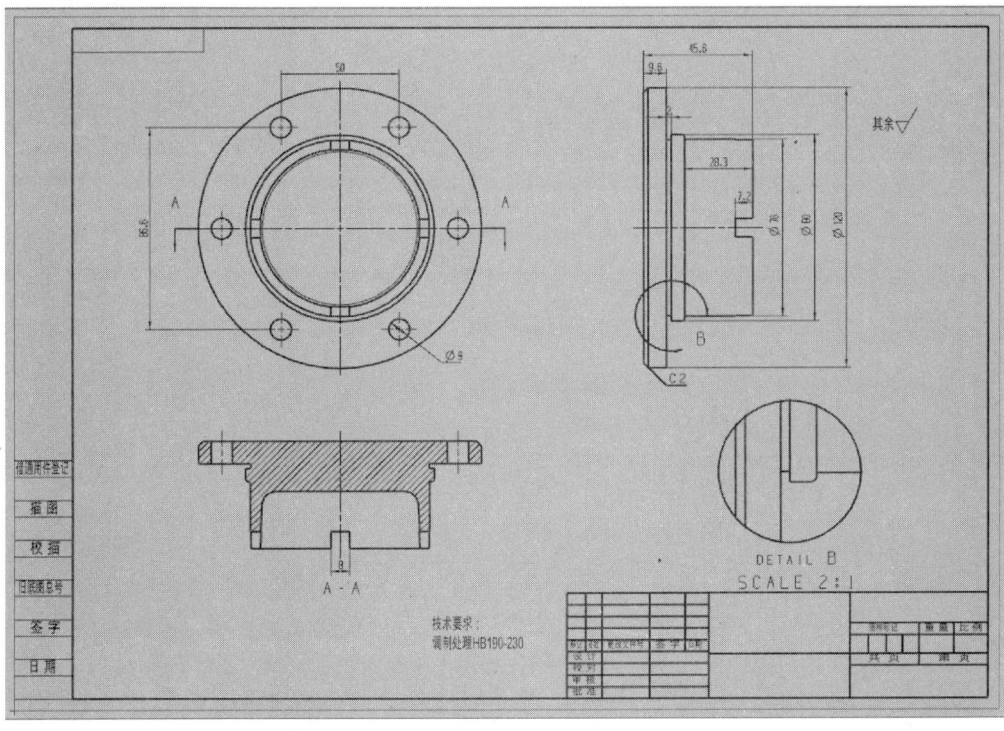

图 4-46　添加尺寸标注示意

图 4-48　"附加文本"对话框

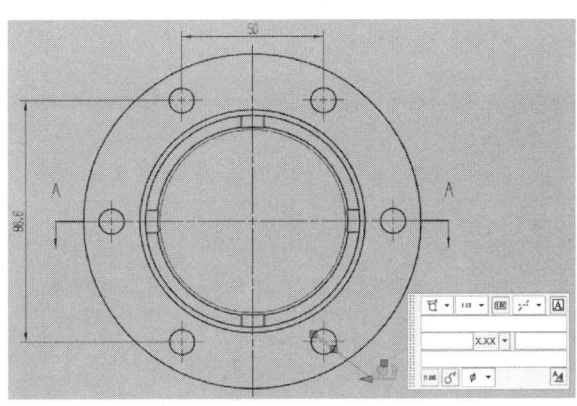

图 4-47　弹出对话框

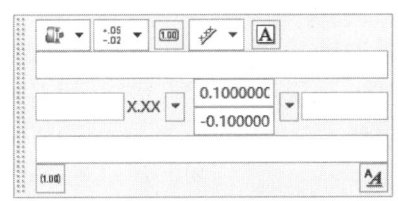

图 4-49　对话框

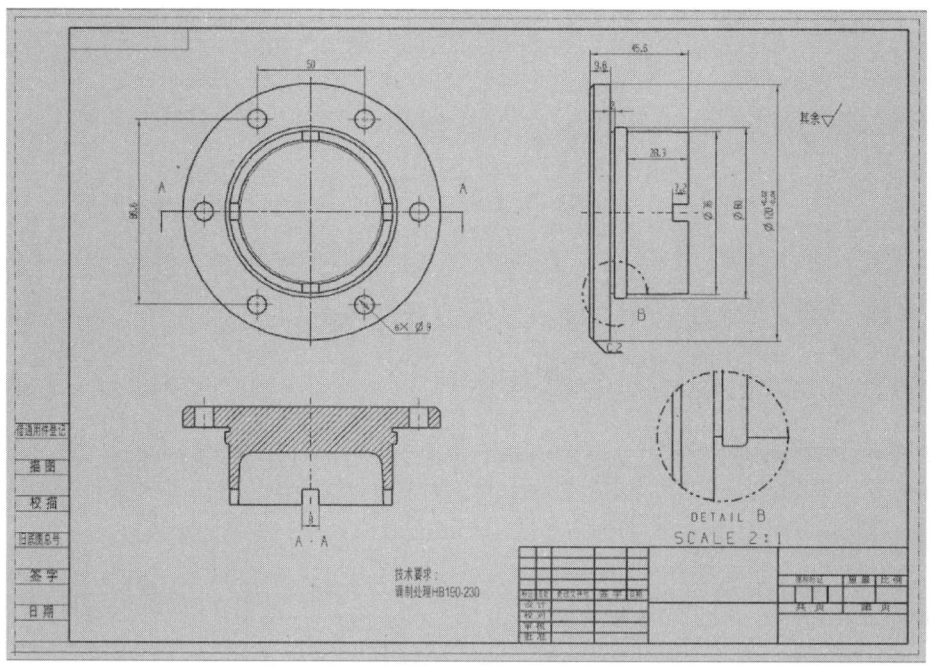

图 4-50 标注完的图纸示意

任务评价

班级：		姓名：	学号：	成绩：
序号	评价内容	评价标准	评价结果(优/良/合格/不合格)	
1	基础知识的应用	能掌握相关功能的使用方法		
2	工程图的基本流程	能按照图纸合理设计基本流程		
3	安全文明	无安全隐患,无违章操作		

拓展训练

1. 在投影视图时选择一零件作为隐藏的组件后,下面哪个选项是正确的?（　　）

   A. 原视图和投影视图都有这个零件　　B. 原视图和投影视图都没有这个零件

   C. 原视图没有这个零件　　D. 投影视图没有这个零件

2. 进入工程图环境后,可通过以下哪个工具来表达倾斜结构?（　　）

   A. 投影视图　　B. 基本视图　　C. 斜视图　　D. 局部视图

3. 以下哪一项说法对应"投影视图"工具?（　　）

   A. 在新工程图中创建第一个视图

   B. 从任何父图纸视图创建投影正交或辅助视图

   C. 显示定义的平面处的模型切面的内部细节

   D. 可用于创建左视图和俯视图

4. 二维图是用正投影法得到的投影视图,下列哪一项不是正投影的特性?(　　)

　　A. 积聚性　　　　B. 类似性　　　　C. 实形性　　　　D. 等比性

5. 下列有关标注尺寸有误的一项是(　　)。

　　A. 重要尺寸一定要单独标出

　　B. 所注尺寸应符合工艺要求

　　C. 避免注成封闭尺寸链

　　D. 可以重复标注尺寸

学习任务 2

底 座 零 件

任务导入

通过工程图样制作学习,学会图 4-51 所示的底座工程图样制作的操作方法。

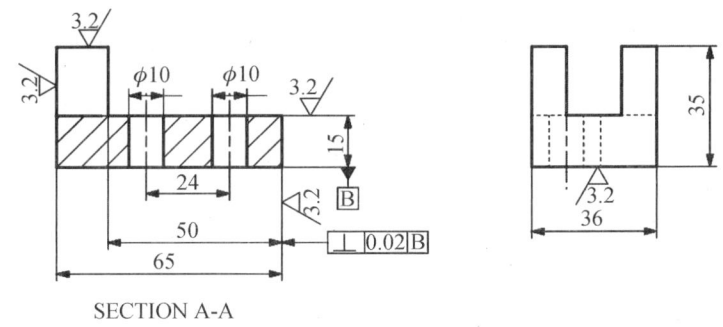

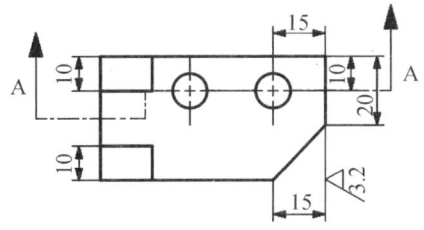
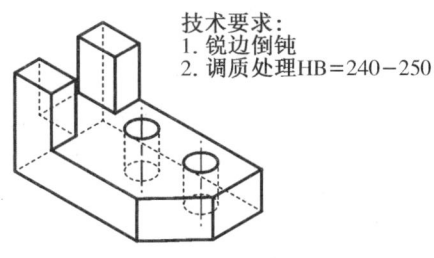

图 4-51　底座工程图样(单位:mm)

任务流程

1. 参考工程图制作方案

设计工程图制作的参考方案内容见表 4-4。

表 4-4 工程图制作参考方案

序号	步骤	图示	序号	步骤	图示
1	导入图框	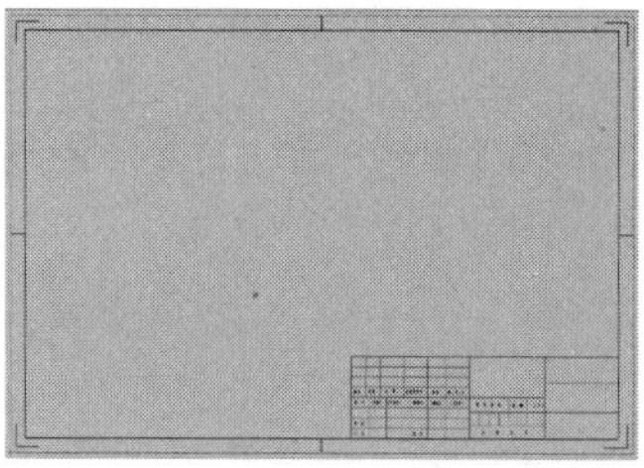	3	添加尺寸标注	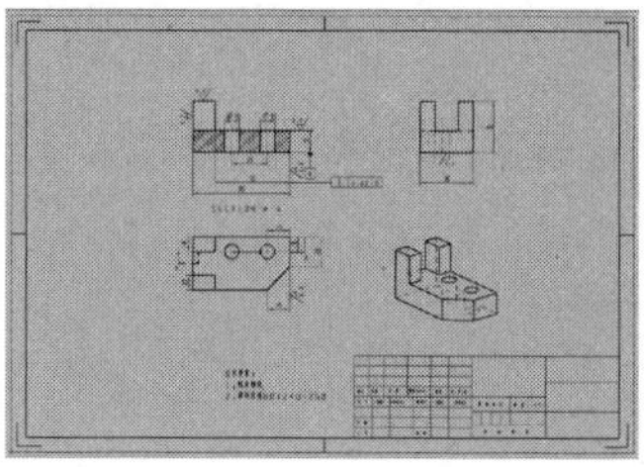
2	生成所需视图	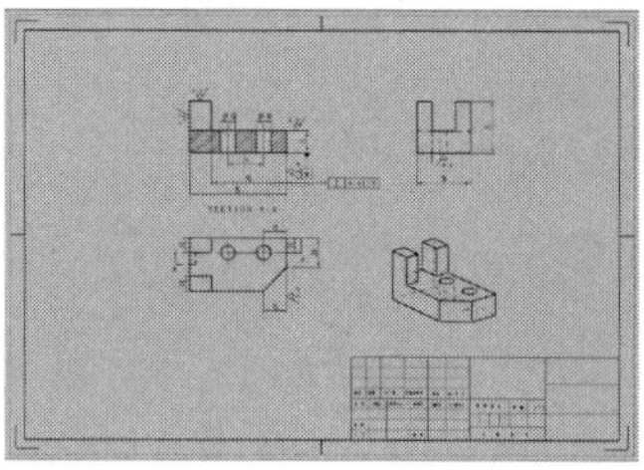	4	添加注释	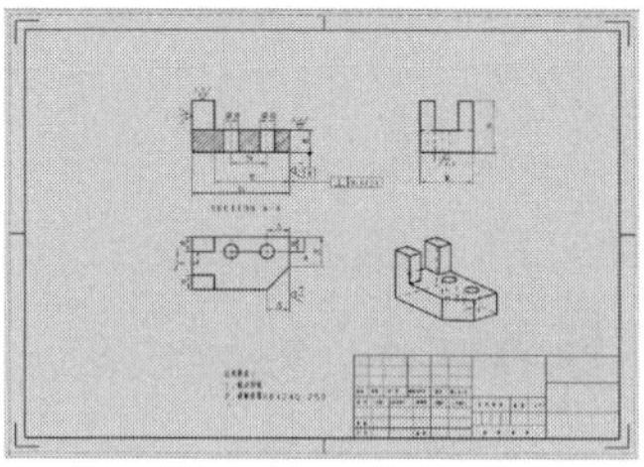

2. 学生工程图制作方案

学生根据自己对工程图制作的理解,参照工程图制作参考方案,独立设计工程图制作方案,并填写表 4-5。

表 4-5 学生工程图制作方案

序号	步骤	图示	序号	步骤	图示
1			4		
2			5		
3			6		
考评结论					

任务实施

一、预习效果检查

1. 判断题

(1) 无论工程图大小如何变化,详细视图和缩放视图仍保持原有比例。（　）

(2) 在标注表面粗糙度时只标注基本符号和粗糙度值,而不必标注参数符号。（　）

2. 填空题

(1) 新建一个模型文件时,系统并不进行_____,因此在建模过程中一定要注意保存文件。

(2) NX 的工程制图模块根据已有的_____生成投影视图,再进行相关的标注。

3. 选择题

(1) 画机械图样时,(　　)。

　　A. 图纸幅面大小应按"GB"的规定选用

　　B. "GB"规定的图纸有 1、2、3、4、5 号五种

　　C. 图纸的下方画标题栏

　　D. 图纸的看图方向一律横向

(2) 机械零件的真实大小以图样上的(　　)为依据。

　　A. 图形大小　　　B. 公差范围　　　C. 技术要求　　　D. 尺寸数值

二、底座工程图样分析

1. 参考图样分析

底座工程图样参考图 4-51,其采用了阶梯剖。

2. 学生图样分析

根据以上提示,独立完成底座工程图样分析,并填写表 4-6。

表 4-6　底座工程图样分析

序号	项目	分析结果
1	底座工程图样采用视图	
2	教师评价	

三、底座工程图样实施过程

1. 导入图框

在"制图"环境下,新建 A3 图纸页,导入图框,如图 4-52 所示。

2. 生成所需视图

按照要求,生成所需视图,如图 4-53 所示。

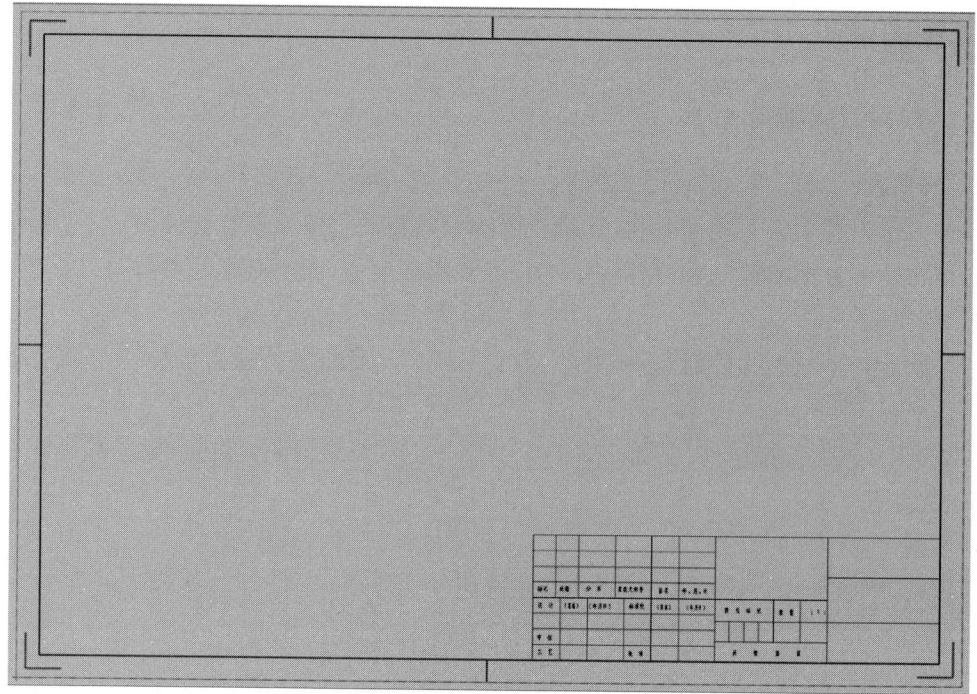

图 4-52 图框示意

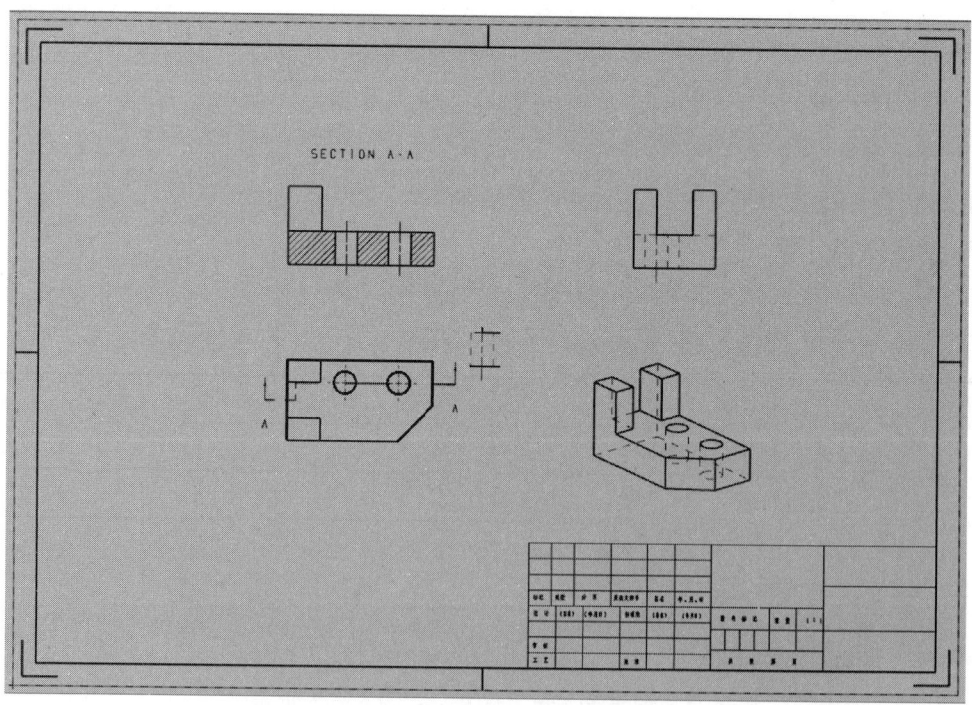

图 4-53 生成所需视图示意

3. 添加尺寸标注

从功能区的"主页"选项卡的"注释"面板中单击"特征控制框"按钮，打开"特征控制框"对话框，如图 4-54 所示。在对话框中输入垂直度 0.02，基准 B，标注在阶梯剖视图上，如图 4-55 所示。

图 4-54 "特征控制框"对话框

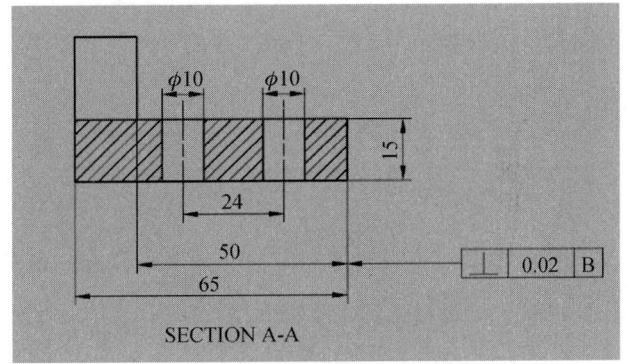

图 4-55 添加垂直度公差

从功能区的"主页"选项卡的"注释"面板中单击"基准特征符号"按钮，打开"基准特征符号"对话框，如图 4-56 所示。在对话框中输入基准 B，标注在阶梯剖视图上，如图 4-57 所示。

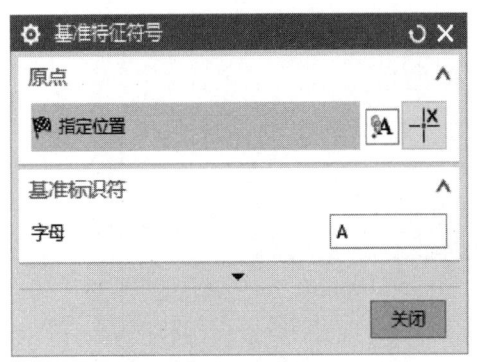

图 4-56 "基准特征符号"对话框

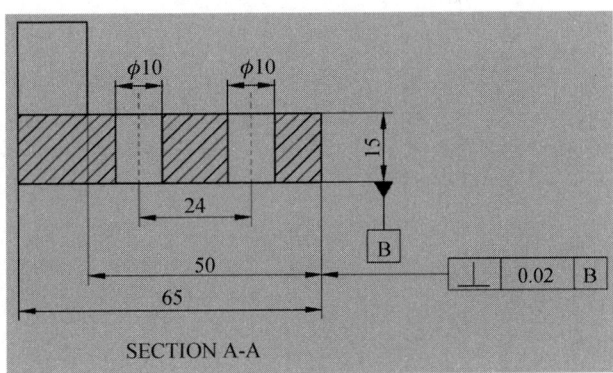

图 4-57 添加基准特征符号

在功能区的"主页"选项卡的"注释"面板中单击"表面粗糙度符号"按钮，打开图 4-58 所示的"表面粗糙度"对话框。在对话框中选择"需要移除材料"选项，数值为 3.2，标注在阶梯剖视图上，如图 4-59 所示。

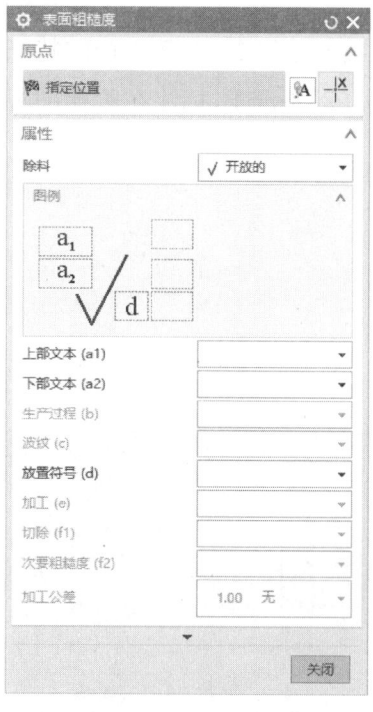

图 4-58 "表面粗糙度"对话框

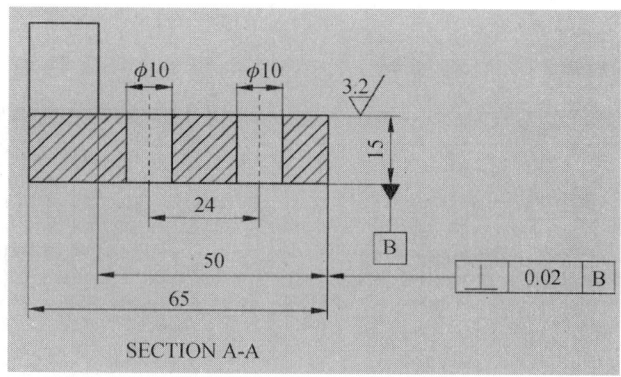

图 4-59 添加表面粗糙度

所有尺寸标注完毕，如图 4-60 所示。

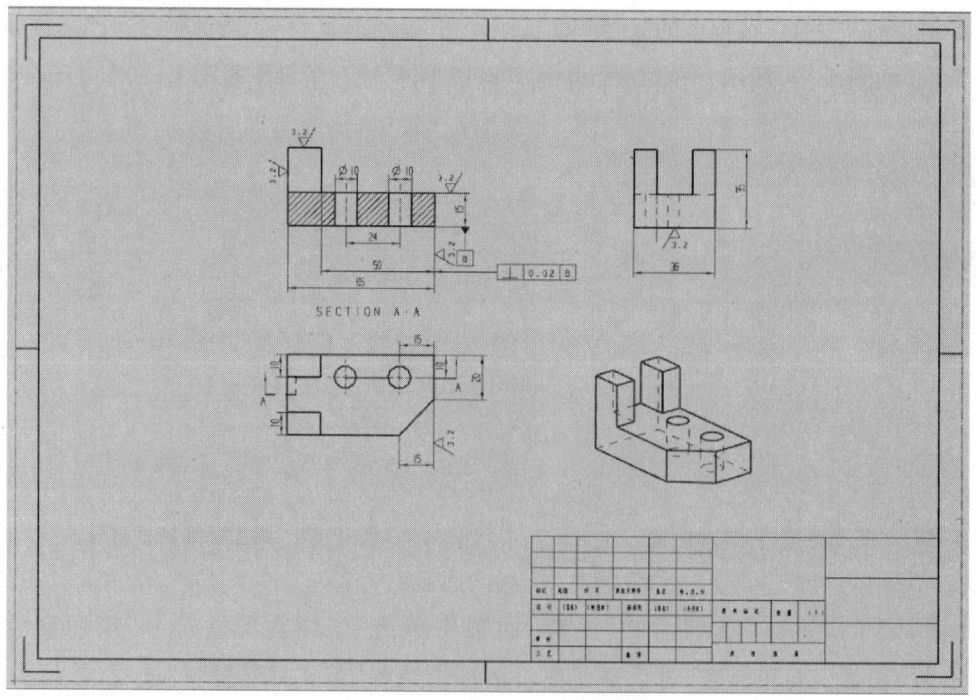

图 4-60 标注完的视图示意

4. 添加注释

在功能区"主页"选项卡的"注释"面板中单击"注释"按钮 A，打开图 4-61 所示的"注释"对话框。在对话框中输入技术要求，放在图纸对应处，如图 4-62 所示。

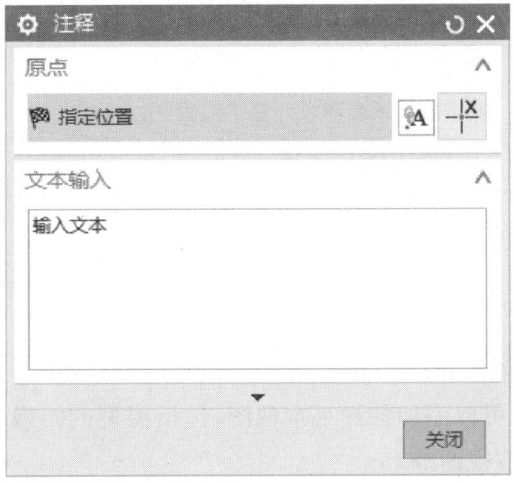

图 4-61 "注释"对话框

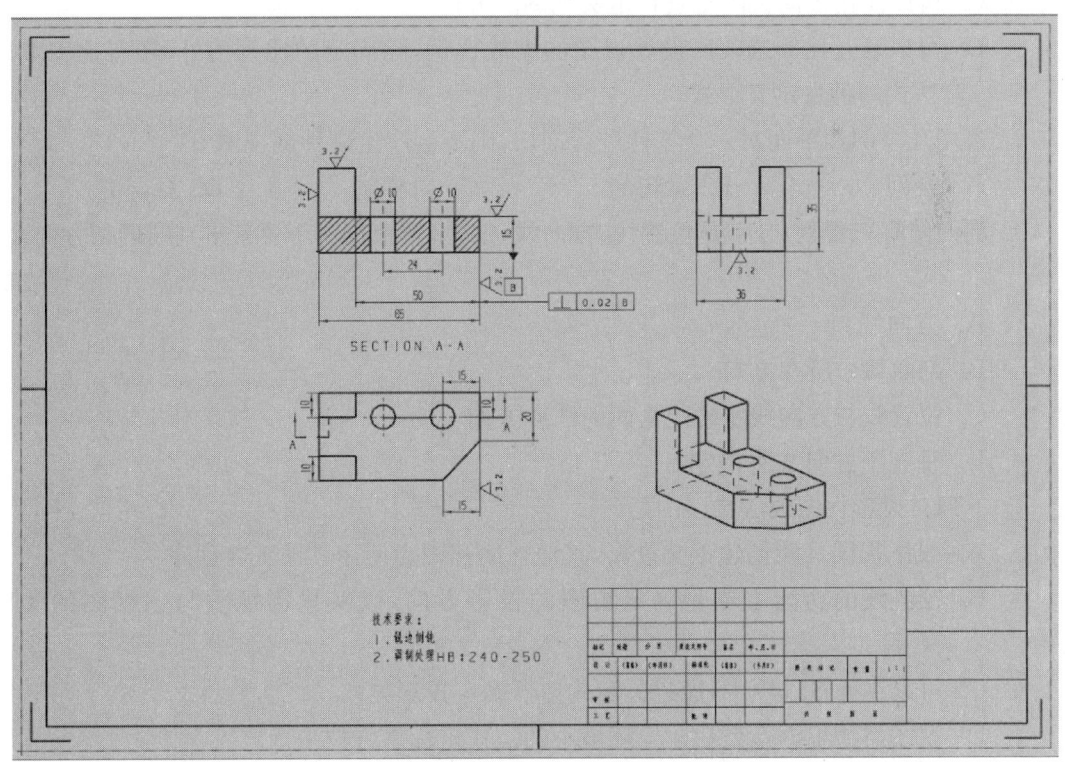

图 4-62 添加注释示意

任务评价

班级：	姓名：	学号：	成绩：
序号	评价内容	评价标准	评价结果(优/良/合格/不合格)
1	基础知识的应用	能掌握相关功能的使用方法	
2	工程图的基本流程	能按照图纸合理设计基本流程	
3	安全文明	无安全隐患，无违章操作	

拓展训练

1. 下列对投影视图说法正确的是（　　）。
    A. 创建图纸后，可以添加各种基本视图，包括模型的俯视图、仰视图、前视图、后视图、左视图、右视图等
    B. 可以从模型的视图中选择几个作为主视图在图纸中创建，如果需要，可以通过投影生成其他视图
    C. 可以使用定向视图工具自定义视图的方位
    D. 可以通过比例选项区设置视图的缩放比例，除固定的比例值外，还有比率和表达式两种自定义形式

2. 若用几个剖切平面对一个零件进行剖切，则不会产生哪种剖视图？（　　）
    A. 全剖　　　　B. 旋转剖　　　　C. 阶梯剖　　　　D. 复合剖

3. 剖面图有三要素，分别是位置线、方向线、编号，要根据哪个要素来判断剖切方向？
（　　）
    A. 方向线
    B. 剖面编号所在方向
    C. 位置线与方向线所确定平面的法向方向
    D. 垂直于方向线所在方向

4. 下列对投影视图说法错误的是（　　）。
    A. 投影视图只能创建正交投影，其他辅助视图应使用其他工具创建
    B. 铰链线的功能主要是确定视图的投影方向，以及投影视图与主视图的关联关系
    C. 可以在矢量选项中，通过矢量构造器确定投影方向
    D. 视图类型根据模型在建模环境中的工作坐标系方位来确定

5. 下列哪一个不属于剖面图的三要素？（　　）
    A. 折弯线　　　　B. 位置线　　　　C. 方向线　　　　D. 编号

学习任务 3
座 体 零 件

任务导入

通过工程图样制作学习,学会图 4-63 所示座体工程图样制作的操作方法。

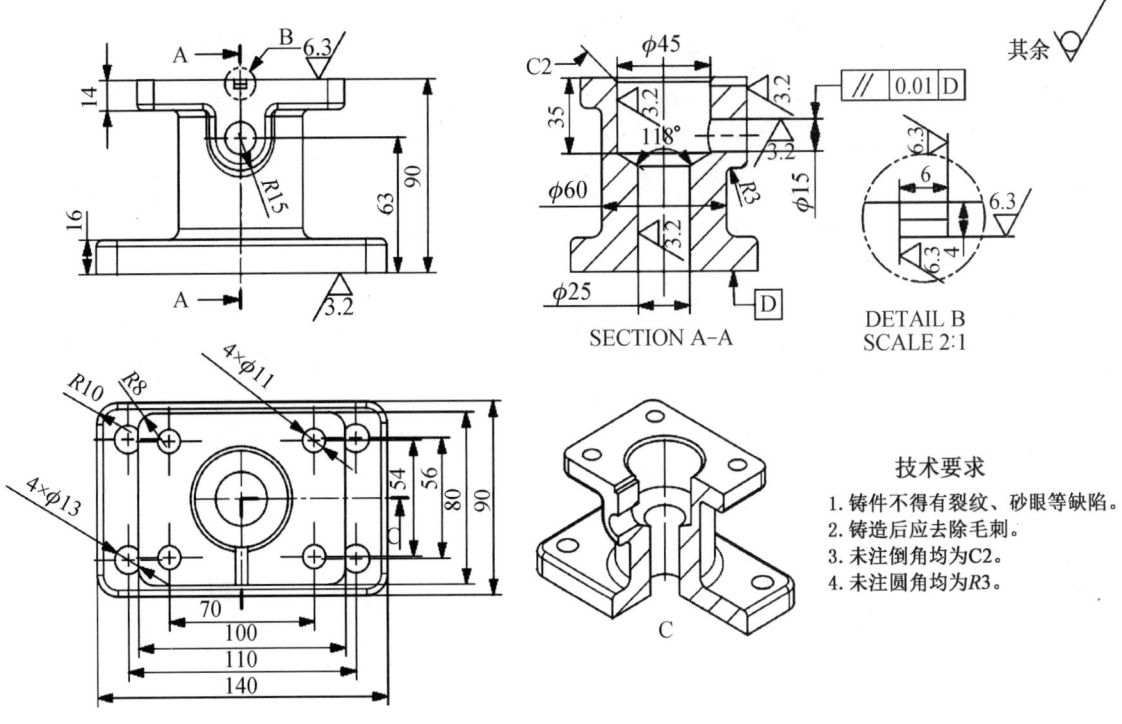

图 4-63 座体工程图样(单位:mm)

任务流程

1. 参考工程图制作方案

设计工程图制作的参考方案,内容见表 4-7。

2. 学生工程图制作方案

学生根据自己对工程图制作的理解,参照工程图制作参考方案,独立设计工程图制作方案,并填写表 4-8。

表 4-7 工程图制作参考方案

序号	步骤	图示	序号	步骤	图示
1	导入图框	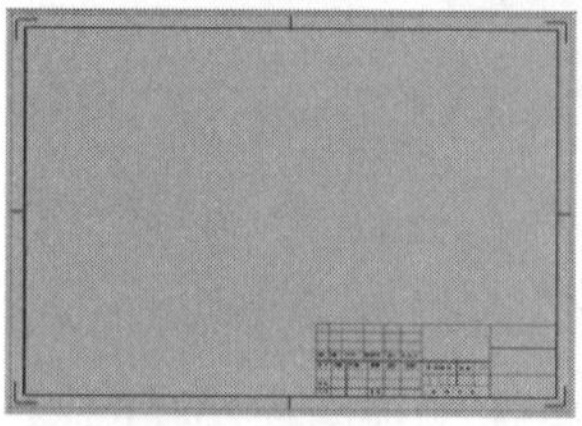	3	添加尺寸标注	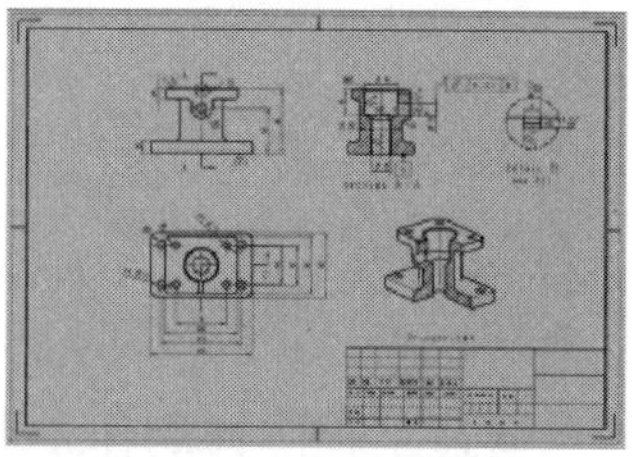
2	生成所需视图	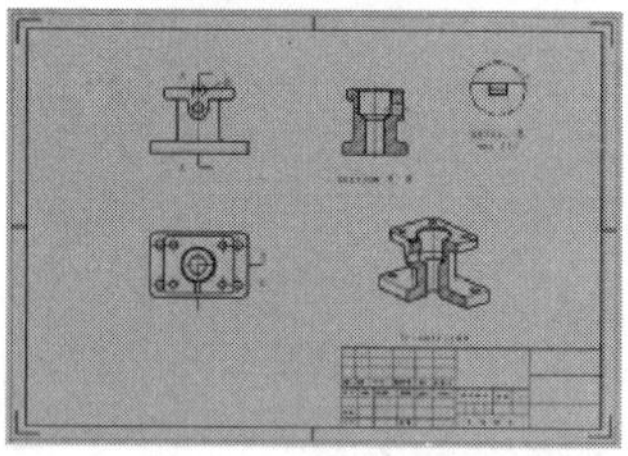	4	添加注释	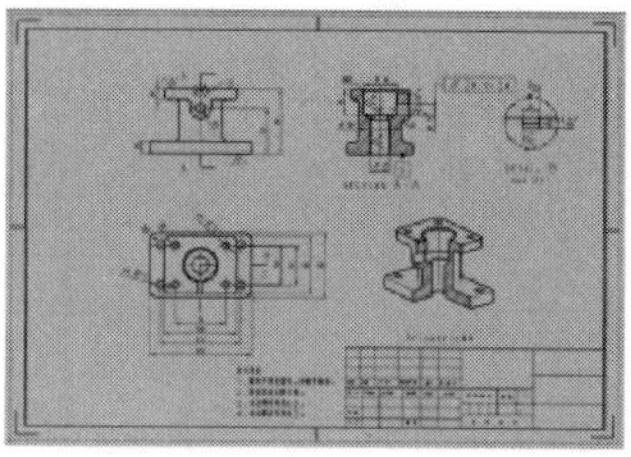

表 4-8 学生工程图制作方案

序号	步骤	图示	序号	步骤	图示
1			4		
2			5		
3			6		
考评结论					

任务实施

一、预习效果检查

1. 判断题

(1) 明细表中的内容可以手动输入,也可以自动生成。 ( )

(2) 在制图模块中,基线尺寸标注和链式尺寸标注相似。 ( )

2. 填空题

(1) 在创建工程图时,可以建立_____图纸,并对每张图纸设定_____、_____、_____、_____。

(2) 投影时,投影方式有两种:_____和_____。

3. 选择题

(1) 对于投影视图,俯视图可沿着哪个方向移动?( )

　　A. 上下　　　B. 左右　　　C. 任意　　　D. 上下左右

(2) 对于投影视图,若要创建俯视图,需要在俯视图的哪个方向放置?( )

　　A. 下方　　　B. 上方　　　C. 左面　　　D. 右面

二、底座工程图样分析

1. 参考图样分析

座体工程图样参考图 4-63,采用了全剖和局部放大图。

2. 学生图样分析

根据以上提示,独立完成座体工程图样分析,并填写表 4-9。

表 4-9　座体工程图样分析

序号	项目	分析结果
1	座体工程图样采用视图	
2	教师评价	

三、座体工程图样实施过程

1. 导入图框

在"制图"环境下,新建 A3 图纸页,导入图框,如图 4-64 所示。

2. 生成所需视图

视图如图 4-65 所示。

3. 添加尺寸标注

尺寸标注如图 4-66 所示。

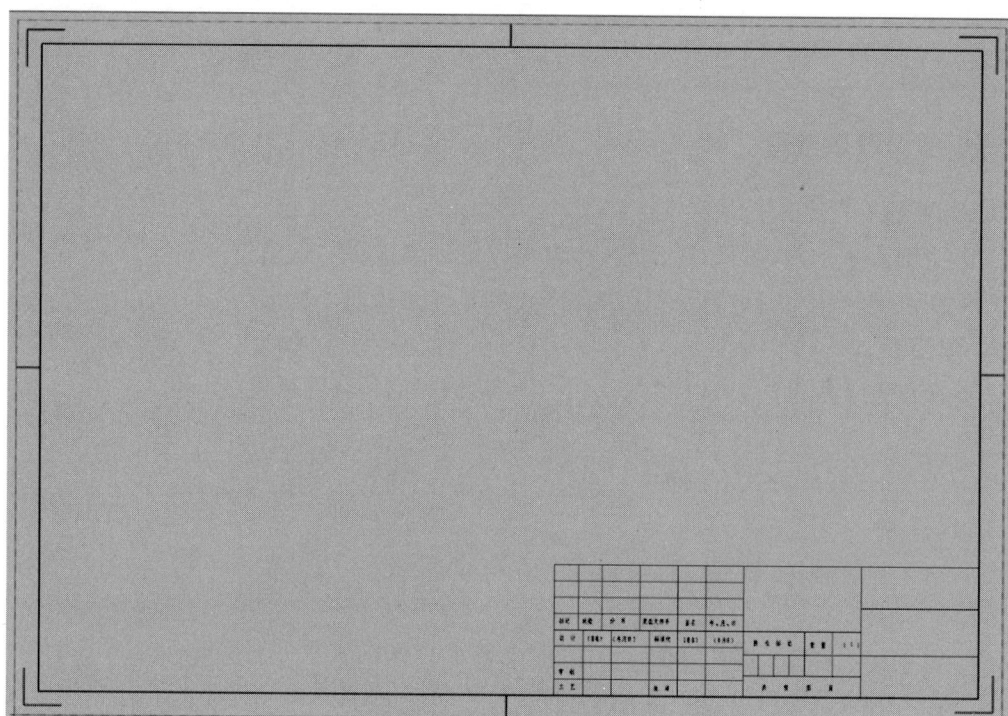

图 4-64　图框示意

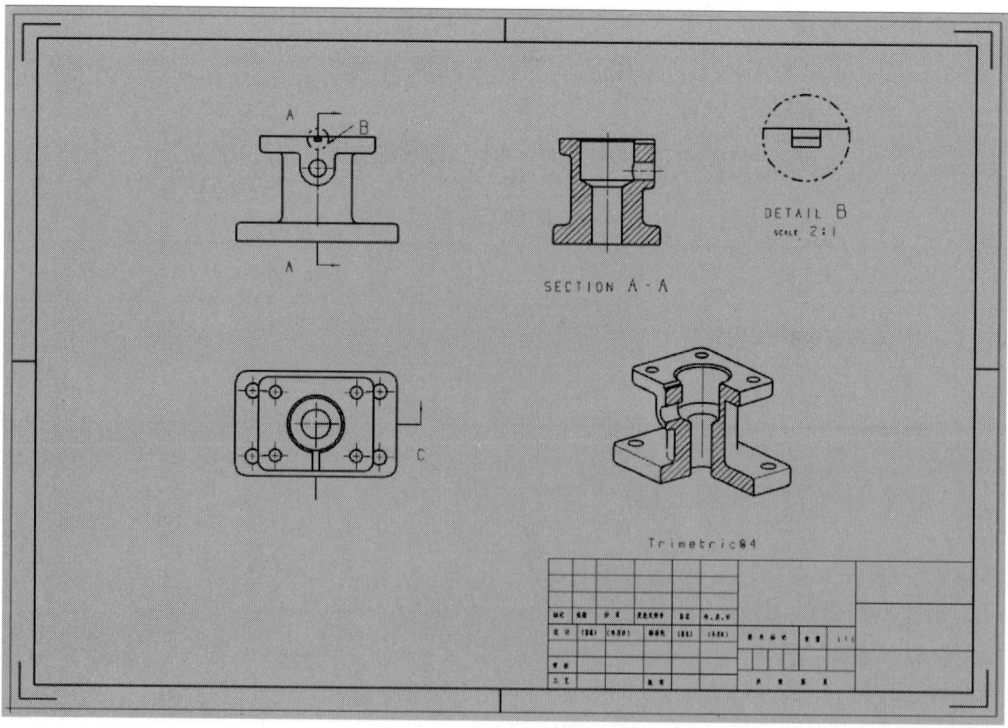

图 4-65　生成所需视图示意

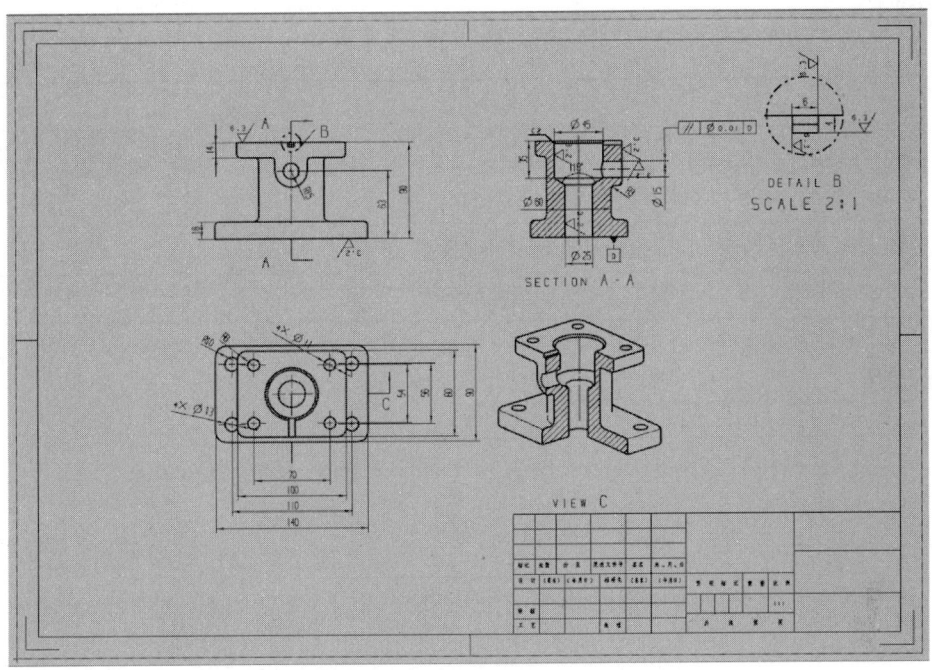

图 4-66 添加尺寸标注示意

4. 添加注释

注释如图 4-67 所示。

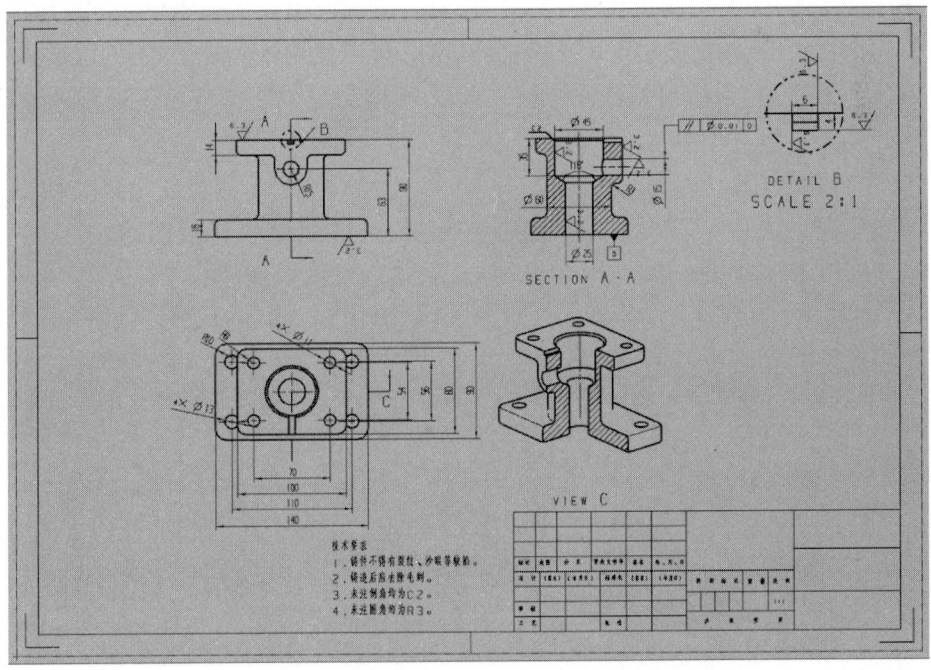

图 4-67 添加注释示意

任务评价

班级：		姓名：	学号：	成绩：
序号	评价内容	评价标准	评价结果（优/良/合格/不合格）	
1	基础知识的应用	能掌握相关功能的使用方法		
2	工程图的基本流程	能按照图纸合理设计基本流程		
3	安全文明	无安全隐患，无违章操作		

拓展训练

1. "制图"模块和"建模"模块同一模型和工程图之间的关系默认是（　　）。
   A. 不相关联的　　　　　　　　　　B. 完全相关联的
   C. 无关系　　　　　　　　　　　　D. 三维模型修改后，工程制图需手动更新

2. 关于 NX 制图模块的局部剖视图的创建过程，以下叙述正确的是（　　）。
   A. 选中视图，鼠标右键单击扩展创建曲线退出扩展创建剖视图
   B. 创建剖视图扩展选中视图方向创建
   C. 选中视图扩展指定基点指定方向
   D. 以上都不对

3. 下列对投影视图说法错误的是（　　）。
   A. 可以使用局部视图建立其投影视图　　B. 可以使用投影视图建立其投影视图
   C. 可以使用剖面视图建立其投影视图　　D. 可以使用轴测视图建立其投影视图

4. 在工程图中，如果想得到机件中某一部分的内部结构特征，应由下列哪种工具创建？
   （　　）
   A. 局部放大图　　B. 斜视图　　C. 投影视图　　D. 局部剖视图

5. 复杂零件的表达除了 6 个基本视图、断面图、局部放大图、轴视图外，还有（　　）。
   A. 剖视图、向视图　　　　　　　　B. 向视图、侧向图
   C. 剖视图、侧向图　　　　　　　　D. 以上均是

项目五 智能设计

◇ 项目情境

NX 是集 CAD、CAE、CAM 于一体的三维参数化软件,是面向制造行业 CAID、CAD、CAE、CAM 的高端软件,是当今最先进、最流行的工业设计软件之一。它集合了概念设计、工程设计、分析与加工制造的功能,实现了优化设计与产品生产过程的组合,被广泛应用于机械、汽车、航空航天、家电以及化工等各个行业。

◇ 知识点

- 表达式。

◇ 技能点

- 灵敏度研究。
- 优化。
- 表达式。

◇ 素养目标

培养学生建立清晰、稳定、有序的思考结构。

◇ 知识准备

一、表达式

表达式是算术或逻辑赋值语句,用来控制模型的特征,是实现参数化建模的必要工具。它不仅可以用来控制零件建模特征参数,而且可以控制一个装配中不同零件的特征参数,甚至可以控制是否生成某个特征。

1. 表达式的定义

表达式等号左边必须是一个简单变量,右边是数学或逻辑语句,可以含有数值、变量、运算符及函数等。注意变量大写与小写含义不同。表达式如式(5-1)所示。

$$c = \text{sqrt}(a \cdot a + b \cdot b) \tag{5-1}$$

2. 表达式的建立

单击菜单中的工具→表达式,弹出"表达式"对话框,如图 5-1 所示。

建立方法有以下四种。

(1) 使用"表达式"对话框建立表达式。

(2) 使用按钮在 Excel 中建立表达式。

(3) 使用按钮建立几何表达式。

(4) 使用按钮建立部件间的表达式。

3. 表达式的分类

表达式中变量和函数应区分，一般斜体表示变量，正体表示函数。

(1) 数学表达式 $c=\mathrm{sqrt}(a \cdot a + b \cdot b)$，表示 c 等于 a 的平方加 b 的平方。

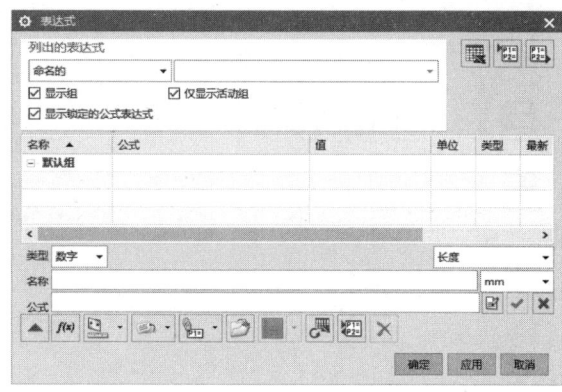

图 5-1 "表达式"对话框

(2) 逻辑表达式 $d=\mathrm{if}(a>2)(1)\mathrm{else}(2)$，表示 a 若大于 2，则 d 为 1，否则为 2。

(3) 几何表达式 p2=20，系统自动建立的，用于约束几何尺寸。

(4) 部件间表达式 $x=\mathrm{part1::length}$，表示 x 等于部件 part1 中的 length。

4. 函数

在表达式中可以使用许多函数，如 PI()、SIN()、SQRT() 等，用户可以参阅 Excel 中的函数，其与 NX 中大部分函数是一样的。但有一部分函数不同于 Excel 中的函数，用户可以按 Excel 的函数建立，之后系统会自动转换。

二、灵敏度研究

在边框条中，依次单击分析→优化和灵敏度→灵敏度研究，如图 5-2 所示。弹出"灵敏度研究"对话框，如图 5-3 所示，可进行灵敏度研究操作。

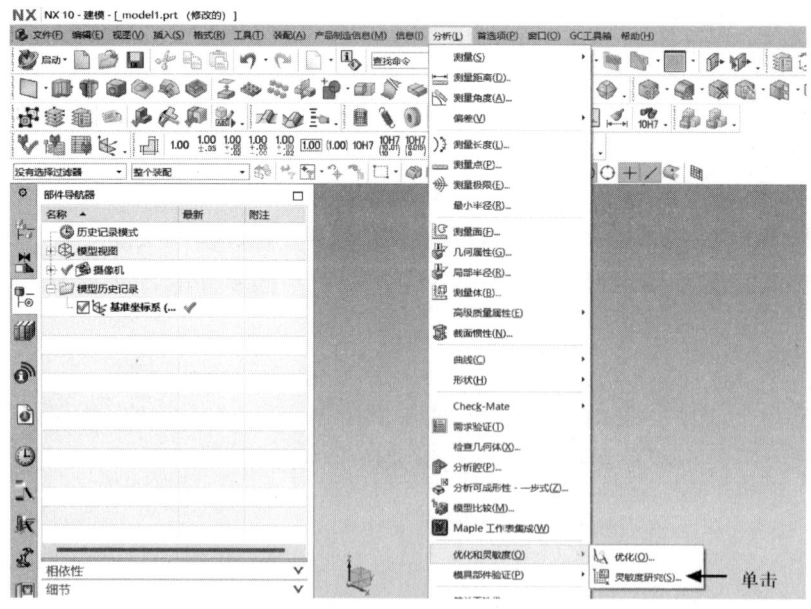

图 5-2 单击"灵敏度研究"选项

图 5-3 "灵敏度研究"对话框

灵敏度研究用于浏览任何给定参数化模型的设计空间，以便在一组给定的输入参数上测试其稳健性和性能。

灵敏度研究允许作为设计过程的一部分执行各种系统研究，以尝试了解设计变量对所需结果的影响。其可以在指定范围内改变一个或多个模型参数，以观察对模型性能的影响并评估设计权衡。

灵敏度研究的设置和运行与优化研究非常相似，但有一个根本区别：优化研究试图找到一个最佳解决方案，而灵敏度研究会生成设计空间中的所有事例，并允许浏览研究结果以检查整个设计空间，或查看特定设计变量对设计空间不同区域中所需结果的影响。

灵敏度研究能够轻松生成一系列模型并了解更复杂的参数交互，而无需重复手动更新。可以使用灵敏度研究结果进行稳健性分析，并确定不易受到设计输入变化影响的设计备选方案。

三、优化

在边框条中，依次单击分析→优化和灵敏度→优化，如图 5-4 所示。弹出"优化"对话框，如图 5-5 所示，可进行优化操作。

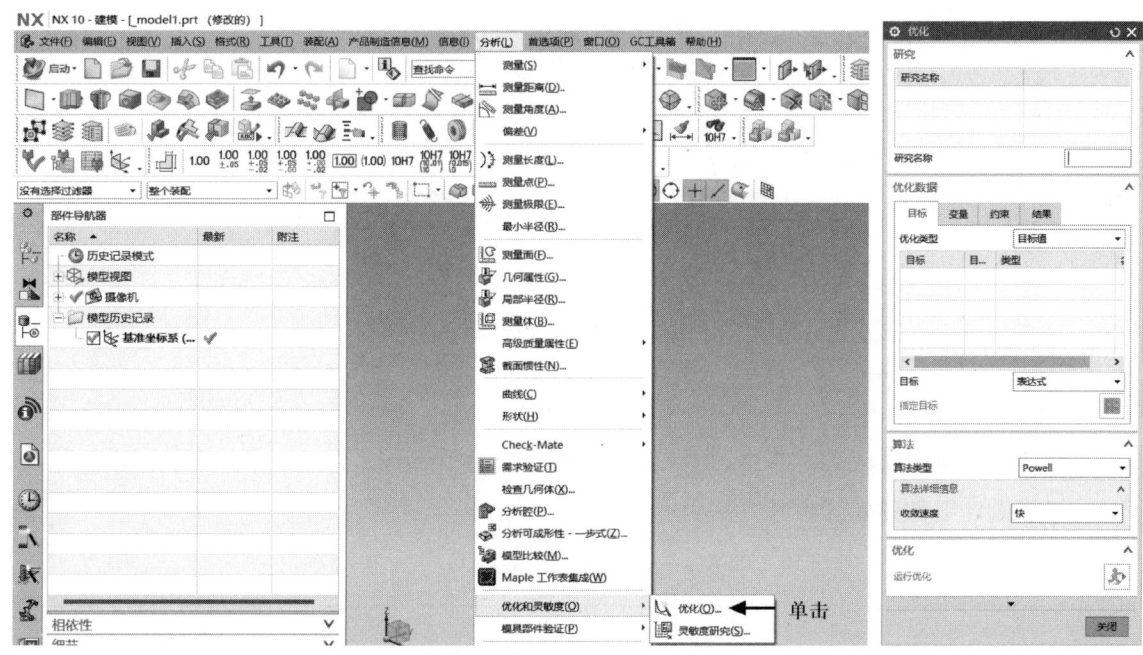

图 5-4　单击"优化"选项　　　　　　　图 5-5　"优化"对话框

使用"优化"对话框可以设置、运行和监视实体上的形状优化。

优化是一种基于工程约束改进产品的自动方法。它是一种迭代方法，通过迭代一个或多个设计变量的值来满足特定目标而不违反约束以找到可能的最佳配置。

"优化"选项使用数值方法进行设计优化。它将设计变量视为问题的数值输入,并根据定义的目标和约束寻求该问题的最佳解决方案。典型的优化问题涉及零件的形状。例如,可以设置一个优化,其中孔的位置是设计变量,目的是降低零件的重心以改善平衡。但是,优化不必基于几何图形。可以针对任何可表示为数值的部件数据进行优化,例如表达式或知识属性。

优化会自动循环访问设计变量的排列,以收敛于最能满足目标且满足约束的值。

学习任务 1
缺口梯形智能设计

任务导入

建立如图 5-6 所示的零件模型,零件高度为 60 mm。求 X 为多少时,该零件的体积为 125 000 mm^3。

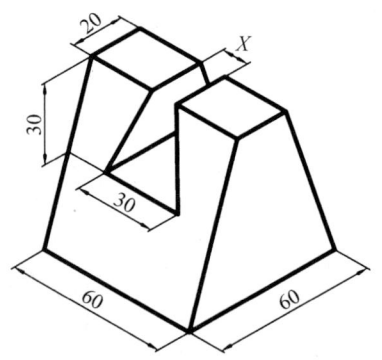

图 5-6 缺口梯形(单位:mm)

任务流程

1. 零件建模方案

智能设计零件建模的参考方案内容见表 5-1。

表 5-1 零件建模参考方案

序号	步骤	图示	序号	步骤	图示
1	创建 XZ 平面草图		2	创建 YZ 平面草图	

（续表）

序号	步骤	图示	序号	步骤	图示
3	设置表达式	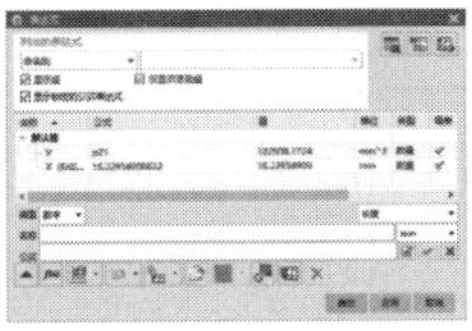	5	优化	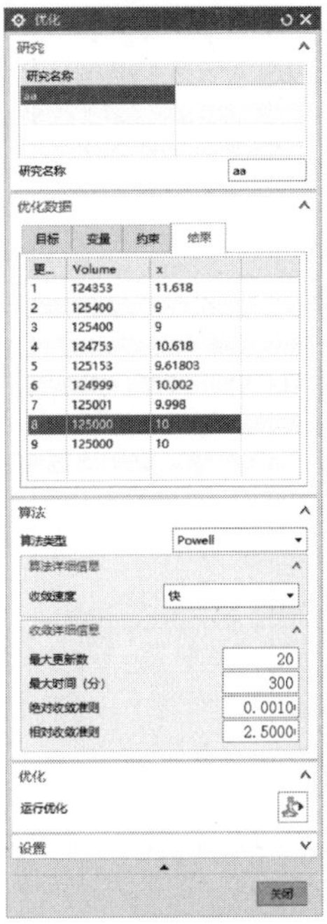
4	灵敏度研究	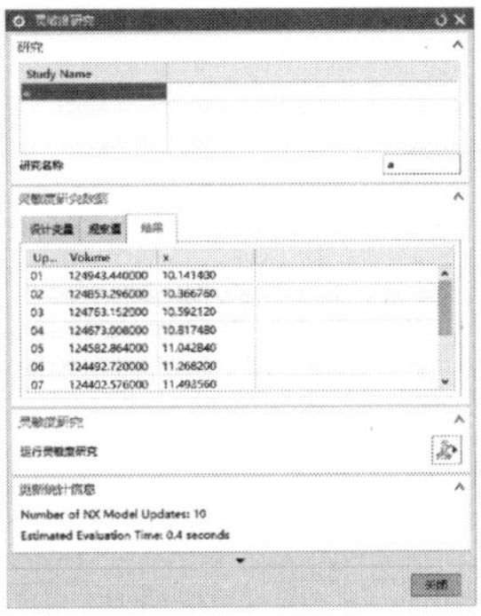			

2. 学生零件建模方案

学生根据自己对智能设计规则的理解，参照零件建模参考方案，独立设计智能设计零件建模方案，并填写表 5-2。

表 5-2　学生零件建模方案

序号	步骤	图示	序号	步骤	图示
1			2		

(续表)

序号	步骤	图示	序号	步骤	图示
3			6		
4			7		
5					
考评结论					

任务实施

一、预习效果检查

1. 判断题

(1) 基准平面是构造草图的唯一平面,它必须用坐标系来构建。（ ）

(2) 实体间的布尔操作包括求和、求差和求交。（ ）

2. 填空题

(1) 基本体系特征包括_____、_____、_____和_____。

(2) 在进行布尔操作时,有两种类型的体对象:_____和_____。

3. 选择题

(1) 实现结构轻量化有多种途径,以下不属于轻量化途径的是(   )。

  A. 尺寸优化 B. 材料优化 C. 形状优化 D. 拓扑优化

(2) 在进行优化设计的基本流程中,最重要的一环是哪一项?(   )

  A. 明确优化设计要求   B. 建立目标函数

  C. 选择合适的优化算法   D. 优化结果分析

二、智能设计缺口梯形结构分析

1. 参考图样分析

建立图 5-6 所示的零件模型,使用灵敏度研究和优化。

2. 学生图样分析

参考以上提示，独立完成智能设计缺口梯形图样分析，并填写表5-3。

表 5-3 智能设计缺口梯形图样分析

序号	项目	分析结果
1	智能设计缺口梯形外形特点	
2	教师评价	

三、智能设计缺口梯形实施过程

1. 新建文件并保存

要求 在"新文件名"选项区的"名称"文本框中输入"智能设计缺口梯形.prt"，并指定保存路径。

2. 创建 XZ 平面草图

（1）在边框条中，依次单击插入→在任务环境中绘制草图，选择 XZ 平面，绘制草图，绘制完的草图如图 5-7 所示。

（2）在"拉伸"对话框中，确定好参数，距离为 60 mm，如图 5-8 所示。

（3）单击"确定"按钮，生成模型，如图 5-9 所示。

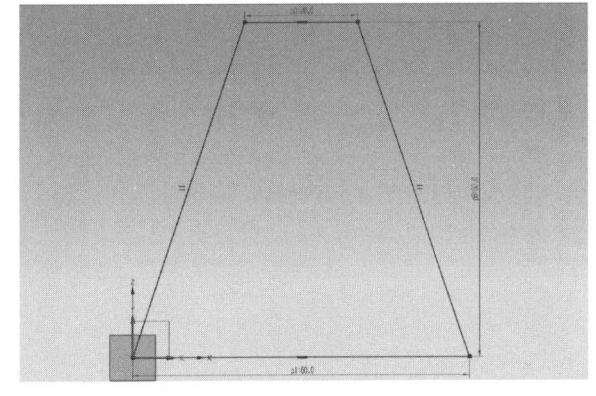

图 5-7 草图界面

图 5-8 "拉伸"对话框

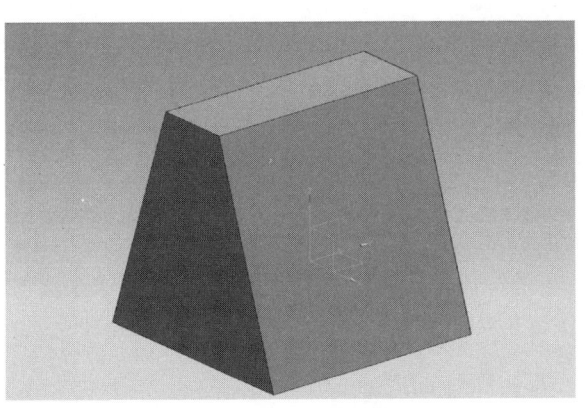

图 5-9 创建的模型

3. 创建 YZ 平面草图

（1）在边框条中，依次单击插入→在任务环境中绘制草图，选择 YZ 平面，绘制草图，将未知尺寸设为 X，绘制完的草图如图 5-10 所示。

（2）在"拉伸"对话框中，确定好参数，设置距离为 60 mm，如图 5-11 所示。

（3）单击"确定"按钮，生成模型，如图 5-12 所示。

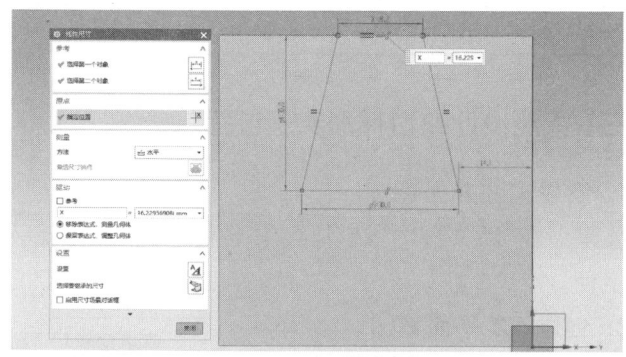

图 5-10　草图界面示意

图 5-11　"拉伸"对话框

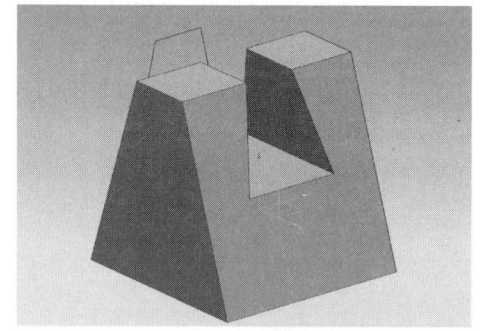

图 5-12　创建的模型

4. 设置表达式

（1）在边框条中，依次单击工具→表达式→测量体，测量梯形体积，如图 5-13 所示。

（2）体积名称改为 V，表达式参数设置如图 5-14 所示。

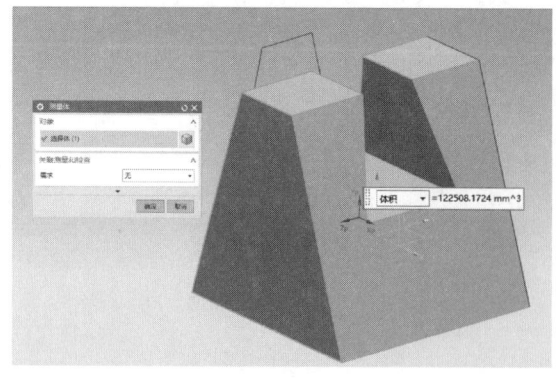

图 5-13　测量体

图 5-14　"表达式"对话框

5. 灵敏度研究

（1）在边框条中，依次单击分析→优化和灵敏度→灵敏度研究，在研究名称内随意输入名称（如 a），如图 5-15 所示。

（2）在"观察值"选项卡中，用"几何参数"方法，选中"体"，选取梯形体积并输入范围，如图 5-16、图 5-17 所示。

（3）在"设计变量"选项卡中，用"表达式"方法选取 X 值，输入参数，如图 5-18、图 5-19 所示。

（4）单击"运行灵敏度研究"按钮，输出结果，选一个和体积相近的数值进行更新，如图 5-20 所示。

图 5-15 "灵敏度研究"对话框

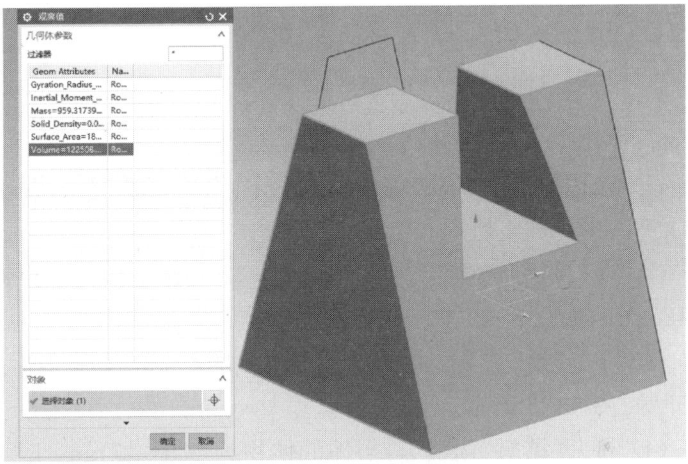

图 5-17 输入范围

图 5-16 指定观察值

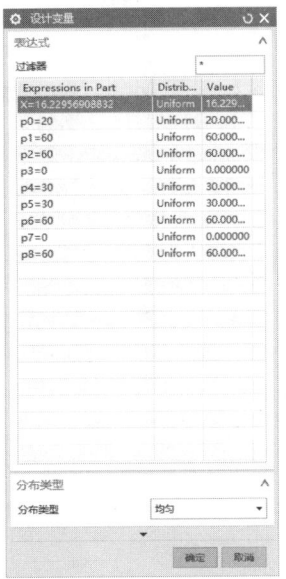

图 5-18 指定设计变量

图 5-19 输入参数　　　　　　　　图 5-20 结果输出并更新

6. 优化

(1) 在边框条中,依次单击分析→优化和灵敏度→优化,在研究名称内随意输入名称(如 aa),如图 5-21 所示。

(2) 在"目标"选项卡中,用"几何体"方法选中体,在"设计目标"中,选取体积,目标值输入 125 000,如图 5-22、图 5-23 所示。

(3) 在"变量"选项卡中,用"表达式"方法选取 X 值表达式,下限输入 9,上限输入 14,如图 5-24、图 5-25 所示。

(4) 打开"结果"选项卡,当体的体积为 125 000 mm^3 时,X 为 10,如图 5-26 所示。

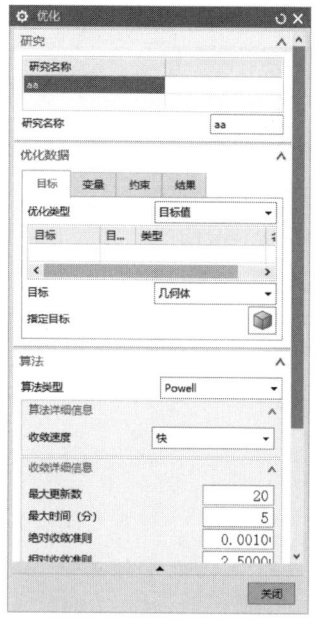
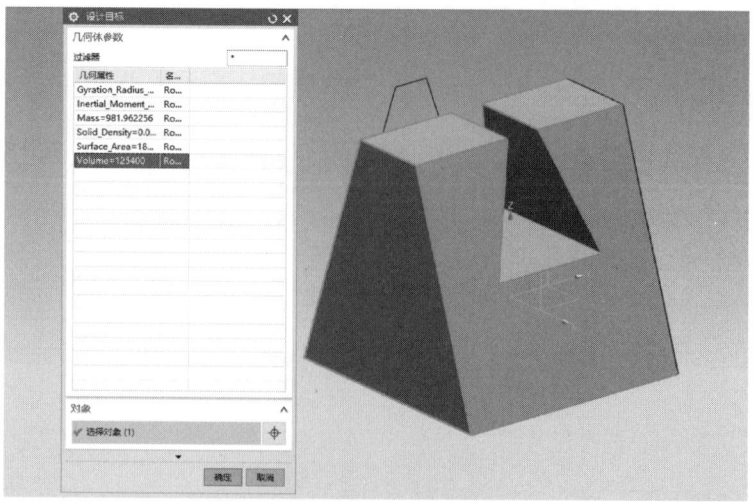

图 5-21 "优化"对话框　　　　　　　　图 5-22 指定目标

图 5-23　输入体积

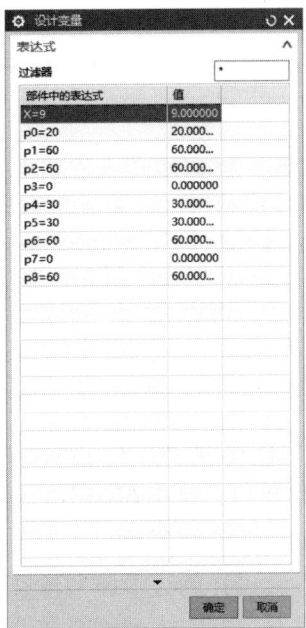

图 5-24　指定变量

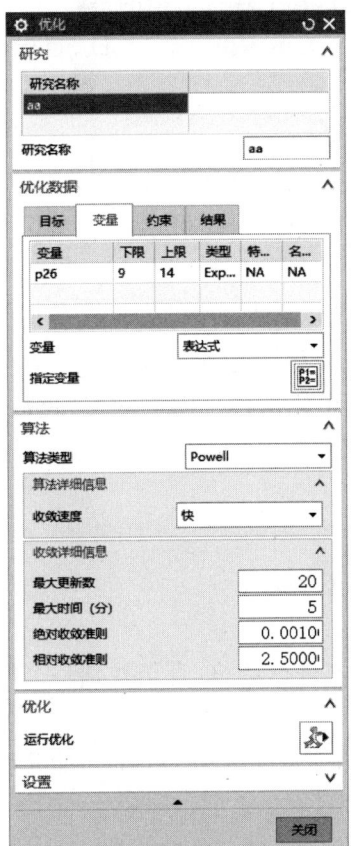

图 5-25　设置上下限

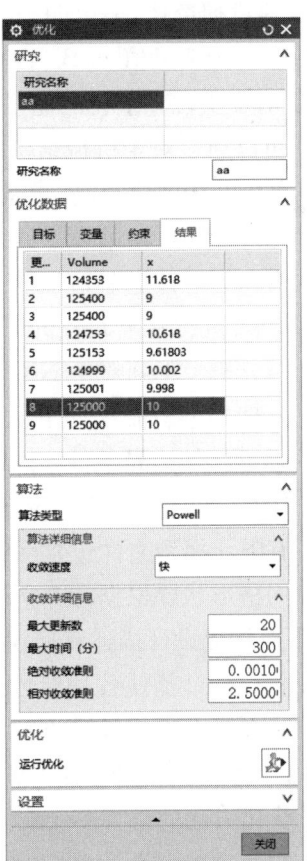

图 5-26　得出结果

任务评价

班级：		姓名：		学号：		成绩：	
序号	评价内容		评价标准		评价结果（优/良/合格/不合格）		
1	基础知识的应用		能掌握相关功能的使用方法				
2	建模的基本流程		能按照图纸合理设计建模流程				
3	安全文明		无安全隐患，无违章操作				

拓展训练

1. 以下对优化设计描述有错误的一项是（   ）。
    A. 优化设计是指在规定的各种设计限制条件下，优选设计参数，使某项或几项设计指标获得最优值
    B. 优化设计的数学模型涉及三个要素：设计变量、约束条件和优化设计目标
    C. 优化设计得到的产品可直接进行批量生产
    D. 优化设计的过程中可能会忽略一些对设计目标影响不大的因素

2. 在灵敏度研究中，需要明确设计变量和观察值，其中观察值指的是（   ）。
    A. 所有因变量值   B. 自变量值   C. 关系约束   D. 目标函数

3. 以下对于实现轻量化的途径描述错误的是（   ）。
    A. 可以通过对于机械结构的改进实现轻量化
    B. 可以使用强度更高、重量更重的材料直接替代原有材料
    C. 通过计算机辅助设计的技术可以加快改进过程
    D. 可以通过改进制造工艺来实现轻量化

4. 利用NX进行有限元分析工具，可以辅助用户对设计方案的合理性与相应的优化方案进行判断与分析。下列对于NX仿真分析的操作、流程描述错误的是（   ）。
    A. 一般的分析流程如下：选择求解器—理想化部件—创建网格并载入材料等数据—施加边界条件—求解模型并生成报告
    B. 移除几何特征不属于部件的理想化操作
    C. 有限元模型文件包含网格、物理属性和材料
    D. 网格形状要根据计算所使用的分析类型进行选取

5. 以下对优化设计描述有错误的一项是（   ）。
    A. 优化设计能使各种参数自动向更优的方向进行调整，直至找到一个尽可能完善或者最合适的设计方案
    B. 设计变量的选择在建立数学模型的过程中非常重要，若选择不当可能导致设计失败
    C. 优化方法的选择不会影响优化过程或结果
    D. 在具有多个设计目标时，需要对所有目标函数进行统筹协调，以便求得对所有设计目标都比较满意的方案

6. 图 5-27 所示几何体中,上表面尺寸 X 为多少时,整个几何体的体积为 48 432.150 mm³?(单位:mm)

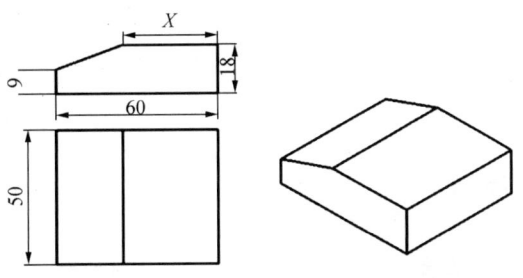

图 5-27 几何体(单位:mm)

学习任务 2
梯形智能设计

任务导入

建立如图 5-28 所示零件的模型,小端高度 X 为多少时,整个锥台的体积为 39 026.12 mm³。

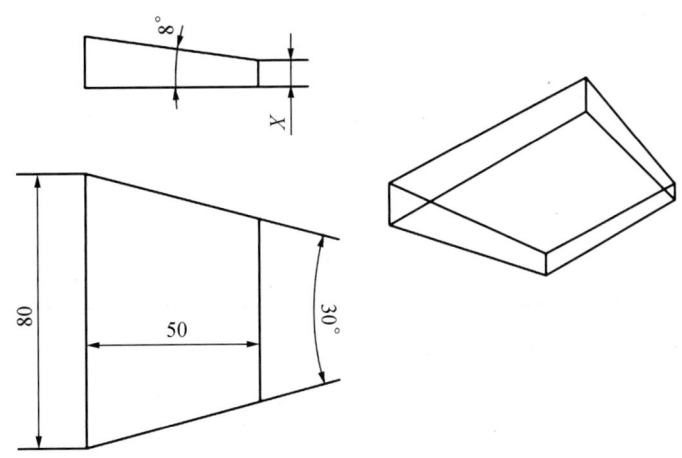

图 5-28 梯形(单位:mm)

任务流程

1. 零件建模方案

智能设计零件建模的参考方案内容见表 5-4。

表 5-4 零件建模参考方案

序号	步骤	图示	序号	步骤	图示
1	创建 XY 平面草图	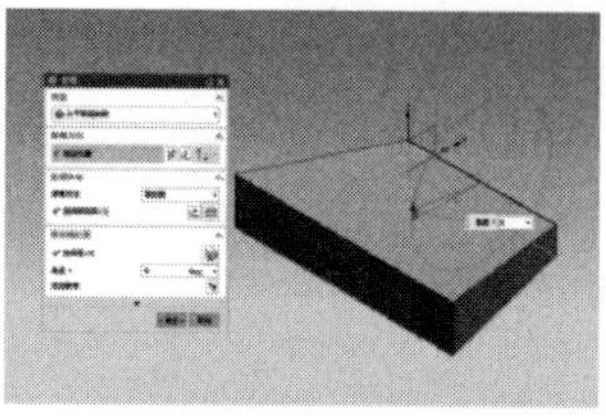	3	灵敏度研究	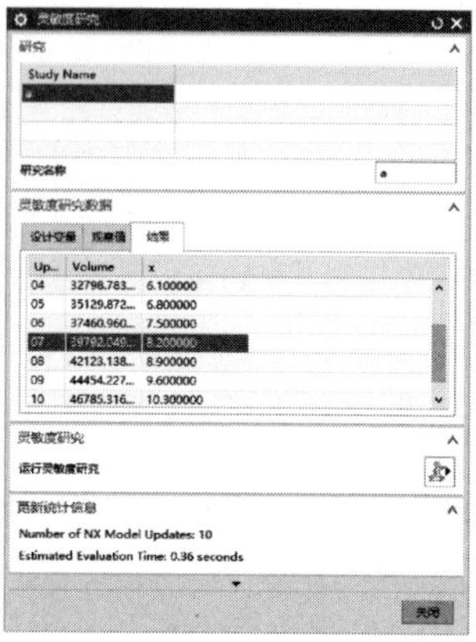
2	设置表达式	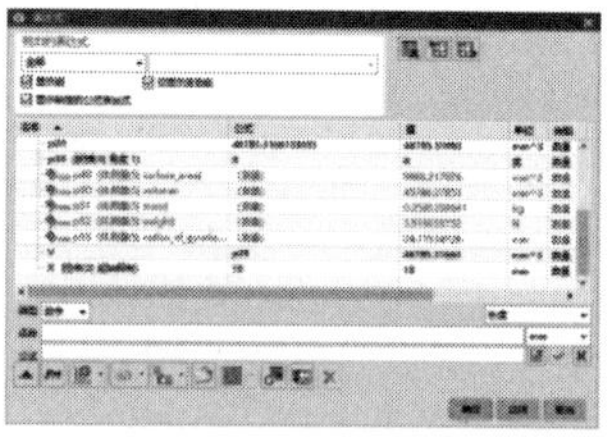	4	优化	

2. 学生零件建模方案

学生根据自己对智能设计规则的理解,参照零件建模参考方案,独立设计智能设计零件建模方案,并填写表 5-5。

表 5-5 学生零件建模方案

序号	步骤	图示	序号	步骤	图示
1			2		

(续表)

序号	步骤	图示	序号	步骤	图示
3			6		
4			7		
5					
考评结论					

任务实施

一、预习效果检查

1. 判断题

（1）NX 是全尺寸约束，不能漏注（即欠约束），也不能多注（即过约束）。（　）

（2）布尔运算只适用于两个实体组合成单个实体的运算。（　）

2. 填空题

（1）新创建的几何体放置于_____层。

（2）输入位置数据以便工作的坐标系称为_____。

3. 选择题

（1）以下对优化设计描述有错误的一项是（　）。

　　A. 优化设计是研究如何合理优化设计变量值的现代设计方法

　　B. 优化设计三要素是指设计变量、目标函数和设计约束

　　C. 设计约束的建立是优化设计的核心

　　D. 优化设计可能有多个优化目标

（2）优化设计与灵敏度分析的关系描述正确的是（　）。

　　A. 灵敏度分析和优化设计相辅相成，缺一不可

　　B. 优化设计与灵敏度分析没有关系

　　C. 优化设计是灵敏度分析的必要条件

　　D. 灵敏度分析是优化设计的基础

二、智能设计梯形结构分析

1. 参考图样分析

建立图 5-28 的零件模型,使用灵敏度研究和优化。

2. 学生图样分析

参考上面提示,独立完成智能设计梯形图样分析,并填写表 5-6。

表 5-6 智能设计梯形图样分析

序号	项目	分析结果
1	智能设计梯形外形特点	
2	教师评价	

三、智能设计梯形实施过程

1. 新建文件并保存

要求 在"新文件名"选项区的"名称"文本框中输入"智能设计梯形.prt",并指定保存路径。

2. 创建 XY 平面草图

(1) 在边框条中,依次单击插入→在任务环境中绘制草图,选择 XY 平面,绘制草图,绘制完的草图如图 5-29 所示。

(2) 拉伸草图,拉伸尺寸为 10 mm,如图 5-30 所示。拔模模型,拔模角度为 8°,如图 5-31 所示。

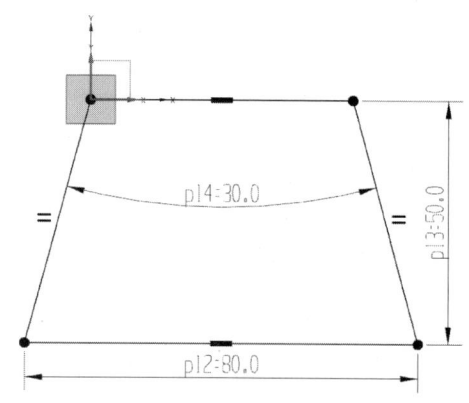

图 5-29 草图示意

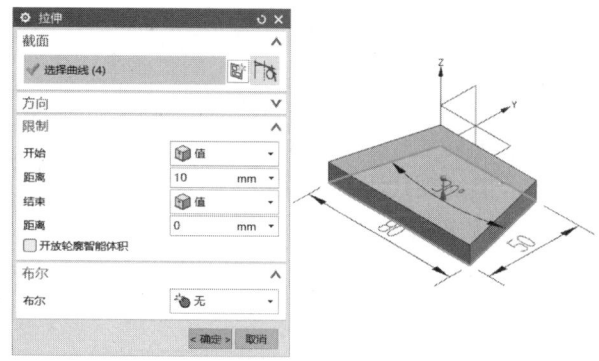

图 5-30 拉伸

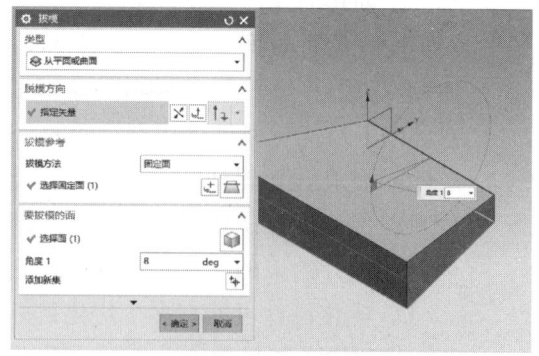

图 5-31 拔模

3. 设置表达式

(1) 在边框条中,依次单击工具→表达式→测量体,测量梯形体积,如图 5-32 所示。

(2) 将拉伸尺寸 10 设为 X,体积名称改为 V,表达式参数设置如图 5-33 所示。

4. 灵敏度研究

（1）在边框条中，依次单击分析→优化和灵敏度→灵敏度研究，在研究名称内随意输入名称（如a），如图 5-34 所示。

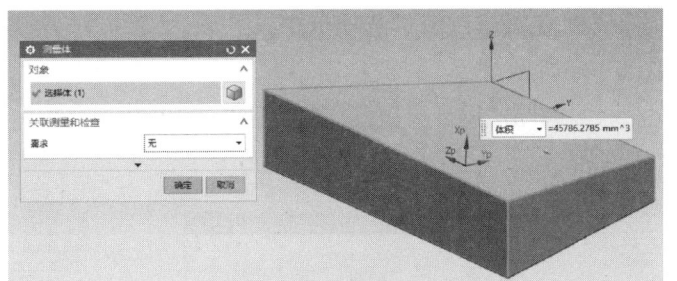

图 5-32　测量体

（2）在"观察值"选项卡中，用"几何参数"方法，选中体，选取梯形体积并输入范围，如图 5-35、图 5-36 所示。

图 5-33　"表达式"对话框

图 5-34　"灵敏度研究"对话框

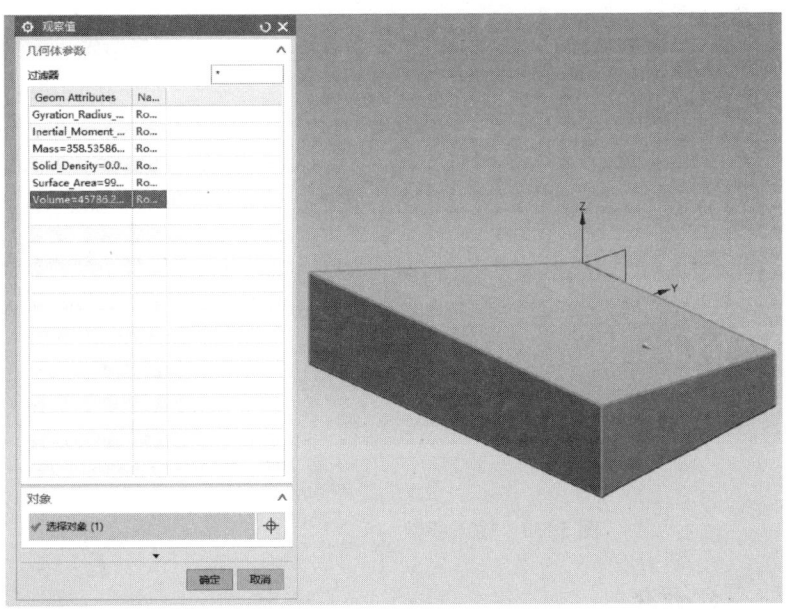

图 5-35　指定观察值

(3) 在"设计变量"选项卡中,用"表达式"方法,选取 X 值表达式,输入参数,如图 5-37、图 5-38 所示。

(4) 单击"运行灵敏度研究"按钮,输出结果,选一个和体积相近的数值进行更新,如图 5-39 所示。

图 5-36 输入范围

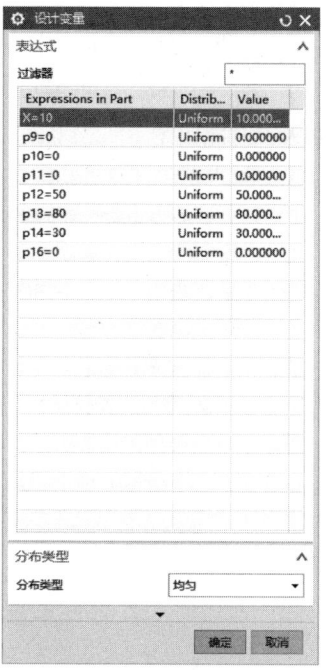

图 5-37 指定设计变量

图 5-38 输入参数

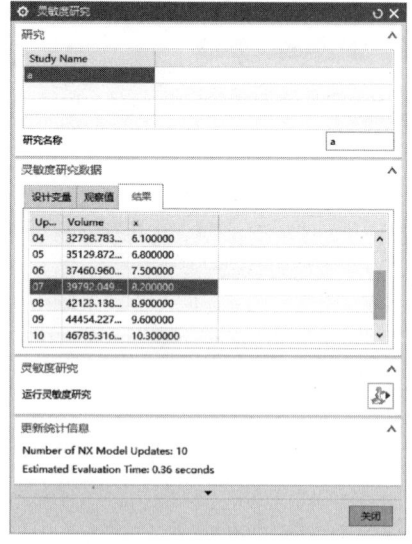

图 5-39 结果输出并更新

5. 优化

(1) 在边框条中,依次单击分析→优化和灵敏度→优化,在研究名称内随意输入名称

(如 aa),如图 5-40 所示。

(2) 在"目标"选项卡中,用"几何体"方法,选中体,在"设计目标"中,选取体积,目标值输入 39 026.1,如图 5-41、图 5-42 所示。

(3) 在"变量"选项卡中,用"表达式"方法,选取 X 值表达式,下限输入 4,上限输入 10,如图 5-43、图 5-44 所示。

图 5-40 "优化"对话框

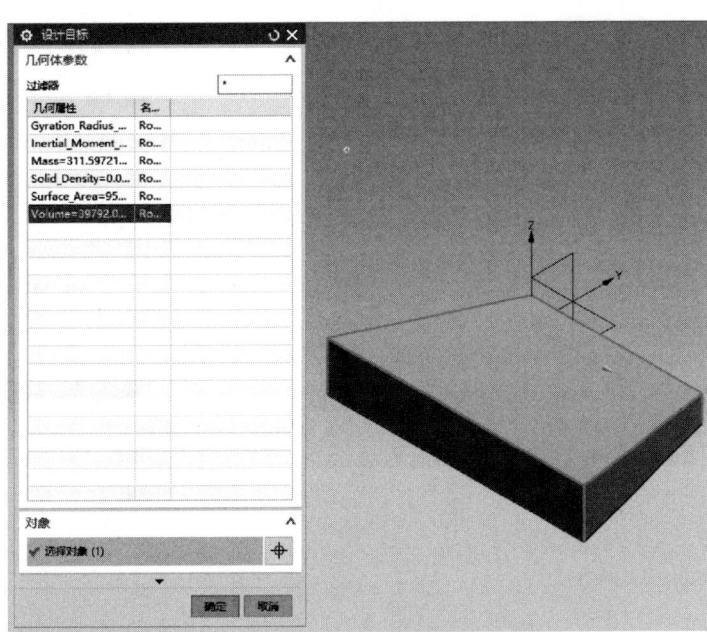

图 5-41 指定目标

图 5-42 输入体积

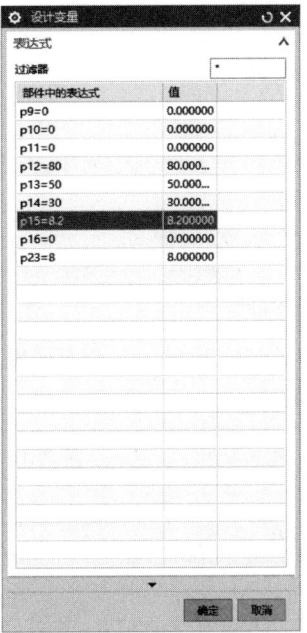

图 5-43 指定变量

（4）打开"表达式"对话框，当体的体积为 39 026.1 mm³ 时，X 为 7.969 99 mm，如图 5-45 所示。

图 5-44　设置上下限

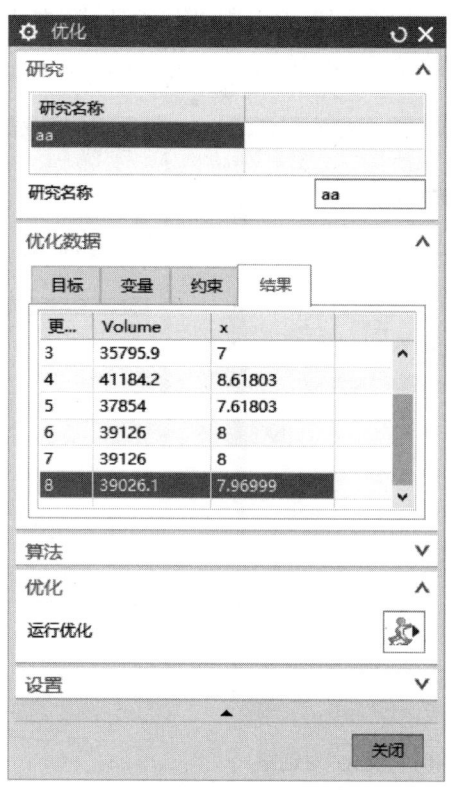

图 5-45　得出结果

任务评价

班级：		姓名：	学号：	成绩：
序号	评价内容	评价标准	评价结果（优/良/合格/不合格）	
1	基础知识的应用	能掌握相关功能的使用方法		
2	建模的基本流程	能按照图纸合理设计建模流程		
3	安全文明	无安全隐患，无违章操作		

拓展训练

1. 通过对灵敏度研究的应用，可以检验设计方案的合理性与可靠性，优化设计与灵敏度研究的关系描述错误的是（　　）。

A. 灵敏度研究方法可以改进与完善优化数学模型

B. 灵敏度研究可以与一些传统优化算法结合应用,以改善某些算法的不足

C. 将灵敏度研究方法应用到稳健优化设计中,可以提高产品的鲁棒性

D. 从设计结果中找到灵敏度较高的一组方案可以作为设计的最优解

2. 在对工件进行轻量化设计的过程中,一般会以工件的刚度作为约束条件,以( )最小为目标进行优化求解。

  A. 强度   B. 总质量   C. 工件形变   D. 材料密度

3. 如图 5-46 所示,在进行优化设计的基本流程中,缺少的步骤是( )。

  A. 确立分析类型

  B. 建立有限元模型

  C. 施加边界条件

  D. 移除不需要的几何特征

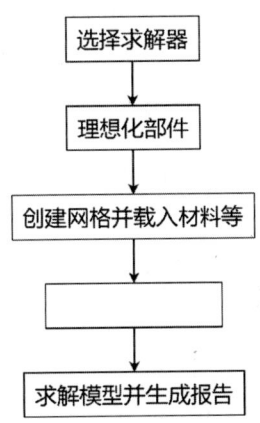

图 5-46 基本流程

4. 以下对于机械优化设计的作用描述错误的是( )。

  A. 在传统机械设计中,使求解可行解上升为求解最优解成为可能

  B. 在传统机械设计中,使性能指标的校核可以不再进行

  C. 使机械设计的评价完全由定性改为定量

  D. 提高产品设计质量,从而提高了产品质量

5. 运用灵敏度研究可以改进或完善机械优化设计中的数学模型,采用灵敏度研究,计算原有数学模型的各个设计变量对( )的灵敏度值,可以分析对其影响程度较大的设计变量,使之作为优化数学模型的最终设计变量。

  A. 最终优化解集   B. 优化解   C. 附加函数   D. 目标函数

6. 图 5-47 所示的锥台尺寸,当小端高度 X 为多少时,整个锥台的体积为 35 678.07 mm³?(单位:mm)

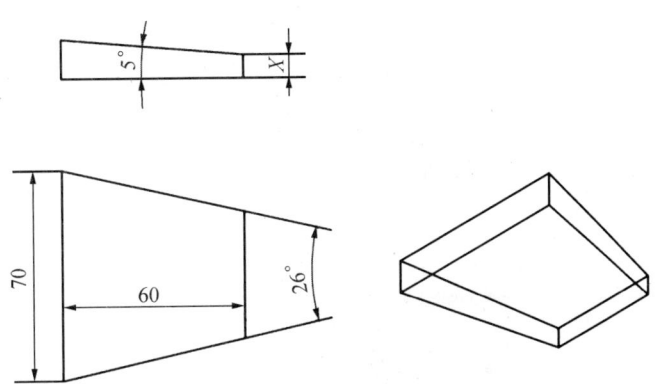

图 5-47 锥台(单位:mm)

学习任务 3
水瓶智能设计

任务导入

如图 5-48 所示,要盛装体积为 800 000 mm³ 的液体,瓶中液面高度为多少?

图 5-48 水瓶

任务流程

1. 零件建模方案

智能设计零件建模的参考方案内容见表 5-7。

表 5-7 零件建模参考方案

序号	步骤	图示	序号	步骤	图示
1	修建体		3	有界平面	
2	抽取几何特征		4	缝合	

(续表)

序号	步骤	图示	序号	步骤	图示
5	设置表达式	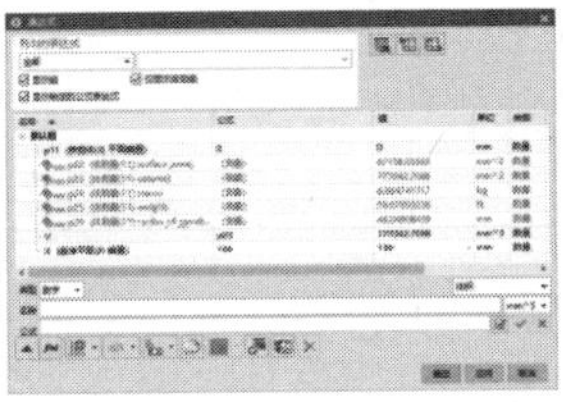	7	优化	
6	灵敏度研究	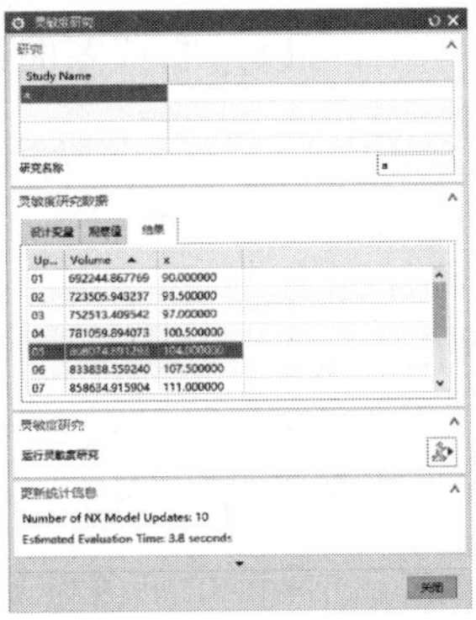			

2. 学生零件建模方案

学生根据自己对智能设计规则的理解,参照零件建模参考方案,独立设计智能设计零件建模方案,并填写表 5-8。

表 5-8 学生零件建模方案

序号	步骤	图示	序号	步骤	图示
1			2		

（续表）

序号	步骤	图示	序号	步骤	图示
3			6		
4			7		
5					
考评结论					

任务实施

一、预习效果检查

1. 判断题

（1）要添加的草图曲线必须预先建立在草图中，可以是非草图曲线。（　　）

（2）建立相对基准面的约束可施加在多个实体上。（　　）

2. 填空题

（1）在 NX 建模中构成实体模型最基本的特征称为_____。

（2）NX 中表达式的创建通常有_____和_____。

3. 选择题

（1）实现结构轻量化有多种途径，以下不属于轻量化途径的是（　　）。

　　A. 采用轻质材料　　　　　　　　B. 保证个别关键零件强度，降低成本

　　C. 优化设计　　　　　　　　　　D. 保证整个结构强度，减薄板料厚度

（2）在进行优化设计的基本流程中，设计数学模型的基本原则是（　　）。

　　A. 反映工程实际问题，足够复杂　　B. 反映工程实际问题，力求简洁

　　C. 满足理论分析的情况下，足够复杂　D. 满足理论分析的情况下，力求简洁

二、智能设计水瓶结构分析

1. 参考图样分析

建立图 5-48 所示的零件模型，使用灵敏度研究和优化。

2. 学生图样分析

参考以上提示，独立完成智能设计水瓶图样分析，并填写表 5-9。

表 5-9　智能设计水瓶图样分析

序号	项目	分析结果
1	智能设计水瓶外形特点	
2	教师评价	

三、智能设计水瓶实施过程

1. 打开文件

打开"水瓶.prt"文件。

2. 修建体

在功能区的"主页"选项卡"特征"选项板中,单击"基准平面"按钮,以水瓶底面创建距离 100 mm 的基准平面,如图 5-49 所示。

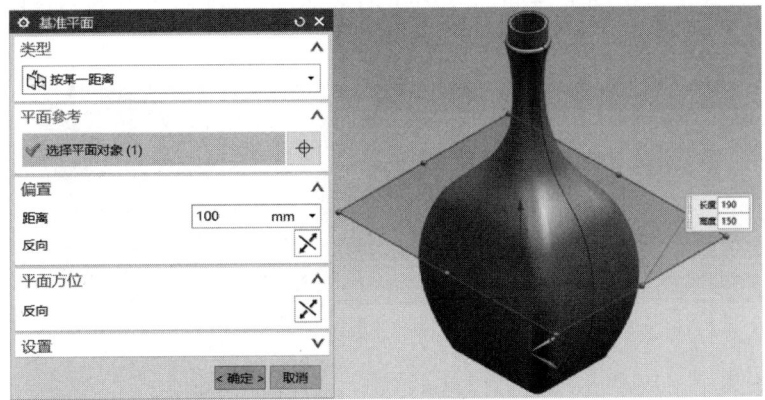

图 5-49　创建基准平面

在功能区的"主页"选项卡的"特征"选项板中,单击"修建体"按钮,选择体为水瓶,指定平面为创建的新平面,如图 5-50 所示。

图 5-50　修建体

3. 抽取几何特征

在边框条中,依次单击插入→关联复制→抽取几何体特征,选择瓶子内部面,如图 5-51 所示。

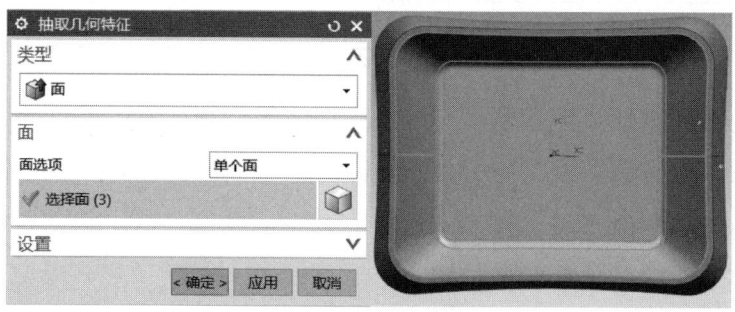

图 5-51 抽取几何特征

4. 有界平面

在边框条中,依次单击插入→曲面→有界曲面,选择瓶子上的两条曲线,如图 5-52 所示。

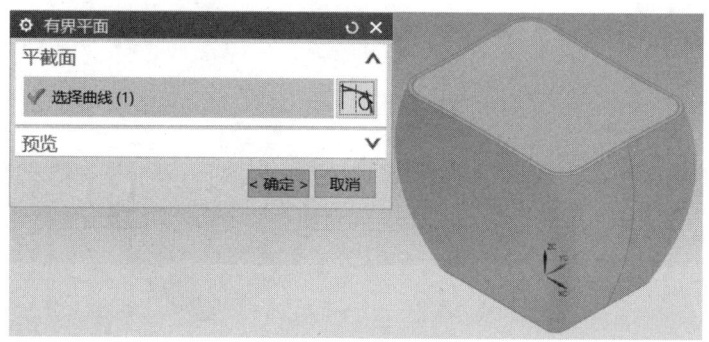

图 5-52 有界平面

5. 缝合

在边框条中,依次单击插入→组合→缝合,目标选择片体,选择上表面;工具选择片体,选其余 5 个面,如图 5-53 所示。

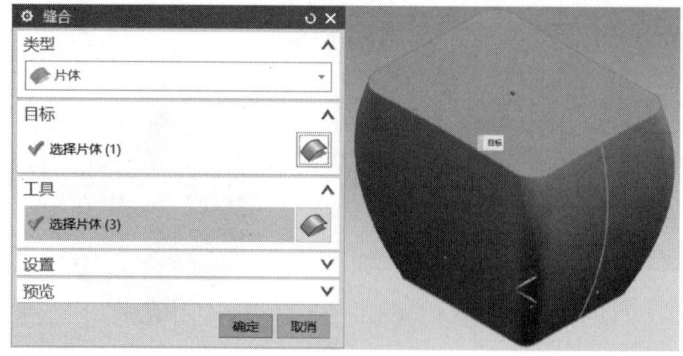

图 5-53 缝合

6. 设置表达式

(1) 在边框条中,依次单击工具→表达式→测量体,测量水的体积,如图 5-54 所示。

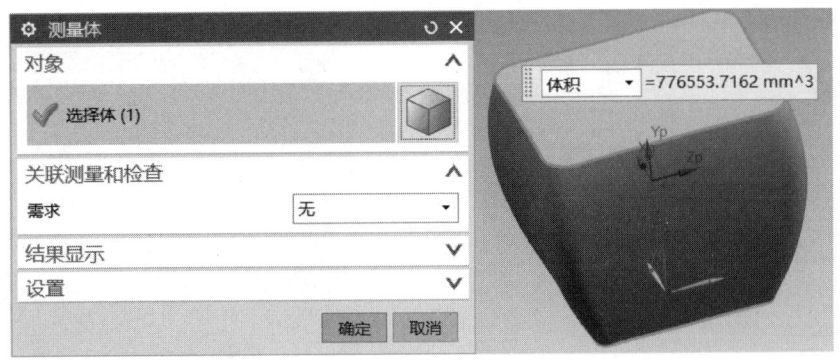

图 5-54　测量体

(2) 将尺寸 100 mm 设为 X,体积名称改为 V,表达式参数设置如图 5-55 所示。

图 5-55　"表达式"对话框

7. 灵敏度研究

(1) 在边框条中,依次单击分析→优化和灵敏度→灵敏度研究,在研究名称内随意输入名称(如 a),如图 5-56 所示。

(2) 在"观察值"选项卡中,用"几何参数"方法选中体,选取水的体积并输入范围,如图 5-57、图 5-58 所示。

(3) 在"设计变量"选项卡中,用"表达式"方法,选取 X 值表达式,输入参数,如图 5-59、图 5-60 所示。

（4）单击"运行灵敏度研究"按钮，输出结果，选一个和体积相近的数值进行更新，如图5-61所示。

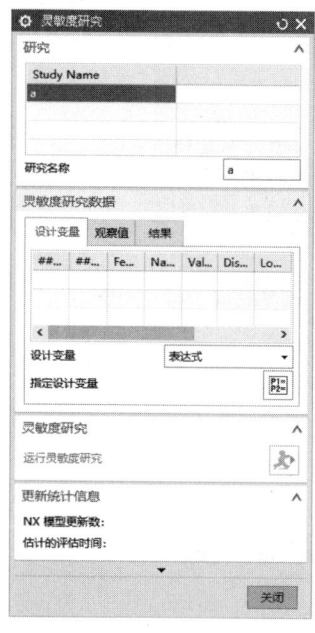

图5-56 "灵敏度研究"对话框

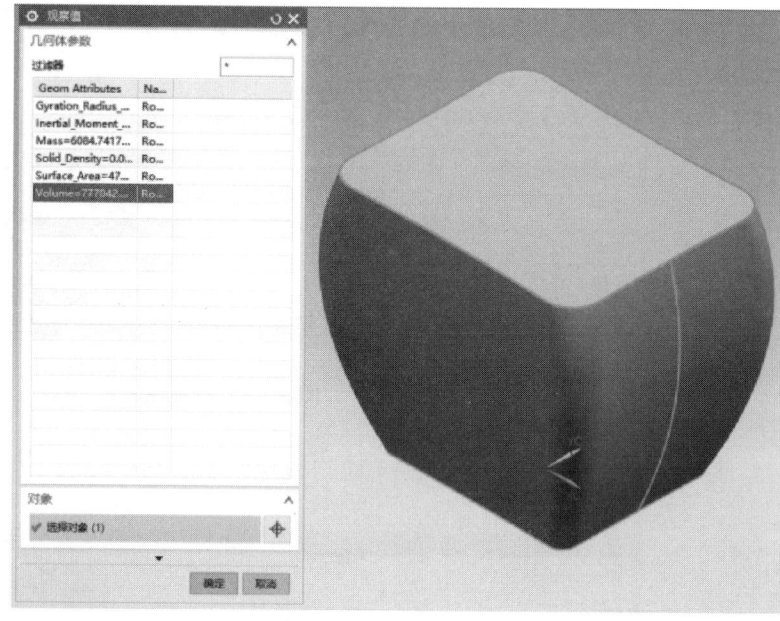

图5-57 指定观察值

图5-58 输入范围

图5-59 指定设计变量

图 5-60 输入参数

图 5-61 结果输出并更新

8. 优化

（1）在边框条中，依次单击分析→优化和灵敏度→优化，在研究名称内随意输入名称（如 aa），如图 5-62 所示。

（2）在"目标"选项卡中，用"几何体"方法，选中体，在"设计目标"中，选取体积，目标值输入 800 000，如图 5-63、图 5-64 所示。

（3）在"变量"选项卡中，用"表达式"方法，选取 X 值表达式，下限输入 90，上限输入 125，如图 5-65、图 5-66 所示。

（4）打开"表达式"对话框，当水的体积为 800 000 mm³ 时，X 为 103.012 mm，如图 5-67 所示。

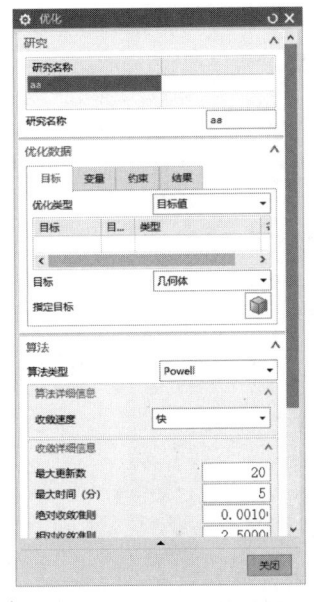

图 5-62 "优化"对话框

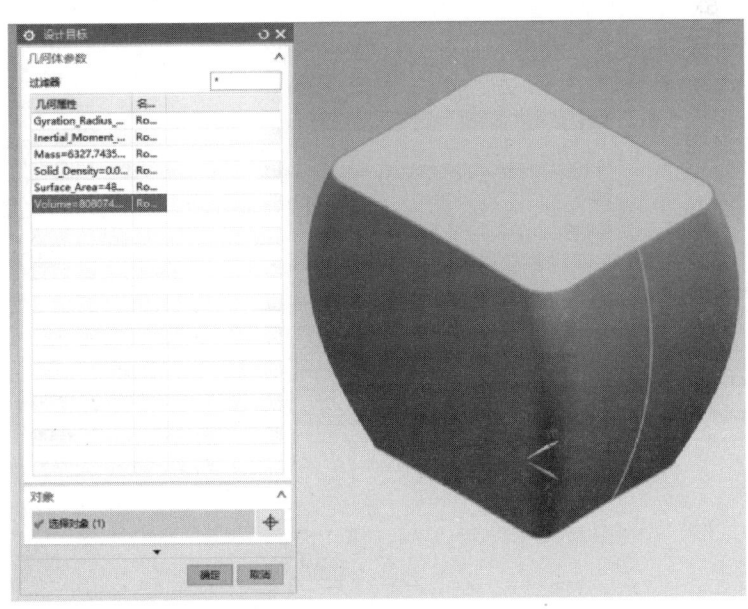

图 5-63 指定目标

图 5-64 输入体积

图 5-65 指定变量

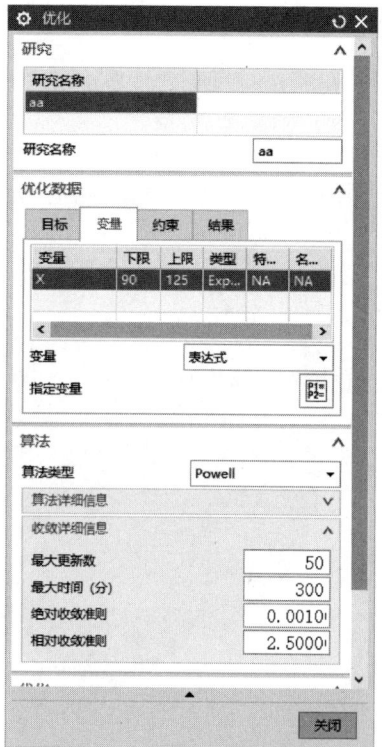

图 5-66 设置上下限

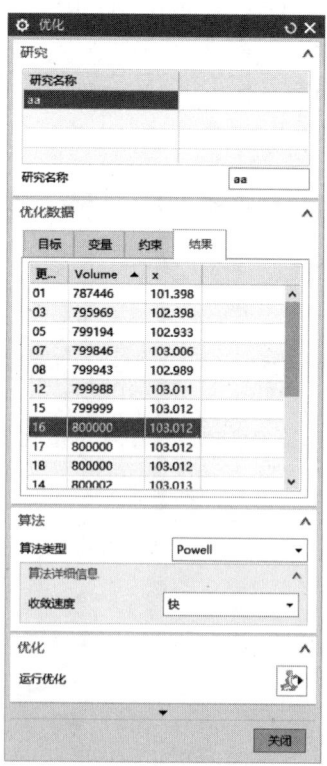

图 5-67 得出结果

任务评价

班级：　　　　　姓名：　　　　　学号：　　　　　成绩：

序号	评价内容	评价标准	评价结果(优/良/合格/不合格)
1	基础知识的应用	能掌握相关功能的使用方法	
2	建模的基本流程	能按照图纸合理设计建模流程	
3	安全文明	无安全隐患，无违章操作	

拓展训练

1. 以下对于结构轻量化设计描述错误的是(　　)。

    A. 结构轻量化设计一般是指减轻结构总重量

    B. 一定可以降低生产成本

    C. 轻量化设计要在保证结构的刚度和强度以及振动特性等满足要求的情况下实现减重

    D. 可以采用先进制造工艺实现结构轻量化

2. 利用 NX 可以进行仿真分析以优化设计方案，下列对其描述错误的是(　　)。

    A. 可以通过选取合适的网格形状在一定程度上增加仿真结果的可信度

    B. 有限元模型文件包含实体几何信息，但不包括网格、物理属性与材料信息

    C. 可以通过移除较小的孔、圆角等几何特征对部件进行理想化处理

    D. 在优化设计基本流程中，最重要的一环是建立零件模型与有限元模型

3. 优化设计的目标包括(　　)。

    A. 精度和可靠性　　　　　　　　B. 精度和成本

    C. 精度、可靠性和成本　　　　　D. 可靠性和成本

4. 灵敏度研究就是(　　)。

    A. 对方案的灵敏度进行分析

    B. 测定决策方案的灵敏度

    C. 对灵敏因素的分析

    D. 对某些可能变化的因素及其对决策目标优劣性影响程度的分析

5. 机械工程师实现结构轻量化的最主要途径是(　　)。

    A. 采用新材料

    B. 合理优化结构设计

    C. 减少设备

    D. 减少载重

6. 图 5-68 所示锥台尺寸，当小端高度 X 为多少时，整个锥台的体积为 8 967.66 mm^3？（单位：mm）

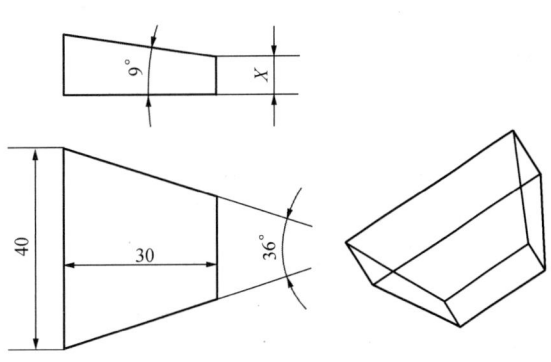

图 5-68　锥台(单位：mm)

项目六 增材制造

◇ 项目情境

3D打印是快速成型技术的一种,是一种以数字模型文件为基础,运用粉末状金属或塑料等可黏合材料,通过逐层打印的方式来构造物体的技术。

形象地说,普通的打印机是将2D图像或图形数字文件通过墨水输出到纸张上。3D打印机则是将实实在在的原材料(比如金属、陶瓷、塑料、砂等)输出为薄层(物理上具有一定的厚度),然后不断重复,一层层叠加起来,最终变成空间实物。因此,3D打印在输出某一分层时,过程与喷墨打印是相似的。就像盖房子是通过一块一块砖建造而成,3D打印物品是通过原材料一层一层累积而成。因此,3D打印也称为增材制造工艺。

◇ 知 识 点

- 3D打印的基本技术。
- 3D打印的流程。
- UP Studio软件的应用。
- 3D打印机的使用。

◇ 技 能 点

- 能使用UP Studio软件进行打印前的准备工作。
- 能熟练使用3D打印机。

◇ 素养目标

让学生动手操作3D打印机,培养学生的动手能力,同时培养学生认真、严谨、科学的学习态度。

◇ 知识准备

一、3D打印技术

3D打印技术按照成型工艺划分,主要有熔融沉积技术、激光选区烧结技术、激光选区熔化技术、光固化成型技术等。

1. 熔融沉积技术

熔融沉积(Fused Deposition Modeling, FDM)技术使用的打印材料为工程塑料 ABS、PLA(Polylactic Asid,聚乳酸)等。这种技术通过将丝状材料,如热性塑料、蜡等从加热的喷头挤出,按照零件每层的预定轨迹,以固定的速率进行熔体沉积,如图 6-1 所示。该技术主要应用于工业产品设计开发、创新创意产品的生产等领域。

2. 激光选区烧结技术

激光选区烧结(Selective Laser Sintering, SLS)技术使用的是尼龙、金属等粉末状材料,通过烧结将粉末变成紧密结合的整体,如图 6-2 所示。该技术主要应用于航空航天领域的工程塑料零部件、汽车家电等领域的铸造用砂芯、医用手术导板与骨科植入物等。

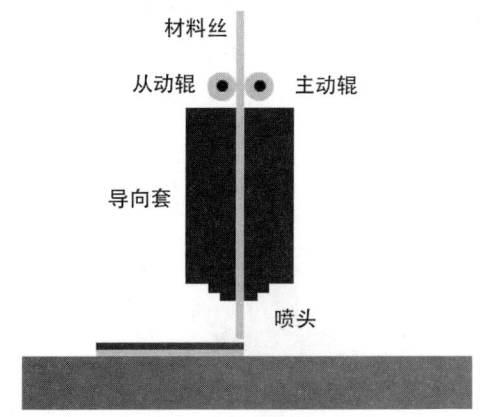

图 6-1 FDM 技术

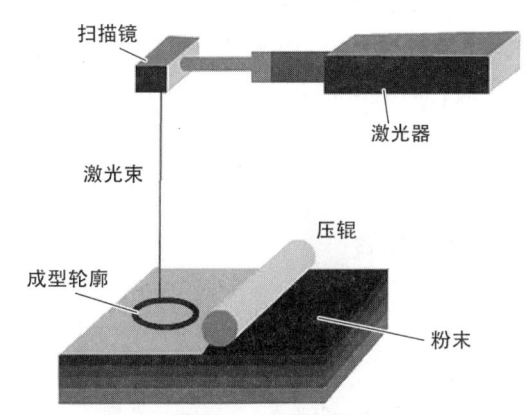

图 6-2 SLS 技术

3. 激光选区熔化技术

激光选区熔化(Selective Laser Melting, SLM)技术与激光选区烧结技术相似,但 SLM 技术成型件在力学性能和精度上更胜一筹。它使用的材料为钛合金、钴铬合金等,利用高能激光束将金属粉末熔化,形成多用途三维零件,如图 6-3 所示。该技术主要应用于复杂小型金属精密零件、金属牙冠、医用植入物。

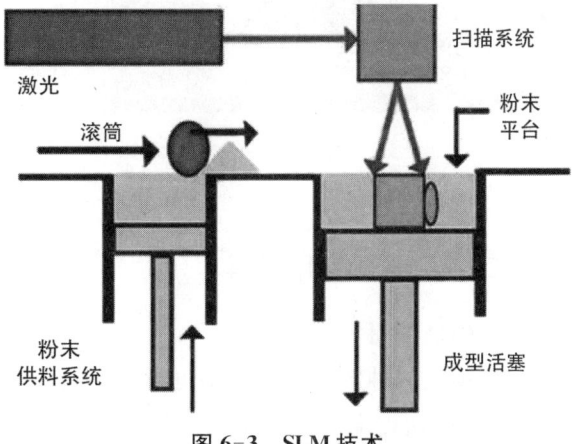

图 6-3 SLM 技术

4. 光固化成型技术

现在光固化成型技术有 DLP(Digital Light Processing,数字光处理打印)技术、SLA(Stereo Lithography Appearance,立体平版印刷打印)技术、LCD(Liquid Crystal Display,选择性区域透光原理打印)技术三种,使用的材料是光敏树脂。该技术主要应用于工业产品设计开发、创新创意产品生产、医疗、精密铸造用蜡模等方面。

（1）DLP 使用高分辨率的投影仪固化液态的光敏聚合物，逐层进行光固化，如图 6-4 所示。

（2）SLA 用特定波长与强度的激光聚焦到光固化材料表面使之按由点到线、由线到面的顺序凝固，完成一个层面的绘图作业；升降台在垂直方向移动一个层面的高度，再固化另一个层面，这样层层叠加构成一个三维实体，如图 6-5 所示。

（3）LCD 使光源透过聚光镜并分布均匀，利用 LCD 液晶屏成像原理，由计算机程序提供图像信号，在 LCD 液晶屏上出现选择性的透明区域，对产品的每一层进行固化，如图 6-6 所示。

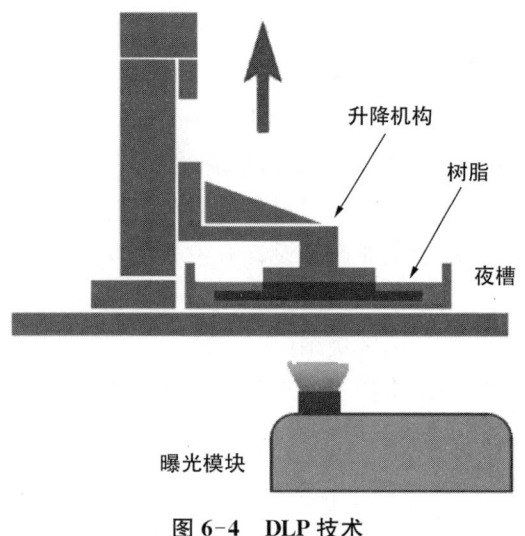

图 6-4　DLP 技术

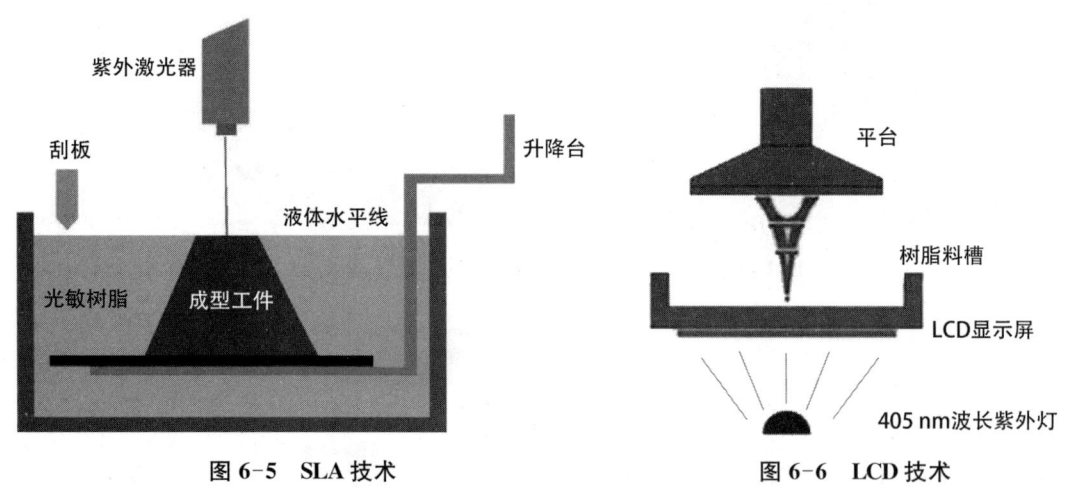

图 6-5　SLA 技术　　　　图 6-6　LCD 技术

二、3D 打印常用材料

1. PLA 材质

PLA 是一种新型的生物基可再生生物降解材料，使用可再生的植物资源（如谷类皮壳、稻草、麦秆）所提取出的淀粉原料制成。淀粉原料经糖化得到葡萄糖，再由葡萄糖及一定的菌种发酵制成高纯度的乳酸，再通过化学合成方法合成一定分子量的聚乳酸。其具有良好的生物可降解性，使用后能被自然界中的微生物在特定条件下完全降解，最终生成二氧化碳和水，不污染环境。

材质特点：①聚合物容易打印，能提供良好的外观；②打印温度 190～220℃；③无热床。

材质优点：①可降解生物材料，无臭；②可用砂纸进行后处理，可上丙烯颜料；③具有良好的抗紫外线能力。

材质缺点：易受潮，脆。

2. ABS 材质

ABS 材质是一种石油衍生物，是丙烯腈（A）、丁二烯（B）、苯乙烯（S）三种单体的三元共聚物，三种单体相对含量可任意变化制成各种树脂。ABS 兼有三种组元的共同性能，A 使其耐化学腐蚀、耐热，并有一定的表面硬度；B 使其具有高弹性和韧性；S 使其具有热塑性塑料的加工成型特性，并改善电性能。

材质特点：①当需要更高的耐温性和韧性时，通常采用 ABS 打印；②打印温度 220～260℃；③热床 80～110℃；④恒温环境。

材质优点：①可用丙酮蒸气抛光处理；②可用砂纸进行后处理；③可上丙烯颜料；④可用丙酮做成强力胶水使用；⑤具有良好的耐磨性。

材质缺点：①对紫外线敏感；②在打印期间会散发出非常强烈的气味，有毒。

3. 其他材质

（1）尼龙：具有良好的机械性能，抗冲击性较高，层间不易黏合。

材质特点：①打印温度 230～260℃；②热床 80～110℃；③恒温环境。

材质优点：具有良好的耐化学性。

材质缺点：易受潮，潜在的高烟气排放。

（2）TPU（Thermoplastic Polyurethane，热塑性聚氨酯弹性体）：是一种柔性材料，抗冲击性非常好。

材质特点：①打印温度 210～230℃；②无热床；③恒温环境。

材质优点：具有良好的耐磨性、良好的抗油脂性能。

材质缺点：后处理较难，层间不易黏合。

（3）PC（Polycarbonate，聚碳酸酯）：作为能代替 ABS 的材料，耐热度和抗压性都非常好。

材质特点：①打印温度 230～260℃；②热床 80～110℃；③恒温环境。

材质优点：易于后期处理，可消毒。

材质缺点：对紫外线敏感。

（4）PET（Polyethylene Terephthalate，聚对苯二甲酸乙二醇酯）：是一种较软的聚合物，具有很好的圆润性。

材质特点：①打印温度 230～250℃；②无热床。

材质优点：①不易受潮，不易腐蚀，可回收；②具有良好的耐磨性，可用砂纸进行后处理。

三、切片

切片是指将一个实体分成厚度相等的很多层。这是 3D 打印的基础，分好的层将是 3D 打印进行的路径。

3D打印并不能100%还原一个3D实体，表面由于分层，用放大镜会看到如图6-7(b)所示的台阶效果。

(a) 放大前　　　　　　　　(b) 放大后

图6-7　切片特性

1. 层片厚度

层片厚度一定要比喷嘴的直径小，其会影响模型打印时间与打印层数。层片厚度设置越大，打印出来的每一层越厚，模型表面精度越低，打印时间越短；层片厚度越小，模型打印的层数越多，耗时越久，打印出的模型表面的质量也就越好，切记要依据模型的大小合理设置层片厚度。层片厚度下拉列表如图6-8所示，可根据情况设置相应的厚度。

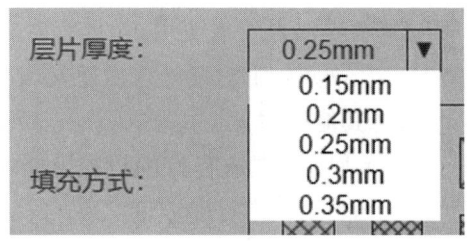

图6-8　"层片厚度"下拉列表

2. 填充率

填充率是3D打印特有的参数，是传统的机加工和铸造都无法做到的，3D打印的模型可以通过调整填充率得到想要的填充密度，从而在保证体积的同时，减轻重量。填充率过低，会影响封顶。填充形状一般为网格状，如果有抗压的需求可以考虑圆形填充。图6-9所示为"填充方式"选项区，几种填充方式按钮说明如下。

图6-9　"填充方式"选项区

⏣：shell。

⏣：surface。

⊠：13%。

▩：15%。

▩：20%。

：65%。

：80%。

：99%。

抽壳打印是填充方式中一个比较特殊的设置。它是将一个实体内部抽空，以环形的方式只打印模型的外壳。模型要求必须是全封闭的，不能有填充与支撑。因此，一些有悬空结构或整体结构过于复杂的模型不能采用抽壳打印。采用抽壳的方式适用于打印花瓶、杯子等模型。

3. 底座

图 6-10 所示的复选框不勾选，则代表有底座；勾选，则无底座。底座主要有以下三个作用。

图 6-10　底座

（1）辅助打印，保证打印质量

当打印玻璃板因外力作用有损坏时，可以有效地辅助打印，保证打印质量。

（2）防翘边

底面积过大的平板状结构模型，因底面与底板接触面积过大，容易出现模型收缩翘边的情况，所以在切片这类模型的时候一定要加防翘边底座。

（3）增加模型稳定性

结构类似于细长的柱形模型，因为底面和底板的接触面积过小，非常容易造成打印过程中脱离底板的情况，给它加上普通底座，就可以有效地增大模型与底板的接触面积，保证模型打印的成功率。

4. 支撑

支撑是成功生产 3D 打印部件的最重要部分之一。支撑有助于确保零件在 3D 打印过程中的可打印性。支撑可以防止零件变形，将零件固定到打印床上，并确保零件连接到打印零件的主体。

"支撑"选项区参数如图 6-11 所示，含义如下。

（1）层数：支撑结构在垂直方向上的层数。

（2）角度：悬挂物体与垂直线之间的夹角。

（3）面积：支撑结构的最小面积要求。

（4）间隔：模型与支撑之间的距离。

图 6-11　"支撑"选项区参数

当打印件有悬空或桥接结构时，如果不使用支撑，打印过程中会造成零件变形，甚至导致零件坍塌，而支撑可以帮助防止打印过程中已成形部分的倒塌，大大提升打印成功率。

然而,并不是所有的悬挂结构都需要额外的支撑。因为,当悬挂结构的垂直角度小于45°时,悬挂结构不需要支撑。当这种结构的垂直角度小于45°时,3D打印机在相邻层上的水平偏移很小,使得上层叠加在一个偏移很小的层上,那么每一层都能够为下一层提供支撑。因此,45°角是一个临界角,任何小于45°的角度都不需要支撑。当然,这也需要根据打印机的性能和材料的性质确定。如果打印机的性能不好,也可能需要小于45°角的支撑。

四、模型摆放原则

模型的不同放置方式跟耗材用量和时间是有关系的。合理地放置模型,不仅可以节约时间和材料,还可以提高模型的打印质量。图6-12所示为错误模型摆放方式,图6-13所示为正确模型摆放方式。模型摆放原则有以下三点。

(1) 模型体积大的一端尽量朝下,避免头重脚轻。
(2) 选择平面作为底面,与平台接触的底面面积尽可能大。
(3) 尽量避免放置模型有过多悬空部分。

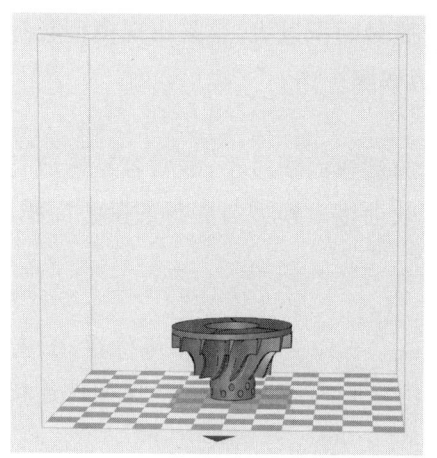

图6-12 模型摆放错误方式

图6-13 模型摆放正确方式

五、3D打印流程

3D打印流程一般包括产品的前处理、打印、后处理三个阶段,如图6-14所示。

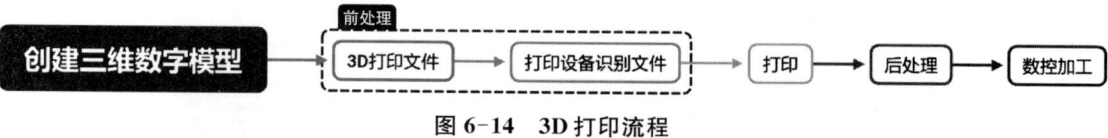

图6-14 3D打印流程

1. 前处理

首先,需要将创建的三维数字模型转换文件格式(目前比较通用的3D打印文件格式为STL格式);之后,将STL格式的文件用相应的切片软件进行打印方向、添加支撑、打印比例、填充率等参数的设置,最后保存为3D打印设备可以识别的文件。

2. 打印

由 3D 打印设备进行打印,现在比较常见的为 FDM 型 3D 打印机,通过打印机的逐层打印、分层堆积,完成零部件的制造。

3. 后处理

打印结束后,需要对其进行后处理,后处理一般包括如下几个步骤。

(1) 拾取模型:将模型从打印机平台上取下,一般用的工具有漆刀、平铲等。

(2) 处理支撑:如果在打印模型时采用了边缘型或基座型的方式与平台粘连,或者打印的模型有支撑,就需要对其进行清除。在去除模型的支撑时,若选用工具不当,则支撑物会有残留,并且有可能损坏模型。因此,在去除支撑时一定要小心,避免损坏模型而前功尽弃。去除支撑常用的工具有斜口钳、尖嘴钳等。

(3) 表面处理:FDM 型 3D 打印机打印的模型会有纹理,在对模型表面质量要求较高的情况下,需要对模型表面进一步处理,可以采用机械方法,也可以采用化学方法。

① 机械方法:可用锉刀打磨模型表面,更方便的打磨工具是电动砂轮。若要求的表面精度比较高,则可考虑在数控机床上进行铣削加工。

② 化学方法:丙酮可溶解 ABS 和 PLA 材料,因此,使用适量的丙酮可溶解模型表面的细小瑕疵,使用时一定要注意丙酮的用量,过度使用会导致模型尺寸变化较大。

六、UP Studio 软件的应用

1. 软件界面介绍

UP Studio 集模型显示、模型编辑、模型生成、模型获取、模型打印于一体,软件界面如图 6-15 所示。

图 6-15 UP Studio 界面功能介绍

2. 软件使用方法

(1) 载入模型

如图 6-16 所示,在菜单栏依次选择添加→添加模型,在文件夹中选择模型。模型显示

在基板后,用模型调整轮(图 6-17)调整模型的位置、大小和方向。

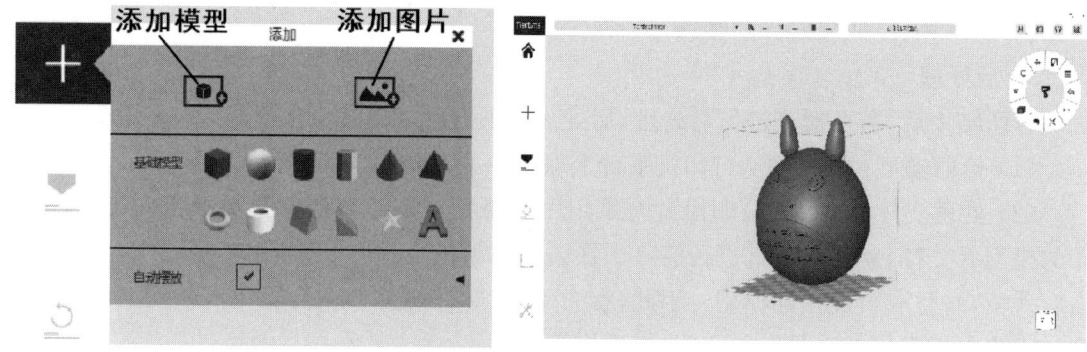

图 6-16　添加模型

图 6-17　模型调整轮功能介绍

(2) 缩放模型

如图 6-18 所示,选择模型调整轮上的"缩放"按钮,可以调整模型的大小。最外圈是缩放比例,单击后可以按模型当前大小进行等比例缩放。

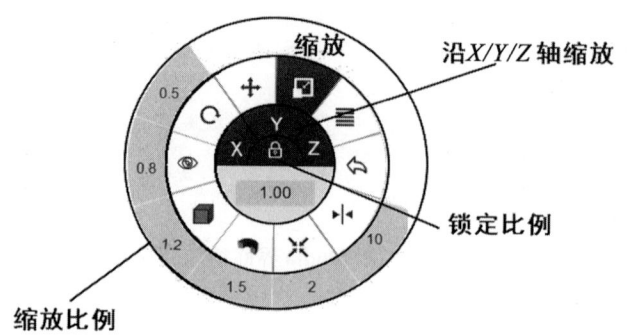

图 6-18　缩放功能介绍

单击图 6-18 的中间按键可以解除锁定比例,再选择一个方向进行单方向的缩放,如图 6-19 所示为 Z 轴方向缩放 0.5 倍。

图 6-19　Z 轴方向缩放 0.5 倍

除了直接在模型调整轮上选择缩放倍数外,软件界面的下方还显示了当前模型的尺寸,可以直接修改其中的数值进行等比缩放或单方向缩放。图 6-20 所示是将模型 Z 轴方向尺寸设置为 100 mm 的等比缩放。

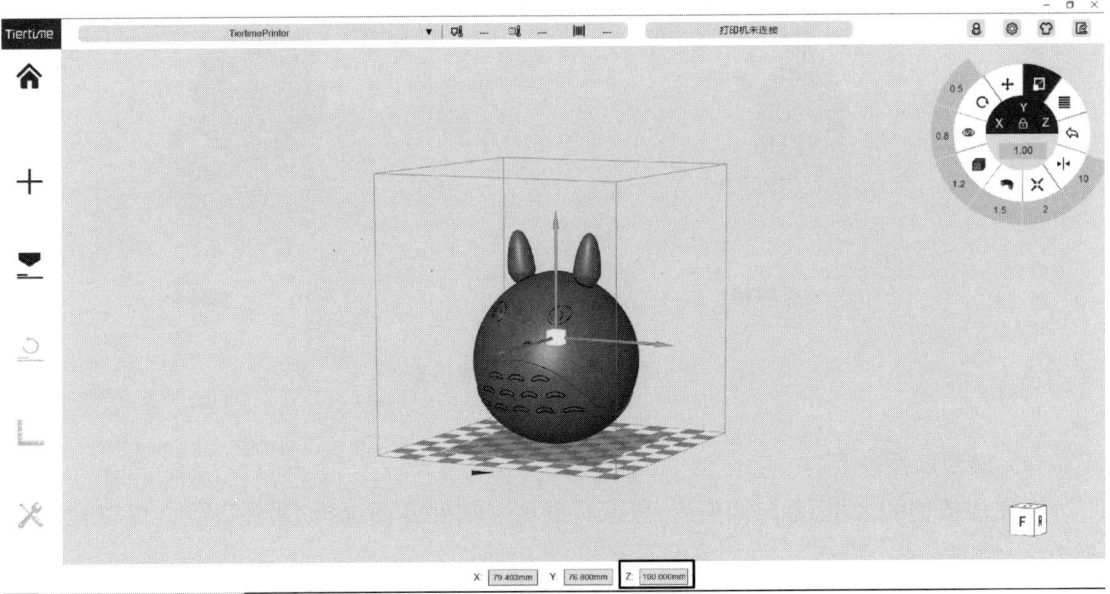

图 6-20　Z 轴方向缩放至 100 mm

(3) 旋转模型

如图 6-21 所示，选择模型调整轮上的"旋转"按钮，可以调整模型的方向。最外圈的是旋转角度，先选择一个轴，再选择角度，可以按模型当前位置进行旋转。

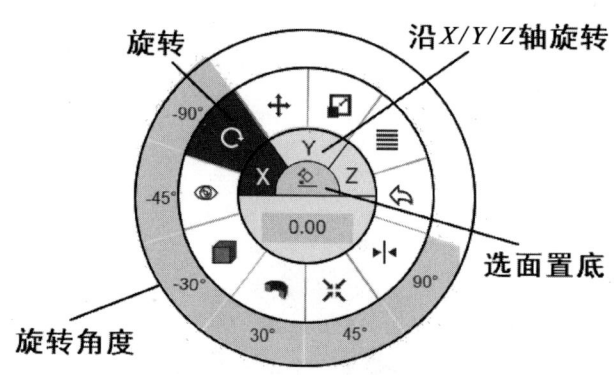

图 6-21 旋转功能介绍

"选面置底"功能可以直接选择一个面作为底面，选择完成后单击下方的"确认"按钮，如图 6-22 所示。

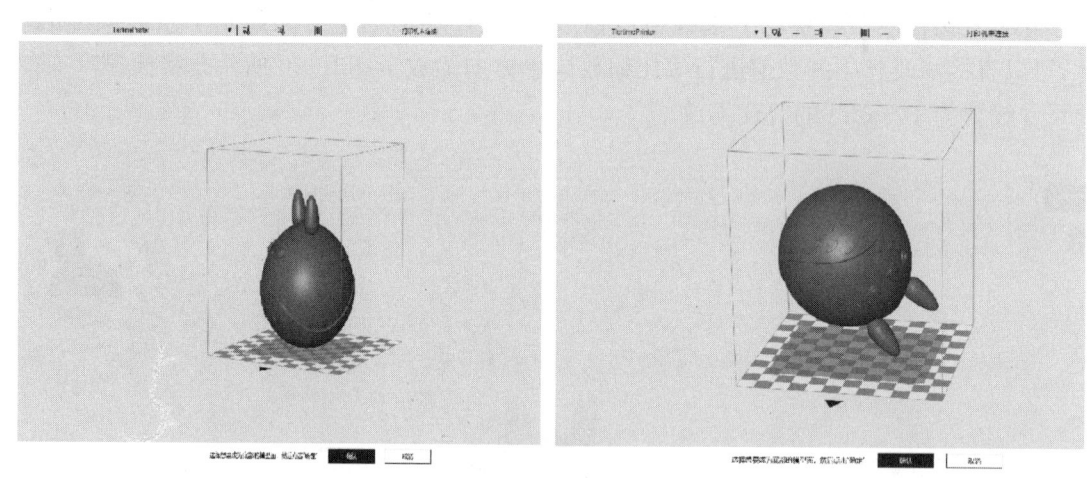

图 6-22 选面置底功能示意

(4) 模型属性

在完成模型的大小、方向调整后，鼠标右键单击软件界面选择"属性"选项，可以检查模型大小，如图 6-23 所示。

(5) 设置切片参数

如图 6-24 所示，在菜单栏选择"打印"按钮，设置切片参数。

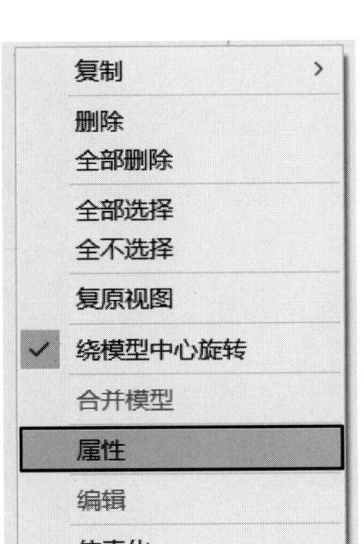 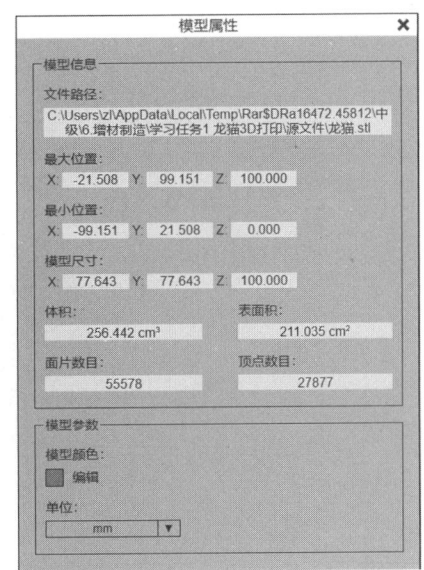

图 6-23 模型属性

① 层片厚度：层片厚度有 0.15 mm、0.2 mm、0.25 mm、0.3 mm、0.35 mm 五种，层片厚度越小，打印物体的表面越光滑，但耗时会越长。

② 填充方式：填充方式分为外壳模式、表面模式和填充模式。填充模式按填充率分为 13%、15%、20%、65%、80%、99%，填充率影响模型内部强度，填充率越高，模型打印耗时越长。

③ 质量：质量选择"较好"，则物体表面光滑，耗时长；质量选择"较快"，则物体表面粗糙，耗时短。

（6）打印模型

设置完成后，单击"打印预览"按钮，可以查看打印路径预览、打印时长和丝材消耗情况，如图 6-25 所示。打印路径预览功能可以移动下方的进度条，设定在特定层暂停打印，查看该层的打印情况，如图 6-26 所示。确认无误后可单击"打印"按钮。

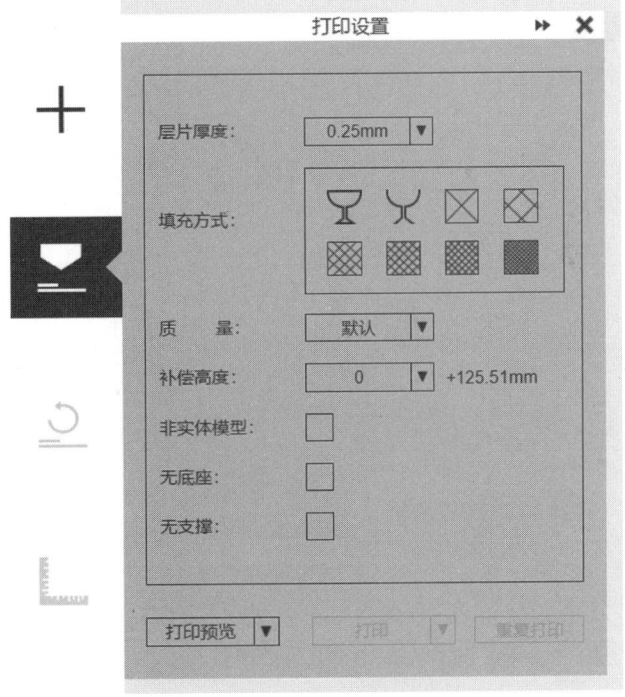

图 6-24 打印设置

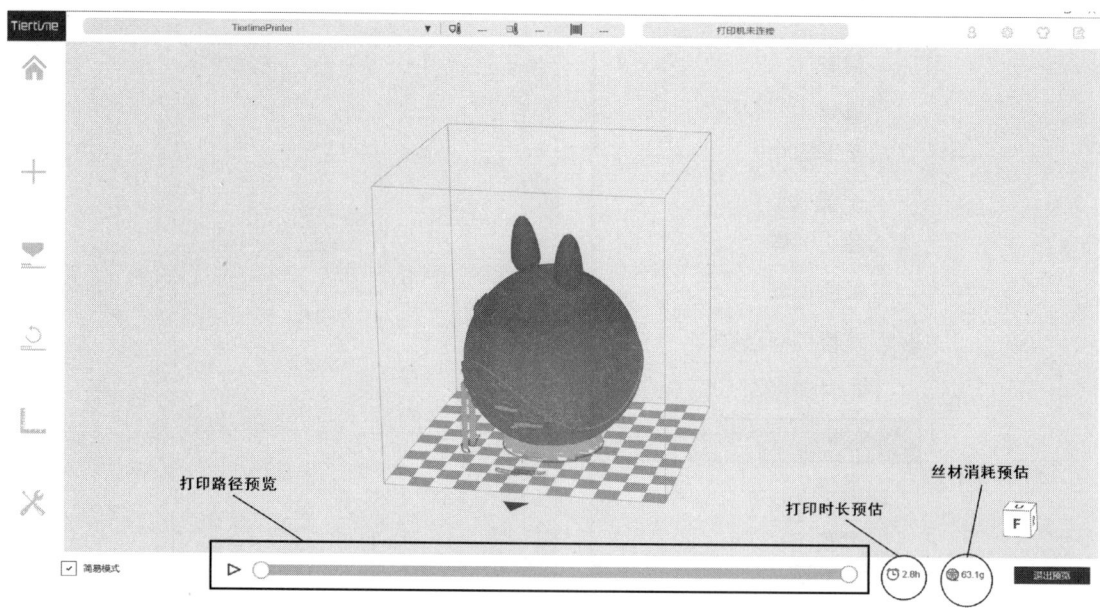

图 6-25　打印预览

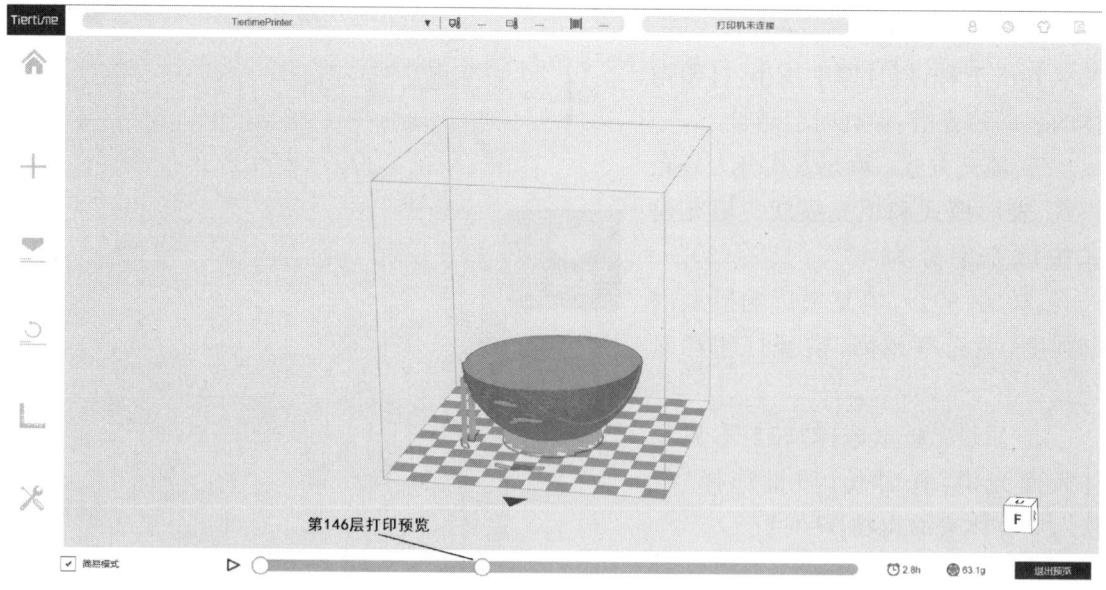

图 6-26　打印路径预览

七、3D 打印机的使用

1. 打印机初始化

打印机每次打开时都需要初始化。在初始化期间，打印头和打印平台缓慢移动，并会触碰 X、Y、Z 轴的限位开关。这一步很重要，因为打印机需要找到每个轴的起点。只有在初始化之后，软件的其他选项才会亮起，供选择使用。

（1）打印机初始化的两种方式

① 通过单击菜单栏中的"初始化"按钮可以对打印机进行初始化。

② 如图 6-27 所示，当打印机空闲时，长按打印机上的初始化按钮可触发初始化。

（2）初始化按钮的其他功能

① 停止当前的打印工作：在打印期间，长按该按钮。

② 重新打印上一项工作：双击该按钮。

打印机控制按钮如图 6-28 所示。

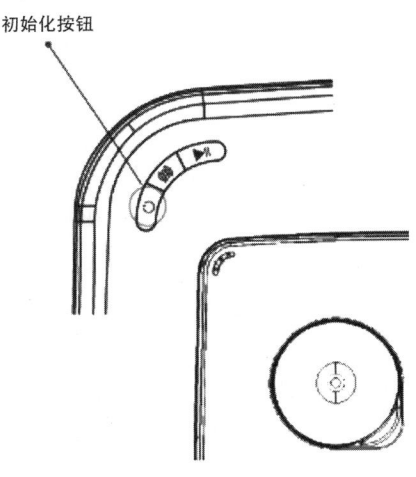

图 6-27 打印机初始化按钮

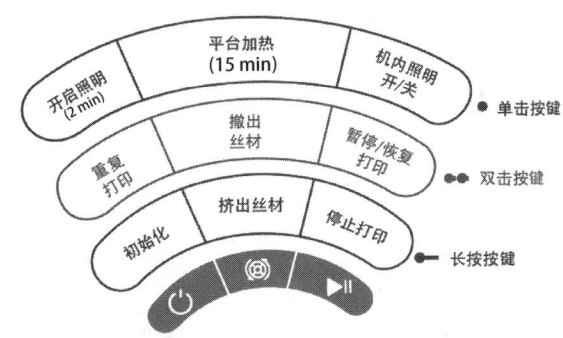

图 6-28 打印机控制按钮

2. LED 呼吸灯和前门检查

当打印完成时，LED 呼吸灯将显示为红色。在这种情况下，打印机将不会响应任何命令。这是为了预防误操作，导致打印头撞击打印物体。

为恢复至正常状况，必须在完成打印之后打开前门。

LED 呼吸灯如图 6-29 所示。

八、打印机的维护

1. 清洁打印头

在 3D 打印过程中，耗材中的部分元素、灰尘颗粒都可能在打印头周围聚积。随着时间的推移，这些聚积物质将导致打印质量问题，如丝材积瘤等，故每次打印前需要观察打印头是否堵塞。

图 6-29 LED 呼吸灯介绍

清洁打印头时,一般用镊子剔除喷头周围杂质即可。若喷头堵塞,则需要取下打印头清理,其步骤如下。

(1) 将打印机底板降到最低,并选择材料装卸中的装载,等待加热到设定值蜂鸣器响。用手略微施加压力挤出丝来。

(2) 如有 0.3 mm 麻花钻头或是 0.3 mm 直径的针,可以在打印头温度达到时疏通打印头。

2. 张紧皮带

在使用过程中,如果发现皮带弯曲下垂或者两侧扁平,则是皮带疏松了。皮带疏松的现象包括掉步、反弹、产生回差,或者打印不到物体内、外壳的表面。

3. 光轴和丝杆维护

在使用过程中,X、Y 两个轴都是依靠精密导轨和 Z 轴丝杆来确保平稳精密的直线运动。加润滑油后,能减少摩擦力,减少机械运动部件的磨损,因此必须定期保养。经常使用则需每月保养1次,不常使用则半年保养1次。

维护方法:将润滑油均匀地涂覆在丝杆或导轨上,开动设备,对各轴全行程走动数次,使润滑油均匀分布在各轴表面。

学习任务 1

龙猫 3D 打印

任务导入

要打印 3D 作品就要学会使用相关的软件,本任务通过如图 6-30 所示的龙猫 3D 打印过程来学习 3D 打印软件 UP Studio 的使用方法,使学生能独立完成 3D 打印作业。

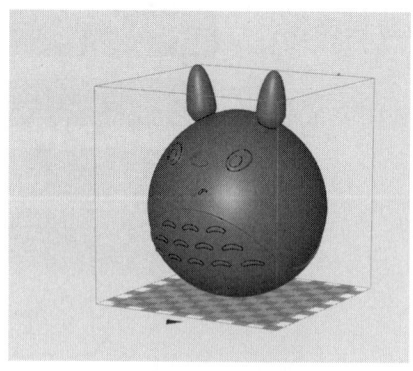

图 6-30 龙猫模型

任务流程

1. 3D 打印方案

3D 打印的参考方案见表 6-1。

表 6-1 3D 打印参考方案

序号	步骤	图示	序号	步骤	图示
1	载入模型	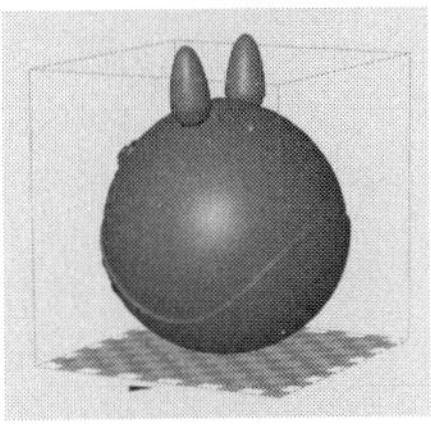	4	打印	
2	调整模型		5	后处理	
3	打印设置	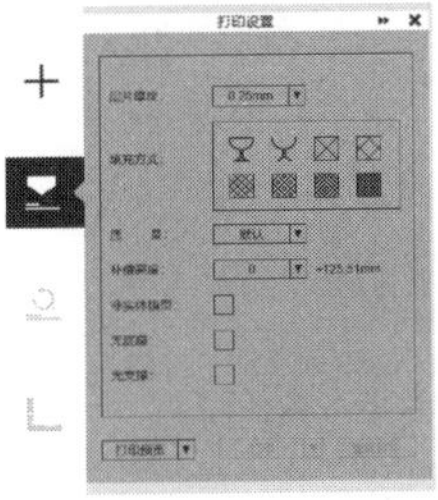			

2. 学生 3D 打印方案

学生根据自己对 3D 打印的理解，参照 3D 打印参考方案，独立设计 3D 打印方案，并填写表 6-2。

表 6-2 学生 3D 打印方案

序号	步骤	图示	序号	步骤	图示
1			4		
2			5		
3					
考评结论					

任务实施

一、预习效果检查

1. 判断题

（1）3D打印技术对生产制造类企业并没有产生很明显的影响和冲击。（　）

（2）3D打印技术属于减材制造。（　）

2. 填空题

（1）SLA 原型的变形量中由于后固化收缩产生的比例是_____。

（2）_____3D打印技术在金属增材制造中使用最多。

3. 选择题

（1）3D打印最早出现的是以下哪一种技术？（　）

    A. SLA　　　　B. FDM　　　　C. LOM　　　　D. SLS

（2）3D打印机的软件应具备的功能中不包括（　）。

    A. 创建模型　　　　　　　　B. 生成数控指令文件

    C. 输出数控指令　　　　　　D. 画面渲染

二、3D打印结构分析

1. 参考图样分析

打印图 6-30 的模型，先将 STL 格式文件导入 UP Studio 软件，再调整模型位置和打印设置，进行打印。

2. 学生图样分析

参考以上提示，独立完成龙猫 3D 打印流程分析，并填写表 6-3。

表 6-3　龙猫 3D 打印流程分析

序号	项目	分析结果
1	龙猫 3D 打印流程分析	
2	教师评价	

三、3D打印实施过程

1. 载入模型

如图 6-31 所示，依次在菜单栏选择添加→添加模型，在文件夹中选择模型，单击"打开"按钮添加模型，如图 6-32 所示。

2. 调整模型

如图 6-33～图 6-36 所示，在模型调整轮中调整模型方向、大小。

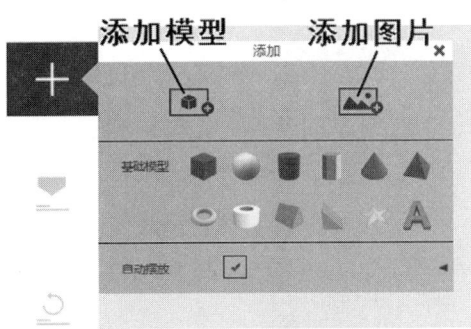
图 6-31 添加模型

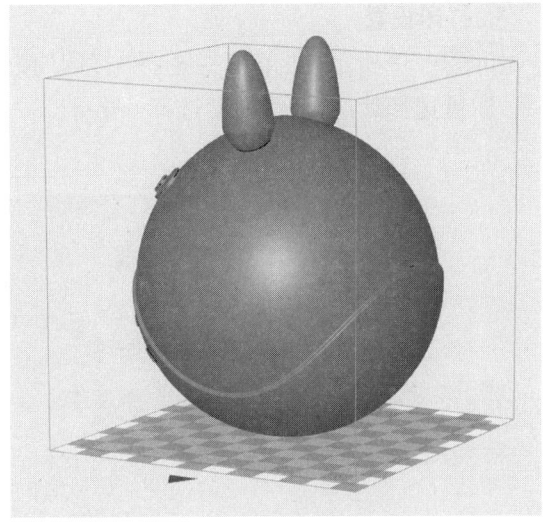
图 6-32 龙猫模型

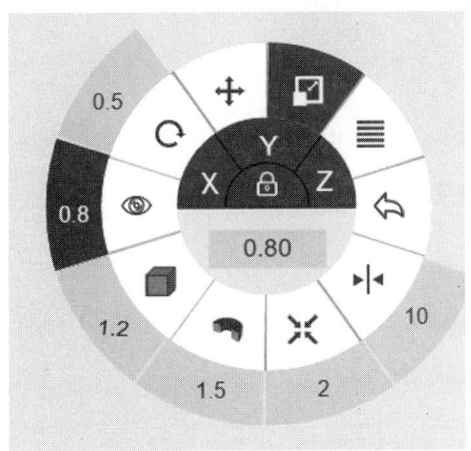
图 6-33 模型缩放调整

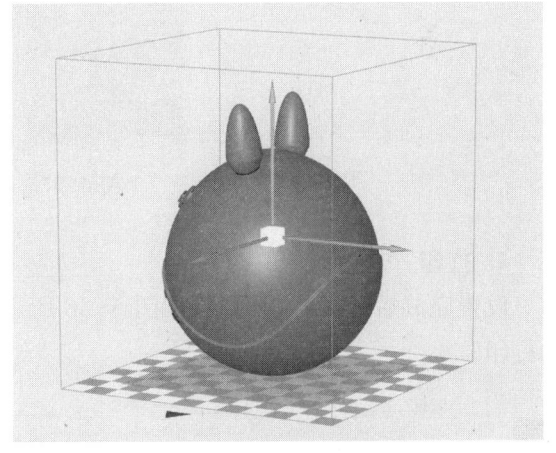
图 6-34 模型示意图 1

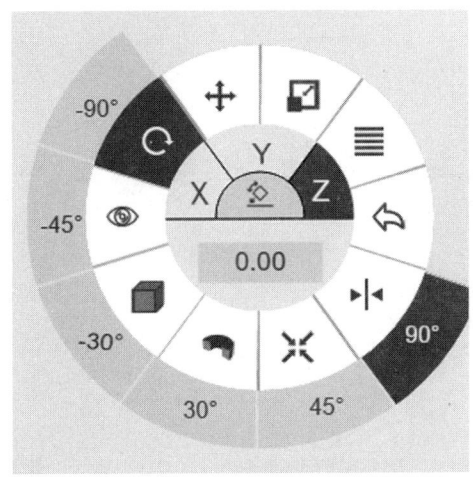
图 6-35 模型旋转调整

图 6-36 模型示意图 2

3. 打印设置

如图 6-37 所示,在菜单栏选择"打印"按钮,层片厚度选择 0.25 mm,填充方式选择 15%,质量选择默认,补偿高度选择 0 mm。

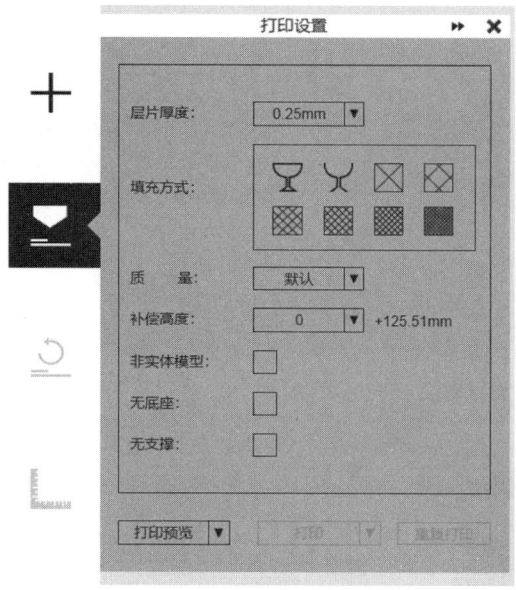

图 6-37 打印设置

4. 打印

设置完成后选择打印预览,如图 6-38 所示,检查底座、材质和模型打印情况,无误后开始打印。

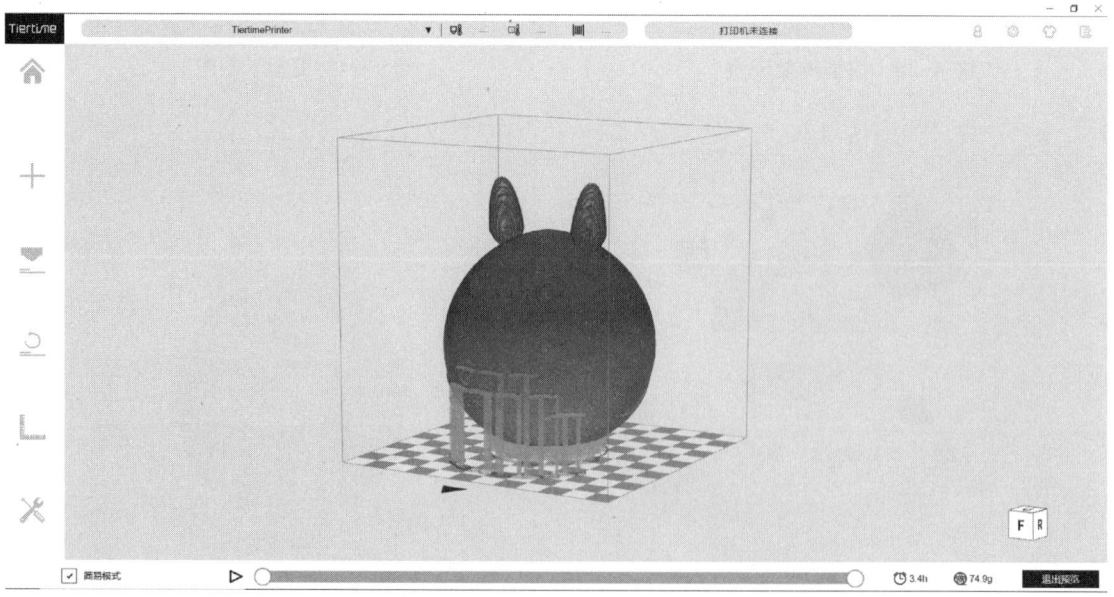

图 6-38 打印预览

5. 后处理

打印完成后，用平铲将模型取下，再用尖嘴钳等工具将支撑和底座去除，用锉刀将表面锉光滑。

任务评价

班级：		姓名：	学号：	成绩：
序号	评价内容	评价标准	评价结果(优/良/合格/不合格)	
1	基础知识的应用	能掌握相关功能的使用方法		
2	UP Studio 的应用	能熟练使用 UP Studio 软件		
3	安全文明	无安全隐患，无违章操作		

拓展训练

1. 3D 模型设计的主流软件不包括（　　）。
   A. 3DS Max　　B. 犀牛　　C. Solid Works　　D. ANSYS
2. LOM 技术最早应用于什么领域？（　　）
   A. 医学影像　　B. 立体地图　　C. 建筑　　D. 航天航空
3. 光固化快速成形技术除了在航空航天领域有较为重要的应用之外，在其他制造领域的应用也非常重要且广泛，如在汽车、（　　）、电器和铸造领域等。
   A. 医学卫生　　B. 模具制造　　C. 艺术设计　　D. 作战指挥
4. 关于 FDM 成型工艺，以下说法错误的一项是（　　）。
   A. 为了保证模型不会翘曲，打印第一层时，平台应与喷头紧密贴合
   B. 若无功能性要求，模型的填充密度一般为 15％～20％
   C. 打印速度越快，模型的表面质量越差
   D. 温度越高，越容易出现拉丝情况
5. 简要阐述 3D 打印技术在航空发动机维修中的优势。

学习任务 2

叶轮 3D 打印

任务导入

要打印 3D 作品，就要学会使用相关的软件，本任务通过如图 6-39 所示的叶轮 3D 打印过程来学习 3D 打印软件 UP Studio 的使用方法，使学生能独立完成 3D 打印作业。

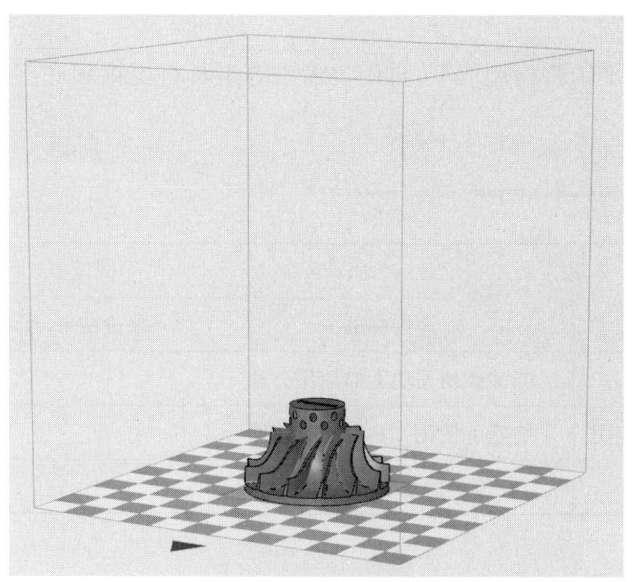

图 6-39 叶轮模型

1. 3D 打印方案

3D 打印的参考方案见表 6-4。

表 6-4 3D 打印参考方案

序号	步骤	图示	序号	步骤	图示
1	载入模型		4	打印	
2	调整模型		5	后处理	
3	打印设置				

2. 学生 3D 打印方案

学生根据自己对 3D 打印的理解,参照 3D 打印参考方案,独立设计 3D 打印方案,并填写表 6-5。

表 6-5 学生 3D 打印方案

序号	步骤	图示	序号	步骤	图示
1			4		
2			5		
3					
考评结论					

任务实施

一、预习效果检查

1. 判断题

(1) SLS 技术和 SLM 技术是一回事。   (   )

(2) 3D 打印技术制造的金属零部件性能可超过锻造水平。   (   )

2. 填空题

(1) 3D 打印技术包括_____、3D 打印过程和 3D 打印后处理。

(2) 3D 打印技术运用最广泛的是_____领域。

3. 选择题

(1) 3D 打印机的软件应具备的功能不包括(   )。

 A. 创建模型　　B. 生成数控指令文件　　C. 输出数控指令　　D. 画面渲染

(2) 下列技术工艺中,不属于 3D 打印工艺的是(   )。

 A. SLS　　　　B. SLA　　　　　C. CNC　　　　D. FDM

二、3D 打印结构分析

1. 参考图样分析

打印图 6-40 的模型,先将 STL 格式文件导入 UP Studio 软件,再调整模型位置和打印设置,进行打印。

2. 学生图样分析

参考以上提示,独立完成叶轮3D打印流程分析,并填写表6-6。

表6-6 叶轮3D打印流程分析

序号	项目	分析结果
1	叶轮3D打印流程分析	
2	教师评价	

三、3D打印实施过程

1. 载入模型

如图6-40所示,在菜单栏依次选择添加→添加模型,在文件夹中选择模型,单击"打开"按钮添加模型,如图6-41所示。

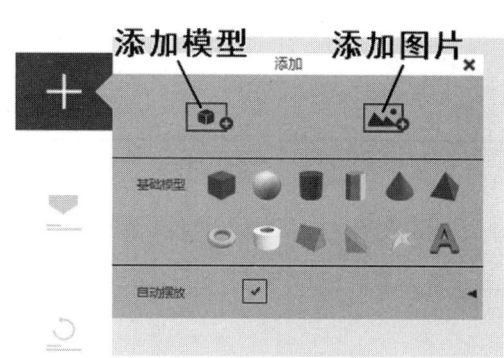

图6-40 添加模型

图6-41 叶轮模型

2. 调整模型

如图6-42、图6-43所示,在模型调整轮中调整模型大小。

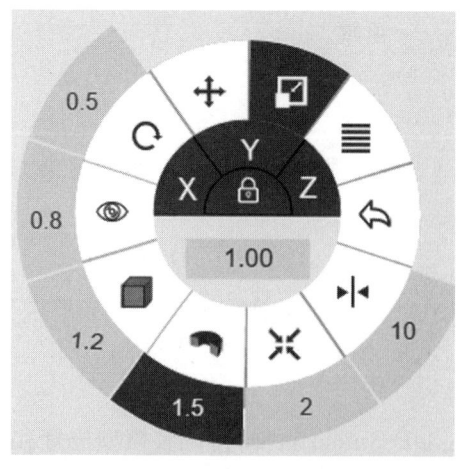

图6-42 模型缩放调整

图6-43 模型示意图

3. 打印设置

如图 6-44 所示,在菜单栏选择"打印"按钮,层片厚度选择 0.25 mm,填充方式选择 15%,质量选择默认,补偿高度选择 0 mm。

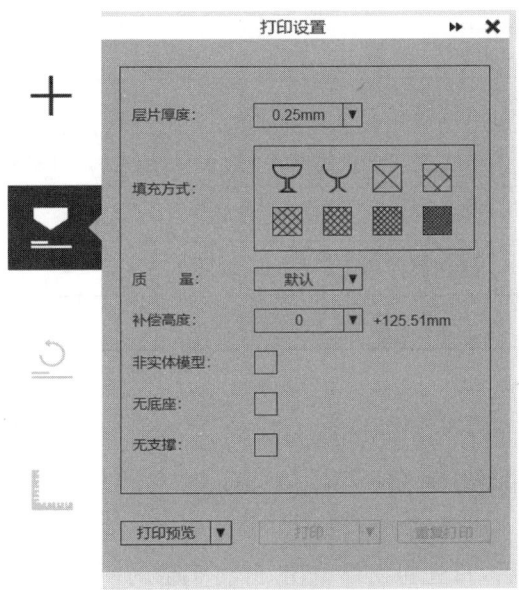

图 6-44　打印设置

4. 打印

设置完成后,选择打印预览(图 6-45),检查底座、材质和模型打印情况,无误后开始打印。

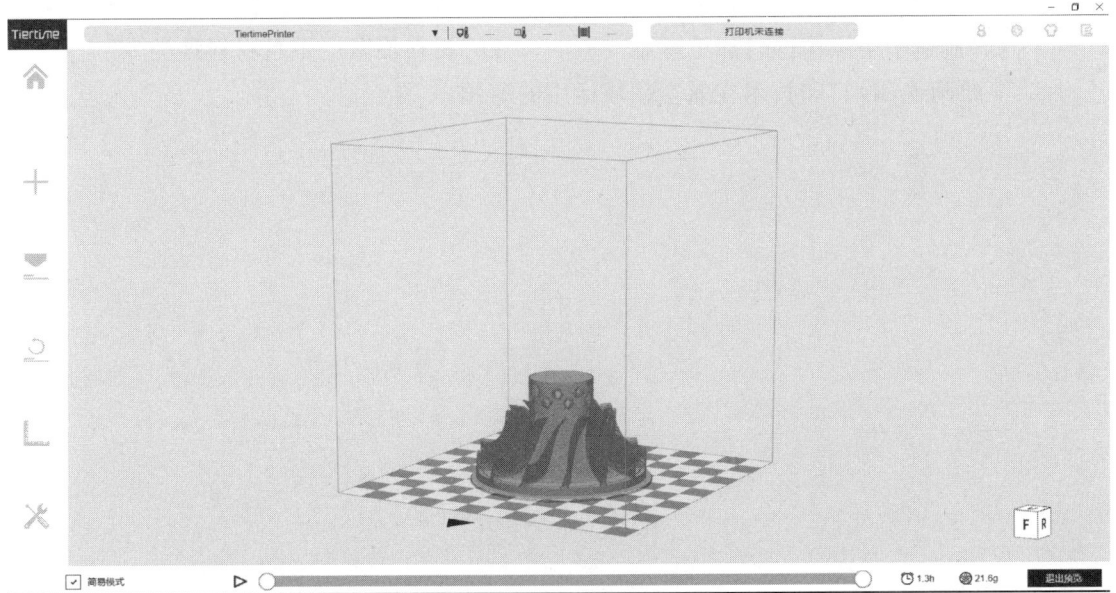

图 6-45　打印预览

5. 后处理

打印完成后用平铲将模型取下，再用尖嘴钳等工具将支撑和底座去除，用锉刀将表面锉光滑。

任务评价

班级：		姓名：	学号：	成绩：
序号	评价内容	评价标准	评价结果(优/良/合格/不合格)	
1	基础知识的应用	能掌握相关功能的使用方法		
2	UP Studio 的应用	能熟练使用 UP Studio 软件		
3	安全文明	无安全隐患，无违章操作		

拓展训练

1. 最早的3D打印是什么时候？（　　）

　　A. 19世纪初　　　B. 20世纪初　　　C. 20世纪末　　　D. 20世纪80年代

2. 当实体原型完成后，首先将实体取出，并将多余的树脂排净。之后去掉支撑，进行清洗，然后再将实体原型放在（　　）下整体后固化？

　　A. 紫外激光　　　B. 气体激光　　　C. 固体激光　　　D. 液体激光

3. 3D打印技术可以在制造过程中控制所用材料，精度达到分子和（　　）级别。

　　A. 纳米　　　　　B. 微米　　　　　C. 原子　　　　　D. 亚原子

4. LOM打印技术的缺点不包括以下哪一项？（　　）

　　A. 表面质量差，制件性能不高　　　B. 前、后处理费时费力

　　C. 制造中空结构件时加工困难　　　D. 材料浪费严重且材料种类少

5. 简要阐述3D打印技术在航空领域运用的瓶颈。

项目七 数控加工自动编程

项目情境

NX CAM 是 NX 系统的一部分。它基于 3D 主模型,具有强大且可靠的刀具路径生成方法,可以完成切削(2.5 轴到 5 轴)、车削、线切割等编程。其最大特点是生成的刀具轨迹合理,切削载荷均匀,适合高速加工。另外,加工过程中的模型、加工工艺、刀具管理等都与主模型相关。主模型设计修改后,编程只需重新估算即可,因此 NX 编程的效率非常高。

知识点

- 毛坯。
- 刀具。
- 坐标系。
- 加工方法。

技能点

能使用平面铣、型腔铣、深度加工轮廓、钻孔、锪孔、铰孔等加工工件。

素养目标

培养学生的创造性思维、创新意识和实践能力。

知识准备

一、创建毛坯

可以通过选择几何体定义毛坯,选择方法与部件几何体相同。另外还可以通过选择"包容块"与"部件的偏置"选项创建毛坯几何体,如图 7-1 所示。

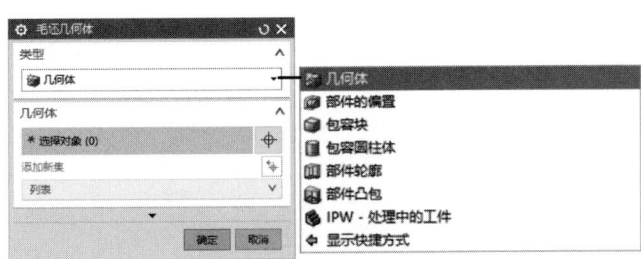

图 7-1 "毛坯几何体"对话框

1. 包容块

功能：以一个包容盒包容所有部件几何体，并可以多种方式进行扩展。

设置：系统以部件几何体的边界创建一个包容盒，可以在其下方指定各个方向的扩展值或直接拖动图形上的箭头。

应用：对于大部分的模具零件而言，其毛坯是标准的立方块，"包容块"选项可指定毛坯。如果需要对顶面进行加工，可以将"ZM+"设置为大于 0 的数值。

2. 部件的偏置

功能：将部件几何体的表面进行偏置，指定一个值，则产生一个毛坯。

设置：直接指定偏置值，即确定了毛坯。

应用：对于铸件毛坯，或者直接创建曲面铣操作的毛坯，应用部件的偏置方式可以生成合适的毛坯。

二、创建刀具

在创建工序前，必须设置合理的刀具参数或从刀具库中选取合适的刀具。刀具的定义直接关系到加工表面质量的优劣、加工精度以及加工成本的高低。

（1）在下拉菜单中选择插入→刀具，或单击"插入"工具栏中的按钮，弹出图 7-2 所示的"创建刀具"对话框。

（2）在"创建刀具"对话框的"刀具子类型"选项区中单击"MILL"按钮，在"名称"文本框中输入刀具名称"D6R0"，然后单击"确定"按钮，系统弹出图 7-3 所示的"铣刀-5 参数"对话框。

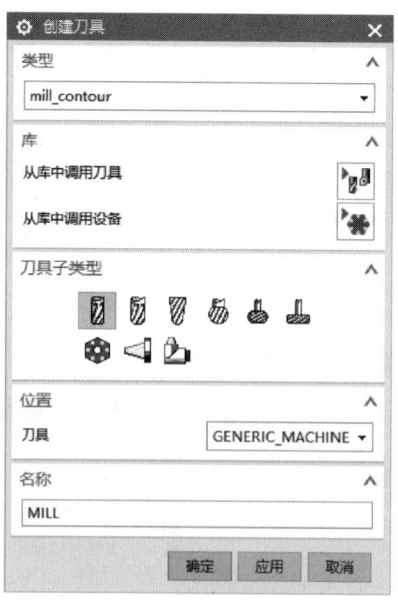

图 7-2 "创建刀具"对话框

图 7-3 "铣刀-5 参数"对话框

(3) 设置刀具参数。在"铣刀-5参数"对话框中设置刀具参数,在图形区可以预览所设置的刀具,如图7-4所示。

(4) 单击"确定"按钮,完成刀具的设定。

三、创建机床坐标系

在创建加工操作前,应首先创建机床坐标系,并检查机床坐标系与参考坐标系的位置和方向是否正确,要尽可能使参考坐标系、机床坐标系、绝对坐标系处于同一位置。

(1) 选择下拉菜单中的插入→几何体,系统弹出图7-5所示的"创建几何体"对话框。

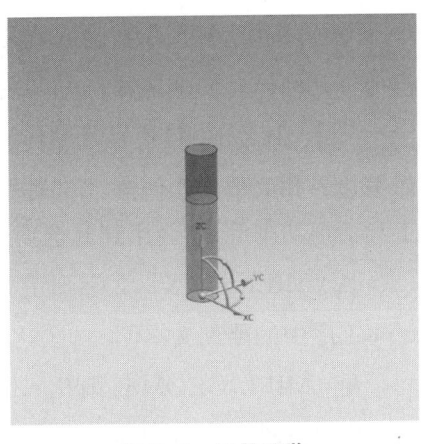

图7-4 刀具预览

(2) 在"创建几何体"对话框的"几何体子类型"选项区中单击 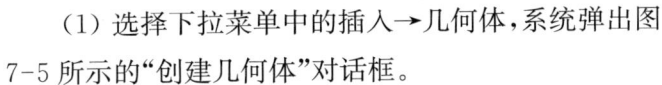 按钮,在"位置"选项区的"几何体"下拉列表中选择"GEONMETRY"选项,在"名称"文本框中输入"MCS"。

(3) 单击"创建几何体"对话框中的"确定"按钮,系统弹出图7-6所示的"MCS"对话框。

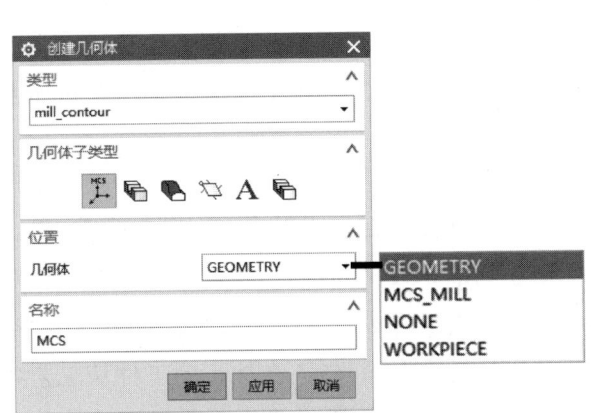

图7-5 "创建几何体"对话框

图7-6 "MCS"对话框

"创建几何体"对话框的各选项说明如下。

(MCS机床坐标系):使用此选项可以建立MCS(机床坐标系)和RCS(参考坐标系),设置安全距离和下限平面以及避让参数等。

(WORKPIECE工件几何体):用于定义部件几何体、毛坯几何体、检查几何体和部件的偏置。不同的是,它通常位于"MCS_MILL"父级组下,只关联"MCS_MILL"中指定的坐标系、安全平面、下限平面和避让等。

❦（MILL_AREA 切削区域几何体）：使用此选项可以定义部件、检查、切削区域、壁和修剪等几何体。切削区域也可以在之后的操作对话框中指定。

❦（MILL_BND 边界几何体）：使用此选项可以指定部件边界、毛坯边界、检查边界、修剪边界和底平面几何体。在某些需要指定加工边界的操作（如表面区域铣削、3D 轮廓加工和清根切削等）中会用到此选项。

A（MILL_TEXT 文字加工几何体）：使用此选项可以指定 planar_text 和 contour_text 工序中的雕刻文本。

❦（MILL_GEOM 铣削几何体）：此选项可以通过选择模型中的体、面、曲线和切削区域来定义部件几何体、毛坯几何体、检查几何体，还可以定义零件的偏置、材料，储存当前的视图布局与层。

"位置"选项区的"几何体"下拉列表提供了如下选项。

GEOMETRY：几何体中的最高节点，由系统自动产生。

MCS_MILL：选择加工模板后系统自动生成，一般是工件几何体的父节点。

NOHE：未用项。当选择此选项时，表示没有任何要加工的对象。

WORKPIECE：选择加工模板后，系统在"MCS_MILL"下自动生成的工件几何体。

"MCS"对话框中的主要选项区说明如下。

① 机床坐标系：单击此选项区中的"CSYS 对话框"按钮❦，系统弹出"CSYS"对话框，在此对话框中可以对机床坐标系的参数进行设置。机床坐标系即加工坐标系，它是所有刀路轨迹输出点坐标值的基准，刀路轨迹中所有点的数据都是根据机床坐标系生成的。在一个零件的加工工艺中，可能会创建多个机床坐标系，但在每个工序中只能选择一个机床坐标系。系统默认的机床坐标系定位在绝对坐标系的位置。

② 参考坐标系：选中该选项区的"链接 RCS 与 MCS"复选框，即指定当前的参考坐标系为机床坐标系，此时"指定 RCS"选项不可用；取消选中"链接 RCS 与 MCS"复选框，单击"指定 RCS"右侧的"CSYS 对话框"按钮❦，系统弹出"CSYS"对话框，在此对话框中可以对参考坐标系的参数进行设置。参考坐标系主要用于确定所有刀具轨迹以外的数据，如安全平面、对话框中指定的起刀点、刀轴矢量以及其他矢量数据等，当正在加工的工件从工艺各截面移动到另一个截面时，将通过搜索已经存储的参数，使用参考坐标系重新定位这些数据。系统默认的参考坐标系定位在绝对坐标系上。

③ 安全设置。该选项区的"安全设置选项"下拉列表提供了如下选项。

● 使用继承的：选择此选项，安全设置将继承上一级的设置，可以单击此区域中的"显示"按钮❦，显示继承的安全平面。

● 无：选择此选项，表示不进行安全平面的设置。

● 自动平面：选择此选项，可以在"安全距离"文本框中设置安全平面的距离。

● 平面：选择此选项，可以单击此区域中的按钮❦，在系统弹出的"平面"对话框中设置安全平面。

④ 下限平面：此选项区中的设置可以采用系统的默认值，不影响加工操作。

说明：在设置机床坐标系时，该对话框中的设置可以采用系统的默认值。

（4）在"MCS"对话框的"机床坐标系"选项区中单击"CSYS 对话框"按钮，系统弹出图 7-7 所示的"CSYS"对话框，在"类型"下拉列表中选择"动态"选项。

说明：系统弹出"CSYS"对话框的同时，在图形区会出现图 7-8 所示的待创建坐标系，可以通过移动原点球来确定坐标系原点位置，拖动圆弧边上的圆点可以分别绕相应轴进行旋转以调整角度。

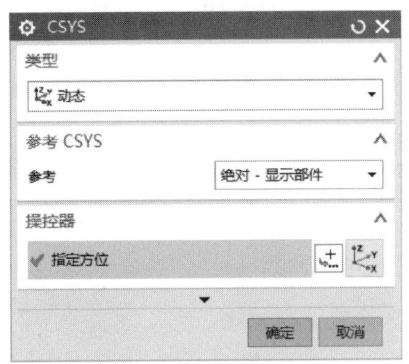

图 7-7 "CSYS"对话框

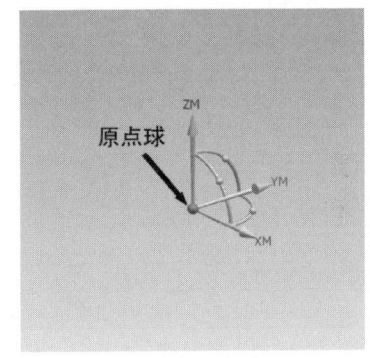

图 7-8 创建坐标系

（5）单击"CSYS"对话框的"操控器"选项区中的"操控器"按钮，系统弹出图 7-9 所示的"点"对话框，在"Z"文本框中输入值 40.0，单击"确定"按钮，此时系统返回至"CSYS"对话框，在该对话框中单击"确定"按钮，完成图 7-10 所示的机床坐标系的创建，系统返回"MCS"的对话框。

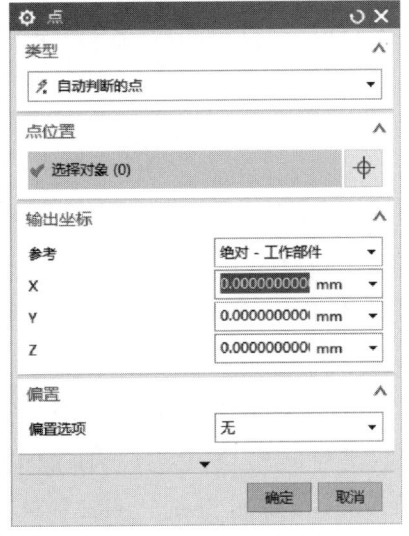

图 7-9 "点"对话框

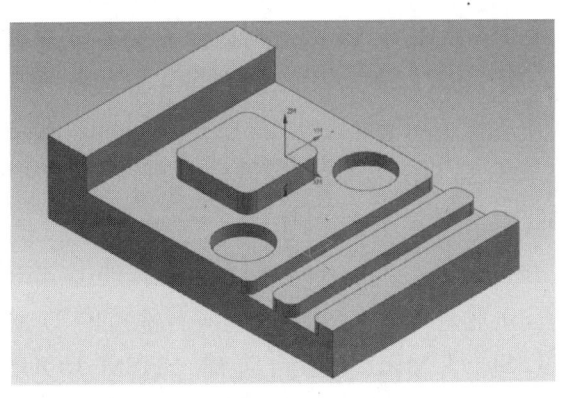

图 7-10 机床坐标系创建完成

四、创建加工方法

零件加工过程通常需要粗加工、半精加工、精加工几个步骤,它们的主要差异在于加工后残留在工件上的余料不同,以及表面粗糙度不同。在加工方法中,可以通过对加工余量、几何体的内外公差和进给速度等进行设置,控制加工残留余量。

(1) 在下拉菜单中选择插入→方法,或单击"插入"工具栏中的按钮 ,系统弹出图 7-11 所示的"创建方法"对话框。

图 7-11 "创建方法"对话框

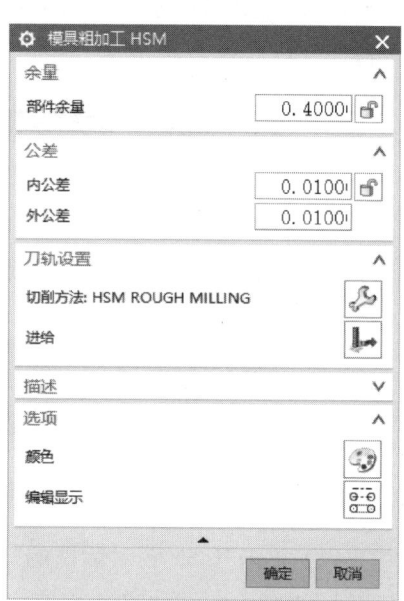

图 7-12 "模具粗加工 HSM"对话框

(2) 在"创建方法"对话框的"方法子类型"选项区中单击"MOLD_FINISH_HSM"按钮 ,在"位置"选项区的"方法"下拉列表中选择"MILL_SEMI_FINISH"选项,"名称"文本框中输入"FINISH"。单击"确定"按钮,系统弹出图 7-12 所示的"模具粗加工 HSM"对话框。

(3) 设置部件余量。在"模具粗加工 HSM"对话框"余量"选项区的"部件余量"文本框中输入值 0.4,其他参数采用系统默认值。

(4) 单击"模具粗加工 HSM"对话框中的"确定"按钮,完成加工方法的设置。

"模具粗加工 HSM"对话框中各按钮、选项说明如下。

部件余量:为当前所创建的加工方法指定零件余量。

内公差:用于设置切削过程中(不同的切削方式含义略有不同)刀具穿透曲面的最大量。

外公差:用于设置切削过程中(不同的切削方式含义略有不同)刀具避免接触曲面的最大量。

 (切削方法):单击该按钮,系统弹出"搜索结果"对话框,其为用户提供了七种切削方法,分别是 FACE MILLING(面铣)、END MILLING(端铣)、SLOTING(台阶加工)、SIDE/SLOT MILL(边/台阶铣)、HSM ROUTH MILLING(高速粗铣)、HSM SEMI FINISH MILLING(高速半精铣)和 HSM FINISH MILLING(高速精铣)。

(进给)：单击该按钮，可以在弹出的"进给"对话框中设置切削进给量。

(颜色)：单击该按钮，可以在弹出的"刀轨显示颜色"对话框中对刀轨的颜色显示进行设置。

(编辑显示)：单击该按钮，系统弹出"显示选项"对话框，可以设置刀具显示方式、刀轨显示方式等。

学习任务 1
CAM 基础训练

任务导入

NX CAM 是一款基于 NX 的数控编程软件，可以用于各种加工设备的编程和仿真。通过 CAM 基础训练的学习，学会图 7-13～图 7-19 所示的操作方法。

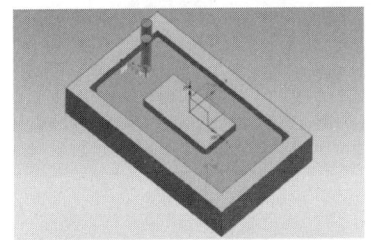

图 7-13　平面铣

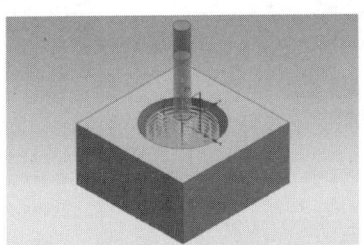

图 7-14　型腔铣

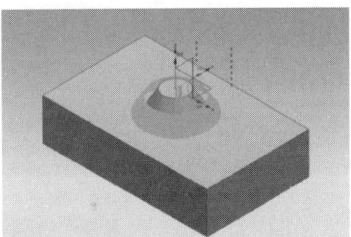

图 7-15　深度加工轮廓

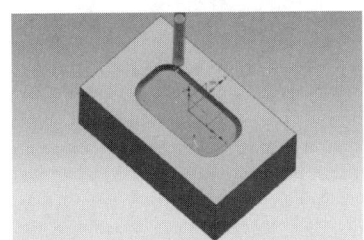

图 7-16　固定轴曲面轮廓铣

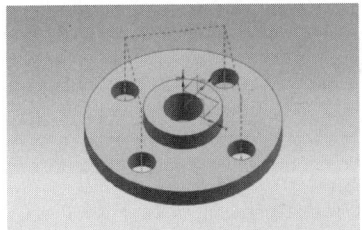

图 7-17　钻孔

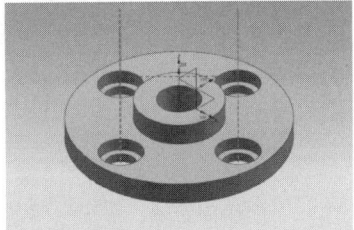

图 7-18　锪孔

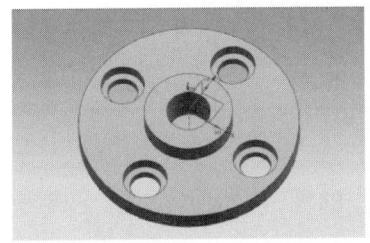

图 7-19　铰孔

任务流程

1. 参考自动编程方案

设计七个基础训练的参考方案,内容见表7-1。

表7-1 零件加工参考方案

序号	步骤	图示	序号	步骤	图示
1	使用平面铣功能,设置合适的参数	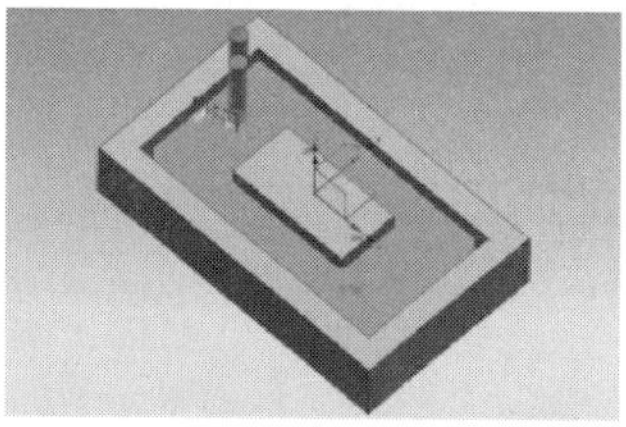	5	使用钻孔功能,设置合适的参数	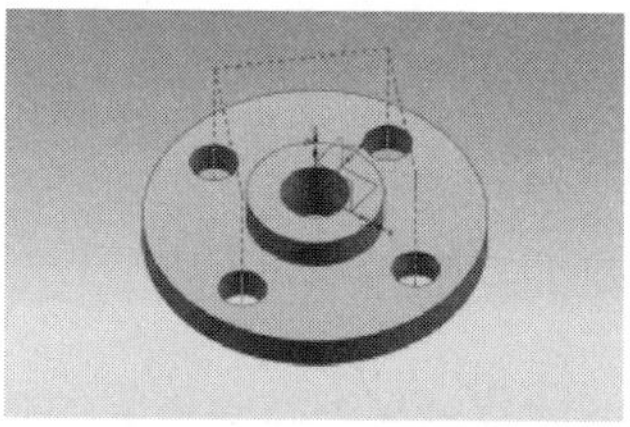
2	使用型腔铣功能,设置合适的参数	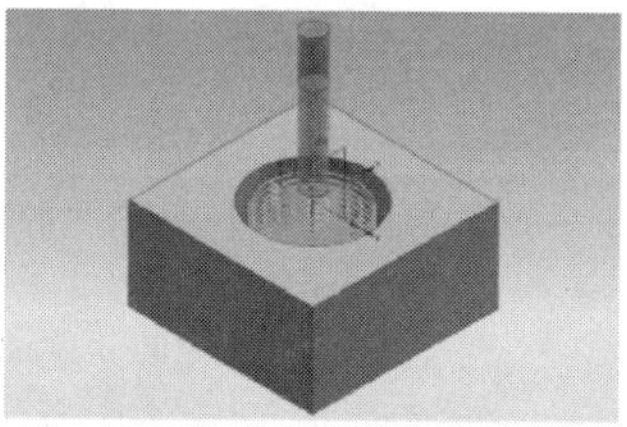	6	使用锪孔功能,设置合适的参数	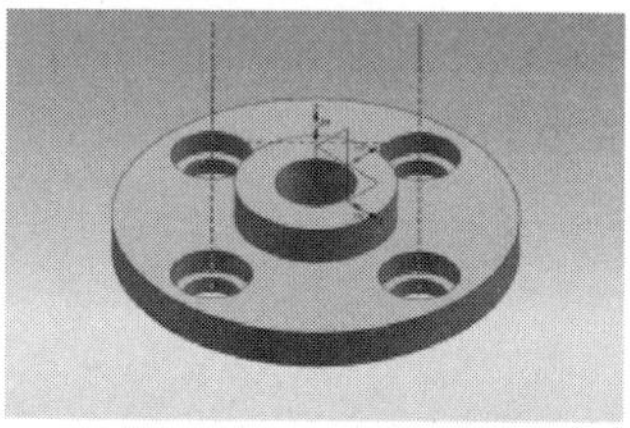
3	使用深度加工轮廓铣功能,设置合适的参数	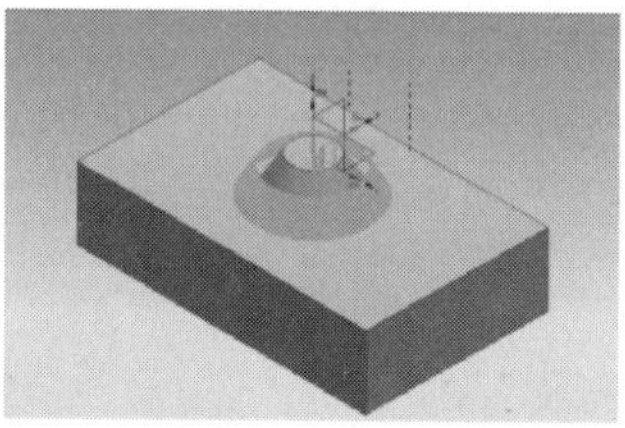	7	使用铰孔功能,设置合适的参数	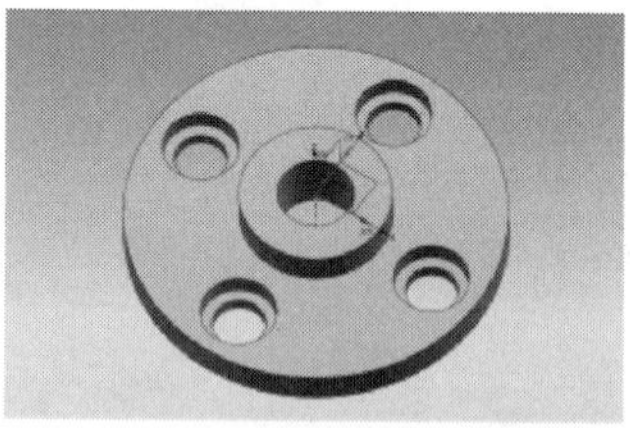
4	使用固定轴曲面轮廓铣削功能,设置合适的参数	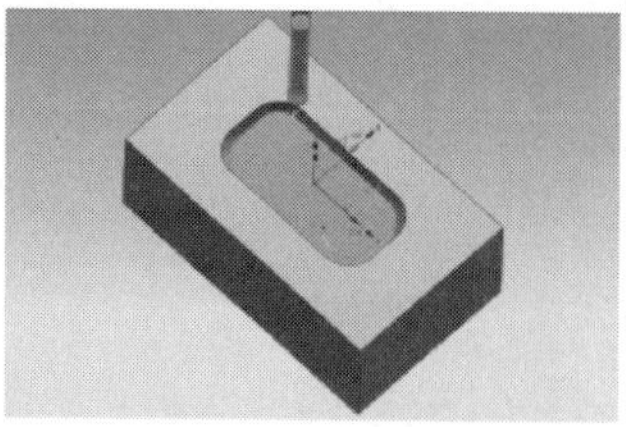			

2. 学生自动编程方案

学生根据自己对CAM操作的理解,参照零件加工参考方案,独立设计零件加工方案,并填写表7-2。

表 7-2 学生零件加工方案

序号	步骤	图示	序号	步骤	图示
1			5		
2			6		
3			7		
4					
考评结论					

任务实施

一、预习效果检查

1. 判断题

(1) 几何体视图则按几何体和加工坐标列出。 (　　)

(2) 加工刀具视图是指按刀具进行排序显示,即按所使用的刀具组织视图排列。

(　　)

2. 填空题

(1) 在 NX 的 CAM 模块中,＿＿＿＿是指定不允许刀具切削的部位,即避免与刀具相碰撞的几何对象。

(2) 型腔铣用于粗加工型腔或型芯区域,切削区域的底面可以是曲面,侧壁可以不垂直底面,但铣削时要求刀具轴线与切削层＿＿＿＿。

3. 选择题

(1) 球头铣刀的球半径通常(　　)加工曲面的曲率半径。

　　A. 小于　　　　B. 大于　　　　C. 等于　　　　D. A,B,C 都可以

(2) 刀具的选择主要取决于工件的结构、工件的材料、加工工序和(　　)。

　　A. 设备　　　　　　　　　　　B. 加工余量

　　C. 加工精度　　　　　　　　　D. 工件被加工表面的粗糙度

二、零件结构分析

1. 参考零件分析

图 7-13～图 7-19 的七个零件分别用了平面铣、型腔铣、深度加工轮廓、固定轴曲面轮廓铣、钻孔、锪孔、铰孔功能,请对零件进行分析。

2. 学生零件分析

参考以上提示,独立完成零件加工方法分析,并填写表 7-3。

表 7-3 零件分析

序号	项目	分析结果
1	零件采用加工方法	
2	教师评价	

三、平面铣实施过程

平面铣是使用边界来创建几何体的平面铣削方式,既可用于粗加工,也可用于精加工零件表面和垂直于底平面的侧壁。与面铣不同的是,平面铣通过生成多层刀轨逐层切削材料完成,其中增加了切削层的设置,学生在学习时应重点关注。下面以图 7-20 所示的零件介绍创建平面铣加工的一般步骤。

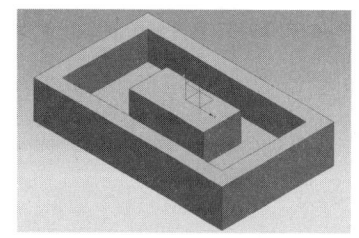
(a) 部件几何体

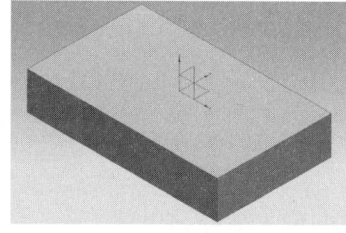
(b) 毛坯几何体

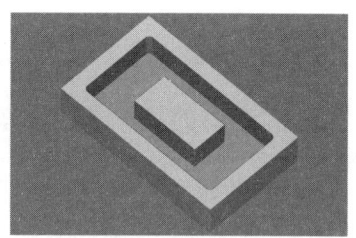
(c) 加工结果

图 7-20　平面铣

1. 打开模型文件并进入加工环境

在下拉菜单中选择启动→加工,选择初始化的 CAM,设置为"mill_planar"选项。

2. 创建几何体

(1) 创建机床坐标系

在工序导航器中将视图调整到几何视图状态,双击坐标系节点"MCS_MILL",系统弹出"MCS 铣削"对话框。

设置机床坐标系与系统默认机床坐标系位置在 Z 方向的偏距值为 30.0 mm,如图 7-21 所示。

(2) 创建安全平面

在"MCS 铣削"对话框"安全设置"选项区的"安全设置选项"下拉列表中选择"平面"选项,单击"平面对话框"按钮 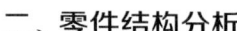,系统弹出"平面"对话框。

设置安全平面,如图 7-22 所示的参考模型表面偏距值为 15 mm。

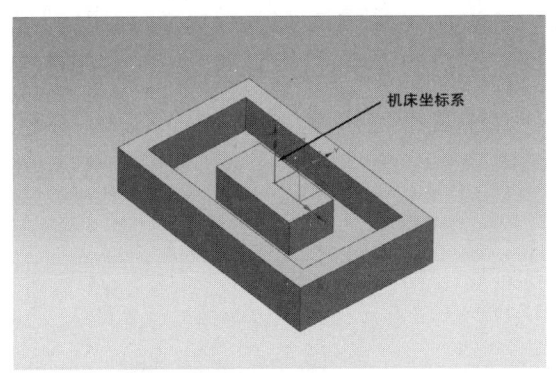

图 7-21 创建机床坐标系

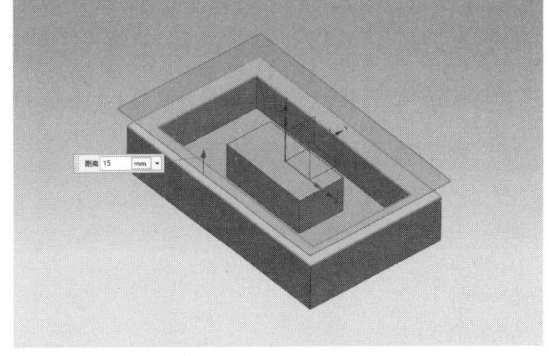

图 7-22 创建安全平面

(3) 创建部件几何体

在工序导航器中双击"MCS_MILL"节点下的 WORKPIECE,在系统弹出的"工件"对话框中单击 按钮,系统弹出"部件几何体"对话框。将"选择条"工具条中的"类型过滤器"设置为"实体",在图形区选取整个零件为部件几何体,单击"确定"按钮,系统返回"工件"对话框。

(4) 创建毛坯几何体

在"工件"对话框中单击 按钮,在弹出的"毛坯几何体"对话框的"类型"下拉列表中选择"包容块"选项。单击"确定"按钮,系统返回"工件"对话框,再单击"确定"按钮。

(5) 创建边界几何体

在下拉菜单中选择插入→几何体,系统弹出图 7-23 所示的"创建几何体"对话框。在"几何体子类型"选项区中单击"MILL_BND"按钮 ,在"位置"选项区的"几何体"下拉列表中选择"WORKPIECE"选项,采用系统默认的名称。单击"确定"按钮,系统弹出图 7-24 所示的"铣削边界"对话框。

图 7-23 "创建几何体"对话框

图 7-24 "铣削边界"对话框

单击"指定部件边界"右侧的 按钮，系统弹出"部件边界"对话框，如图7-25所示。

在"选择方法"下拉列表中选择"曲线"选项，在"边界类型"下拉列表中选择"封闭的"选项，在"刀具侧"下拉列表中选择"内部"选项，在"刨"下拉列表中选择"自动"选项，在图形区选取图7-26所示的曲线串1。

图7-25 "部件边界"对话框

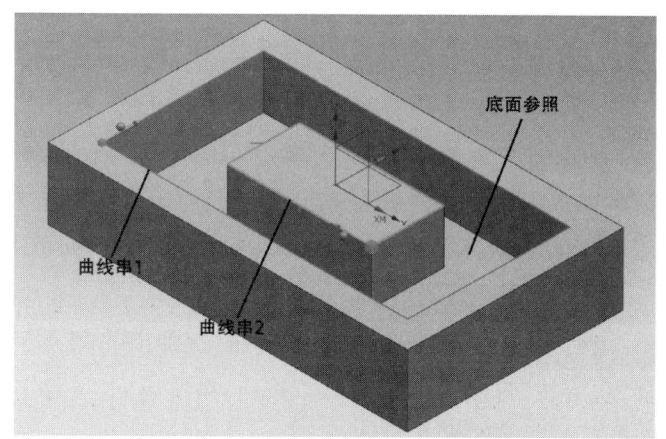

图7-26 边界和底面参照

单击"添加新集"按钮 ，在"刀具侧"下拉列表中选择"外部"选项，其余参数不变，在图形区选取图7-26中的曲线串2。单击"确定"按钮，完成边界的创建，返回"铣削边界"对话框。

单击"指定底面"右侧的 按钮，系统弹出"平面"对话框，在图形区中选取图7-26的底面参照。单击"确定"按钮，完成底面的指定，返回"铣削边界"对话框。

单击"确定"按钮，完成边界几何体的创建。

3. 创建刀具

在下拉菜单中选择插入→刀具，系统弹出"创建刀具"对话框。

（1）确定刀具类型。选择"刀具子类型"为 ，在"名称"文本框中输入刀具名称"D10R0"，单击"确定"按钮，系统弹出"铣刀-5参数"对话框。

（2）设置刀具参数。在"尺寸"选项区的"(D)直径"文本框中输入10.0，在"(R1)下半径"文本框中输入0.0，其他参数采用系统默认设置值，单击"确定"按钮，完成刀具的创建。

4. 创建平面铣工序

1）创建工序

在下拉菜单中选择插入→工序，系统弹出"创建工序"对话框，如图7-27所示。

确定加工方法。在"类型"下拉列表中选择"mill_planar"选项，在"工序子类型"选项区单击"平面铣"按钮 ，在"程序"下拉列表中选择"PEOGRAM"选项，在"刀具"下拉列表中选择"D10R0（铣刀-5 参数）"选项，在"几何体"下拉列表中选择"MILL_BND"选项，在"方法"下拉列表中选择"MIIL_SEMI_FINISH"选项，采用系统默认的名称。

图 7-27 "创建工序"对话框

图 7-28 "平面铣-[PLANAR_MILL]"对话框

单击"确定"按钮，系统弹出图 7-28 所示的"平面铣-[PLANAR_MILL]"对话框。

2）设置刀具路径参数

（1）设置一般参数。

如图 7-29 所示，在"切削模式"下拉列表中选择"跟随部件"选项，在"步距"下拉列表中选择"刀具平直百分比"选项，在"平面直径百分比"文本框中输入值 50.0，其他参数采用系统默认设置值。

图 7-29 中"切削模式"下拉列表的部分选项说明如下。

 往复：往复式切削的刀轨在切削区域内沿平行直线来回加工，往复式切削方法顺铣、逆铣交替产生，去除材料的效率较高，如图 7-30 所示。

 跟随周边：跟随周边通过对切削区域的轮廓进行偏置产生环绕切削的刀轨。跟随周边切削方式适用于各种零件的粗加工，如图 7-31 所示。

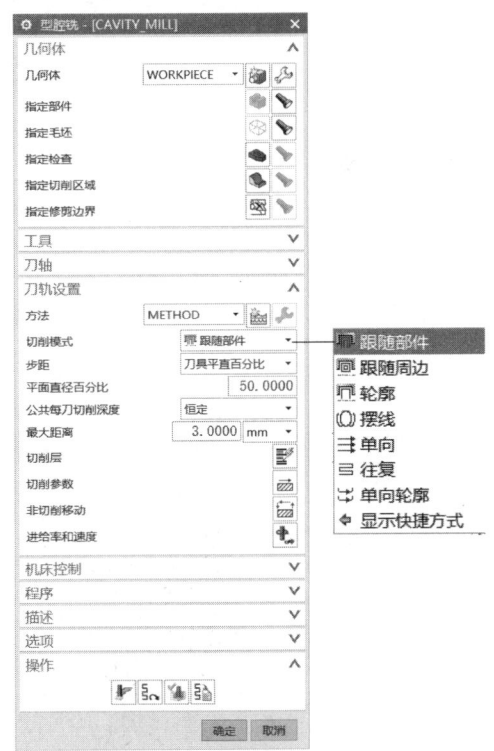

图 7-29 "切削模式"下拉列表

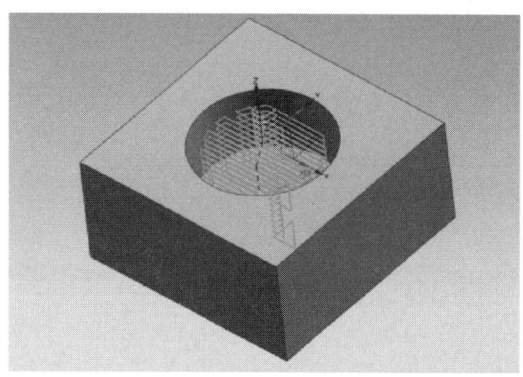

图 7-30 往复

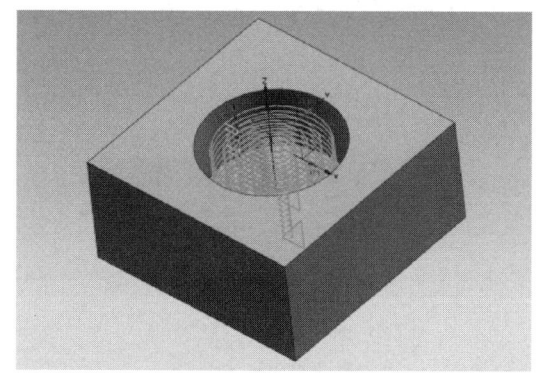

图 7-31 跟随周边

(2) 设置切削层。

① 在"平面铣"对话框中单击"切削层"按钮 ▤，系统弹出图 7-32 所示的"切削层"对话框。

② 在"类型"下拉列表中选择"恒定"选项，在"公共"文本框中输入值 1.0，其余参数采用系统默认设置值，单击"确定"按钮，系统返回"平面铣-[PLANAR_MILL]"对话框。

图 7-32 中"切削层"对话框的部分选项说明如下。

图 7-32 "切削层"对话框

"类型"选项区：用于设置切削层的定义方式，共有以下五个选项。

① 用户定义：选择该选项，可以激活相应的参数文本框，需要用户输入具体的数值来定义切削深度参数。

② 仅底面：选择该选项，系统仅在指定底平面上生成单个切削层。

③ 底面及临界深度：选择该选项，系统不仅在指定底平面上生成单个切削层，而且会在零件中的每个岛屿的顶部区域生成一条清除材料的刀轨。

④ 临界深度：选择该选项，系统会在零件中的每个岛屿顶部生成切削层，同时也会在底平面上生成切削层。

⑤ 恒定：选择该选项，系统会以恒定的深度生成多个切削层。

"公共"文本框：用于设置每个切削层允许的最大切削深度。

"临界深度顶面切削"复选框：选择该复选框，可额外在每个岛屿的顶部区域生成一条清除材料的刀轨。

"增量侧面余量"文本框：用于设置多层切削中连续层的侧面余量增加值，该选项常用在多层切削的粗加工操作中。设置此参数后，每个切削层移除材料的范围会随着侧面余量的递增而相应减少。当切削深度较大时，设置一定的增量值可以减轻刀具压力。

3）设置切削参数

在"平面铣"对话框中单击"切削参数"按钮，系统弹出如图 7-33 所示的"切削参数"对话框。

单击"余量"选项卡，在"部件余量"文本框中输入值 0.5。

单击"拐角"选项卡，在"光顺"下拉列表中选择"所有刀路"选项。

图 7-33 的"策略"选项卡的部分选项说明如下。

（1）切削方向

功能：切削方向可以选择"顺铣"或"逆铣"选项，顺铣表示刀具的旋转方向与进给方向一致，逆铣表示刀具的旋转方向与进给方向相反。

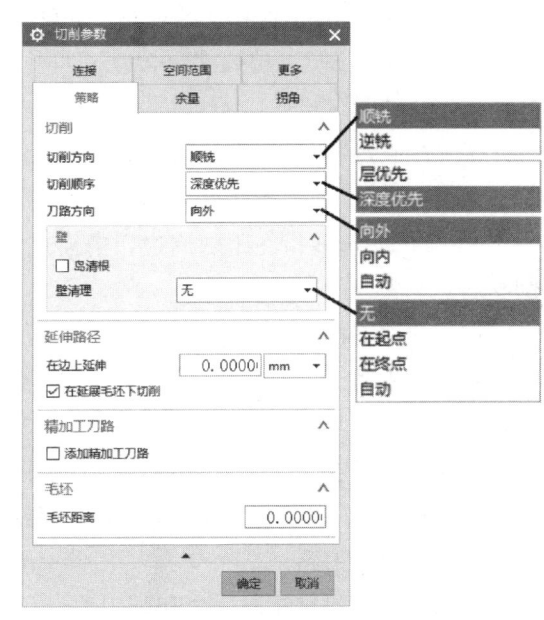

图 7-33 "切削参数"对话框

应用：通常情况下切削方向选择顺铣，但在加工工件为锻件或铸件且表面未粗加工时应优先选择逆铣。对于往复切削，其切削过程中将产生顺铣与逆铣混合的方向，但在壁清理与岛清根时将以指定的方向切削。

（2）切削顺序

功能：指定含有多个区域和多个层的刀轨切削顺序。

设置：切削顺序有"深度优先"和"层优先"两个选项。

① 深度优先：在切削过程中按区域进行加工，加工完成一个切削区域后再转移到下一切削区域。

② 层优先：是指刀具先在一个深度上铣削所有的外形边界，再进行下一个深度的铣削，在切削过程中刀具在各个切削区域间不断转换。

应用：一般加工优先选用深度优先以减少抬刀，对外形一致性要求高或者薄壁零件的精加工应该选择层优先。

（3）岛清根

功能：岛清根用于清理岛屿四周的额外残余材料，该选项仅用于切削模式为"跟随周边"的情况。

设置：勾选"岛清根"复选框，则每一个岛屿边界的周边都包含一条完整的刀具路径，用于清理残余材料。取消勾选"岛清根"复选框，则不清理岛屿周边轮廓。

应用：对于型腔内有岛屿的零件粗加工，必须勾选该复选框，否则将在周边留下很不均匀的残余，并有可能在后续的加工层中一次切除大块残料。

(4) 壁清理

功能：当使用单向、往复和跟随周边切削模式时，使用壁清理可以移除沿部件壁面出现的脊。系统通过在每个切削层插入一个轮廓刀路来完成清壁工序。

设置："壁清理"下拉列表包含以下四种设置选项。

① 选择"无"选项，则不进行壁清理。

② "在起点"选项指先进行沿周边的清壁加工，再进行区域内的切削加工。

③ "在终点"选项指在区域加工后再沿周边进行清壁加工。

④ "自动"选项指在跟随周边切削模式时，使用轮廓铣刀路移除所有材料，而不重新切削材料。

(5) 延伸路径

功能："在边上延伸"选项可以将切削区域向外延伸，其在选择切削区域几何体后才起作用。

应用：通过在边上延伸刀轨，可以保证边上不留残余。还可以在刀轨刀路的起点和终点添加切削运动，以确保刀具平滑地进入和退出部件。

(6) 精加工刀路

功能：指定刀具完成主要切削刀路后所作的最后切削的刀路。指定在零件轮廓周边的精加工刀轨，可以设置加工刀路数与步距。

精加工刀路与壁清理不同，壁清理只做单行的加工，且其加工的余量是部件余量值，可以为"0"；而精加工刀路可以指定行数与步距。

设置：勾选"添加精加工刀路"复选框，并输入刀路数与精加工步距值，以便在边界和所有岛的周围创建单个或多个刀路。

(7) 毛坯距离

功能：对部件边界或部件几何体应用偏置距离以生成毛坯几何体。

应用：不选择毛坯几何体，通过设置毛坯距离，来生成毛坯距离范围内的刀轨，而不是整个轮廓所设定的区域。

(8) 刀路方向

功能：进行跟随周边或跟随部件的环绕加工时，可以指定刀具从部件的周边向中心切削(或沿相反方向)。

设置：设定图样方向为向内，则从周边向中心切削；设定图样方向为向外，则刀具向外从中心移至周边。

应用：选择"向外"选项从切削区域的中心开始切削，切削区域逐渐加大，可以减少全刀切削的距离。

(9) 切削角

功能：当切削模式为往复、单向或单向轮廓时，可以指定切削角度。

设置：有以下三种方法定义切削角。

① 自动：由系统决定最佳的切削角度，以使其中的进刀次数为最少。

② 最长的线：由系统评估每一个切削所能达到的切削行的最大长度，并以该角度作为切削角。

③ 用户自定义：输入角度值，直接指定。该角度是相对于工作坐标系 WCS 的 X 轴测量的。

应用：指定切削角度，应尽量使切削轨迹与各个侧壁的夹角相近。

(10) 摆线设置

功能：摆线切削模式采用回环控制嵌入的刀具，可以避免过量切削材料。摆线设置用于控制摆线切削的刀轨形状。

设置：图样方向为向内时，只有"摆线宽度"一个选项。而图样方向为向外时，包括"摆线宽度""最小摆线宽度""步距限制%""摆线向前步长"等选项。

"连接"选项卡(图 7-34)中部分选项说明如下。

(1) "跟随检查几何体"复选框：选中该复选框后，刀具不会抬刀绕开检查几何体进行切削；否则，刀具将使用传递的方式进行切削。

(2) 开放刀路：用于创建在"跟随部件"切削模式中开放形状部位的刀路类型，包括以下几个内容。

① 保持切削方向：在切削过程中，保持切削方向不变。

② 变换切削方向：在切削过程中，切削方向可以改变。

③ "短距离移动上的进给"复选框：只有当选择"变换切削方向"选项时，此复选框才可用。选中该复选框时，"最大移刀距离"文本框可用，在文本框中可设置变换切削方向的最大移刀距离。

图 7-34 "连接"选项卡

单击"确定"按钮，系统返回"平面铣-[PLANAR_MILL]"对话框。

4) 设置非切削移动参数

在"平面铣-[PLANAR_MILL]"对话框的"刀轨设置"选项区中单击"非切削移动"按钮，弹出"非切削移动"对话框。

单击"退刀"选项卡,其参数设置值如图7-35所示,单击"确定"按钮,完成非切削移动参数的设置。

5)设置进给率和速度

单击"平面铣-[PLANAR_MILL]"对话框中的"进给率和速度"按钮,弹出"进给率和速度"对话框。

选中"主轴速度"选项区中的"主轴速度"复选框,在其后的文本框中输入值3 000.0,在"进给率"选项区的"切削"文本框中输入值800.0,按Enter键,然后单击按钮,其他参数采用系统默认值。

单击"确定"按钮,完成进给率和速度的设置。

5. 生成刀路轨迹并仿真

在"平面铣-[PLANAR_MILL]"对话框中单击"生成"按钮,在图形区中生成图7-36所示的刀路轨迹。

使用2D动态仿真,完成仿真后的模型如图7-37所示。

6. 保存文件

在下拉菜单中选择文件→保存,保存文件。

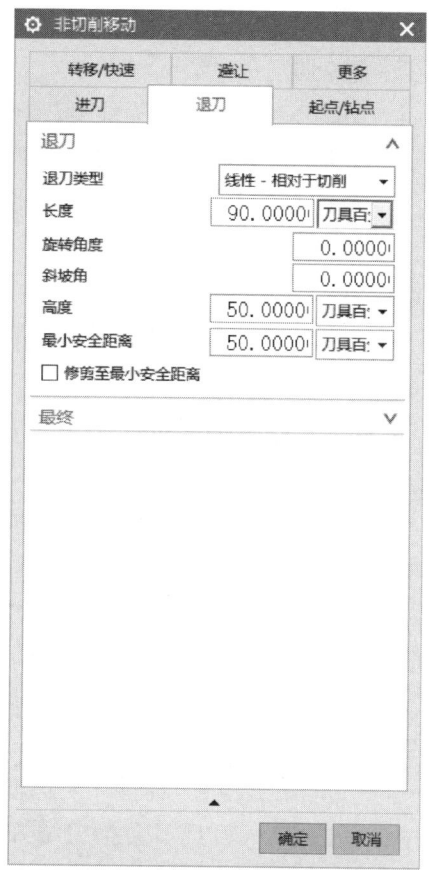

图7-35 "退刀"选项卡

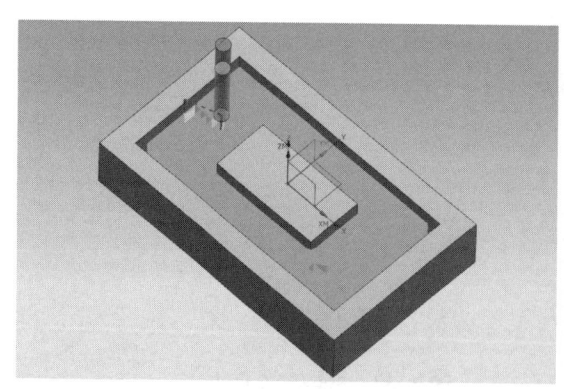

图7-36 刀路轨迹

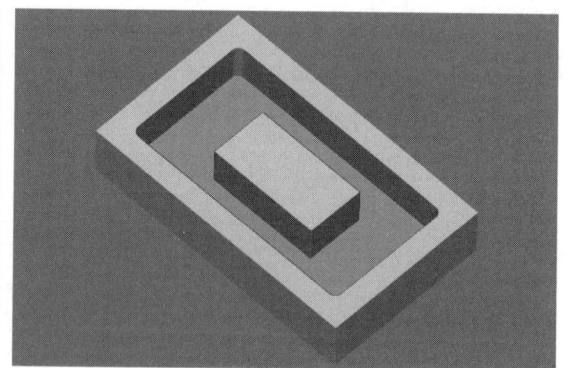

图7-37 2D动态仿真后的模型

四、型腔铣实施过程

型腔铣(标准型腔铣)主要用于粗加工,可以切除大部分毛坯材料,几乎适用于加工任意形状的几何体,且可应用于大部分的粗加工和直壁或斜度不大的侧壁的精加工,也可以用于清根操作。型腔铣以固定刀轴快速而高效地粗加工平面和曲面类的几何体。型腔铣和平面铣一样,刀具侧面的刀刃对垂直面进行切削,底面的刀刃切削工件底面的材料,不同之处在于定义切削加工材料的方法不同。下面以图 7-38 所示的模型为例,讲解创建型腔铣的一般操作步骤。

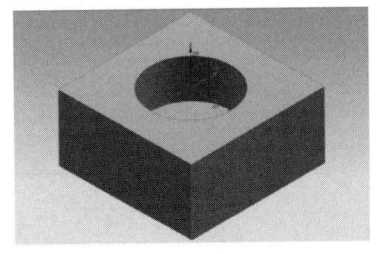
(a) 部件几何体

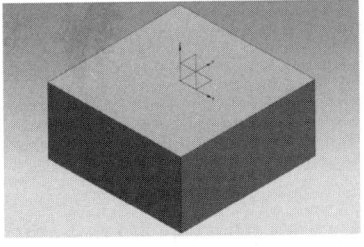
(b) 毛坯几何体

(c) 加工结果

图 7-38 型腔铣

1. 打开模型文件并进入加工环境

在下拉菜单中选择启动→加工,系统弹出如图 7-39 所示的"加工环境"对话框,在"要创建的 CAM 设置"列表框中选择"mill_contour"选项。单击"确定"按钮,进入加工环境。

2. 创建机床坐标系

在下拉菜单中选择插入→几何体,系统弹出如图 7-40 所示的"创建几何体"对话框。

图 7-39 "加工环境"对话框

图 7-40 "创建几何体"对话框

在"类型"下拉列表中选择"mill_contour"选项,在"几何体子类型"选项区中选择 按钮,在"几何体"下拉列表中选择"GEOMETRY"选项,"名称"文本框采用系统默认的名称

"MCS"。单击"确定"按钮,系统弹出如图7-41所示的"MCS"对话框。

在"机床坐标系"选项区中单击"CSYS对话框"按钮,在系统弹出的"CSYS"对话框的"类型"下拉列表中选择"动态"选项。

单击"CSYS"对话框中"操控器"选项区的按钮,弹出"点"对话框,在"参考"下拉列表中选择"WCS"选项。设置坐标系后,单击"确定"按钮,返回"CSYS"对话框。单击"确定"按钮,完成机床坐标系的创建。

3. 创建安全平面

在"安全设置"选项区的"安全设置选项"下拉列表中选择"平面"选项。单击"平面对话框"按钮,系统弹出"平面"对话框。选取如图7-42所示的模型表面为参考平面,在"偏置"选项区的"距离"文本框中输入值10.0。单击"确定"按钮,完成安全平面的创建,最后单击"MCS"对话框中的"确定"按钮。

图7-41 "MCS"对话框

4. 创建部件几何体

在下拉菜单中选择插入→几何体,系统弹出"创建几何体"对话框。

在"类型"下拉列表中选择"mill_contour"选项,在"几何体子类型"选项区中选择"WORKPIECE"按钮,在"几何体"下拉列表中选择"MCS"选项,采用系统默认的名称"WORKPIECE"。单击"确定"按钮,系统弹出"工件"对话框。单击"选择或编辑部件几何体"按钮,系统弹出"部件几何体"对话框,在图形区选取整个零件实体为部件几何体,结果如图7-43所示。单击"确定"按钮,返回"工件"对话框。

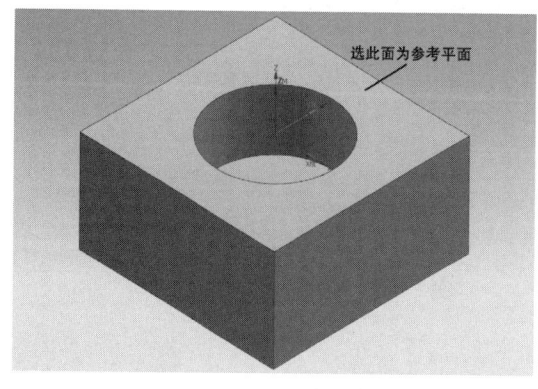

图7-42 选择参考平面

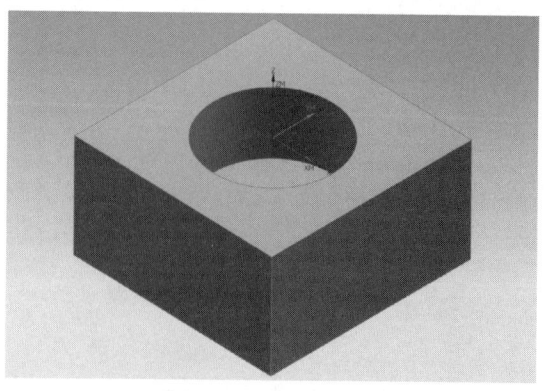

图7-43 部件几何体

5. 创建毛坯几何体

在"工件"对话框中单击"选择或编辑毛坯几何体"按钮，系统弹出"毛坯几何体"对话框。

在"类型"下拉列表中选择"包容块"选项，图形区显示如图 7-44 所示的毛坯几何体，单击"确定"按钮，返回"工件"对话框。单击"确定"按钮，完成毛坯几何体的创建。

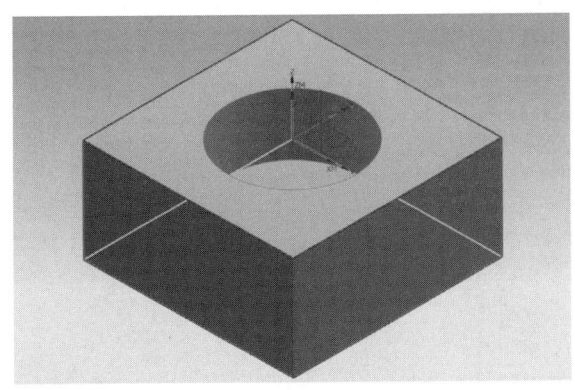

图 7-44　毛坯几何体

6. 创建刀具

在下拉菜单中选择插入→刀具，系统弹出"创建刀具"对话框。

（1）确定刀具类型。在"类型"下拉列表中选择"mill_contour"选项，在"刀具子类型"选项区选择"MILL"按钮，在"刀具"下拉列表中选择"GENERIC_MACHINE"选项，在"名称"文本框中输入"D12R1"，单击"确定"按钮，系统弹出"铣刀-5 参数"对话框。

（2）设置刀具参数。在"铣刀-5 参数"对话框的"尺寸"选项区的"(D)直径"文本框中输入值 12.0，在"(R1)下半径"文本框中输入值 1.0，其他参数采用系统默认值，单击"确定"按钮，完成刀具的创建。

7. 创建工序

在下拉菜单中选择插入→工序，系统弹出"创建工序"对话框，如图 7-45 所示。

确定加工方法。在"类型"下拉列表中选择"mill_contour"选项，在"工序子类型"选项区选择"型腔铣"按钮，在"程序"下拉列表中选择"PROGRAM"选项，在"刀具"下拉列表中选择"D12R1（铣刀-5 参数）"选项，在"几何体"下拉列表中选择"WORKPIECE"选项，在"方法"下拉列表中选择"METHOD"选项，其他参数采用系统默认值。单击"确定"按钮，系统弹出图 7-46 所示的"型腔铣-[CAVITY_MILL_1]"对话框。

8. 显示刀具和几何体

（1）显示刀具。在"型腔铣-[CAVITY_MILL_1]"对话框的"工具"选项区中单击"编辑/显示"按钮，系统弹出"铣刀-5 参数"对话框，图形区显示当前刀具的形状及大小，单击"确定"按钮。

图7-45 "创建工序"对话框

图7-46 "型腔铣-[CAVITY_MILL_1]"对话框

（2）显示几何体。在"型腔铣-[CAVITY_MILL_1]"对话框的"几何体"选项区中单击"指定部件"右侧的"显示"按钮 ，在图形区会显示与之对应的几何体，如图7-47所示。

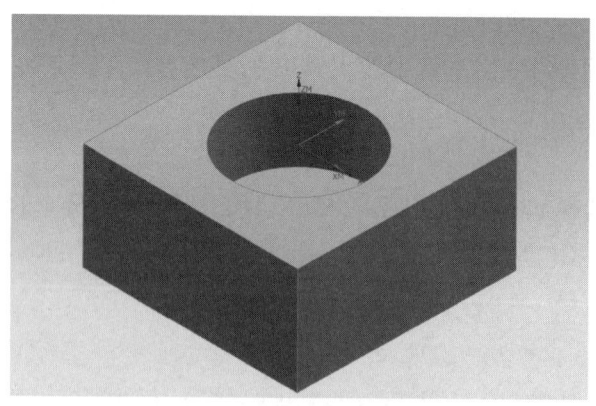

图7-47 显示几何体

9. 设置刀具路径参数

在"型腔铣-[CAVITY_MILL_1]"对话框的"切削模式"下拉列表中选择"跟随周边"选项，在"步距"下拉列表中选择"刀具平直百分比"选项，在"平面直径百分比"文本框中输入值50.0，在"公共每刀切削深度"下拉列表中选择"恒定"选项，在"最大距离"文本框中输入值3.0。

10. 设置切削参数

单击"型腔铣-[CAVITY_MILL_1]"对话框中的"切削参数"按钮,系统弹出"切削参数"对话框。

单击"策略"选项卡,设置如图 7-48 所示的参数。

单击"连接"选项卡,其参数设置值如图 7-49 所示。单击"确定"按钮,系统返回"型腔铣-[CAVITY_MILL_1]"对话框。

图 7-48 "策略"选项卡　　　　　图 7-49 "连接"选项卡

图 7-49 中"区域排序"下拉列表中的部分选项说明如下。

(1) 标准：根据切削区域的创建顺序来确定各切削区域的加工顺序。

(2) 优化：根据抬刀后横越运动最短的原则决定切削区域的加工顺序,效率比"标准"选项顺序高,系统默认此选项。

11. 设置非切削移动参数

在"型腔铣-[CAVITY_MILL_1]"对话框中单击"非切削移动"按钮,系统弹出"非切削移动"对话框。

单击"进刀"选项卡,参数的设置如图 7-50 所示。单击"确定"按钮,完成非切削移动参数的设置。

12. 设置进给率和速度

单击"型腔铣-[CAVITY_MILL_1]"对话框中的"进给率和速度"按钮,系统弹出"进给率和速度"对话框。

图 7-50 "非切削移动"对话框

勾选"主轴速度(rpm)"复选框,在其后的文本框中输入值1 200.0,在"切削"文本框中输入值250.0,按"Enter"键,单击 按钮,其他参数采用系统默认值。

单击"进给率和速度"对话框中的"确定"按钮,完成进给率和速度的设置,系统返回"型腔铣-[CAVITY_MILL_1]"对话框。

13. 生成刀路轨迹并仿真

在"型腔铣-[CAVITY_MILL_1]"对话框中单击"生成"按钮 ,在图形区中生成如图7-51所示的刀路轨迹。

在"型腔铣-[CAVITY_MILL_1]"对话框中单击"确认"按钮 ,弹出"刀轨可视化"对话框。单击"2D动态"选项卡,调整动画速度后单击"播放"按钮 ,即可演示刀具按刀轨运行动画,演示后的模型如图7-52所示。仿真完成后,单击"确定"按钮,完成仿真操作。

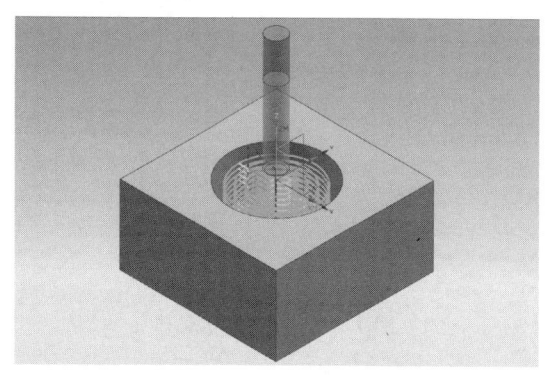
图7-51 刀路轨迹

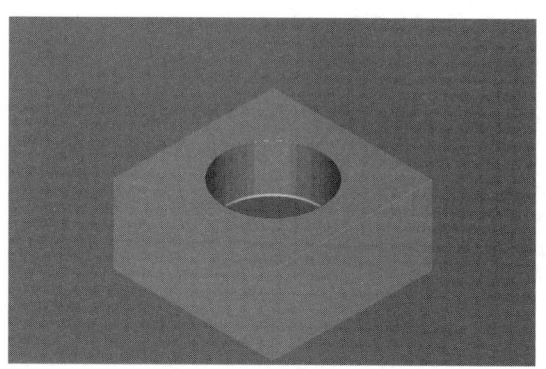
图7-52 2D动态仿真后的模型

14. 保存文件

在下拉菜单中选择文件→保存,保存文件。

五、深度加工轮廓铣实施过程

深度加工轮廓铣操作是型腔铣的特例,常应用于陡峭曲面的精加工和半精加工,相对于型腔铣的"配置文件"方式,增加了一些特定的参数,如陡峭角度、混合切削模式、层间过渡、层间剖切等。下面以图7-53所示的模型为例,讲解创建深度加工轮廓铣的操作步骤。

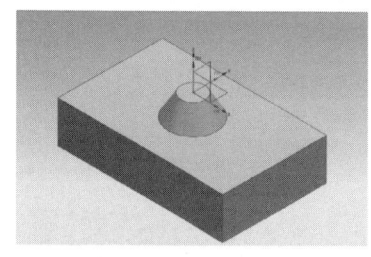
(a) 部件几何体

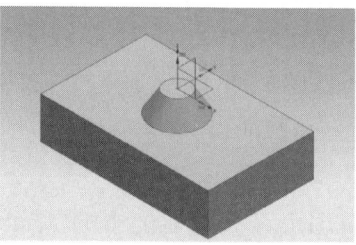
(b) 毛坯几何体

(c) 加工结果

图7-53 深度加工轮廓铣

1. 打开模型文件并进入加工环境

进入加工环境。在下拉菜单中选择启动→加工,在系统弹出的"加工环境"对话框的"要创建的 CAM 设置"下拉列表中选择"mill_contour"选项,然后单击"确定"按钮,进入加工环境。

2. 创建工序

在下拉菜单中选择插入→工序,系统弹出如图 7-54 所示的"创建工序"对话框。

在"类型"下拉列表中选择"mill_contour"选项,在"工序子类型"选项区中选择"深度轮廓加工"按钮,在"程序"下拉列表中选择"PROGRAM"选项,在"刀具"下拉列表中选择"D12(铣刀-球头铣)"选项,在"几何体"下拉列表中选择"WORKPIECE"选项,在"方法"下拉列表中选择"MILL_FINISH"选项。单击"确定"按钮,此时,系统弹出如图 7-55 所示的"深度轮廓加工-[ZLEVEL_PROFILE]"对话框,其部分选项说明如下。

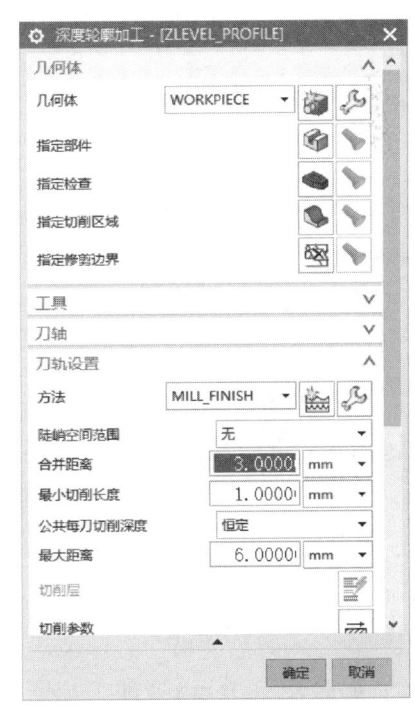

图 7-54 "创建工序"对话框　　图 7-55 "深度轮廓加工-[ZLEVEL_PROFILE]"对话框

(1) 陡峭空间范围:这是等高轮廓铣区别于其他型腔铣的一个重要参数。如果在其下拉列表中选择"仅陡峭的"选项,就可以在被激活的"角度"文本框中输入角度值,这个角度称为陡峭角。零件上任意一点的陡峭角是刀轴与该点处法向矢量所形成的夹角。选择"仅陡峭的"选项后,只有陡峭角度大于或等于给定角度的区域才能被加工。

(2) 合并距离:用于定义在不连贯的切削运动切除时,在刀具路径中出现的缝隙距离。

(3) 最小切削长度:用于定义生成刀具路径时的最小长度值。当切削运动的距离比指定的最小切削长度值小时,系统不会在该处创建刀具路径。

(4) 公共每刀切削深度:用于设置加工区域内每次切削的深度。系统将计算等于且不超出指定的"公共每刀切深度"值的实际切削层。

3. 指定切削区域

单击"深度轮廓加工-[ZLEVEL_PROFILE]"对话框"指定切削区域"右侧的 按钮,系统弹出"切削区域"对话框。

在图形区中选取图 7-56 所示的切削区域,单击"确定"按钮,系统返回"深度轮廓加工-[ZLEVEL_PROFILE]"对话框。

4. 设置刀具路径参数和切削层

(1) 设置刀具路径参数。在"深度轮廓加工-[ZLEVEL_PROFILE]"对话框的"合并距离"文本框中输入值 2.0 mm,在"最小切削长度"文本框中输入值 1.0 mm,在"公共每刀切削深度"下拉列表中选择"恒定"选项,在"最大距离"文本框中输入值 0.2 mm。

(2) 设置切削层。单击"切削层"按钮 ,系统弹出图 7-57 所示的"切削层"对话框,采用系统默认参数。单击"确定"按钮,系统返回"深度轮廓加工-[ZLEVEL_PROFILE]"对话框。

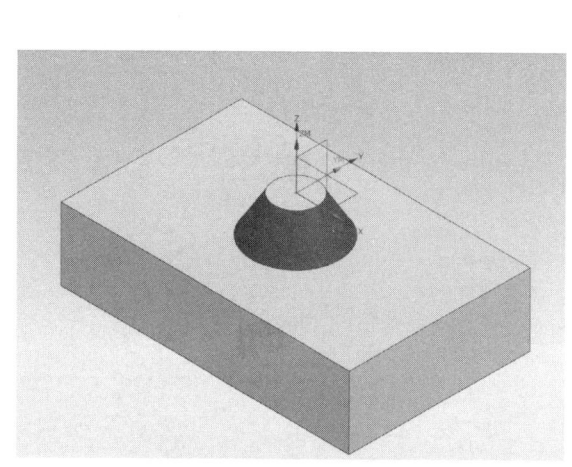

图 7-56 指定切削区域

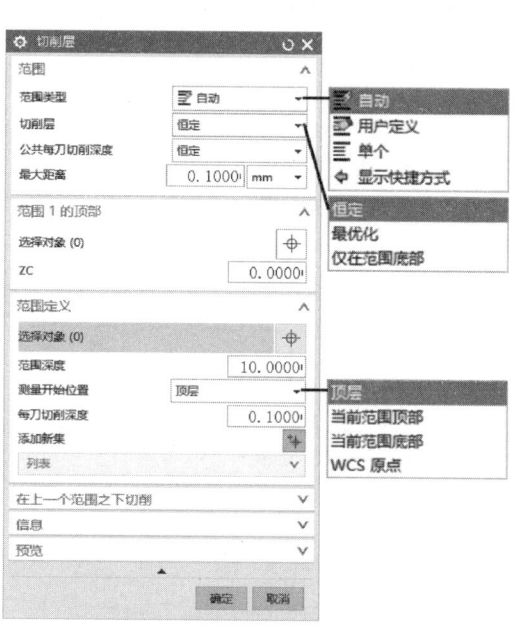

图 7-57 "切削层"对话框

图 7-57 中部分选项的说明如下。

(1) "范围类型"下拉列表中提供了如下三个选项。

① 自动:使用此类型,系统将通过与零件有关联的平面自动生成多个切削深度区间。

② 用户定义:使用此类型,用户可以通过定义每一个区间的底面生成切削层。

③ 单个:使用此类型,用户可以通过零件几何和毛坯几何定义切削深度。

(2) "切削层"下拉列表中提供了如下三个选项。

① 恒定:将切削深度恒定保持为"公共每刀切削深度"的设置值。

② 最优化:优化切削深度,以便使部件间距和残余高度方面一致。最优化在斜度从陡

峭或几乎竖直变为表面或平面时创建其他切削,最大切削深度不超过全局每刀深度值,仅用于深度加工操作。

③ 仅在范围底部：仅在范围底部切削,不细分切削范围,选择此选项将使全局每刀深度选项处于非活动状态。

(3) 公共每刀切削深度：用于设置每个切削层的最大深度。通过对"公共每刀切削深度"进行设置,系统将自动计算分几层进行切削。

(4) "测量开始位置"下拉列表中提供了如下四个选项。

① 顶层：选择该选项后,测量切削范围深度从第一个切削顶部开始。

② 当前范围顶部：选择该选项后,测量切削范围深度从当前切削顶部开始。

③ 当前范围底部：选择该选项后,测量切削范围深度从当前切削底部开始。

④ WCS 原点：选择该选项后,测量切削范围深度从当前工作坐标系原点开始。

(5) "范围深度"文本框：在该文本框中,通过输入一个正值或负值,定义范围在指定的测量位置的上部或下部,也可以利用范围深度滑块来改变范围深度。当移动滑块时,范围深度值跟随变化。

(6) "每刀切削深度"文本框：用来定义当前范围的切削层深度。

5. 设置切削参数

单击"深度轮廓加工-[ZLEVEL_PROFILE]"对话框中的"切削参数"按钮,系统弹出"切削参数"对话框。

单击"策略"选项卡,在"切削顺序"下拉列表中选择"深度优先"选项。

单击"连接"选项卡,参数设置值如图7-58所示。单击"确定"按钮,系统返回"深度轮廓加工-[ZLEVEL_PROFILE]"对话框。

"连接"选项卡的部分选项说明如下。

(1) "层之间"选项区：专门用于定义深度铣的切削参数,包含以下四个选项。

① 使用转移方法：使用进刀/退刀的设定信息,默认刀路会抬刀到安全平面。

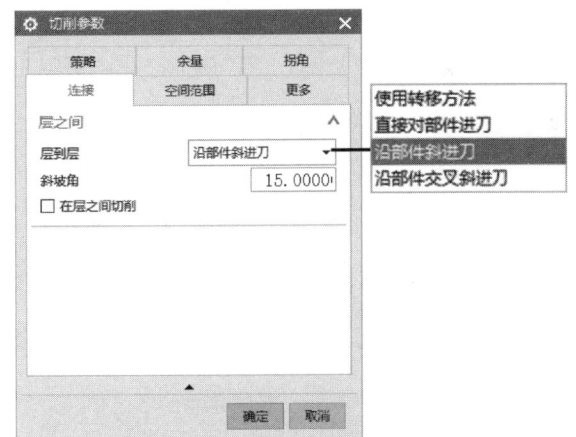

图 7-58 "连接"选项卡

② 直接对部件进刀：将以跟随部件的方式来定位移动刀具。

③ 沿部件斜进刀：将以跟随部件的方式,从一个切削层到下一个切削层,需要指定"斜坡角",此时刀路较完整。

④ 沿部件交叉斜进刀：与"沿部件斜进刀"选项相似,不同的是在斜切进下一层之前完成每个刀路。

(2) "在层之间切削"复选框：勾选该复选框,可在深度铣的切削层间存在间隙时创建额外的切削,消除在标准层到层加工操作中留在浅区域中的非常大的残余高度。

6. 设置非切削移动参数

在"深度轮廓加工-[ZLEVEL_PROFILE]"对话框中单击"非切削移动"按钮,系统弹出"非切削移动"对话框。

单击"进刀"选项卡,其参数设置值如图 7-59 所示。单击"确定"按钮,完成非切削移动参数的设置。

7. 设置进给率和速度

在"深度轮廓加工"对话框中单击"进给率和速度"按钮,系统弹出"进给率和速度"对话框。

勾选"主轴速度(rpm)"复选框,在其后的文本框中输入值 1 200.0,在"切削"文本框中输入值 1 250.0,单位选择"mmpm"选项,按"Enter"键,然后单击 按钮。

在"更多"选项区的"进刀"文本框中输入值 1 000.0,在"第一切削"文本框中输入值 300.0,单位选择"mmpm"选项,其他选项均采用系统默认值。

单击"确定"按钮,完成进给率和速度的设置,系统返回"深度轮廓加工-[ZLEVEL_PROFILE]"对话框。

8. 生成刀路轨迹并仿真

在"深度轮廓加工-[ZLEVEL_PROFILE]"对话框中单击"生成"按钮,在图形区中生成如图 7-60 所示的刀路轨迹。

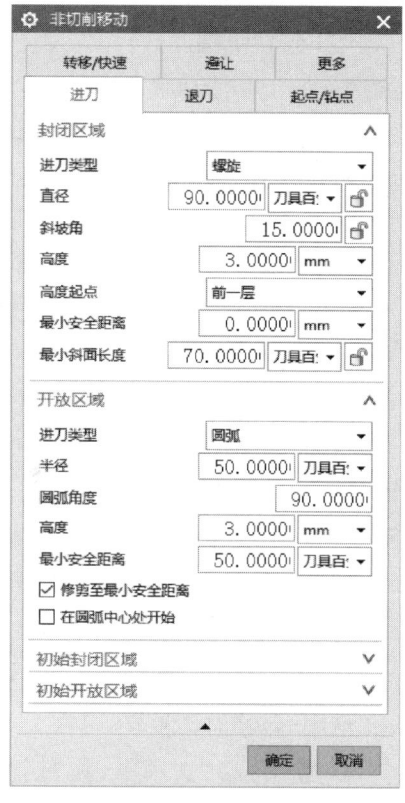

图 7-59 "进刀"选项卡

单击"确认"按钮,系统弹出"刀轨可视化"对话框。单击"2D 动态"选项卡,采用系统默认值,调整动画速度后单击"播放"按钮,即可演示刀具刀轨运行动画,完成演示后的模型如图 7-61 所示。仿真完成后,单击"确定"按钮,完成仿真操作。

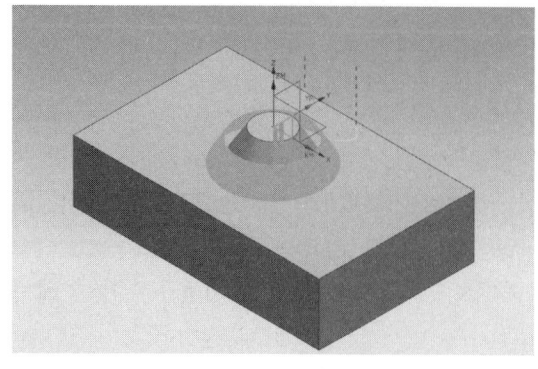

图 7-60 刀路轨迹

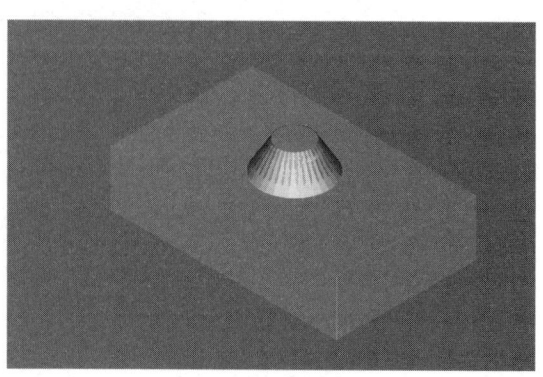

图 7-61 2D 仿真结果

9. 保存文件

在下拉菜单中选择文件→保存,保存文件。

六、固定轴曲面轮廓铣削实施过程

固定轴曲面轮廓铣削精加工由轮廓曲面形成的区域,它通过精确控制刀具轴和投影矢量,使刀具沿着非常复杂的曲面轮廓进行切削运动。固定轴曲面轮廓铣削是通过定义不同的驱动几何体来产生驱动点阵列,并沿着指定的投影矢量方向投影到部件几何体上,然后将刀具定位到部件几何体以生成刀轨。

区域铣削驱动方法是固定轴曲面轮廓铣中常用的驱动方式,其特点是驱动几何体由切削区域产生,并且可以指定陡峭角度等多种不同的驱动设置,应用十分广泛。

下面以图 7-62 所示的模型为例,讲解创建固定轴曲面轮廓铣削的一般步骤。

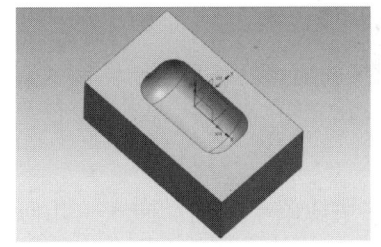
(a) 部件几何体

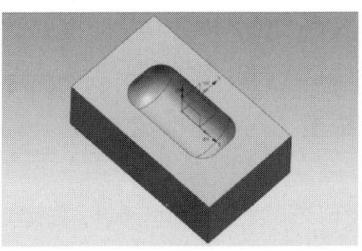
(b) 毛坯几何体

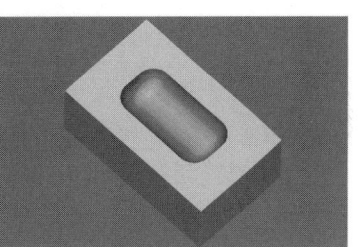
(c) 加工结果

图 7-62 固定轴曲面轮廓铣削

1. 打开模型文件并进入加工环境

进入加工环境。在下拉菜单中选择启动→加工,系统弹出"加工环境"对话框,在"要创建的 CM 设置"列表框中选择"mill_contour"选项,然后单击"确定"按钮,进入加工环境。

2. 创建机床坐标系和安全平面

(1) 进入几何体视图。在工序导航器中单击鼠标右键,在快捷菜单中选择"几何视图"选项,鼠标双击"MCS_MILL"节点,系统弹出"MCS 铣削"对话框。

(2) 创建机床坐标系。在"机床坐标系"选项区中单击"CSYS 对话框"按钮，在系统弹出的"CSYS"对话框的"类型"下拉列表中选择"动态"选项。单击"操控器"选项区的 按钮,系统弹出"点"对话框。在"参考"下拉列表中选择"WCS"选项,在"ZC"文本框中输入值 0。单击两次"确定"按钮,完成机床坐标系的创建,如图 7-63 所示。

(3) 创建安全平面。在"安全设置"

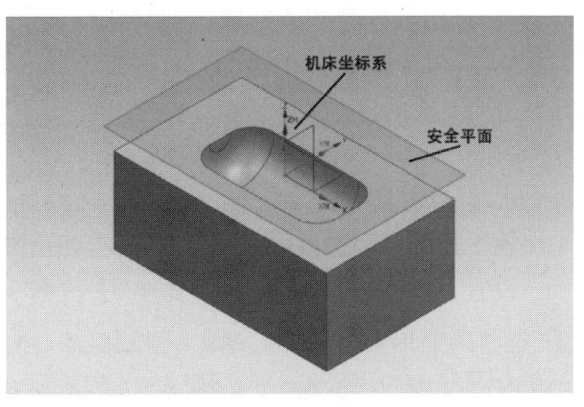

图 7-63 创建机床坐标系及安全平面

选项区的"安全设置选项"下拉列表中选择"平面"选项。单击"平面对话框"按钮，系统弹出"平面"对话框；在"类型"下拉列表中选择"XC-YC平面"选项，在"距离"文本框中输入值10.0。单击"确定"按钮，完成图7-63中安全平面的创建，再单击"确定"按钮。

3. 创建部件几何体

在工序导航器中单击"MCS_MILL"节点前的"＋"，鼠标双击"WORKPIECE"节点，系统弹出"工件"对话框。

选取部件几何体。在"工件"对话框中单击 按钮，系统弹出"部件几何体"对话框，在图形区选取整个零件实体作为部件几何体。单击"确定"按钮，完成部件几何体的创建，同时系统返回"工件"对话框。

4. 创建毛坯几何体

在"工件"对话框中单击 按钮，系统弹出"毛坯几何体"对话框。

确定毛坯几何体。在"类型"下拉列表中选择"部件的偏置"选项，在"偏置"文本框中输入值0.5。单击"确定"按钮，完成毛坯几何体的定义。

5. 创建切削区域几何体

在工序导航器的"WORKPIECE"节点上单击鼠标右键，在快捷菜单中选择插入→几何体，系统弹出"创建几何体"对话框。

在"类型"下拉列表中选择"mill_contour"选项，在"几何体子类型"选项区中单击"MILL_AREA"按钮，在"几何体"下拉列表中选择"WORKPIECE"选项，采用系统默认名称"MILL_AREA"，单击"确定"按钮，系统弹出"铣削区域"对话框。

单击 按钮，系统弹出"切削区域"对话框，采用系统默认的选项，选取如图7-64所示的切削区域，单击"确定"按钮，系统返回"铣削区域"对话框，单击"确定"按钮。

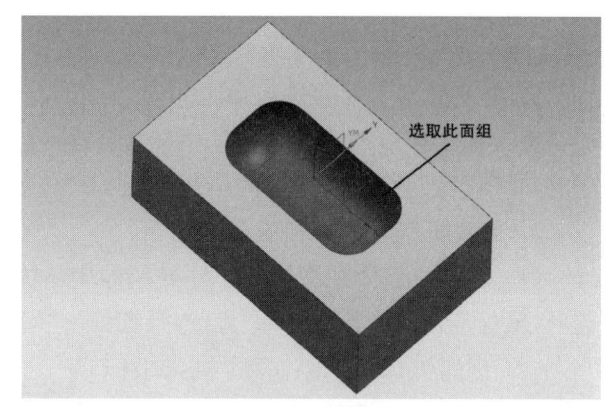

图7-64 选取切削区域

6. 创建刀具

在下拉菜单中选择插入→刀具，系统弹出"创建刀具"对话框。

设置刀具类型和参数。在"类型"下拉列表中选择"mill_contour"选项，在"刀具子类型"选项区中单击"BALL_MILL"按钮，在"位置"选项区的"刀具"下拉列表中选择"NONE"选项，在"名称"文本框中输入刀具名称"B6"。单击"确定"按钮，系统弹出"铣刀-球头铣"对话框。

在"尺寸"选项区的"(D)球直径"文本框中输入值 6.0,其他参数采用系统默认值。设置完成后单击"确定"按钮,完成刀具的创建。

7. 创建工序

在下拉菜单中选择插入→工序,系统弹出"创建工序"对话框。

确定加工方法。在"类型"下拉列表中选择"mill_contour"选项,在"工序子类型"选项区中单击"固定轮廓铣"按钮 ,在"刀具"下拉列表中选择"B6(铣刀-球头铣)"选项,在"几何体"下拉列表中选择"MILL_AREA"选项,在"方法"下拉列表中选择"MILL_FINISH"选项。单击"确定"按钮,系统弹出如图 7-65 所示的"固定轮廓铣-[FIXED_CONTOUR]"对话框。

8. 设置驱动几何体

设置驱动方式。在"固定轮廓铣-[FIXED_CONTOUR]"对话框的"方法"下拉列表中选择"区域铣削"选项,系统弹出"区域铣削驱动方法"对话框,设置如图 7-66 所示的参数。完成后单击"确定"按钮,系统返回"固定轮廓铣-[FIXED_CONTOUR]"对话框。

图 7-66 中的部分选项说明如下。

(1)陡峭空间范围:用来指定陡峭范围,该选项区包含以下几个内容。

① 无:不区分陡峭,加工整个切削区域。

② 非陡峭:只加工部件表面角度小于陡峭角的切削区域。

③ 定向陡峭:只加工部件表面角度大于陡峭角的切削区域。

④ 为平的区域创建单独的区域:勾选该复选框,则将平面区域与其他区域分开进行加工,否则平面区域和其他区域混在一起进行计算。

(2)驱动设置:该选项区的部分内容介绍如下。

① 非陡峭切削:用于定义非陡峭区域的切削参数。

② 步距已应用:用于定义步距的测量沿

图 7-65 "固定轮廓铣-[FIXED_CONTOUR]"对话框

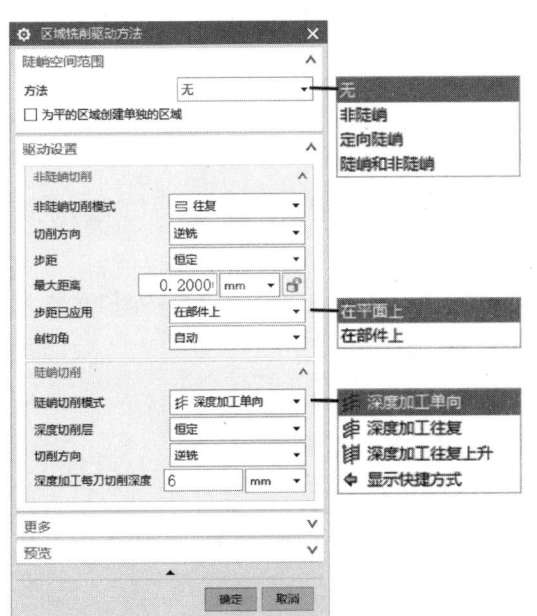

图 7-66 "区域铣削驱动方法"对话框

平面还是沿部件,包括以下两个选项。
- 在平面上：沿垂直于刀轴的平面测量步距,适合非陡峭区域。
- 在部件上：沿部件表面测量步距,适合陡峭区域。

(3) 陡峭切削：用于定义陡峭区域的切削参数,各参数含义可参考其他工序。

9. 设置切削参数

单击"固定轮廓铣-[FIXED_CONTOUR]"对话框中的"切削参数"按钮，系统弹出"切削参数"对话框。

单击"策略"选项卡,其参数设置值如图7-67所示。

单击"余量"选项卡,其参数设置值如图7-68所示。

单击"确定"按钮,完成切削参数的设置。

图7-67 "策略"选项卡

图7-68 "余量"选项卡

10. 设置进给率和速度

在"固定轮廓铣-[FIXED_CONTOUR]"对话框中单击"进给率和速度"按钮，系统弹出"进给率和速度"对话框。

勾选"主轴速度(rpm)"复选框,在其后方的文本框中输入值1 600.0,在"切削"文本框中输入值1 250.0,按"Enter"键,然后单击 按钮。

在"更多"选项区的"进刀"文本框中输入值600.0,其他选项均采用系统默认值。

单击"确定"按钮,系统返回"固定轮廓铣-[FIXED_CONTOUR]"对话框。

11. 生成刀路轨迹并仿真

在"固定轮廓铣-[FIXED_CONTOUR]"对话框中单击"生成"按钮，图形区中生成如图7-69所示的刀路轨迹。

单击"确认"按钮，在系统弹出的"刀轨可视化"对话框中单击"2D动态"选项卡,单击

"播放"按钮▶,即可演示刀具刀轨运行。完成演示后的模型如图7-70所示。单击"确定"按钮,完成仿真操作。

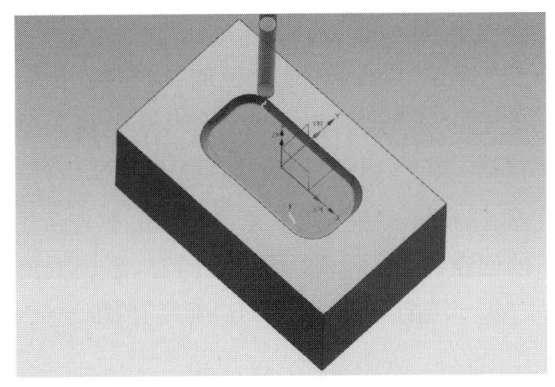

图 7-69 刀路轨迹

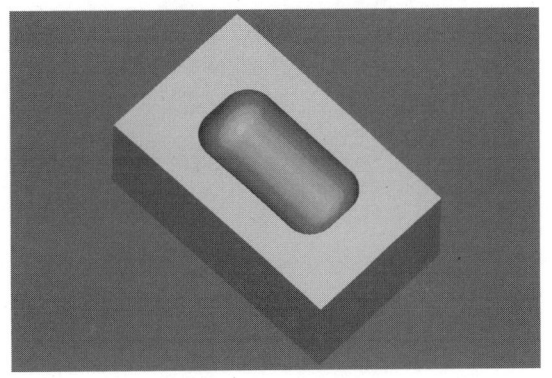

图 7-70 2D仿真结果

12. 保存文件

在下拉菜单中选择文件→保存,保存文件。

七、钻孔实施过程

钻孔加工的数控程序比较简单,通常可以直接在机床上输入程序。如果使用NX进行孔加工的编程,就可以直接生成完整的数控程序,然后传送到机床中进行加工。特别是在零件的孔数比较多时,可以节省大量人工输入的时间,同时能大大降低人工输入产生的错误率,提高机床的工作效率。下面以图7-71所示的模型为例,说明创建孔加工操作的一般步骤。

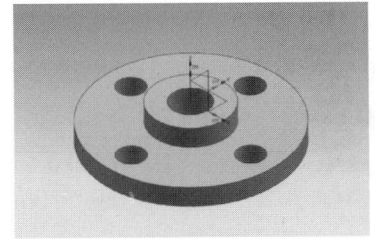
(a) 目标加工零件

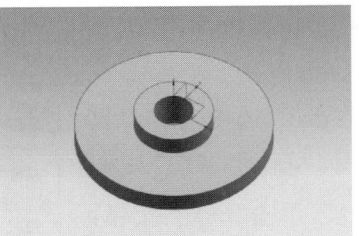
(b) 毛坯零件

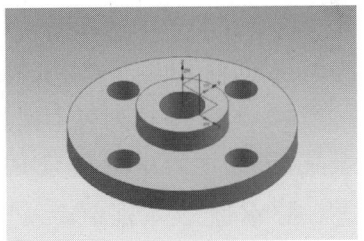
(c) 加工结果

图 7-71 钻孔

1. 打开模型文件并进入加工环境

进入加工环境。在下拉菜单中选择启动→加工,在系统弹出的"加工环境"对话框的"要创建的CAM设置"列表框中选择"drill"选项,单击"确定"按钮,进入加工环境。

2. 创建机床坐标系

在工序导航器中进入几何体视图,然后鼠标双击节点"MCS_MILL",系统弹出"MCS铣削"对话框。

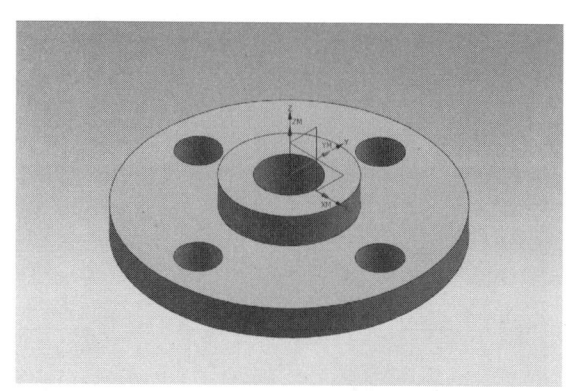

创建机床坐标系。在"机床坐标系"选项区中单击"CSYS对话框"按钮 ，在系统弹出的"CSYS"对话框的"类型"下拉列表中选择"动态"选项。

单击"操控器"选项区的"操控器"按钮 ，在"点"对话框的"Z"文本框中输入值13.0，单击"确定"按钮，返回"CSYS"对话框。再单击"确定"按钮，完成机床坐标系的创建，如图7-72所示。同时，系统返回"MCS铣削"对话框，单击"确定"按钮。

图7-72 创建机床坐标系

3. 创建部件几何体

在工序导航器中单击"MCS_MILL"节点前的"+"，鼠标双击"WORKPIECE"节点，系统弹出"工件"对话框。

选取部件几何体。单击 按钮，系统弹出"部件几何体"对话框。

选取全部零件作为部件几何体，单击"确定"按钮，完成部件几何体的创建，同时系统返回"工件"对话框。

4. 创建毛坯几何体

在"工件"对话框中单击"选择或编辑毛坯几何体"按钮 ，系统弹出"毛坯几何体"对话框。

确定毛坯几何体。在"类型"下拉列表中选择"包容圆柱体"选项，单击"确定"按钮，完成毛坯几何体的创建，系统返回"工件"对话框。

5. 创建刀具

在下拉菜单中选择插入→刀具，系统弹出"创建刀具"对话框，如图7-73所示。

在"类型"下拉列表中选择"drill"选项，在"刀具子类型"选项区中选择"DRILLING_TOOL"按钮 ，在"名称"文本框中输入"Z7"，单击"确定"按钮，系统弹出如图7-74所示的"钻刀"对话框。

设置刀具参数。在"钻刀"对话框的"(D)直径"文本框中输入7.0，在"刀具号"文本框中输入1，其他参数采用系统默认值，单击"确定"按钮，完成刀具的创建。

6. 创建工序

（1）插入工序

在下拉菜单中选择插入→工序，系统弹出"创建工序"对话框，如图7-75所示。

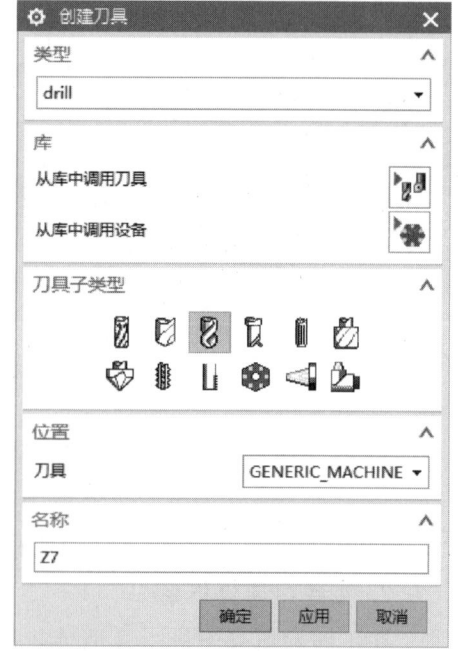

图7-73 "创建刀具"对话框

在"类型"下拉列表中选择"drill"选项,在"工序子类型"选项区中选择"DRILLING"按钮,在"刀具"下拉列表中选择之前设置的刀具"Z7(钻刀)"选项,在"几何体"下拉列表中选择"WORKPIECE"选项,其他参数可参考图 7-75。

单击"确定"按钮,系统弹出如图 7-76 所示的"钻孔-[DRILLING]"对话框,其部分选项说明如下。

① 最小安全距离:指刀具沿刀轴方向离开零件加工表面的最小距离。最小安全距离定义了每个操作的安全点。在安全点上,刀具由快速运动或进刀运动改变为切削速度运动。

② 通孔安全距离:指钻通孔时刀具的刀肩穿过加工底面的穿透量。确保孔被钻穿,只对通孔加工有效。

③ 盲孔余量:指钻孔时孔底部保留的用于后续精加工的材料量,只对孔加工有效。

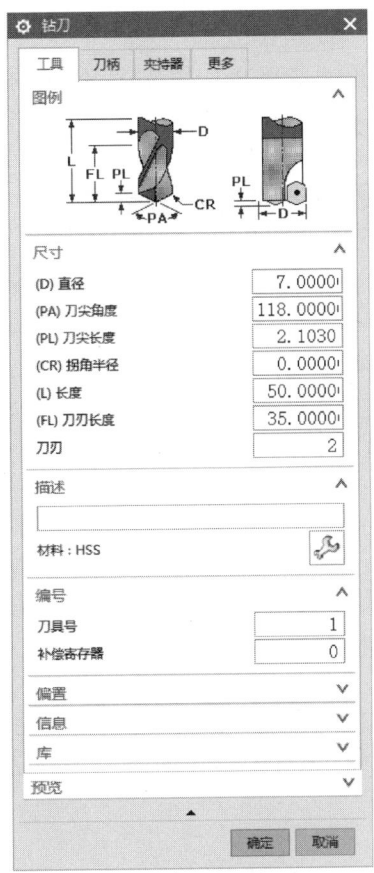

图 7-74 "钻刀"对话框

图 7-75 "创建工序"对话框

图 7-76 "钻孔-[DRILLING]"对话框

(2) 指定钻孔点

单击"钻孔-[DRILLING]"对话框"指定孔"右侧的 按钮,系统弹出如图 7-77 所示的"点到点几何体"对话框。单击"选择"按钮,系统弹出如图 7-78 所示的点位选择对话框。

图 7-77　"点到点几何体"对话框

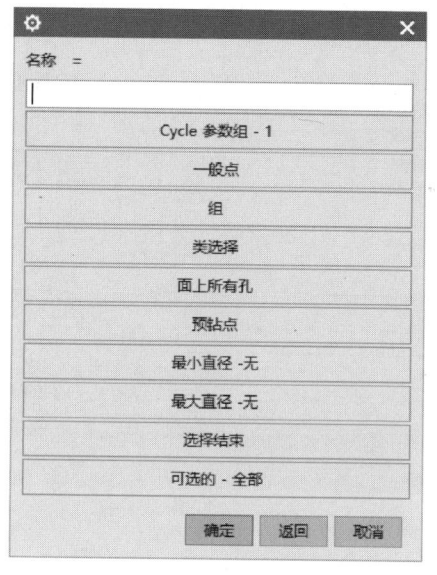

图 7-78　点位选择对话框

图 7-77 中的各按钮说明如下。

① 选择:用于选择实体或曲面中的孔、点、圆弧和椭圆,所选择的几何对象将成为加工对象,系统默认这些几何对象的中心为加工位置点。选择的方法有两种,一种是直接在模型中指定;另一种是当模型较复杂或难以直接选中时,可以在点位选择对话框的"名称="文本框中输入特征的名称来选择。

② 附加:用于在已经选择部分孔位后添加新的孔位。如果先前没有选择任何特征作为加工对象,直接选择此项系统会弹出"没有选择添加的点——选新点"消息对话框。

③ 省略:用于省略先前选定的加工位置,被省略的几何对象将不再作为加工对象。如果之前没有选择任何几何对象作为加工对象,直接选择此按钮,系统会弹出"没有要省略的点"消息对话框。

④ 优化:利用此按钮,系统将根据用户的设定计算各孔的加工顺序,自动生成最短的刀轨,缩短加工的时间。优化后,为了关联夹具方位、工作台范围和机床行程等约束,选定的所有加工位置点可能会处于同一水平平面或竖直平面内,因此先前设置的避让参数已经不起作用。故需要优化刀具路径时,一般是先优化,再设定避让参数。

⑤ 显示点:用于显示已选择加工对象的加工点位置,并且显示加工点的顺序号。

⑥ 避让:用于设定孔加工时刀具避让的动作,即避开夹具、工作台或其他障碍的距离。需要设定避让的开始点、结束点及安全距离三个选项。如果在优化刀具路径前设置了避让参数,则需要再次设定。

⑦ 反向：在完成刀具避让的设置后，可单击该按钮反向编排加工点顺序，但刀具的避让参数仍会保留。

⑧ 圆弧轴控制：该按钮可以显示并翻转之前选定的弧线和片体的轴线，可用于确定刀具方向。

⑨ Rapto 偏置：用于设置刀具的快速移动位置偏置距离，可以为每个选定的对象设置一个偏置值。加工实体中的孔一般选择实体最上层的平面为部件表面，在加工某些沉孔或阶梯孔时，表面孔径较大，可以设置一个负的偏置值，即将刀具的快速移动轨迹延长至部件内部，使刀具能够快速进入孔内，开始加工。

⑩ 规划完成：单击该按钮则表示"点到点几何体"对话框中的设置全部完成。

⑪ 显示/校核循环参数组：单击该按钮可以显示点参数或校核参数的设置。

图 7-78 中的各按钮说明如下。

① Cycle 参数组-1：该按钮用于选择已经设置好的循环参数组。这些参数包括孔的加工深度、刀具进给量、刀具停留时间和退刀距离等。对于不同类型的孔或直径相同而深度不同的孔，都需要设置关联一组循环参数。如果不进行设置，所选的加工位置则默认关联第一循环参数组。循环参数可以在工序对话框的"循环"区域中进行设置。

② 一般点：单击此按钮，系统弹出"点"对话框，可以通过自动判断点和构造点等来指定加工位置。

③ 组：系统将通过用户指定组（点或圆弧组）中的所有点或圆弧确定加工位置。在下拉菜单中选择格式→分组，可创建和编辑组。

④ 类选择：单击此按钮，系统弹出"类选择"对话框，通过类选择方法指定加工位置。

⑤ 面上所有孔：单击此按钮，系统弹出"选择面"对话框，在图形区中选择一个模型表面，系统将默认此表面中的所有孔作为加工对象，同时可以设置孔的最大直径和最小直径来进一步限制选择范围。

⑥ 预钻点：将平面铣或型腔铣设置的预钻点指定为加工位置。

⑦ 最小直径-无：通过设置一个最小直径值，使通过选择面选取到的孔大于该最小直径值。

⑧ 最大直径-无：通过设置一个最大直径值，使通过选择面选取到的孔小于该最大直径值。

⑨ 选择结束：完成选择后，返回上一级对话框。

⑩ 可选的-全部：单击此按钮，系统弹出"类选择器"对话框，可以单击其中的"仅点"按钮（只能选中点）、"仅圆弧"按钮（只能选中圆弧）、"仅孔"按钮（只能选中孔）、"点和圆弧"按钮（只能选中点和圆弧）和"全部"按钮（可以选中全部几何）来设定选择范围为某一类几何或某一组几何，然后在这一类或一组几何中指定加工位置。

在图形区依次选取如图 7-79 所示的孔边线，分别单击"点位选择"对话框和"点到点几何

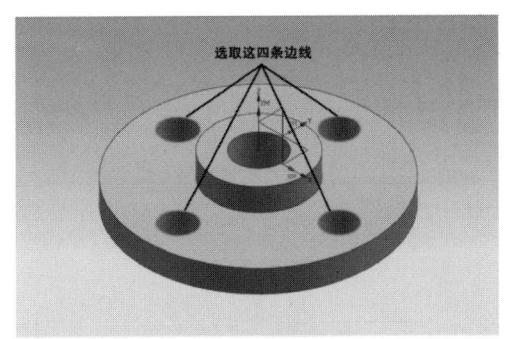

图 7-79 选择孔

体"对话框中的"确定"按钮,返回"钻孔-[DRILLING]"对话框。

(3) 定义顶面

单击"钻孔-[DRILLING]"对话框中"指定顶面"右侧的 按钮,系统弹出"顶面"对话框,如图 7-80 所示。

在"顶面选项"下拉列表中选择"面"选项,然后选取如图 7-81 所示的面。

单击"确定"按钮,返回"钻孔-[DRILLING]"对话框。

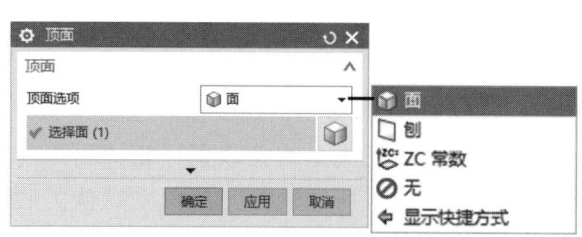

图 7-80 "顶面"对话框

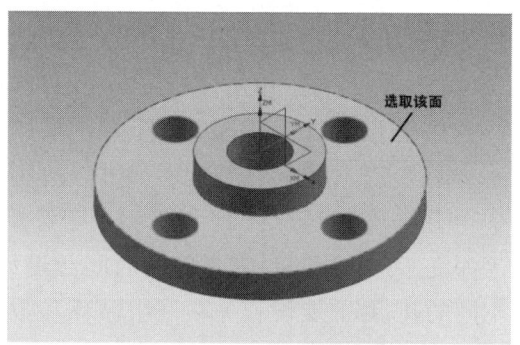

图 7-81 指定部件表面

"顶面选项"下拉列表中的各选项说明如下。

① 面:选择零件的表面作为顶部曲面。

② 刨:创建一个基准平面作为部件的顶部曲面。

③ ZC 常数:通过指定 Z 坐标值来定义部件表面或底面,定义的面和 XY 平面平行。

④ 无:取消先前指定的顶面。

(4) 定义底面

单击"钻孔-[DRILLING]"对话框中"指定底面"右侧的 按钮,系统弹出如图 7-82 所示的"底面"对话框。

在"底面选项"下拉列表中选择"面"选项,选取如图 7-83 所示的面。

单击"确定"按钮,返回"钻孔-[DRILLING]"对话框。

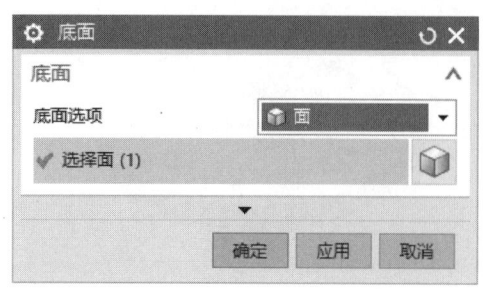

图 7-82 "底面"对话框

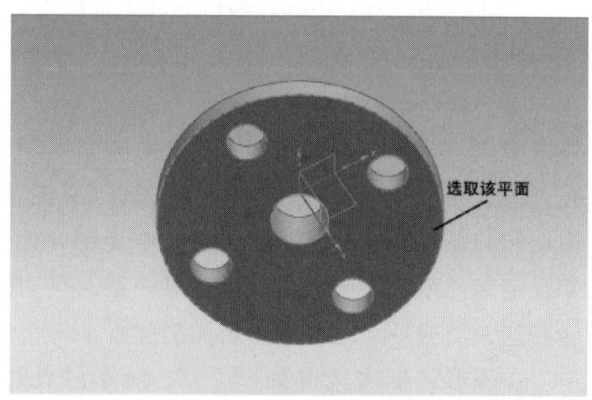

图 7-83 指定底面

（5）设置刀轴

在"钻孔-[DRILLING]"对话框的"刀轴"选项区选择系统默认的"＋ZM"作为要加工孔的轴线方向。

> 说明：如果当前加工坐标系的 ZM 轴与要加工孔的轴线方向不同，可选择"刀轴"选项区"轴"下拉列表中的"指定矢量"选项重新指定刀具轴线的方向。

（6）设置循环控制参数

在"钻孔-[DRILLING]"对话框的"循环类型"选项区的"循环"下拉列表中选择"标准钻"选项，单击"编辑参数"按钮，系统弹出如图 7-84 所示的"指定参数组"对话框。

图 7-84　"指定参数组"对话框

> 说明：在孔加工中，不同类型的孔需要采用不同的加工方式。这些加工方式有的属于连续加工，有的属于断续加工，它们的刀具运动参数也各不相同。为了满足这些要求，用户可以选择不同的循环类型（如啄钻循环、标准钻循环、标准镗循环等）来控制刀具切削运动过程。对于同类型但深度不同，或同类型、同深度但加工精度要求不同的孔，它们的循环类型虽然相同，但加工深度或进给速度不同，此时也需要设置不同的参数组来实现不同的切削运动。

NX 10.0 提供了 14 种循环类型。根据不同类型的孔，首先在下拉列表中选择合适的循环类型，系统弹出"指定参数组"对话框，可在"Number of Sets"文本框中输入循环参数组的总数量，单击"确定"按钮进行该组循环参数的设置，每种循环类型都可以设置 5 组循环参数，设置好的循环参数可以通过图 7-78 的点位选择对话框关联到每个加工对象。

在"指定参数组"对话框中采用系统默认的参数组序号 1，单击"确定"按钮，系统弹出如图 7-85 所示的"Cycle 参数"对话框。

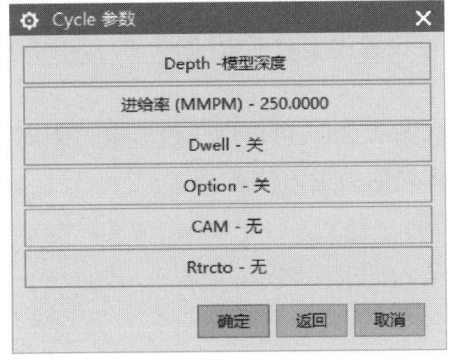

图 7-85　"Cycle 参数"对话框

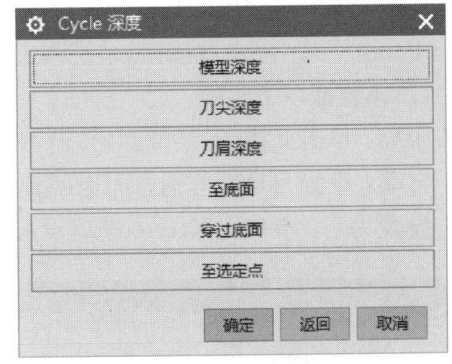

图 7-86　"Cycle 深度"对话框

图 7-85 中的各按钮说明如下。

① Depth-模型深度：用于设置钻孔加工的深度，即刀具退刀前零件表面与刀尖的距离。单击此按钮，系统弹出如图 7-86 所示的"Cycle 深度"对话框，在此对话框中提供了以

下六种设置加工深度的方法。

● 模型深度：单击此按钮，系统设置模型中孔的深度为钻孔的加工深度。如果刀具的直径小于或等于加工孔的直径，并且加工孔的轴线方向和刀轴方向一致，系统会自动计算模型中孔的深度，并默认该深度为加工深度。

● 刀尖深度：单击此按钮，系统弹出"深度"对话框，可以在此对话框中设置退刀前刀具刀尖沿刀轴方向与零件表面的距离，系统将默认此距离为加工深度。

● 刀肩深度：单击此按钮，系统弹出"深度"对话框，可以在此对话框中设置退刀前刀具刀肩沿刀轴方向与零件表面的距离，系统将默认此距离为加工深度。

● 至底面：单击此按钮，将根据刀尖刚好到达模型底面的距离来确定钻孔的加工深度。

● 穿过底面：单击此按钮，将根据刀肩刚好到达模型底面的距离来确定钻孔的加工深度。如果需要刀肩完全穿透底面，可以在操作对话框的"通孔安全距离"文本框中设置刀肩穿过底面的穿透量。

● 至选定点：单击此按钮，刀尖将到达指定孔位置时所选定的点。

② 进给率（MMPM）-250.0000：用于设置刀具的进给量，可以通过毫米/分钟（mm/min）或毫米/转（mm/r）两种单位进行设置。

③ Dwell-关：单击此按钮，系统弹出"Cycle Dwell"对话框，可以设置刀具到达指定深度后的暂停参数，包括以下几项，参考单位 s。

● 关：设置刀具到达指定深度后不停留。

● 开：设置刀具到达指定深度后停留，仅用于各种标准循环。

● 秒：单击此按钮，系统弹出"秒"对话框，可以设置刀具到达指定深度后的停留秒数。

● 转：单击此按钮，系统弹出"转"对话框，可以设置刀具到达指定深度后的停留期间主轴的转数。

④ Option-关：激活使用机床的特有加工特征。

⑤ CAM-无：单击此按钮，系统弹出"CAM"对话框，可以在此对话框中指定一个预设的 CAM 停止位置时使用的数字。

⑥ Rtrcto-无：单击此按钮，系统弹出安全高度设置类型对话框（图 7-87），用于设置退刀距离，具体包括以下几项。

● 距离：单击此按钮，系统弹出"退刀"对话框（图 7-88），可以用于设置退刀距离。

● 自动：设置刀具沿刀轴方向退回到当前循环之前的退刀位置。

● 设置为空：不使用 Rtrcto 选项设置退刀距离。

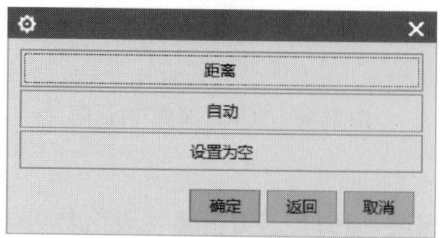

图 7-87 安全单击高度设置类型对话框

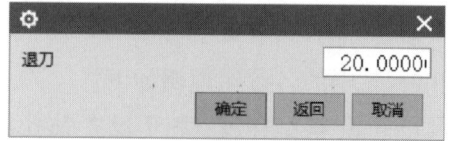

图 7-88 "退刀"对话框

在"Cycle 深度"对话框中单击"模型深度"按钮,系统自动计算实体中孔的深度,并返回"Cycle 参数"对话框。

单击"Rtrcto -无"按钮,在弹出的对话框中单击"距离"按钮,弹出"退刀"对话框,在文本框中输入值 20.0,单击"确定"按钮,系统返回"Cycle 参数"对话框。

单击"确定"按钮,系统返回"钻孔-[DRILLING]"对话框。

(7) 设置一般参数

设置最小安全距离。在"钻孔-[DRILLING]"对话框的"最小安全距离"文本框中输入值 3.0。
设置通孔安全距离。在"钻孔-[DRILLING]"对话框的"通孔安全距离"文本框中输入值 1.5。

(8) 避让设置

单击"钻孔-[DRILLING]"对话框中的"避让"按钮,系统弹出如图 7-89 所示的避让几何体对话框。

单击"Clearance Plane -无"按钮,系统弹出如图 7-90 所示的"安全平面"对话框。

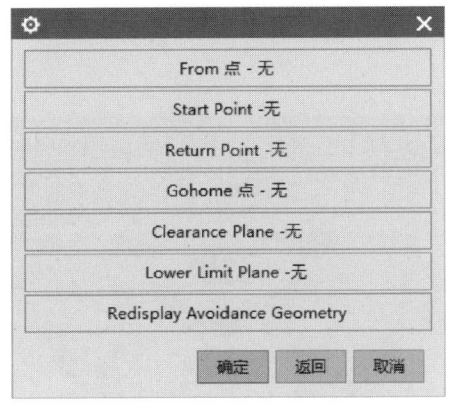

图 7-89 避让几何体对话框

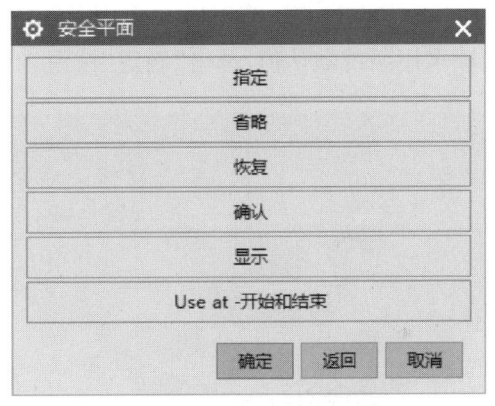

图 7-90 "安全平面"对话框

图 7-89 中的各按钮说明如下。

① From 点-无:用于指定加工轨迹起始段的刀具位置。

② Start Point -无:用于指定刀具移动到加工位置上方的位置。这个刀具的起始加工位置的指定可以避让夹具或避免产生碰撞。

③ Return Point -无:用于指定切削完成后,刀具移动的位置。

④ Gohome 点-无:用于指定刀具的最终位置,即刀路轨迹中的回零点。

⑤ Clearance Plane -无:用于指定在切削的开始、切削的过程中或完成切削后,刀具为了避让所需要的安全距离。

⑥ Lower Limit Plane -无:用于指定一个最低的安全平面,若刀具在运动过程中超过该平面,则报警,并在刀位文件(CLSF 文件)中显示报警信息。

⑦ Redisplay Avoidance Geometry:在图形区中显示设置的避让几何体。

单击"安全平面"对话框中的"指定"按钮,系统弹出如图 7-91 所示的"刨"对话框,选取如图 7-92 所示的平面为参照,然后在"偏置"选项区的"距离"文本框中输入值 10 mm。单击"确定"按钮,系统返回"安全平面"对话框并创建一个安全平面,单击"显示"按钮可以查看创建的安全平面,如图 7-93 所示。

单击两次"确定"按钮,完成安全平面的设置,返回"钻孔-[DRILLING]"对话框。

(9) 设置进给率和速度

单击"钻孔-[DRILLING]"对话框中的"进给率和速度"按钮 ,系统弹出"进给率和速度"对话框。

勾选"主轴速度(rpm)"复选框,在其后方的文本框中输入值 500.0,按"Enter"键,之后单击 按钮,在"切削"文本框中输入值 50.0,按"Enter"键,然后单击 按钮,其他选项采用系统默认值,单击"确定"按钮。

图 7-91 "刨"对话框

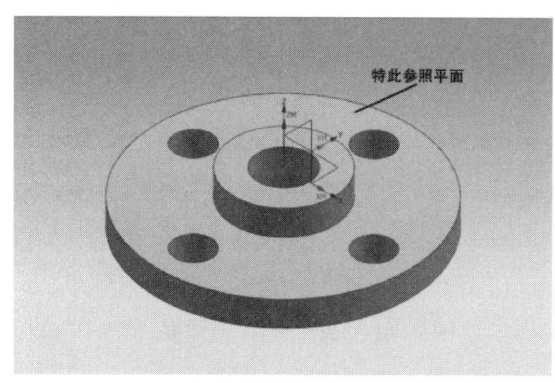

图 7-92 选取参照平面

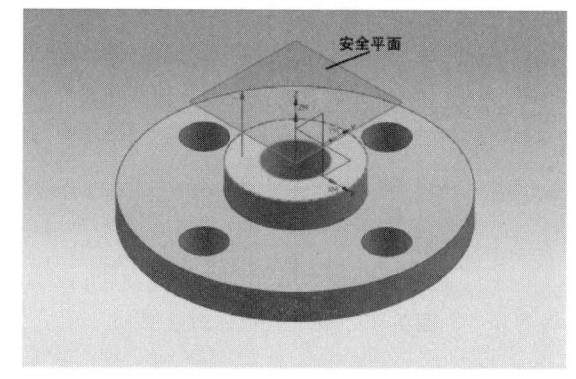

图 7-93 创建安全平面

7. 生成刀路轨迹并仿真

生成的刀路轨迹如图 7-94 所示,2D 动态仿真加工后的结果如图 7-95 所示。

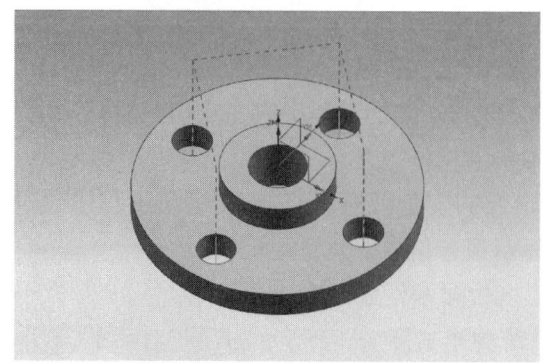

图 7-94 刀路轨迹

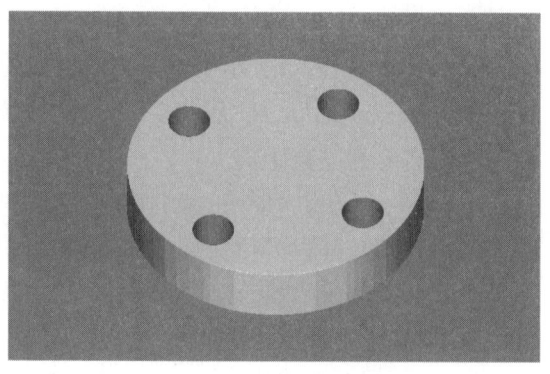

图 7-95 2D 仿真结果

8. 保存文件

在下拉菜单中选择文件→保存,保存文件。

八、锪孔实施过程

下面以图 7-96 所示的模型为例,说明创建锪孔加工操作的一般步骤。

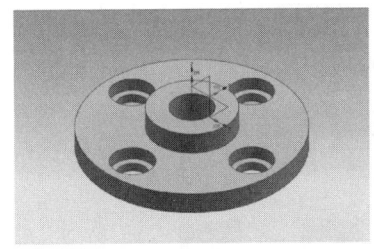 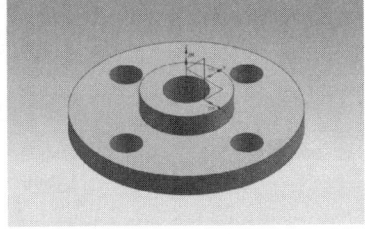 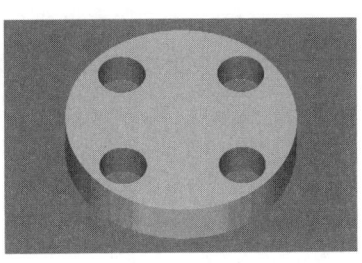

(a) 目标加工零件　　　　　　　(b) 毛坯零件　　　　　　　(c) 加工结果

图 7-96　锪孔

1. 打开模型文件并进入加工环境

在下拉菜单中选择启动→加工,在系统弹出的"加工环境"对话框的"要创建的 CAM 设置"列表框中选择"drill"选项,单击"确定"按钮,进入加工环境。

2. 创建几何体

创建机床坐标系。将默认的机床坐标系向 ZC 方向偏置,偏置值为 10.0 mm。

在工序导航器中单击"MCS_MILL"节点前的"＋",鼠标双击"WORKPIECE"节点,系统弹出"工件"对话框。

单击 按钮,系统弹出"部件几何体"对话框,选取全部零件为部件几何体,如图 7-97 所示。

单击"确定"按钮,完成部件几何体的创建,同时返回"工件"对话框。

单击 按钮,系统弹出"毛坯几何体"对话框,在"类型"下拉列表中选择"包容圆柱体"选项,如图 7-98 所示。单击"确定"按钮完成毛坯几何体的创建,系统返回"工件"对话框。

单击"确定"按钮,完成几何体的创建。

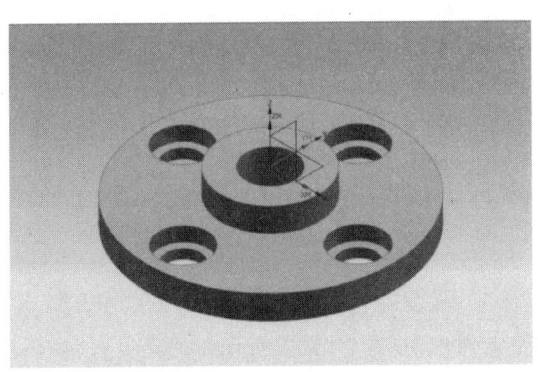 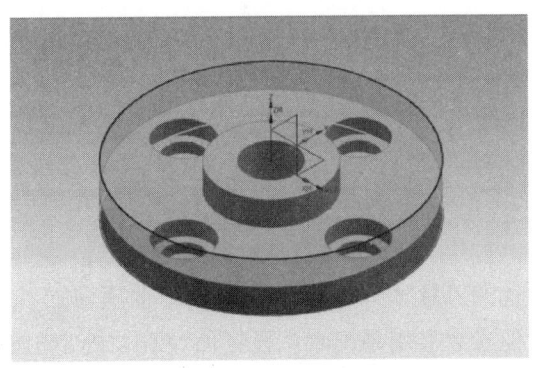

图 7-97　部件几何体　　　　　　　　　　　图 7-98　毛坯几何体

3. 创建刀具

在下拉菜单中选择插入→刀具,系统弹出如图7-99所示的"创建刀具"对话框。

在"类型"下拉列表中选择"drill"选项,在"刀具子类型"选项区中选择"COUNTERBORING_TOOL"按钮 ,在"名称"文本框中输入"D10",单击"确定"按钮,系统弹出如图7-100所示的"铣刀-5参数"对话框。

在"(D)直径"文本框中输入值10.0,在"(R1)下半径"文本框中输入值0.0,在"刀具号"文本框中输入值1,其他参数采用系统默认设置值,单击"确定"按钮。

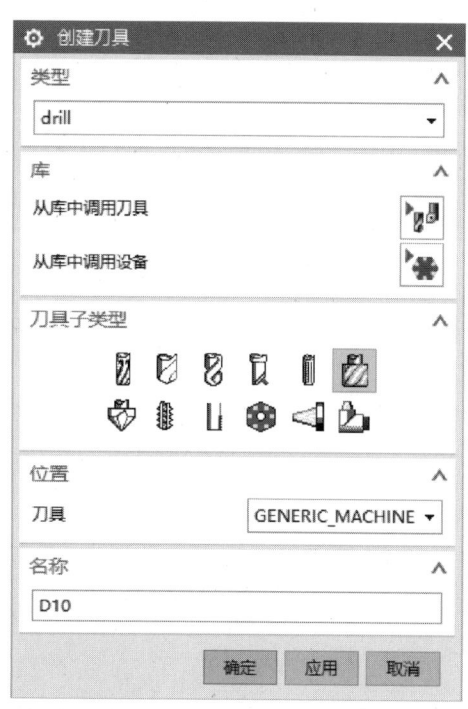

图7-99 "创建刀具"对话框

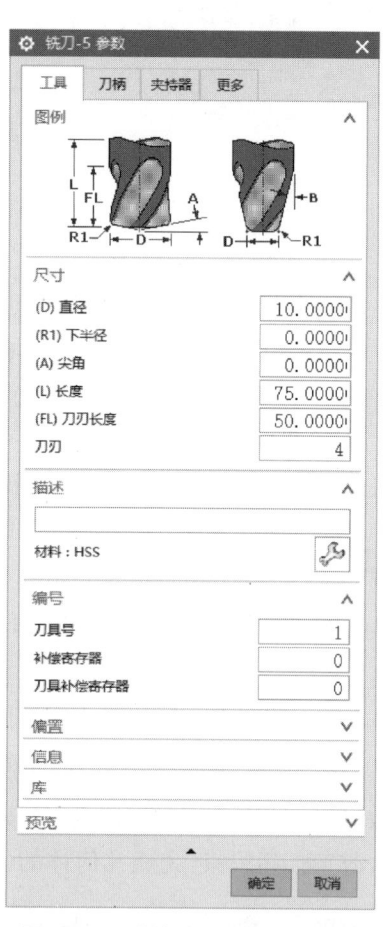

图7-100 "铣刀-5参数"对话框

4. 创建沉孔加工工序

(1) 创建工序

在下拉菜单中选择插入→工序,系统弹出如图7-101所示的"创建工序"对话框。

在"工序子类型"选项区中选择"沉头孔加工"按钮 ,在"刀具"下拉列表中选用前面设置的刀具"D10(铣刀-5参数)"选项,在"几何体"下拉列表中选择"WORKPIECE"选项,其他参数采用系统默认设置值,单击"确定"按钮,系统弹出如图7-102所示的"沉头孔加工-[COUNTERBORING]"对话框。

项目七　数控加工自动编程

图 7-101　"创建工序"对话框

图 7-102　"沉头孔加工-[COUNTERBORING]"对话框

（2）指定加工点

单击"沉头孔加工-[COUNTERBORING]"对话框"指定孔"右侧的 按钮，系统弹出"点到点几何体"对话框，单击"选择"按钮，系统弹出"点位选择"对话框。

在图形区中选取如图 7-103 所示的孔，单击"确定"按钮，被选择的四个孔被自动编号，完成后单击"确定"按钮，返回"沉头孔加工-[COUNTERBORING]"对话框。

（3）定义顶面

单击"沉头孔加工-[COUNTERBORING]"对话框"指定顶面"右侧的 按钮，系统弹出"顶面"对话框。在"顶面选项"下拉列表中选择"面"选项，选取如图 7-104 所示的平面为顶面。

单击"确定"按钮，返回"沉头孔加工-[COUNTERBORING]"对话框。

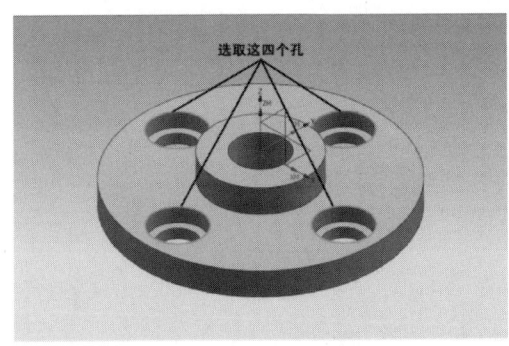

图 7-103　指定加工孔位

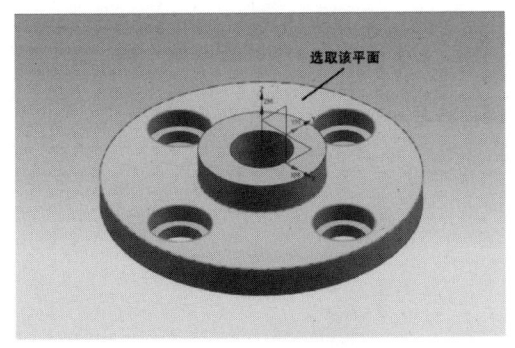

图 7-104　指定顶面

267

(4) 设置刀轴

选择系统默认的"+ZM 轴"作为要加工孔的轴线方向。

(5) 设置循环控制参数

在"沉头孔加工-[COUNTERBORING]"对话框的"循环类型"选项区的"循环"下拉列表中选择"标准钻"选项,单击"编辑参数"按钮 ,系统弹出"指定参数组"对话框。

采用系统默认的参数值,单击"确定"按钮,系统弹出"Cycle 参数"对话框,单击"Depth -模型深度"按钮,系统弹出"Cycle 深度"对话框。单击"刀尖深度"按钮(图 7-105),弹出图 7-106 所示的"深度"对话框,在"深度"文本框中输入值 3.0,单击"确定"按钮,系统返回"Cycle 参数"对话框。

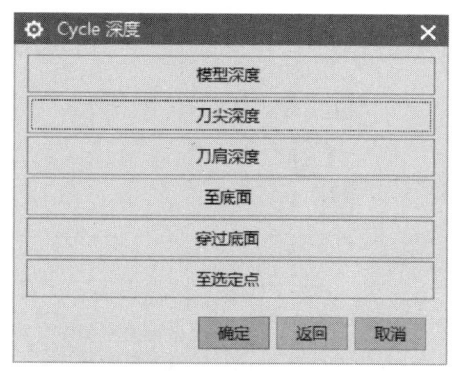

图 7-105　单击"刀尖深度"按钮

单击"Rtrcto -无"按钮,系统弹出安全高度设置类型对话框。单击"距离"按钮,系统弹出"退刀"对话框,在"退刀"文本框中输入值 20.0,单击"确定"按钮,系统返回"Cycle 参数"对话框。单击"确定"按钮,系统返回"沉头孔加工-[COUNTERBORING]"对话框。

图 7-106　指定顶面

(6) 设置最小安全距离

在"最小安全距离"文本框中输入值 3.0。

(7) 设置避让

单击"沉头孔加工-[COUNTERBORING]"对话框中的 按钮,系统弹出避让几何体对话框。

单击"Clearance Plane -无"按钮,系统弹出"安全平面"对话框。单击"指定"按钮,系统弹出"刨"对话框,选取图 7-107 所示的平面为参照平面,在"偏置"选项区的"距离"文本框中输入值 10.0,单击"确定"按钮,系统返回"安全平面"对话框并创建一个安全平面,单击"显示"按钮可以查看创建的安全平面(图 7-108)。

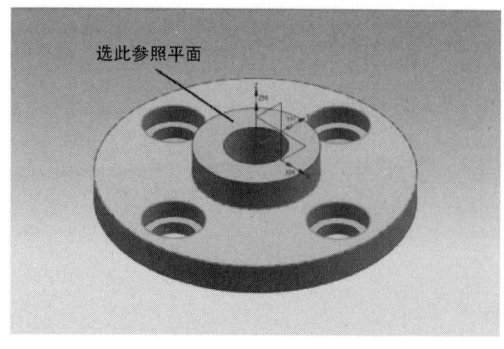

图 7-107　选取参照平面

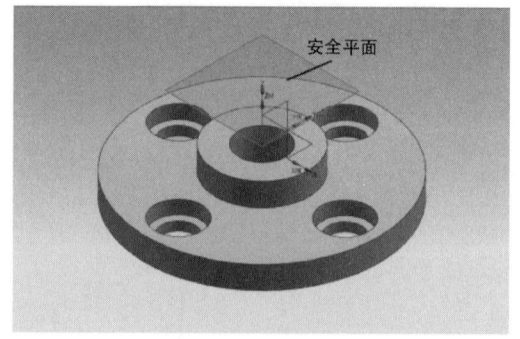

图 7-108　安全平面

单击两次"确定"按钮,返回"沉头孔加工-[COUNTERBORING]"对话框。

(8) 设置进给率和速度

单击"沉头孔加工"对话框中的"进给率和速度"按钮,系统弹出"进给率和速度"对话框。

勾选"主轴速度(rpm)"复选框,在其后的文本框中输入值 600.0,按"Enter"键,然后单击 按钮,在"切削"文本框中输入值 100.0,按"Enter"键,再次单击 按钮,其他参数采用系统默认值。

(9) 生成刀路轨迹并仿真

生成的刀路轨迹如图 7-109 所示,2D 动态仿真加工后的结果如图 7-110 所示。

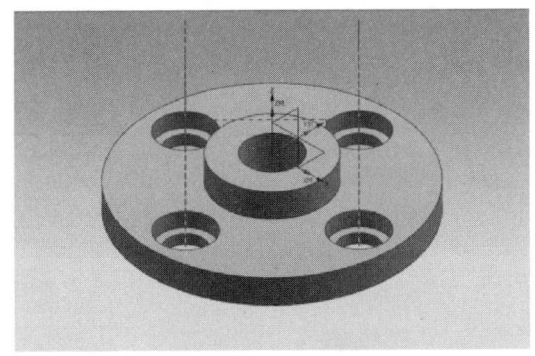

图 7-109　刀路轨迹

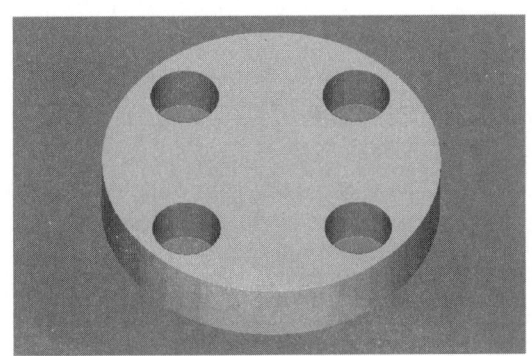

图 7-110　2D 仿真结果

5. 保存文件

在下拉菜单中选择文件→保存,保存文件。

九、铰孔实施过程

用铰刀从工件孔壁上切除微量金属层,以提高其尺寸精度和降低表面粗糙度的加工方法称为铰孔。下面以图 7-111 所示的模型为例,说明创建铰孔加工操作的一般步骤。

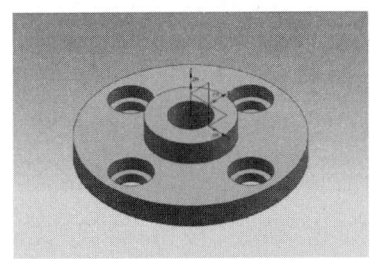

(a) 目标加工零件

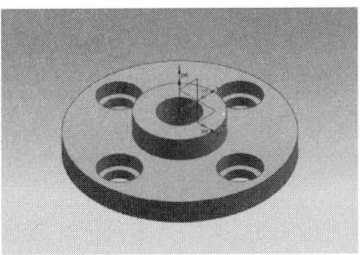

(b) 毛坯零件

(c) 加工结果

图 7-111　铰孔

1. 打开模型文件并进入加工环境

在下拉菜单中选择启动→加工,在系统弹出的"加工环境"对话框的"要创建的 CAM 设置"列表框中选择"drill"选项,单击"确定"按钮,进入加工环境。

2. 创建刀具

在下拉菜单中选择插入→刀具,系统弹出"创建刀具"对话框。

在"类型"下拉列表中选择"drill"选项,在"工序子类型"选项区中选择"REAMER"按钮 ,在"名称"文本框中输入"D50",单击"确定"按钮,系统弹出"钻刀"对话框。

设置刀具参数。在"(D)直径"文本框中输入值 10.0,在"(L)长度"文本框中输入值 120.0,在"(FL)刀刃长度"文本框中输入值 60.0,在"刀具号"文本框中输入值 2,其他参数采用系统默认值,单击"确定"按钮,完成刀具的创建。

3. 创建铰孔工序

(1) 创建工序

在下拉菜单中选择插入→工序,系统弹出"创建工序"对话框。

确定加工方法。在"类型"下拉列表中选择"drill"选项,在"工序子类型"选项区中选择"铰"按钮,在"刀具"下拉列表中选择前面设置的刀具"D10(钻刀)"选项,在"几何体"下拉列表中选择"WORKPIECE"选项,在"方法"下拉列表中选择"DRILL_METHOD"选项,其他参数采用系统默认值。

单击"创建工序"对话框中的"确定"按钮,系统弹出如图 7-112 所示的"铰-[REAMING]"对话框。

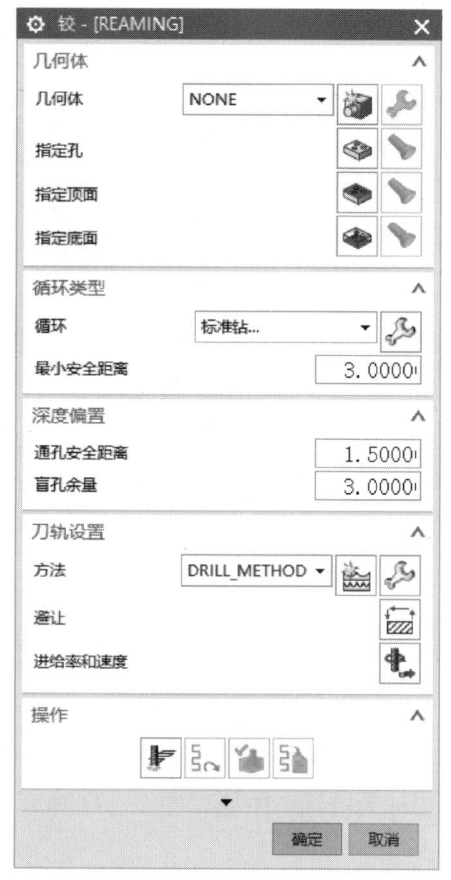

图 7-112 "铰-[REAMING]"对话框

(2) 指定铰孔点并指定顶面

指定铰孔点。单击"铰"对话框"指定孔"右侧的按钮,系统弹出"点到点几何体"对话框,单击"选择"按钮,选取如图 7-113 所示的孔边线,分别单击"点位选择"和"点到点几何体"对话框中的"确定"按钮,返回"铰-[REAMING]"对话框。

指定顶面。单击"指定顶面"右侧的按钮,系统弹出"顶面"对话框,在"顶面选项"下拉列表中选择"面"选项,选取如图 7-114 所示的面为顶面,单击"确定"按钮,返回"铰-[REAMING]"对话框。

(3) 设置刀轴

选择系统默认的"+ZM 轴"作为要加工孔的轴线方向。

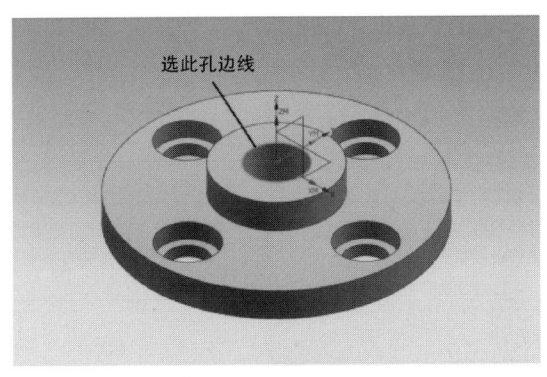
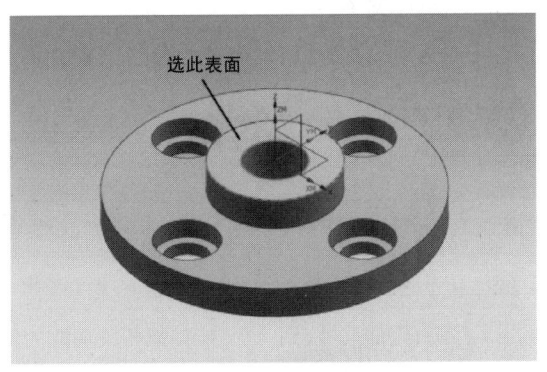

图 7-113　指定铰孔点　　　　　　　图 7-114　指定顶面

（4）设置循环控制参数

在"铰-[REAMING]"对话框的"循环类型"选项区的"循环"下拉列表中选择"标准钻"选项，单击"编辑参数"按钮 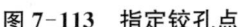，系统弹出"指定参数组"对话框。

采用系统默认的参数设置，单击"确定"按钮，系统弹出"Cycle 参数"对话框，单击"Depth-模型深度"按钮，系统弹出"Cycle 深度"对话框。

单击"刀尖深度"按钮，系统弹出"深度"对话框，在"深度"文本框中输入值 80.0，单击"确定"按钮，返回"Cycle 参数"对话框。

单击"确定"按钮，系统返回"铰-[REAMING]"对话框。

（5）设置一般参数

设置最小安全距离。在"铰-[REAMING]"对话框的"最小安全距离"文本框中输入值 3.0。

设置通孔安全距离。在"铰-[REAMING]"对话框的"通孔安全距离"文本框中输入值 1.5。

（6）设置进给率和速度

单击"铰-[REAMING]"对话框中的"进给率和速度"按钮，系统弹出"进给率和速度"对话框。

勾选"主轴速度（rpm）"复选框，然后在其后方的文本框中输入值 600.0，按"Enter"键，单击按钮，在"进给率"选项区的"切削"文本框中输入值 100.0，按"Enter"键，之后单击按钮，其他参数采用系统默认设置值，单击"确定"按钮。

4. 生成刀路轨迹

生成的刀路轨迹如图 7-115 所示。

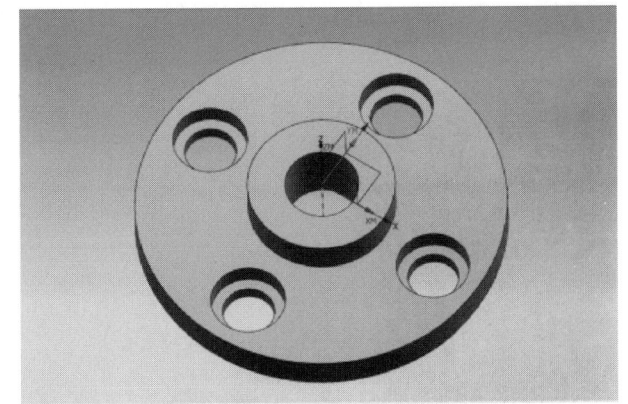

图 7-115　刀路轨迹

5. 保存文件

在下拉菜单中选择文件→保存,保存文件。

任务评价

班级：		姓名：	学号：	成绩：
序号	评价内容	评价标准	评价结果(优/良/合格/不合格)	
1	基础知识的应用	能掌握相关功能的使用方法		
2	数控加工自动编程的基本流程	能按照图纸要求掌握基本操作		
3	安全文明	无安全隐患,无违章操作		

拓展训练

1. 铣削零件外轮廓时用什么方式进行铣削,铣刀的耐用度较高,获得加工面的表面粗糙度值也较小?（   ）

  A. 顺铣   B. 对称铣

  C. 逆铣   D. 立铣

2. 在CAD/CAM系统中,连接CAD、CAM的纽带是(   )。

  A. CAPP   B. CAE

  C. CAM   D. CAD

3. CAM编程时,刀具材料应具备的性能不包括(   )。

  A. 高硬度和耐磨性   B. 足够的强度和韧性

  C. 良好的塑性和导热性   D. 良好的工艺性

4. 盘类零件一般选用哪种方法加工?（   ）

  A. 铣削   B. 车削

  C. 刨削   D. 磨削

5. 进行3轴CAM编程,考虑工件与刀具相对运动关系时,采用(   )的原则编写程序。

  A. 分析机床运动关系后再根据实际情况

  B. 刀具和工件一起移动

  C. 刀具固定不动,工件相对移动

  D. 工件固定不动,刀具相对移动

学习任务 2
数铣零件加工

任务导入

NX CAM 是一款基于 NX 平台的数控编程软件，可以用于各种加工设备的编程和仿真。通过 CAM 学习，学会图 7-116 所示模型零件编程的操作方法。

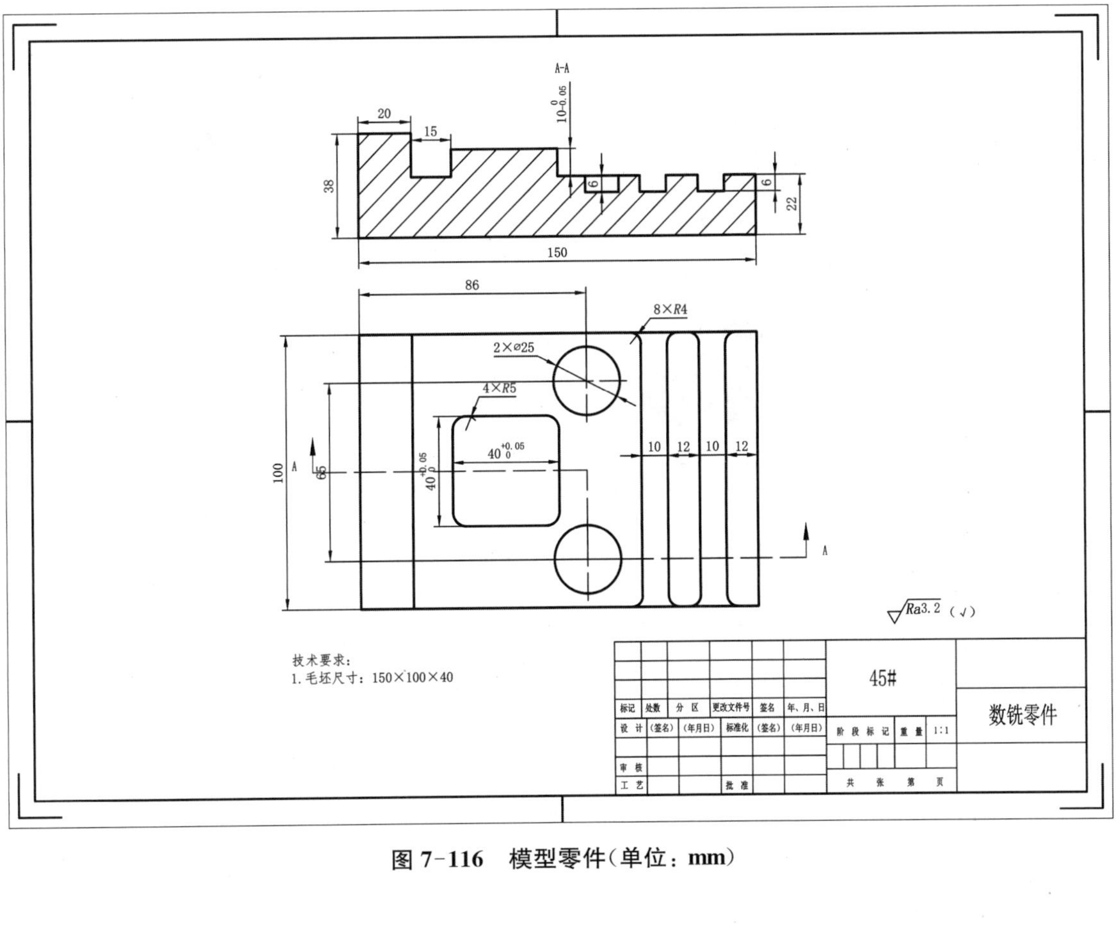

图 7-116 模型零件（单位：mm）

任务流程

1. 参考自动编程方案

设计自动编程的参考方案，内容见表 7-4。

表 7-4 零件加工参考方案

序号	步骤	图示	序号	步骤	图示
1	加工顶面		5	粗加工槽	
2	粗加工零件		6	半精加工槽	
3	半精加工零件		7	精加工槽	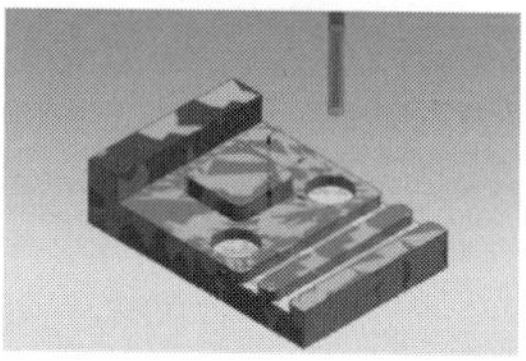
4	精加工零件	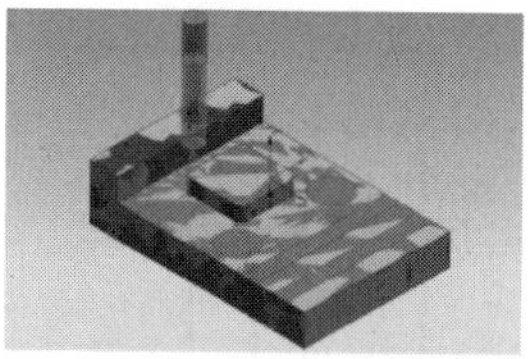			

2. 学生自动编程方案

学生根据自己对 CAM 操作的理解,参照零件加工参考方案,独立设计零件加工方案,并填写表 7-5。

表 7-5 学生零件加工方案

序号	步骤	图示	序号	步骤	图示
1			4		
2			5		
3			6		

(续表)

序号	步骤	图示	序号	步骤	图示
7					
考评结论					

任务实施

一、预习效果检查

1. 判断题

(1) 型腔铣是 NX 的粗加工操作。（　　）

(2) 平面铣是 NX 的粗加工操作。（　　）

2. 填空题

(1) NX 编程中选用的坐标系称为_____。

(2) 在 NX CAM 中，一个操作可以生成____个刀轨。

3. 选择题

(1) 在 NX 中，对零件模型进行平面加工编程应选择(　　)。

　　A. mill_planar　　B. mill_contour　　C. drill　　D. turning

(2) 在数控机床中，机床坐标系的 X 和 Y 轴可以联动，当 X 和 Y 轴固定时，Z 轴可以有上下的移动，这种加工方法称为(　　)。

　　A. 两轴加工　　B. 两轴半加工　　C. 三轴加工　　D. 五轴加工

二、零件结构分析

1. 参考零件分析

零件模型如图 7-117 所示，采用平面铣、型腔铣方法加工。

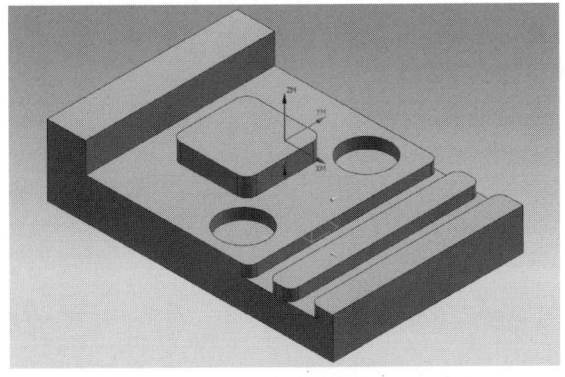

图 7-117　零件模型

2. 学生零件分析

参考以上提示，独立完成零件加工方法分析，并填写表7-6。

表7-6 零件分析

序号	项目	分析结果
1	零件采用加工方法	
2	教师评价	

三、零件加工实施过程

1. 环境初始化

（1）打开模型文件"数控零件.prt"。

（2）选择启动→加工，进入加工环境，系统弹出"加工环境"对话框，按图7-118所示设置。单击"确定"按钮，进入铣削加工界面。

2. 创建刀具

（1）创建D50刀具

在操作导航器的"机床视图"中，选择"GENERIC_MACHINE"节点并单击鼠标右键，在弹出的快捷菜单中选择插入→刀具，或者单击"创建刀具"图标，弹出"创建刀具"对话框，如图7-119所示。单击"刀具子类型"选项区的"MILL"按钮，刀具名称修改为"MILL_50"，单击"应用"按钮，弹出"铣刀-5参数"对话框，各项参数设置如图7-120所示。

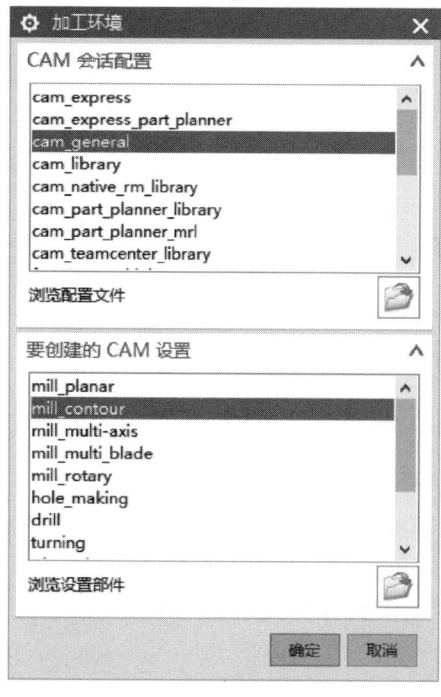

图7-118 "加工环境"对话框

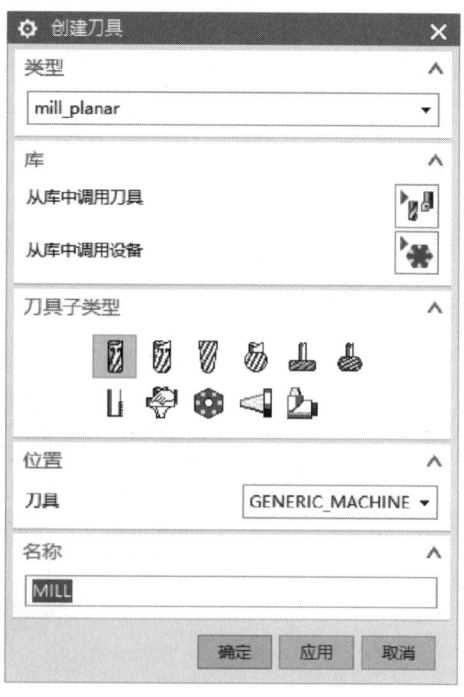

图7-119 "创建刀具"面板

(2) 创建 D12 刀具

单击"刀具子类型"选项区的"MILL"按钮，刀具名称修改为"MILL_12"，单击"应用"按钮，弹出"铣刀-5 参数"对话框，各项参数设置如图 7-121 所示。

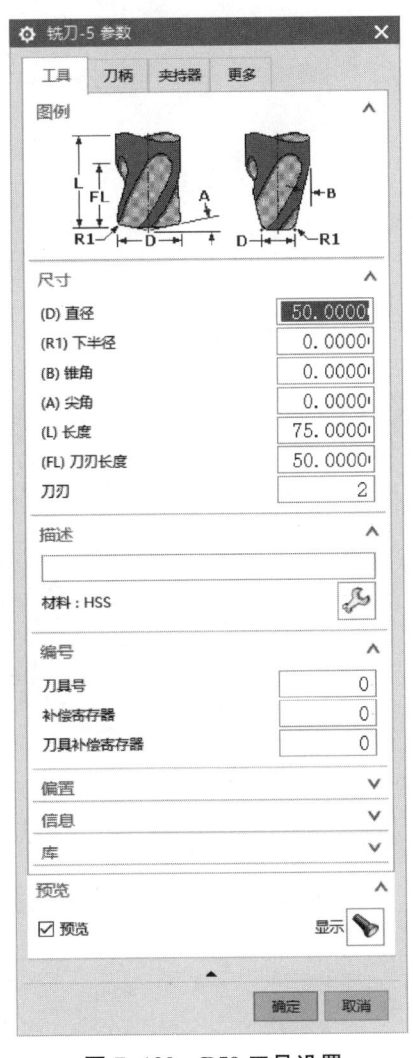

图 7-120 D50 刀具设置

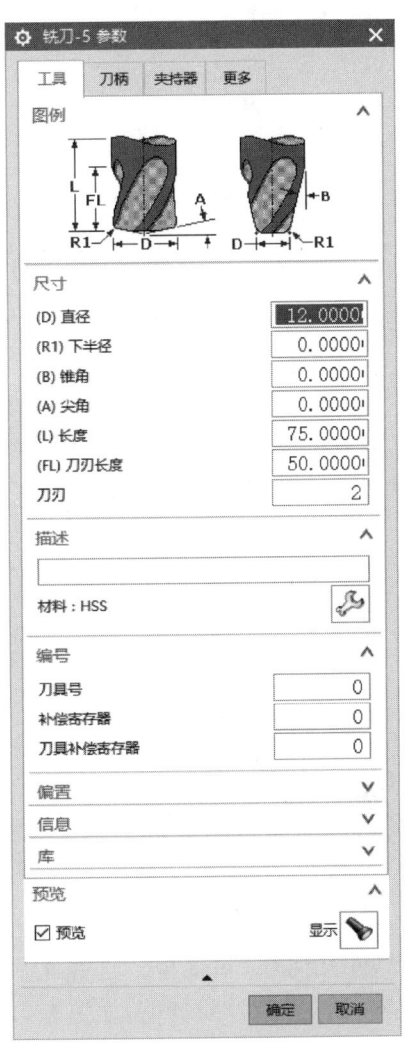

图 7-121 D12 刀具设置

(3) 创建 D8 刀具

单击"刀具子类型"面板中的"MILL"按钮，刀具名称修改为"MILL_8"，单击"应用"按钮，弹出"铣刀-5 参数"对话框，各项参数设置如图 7-122 所示。

3. 创建加工坐标系

(1) 在操作导航器的"几何体视图"中，选择"MCS_MILL"节点并双击鼠标，系统弹出"MCS 铣削"对话框，在"安全设置"中设置安全距离为 30 mm，如图 7-123 所示。

(2) 选择"指定 MCS"按钮定义加工坐标系，系统弹出"CSYS"对话框，类型选择"动态"选项，如图 7-124 所示。

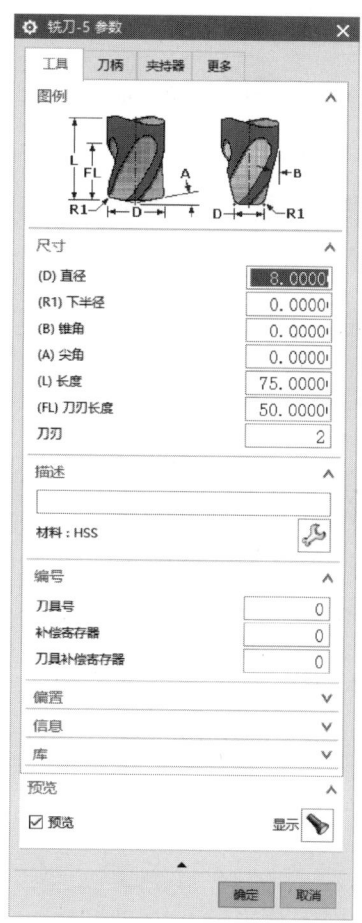

图 7-122 D8 刀具设置

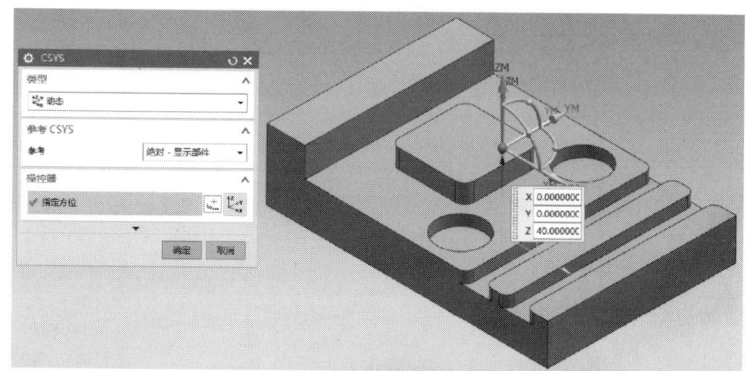

图 7-123 创建安全距离

图 7-124 创建加工坐标系

（3）在几何视图中鼠标双击"WORKPIECE"节点进入"工件"对话框，如图 7-125 所示。单击 按钮进入"部件几何体"对话框。选择工件整体，单击"确定"按钮退出"工件"对话框，如图 7-126 所示。单击 按钮进入"毛坯几何体"对话框。选择零件，单击"确定"按钮退出"毛坯几何体"对话框，如图 7-127 所示。（ZM+2 指毛坯与零件相差 2 mm。）

4. 创建平面铣加工工序（加工顶面）

（1）在"加工创建"工具栏中，单击"创建操作"按钮 ，弹出"创建工序"对话框，单击"平面铣"按钮 ，其他各项参数设置如图 7-128 所示。单击"确定"按钮，弹出"平面铣-[PLANAR_MILL]"对话框，参数设置如图 7-129 所示。

图 7-125 "工件"对话框

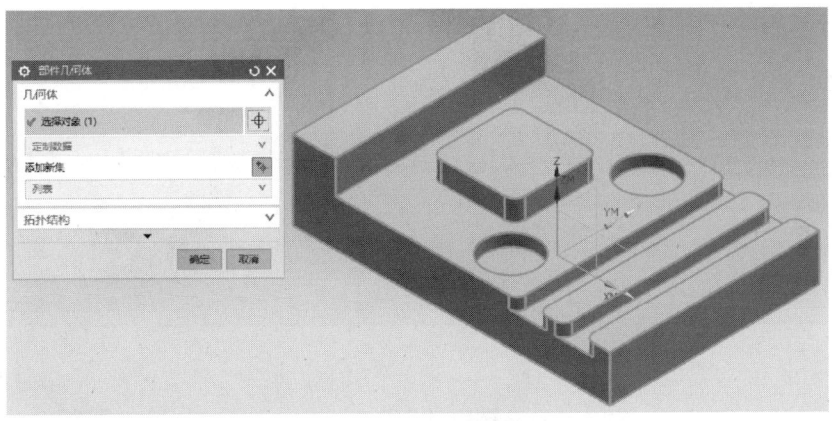

图 7-126　部件几何体设置

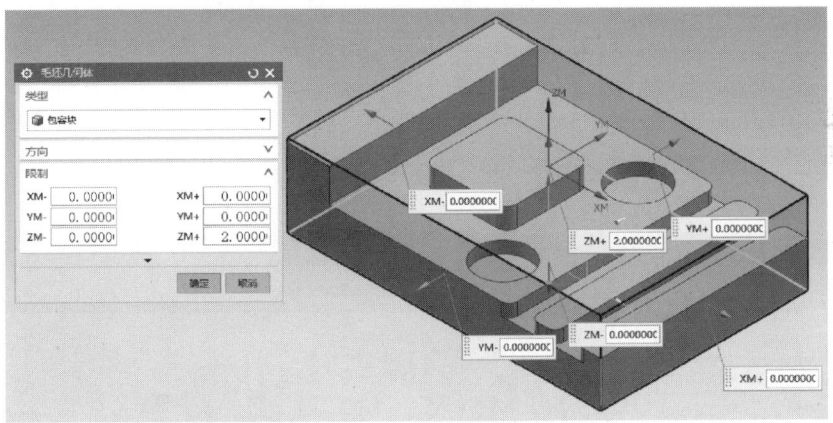

图 7-127　毛坯几何体设置

图 7-128　"创建工序"对话框

图 7-129　"平面铣-[PLANAR_MILL]"对话框

(2) 在"平面铣-[PLANAR_MILL]"对话框中选择"指定毛坯边界"按钮，进入"编辑边界"对话框，选中区域如图 7-130 所示。

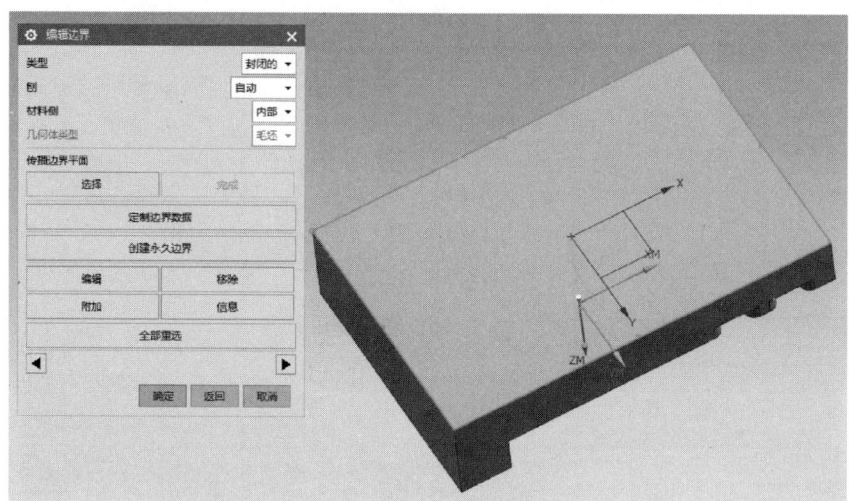

图 7-130 指定毛坯边界设置

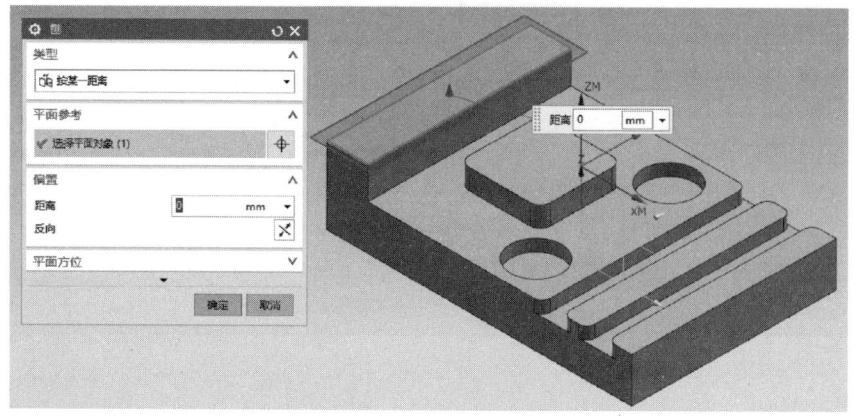

图 7-131 指定底面

(3) 在"平面铣-[PLANAR_MILL]"对话框中选择"指定底面"按钮进入"刨"对话框，选中区域如图 7-131 所示。

(4) 选择切削方式。单击"平面铣-[PLANAR_MILL]"对话框中的"往复"按钮，确定切削方式。

(5) 单击"刀轨设置"标签，弹出"刀轨设置"选项卡，参数设置如图 7-132 所示。

(6) 单击"切削层"按钮，弹出"切削层"对话框，各项参数设置如图 7-133 所示。

图 7-132 "刀轨设置"选项卡

(7) 单击"非切削移动"按钮，弹出"非切削移动"对话框，单击"进刀"选项卡，设置各项参数如图 7-134 所示。（未修改选项卡按照系统默认值设置。）

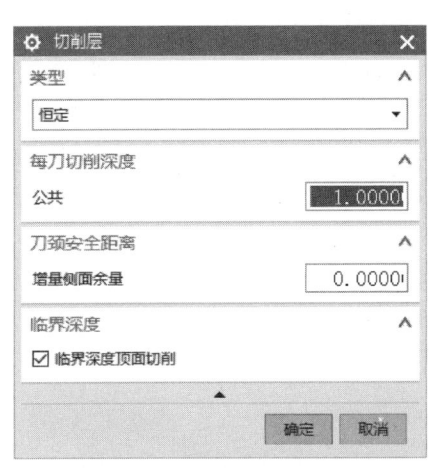

图 7-133 "切削层"对话框

图 7-134 "进刀"选项卡

(8) 生成刀轨。在"平面铣-[PLANAR_MILL]"对话框中，单击"生成刀轨"按钮，查看生成的铣加工的刀具轨迹，如图 7-135 所示。仿真后的效果如图 7-136 所示。

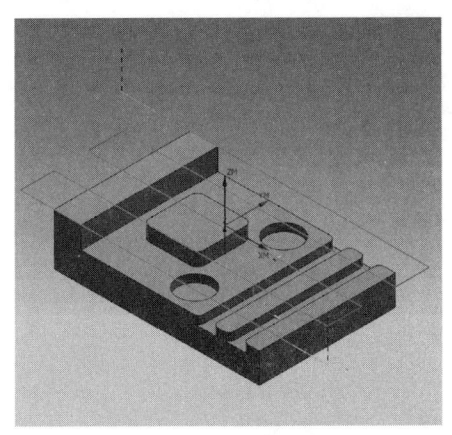

图 7-135 刀具轨迹

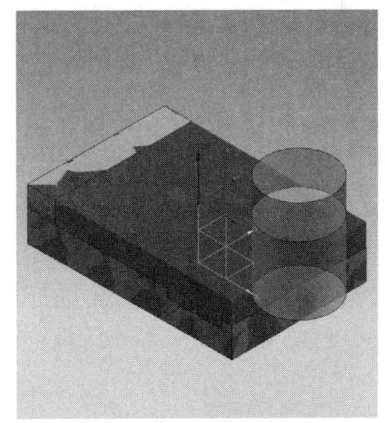

图 7-136 仿真效果图

5. 创建型腔铣加工工序（精加工零件）

(1) 在"加工创建"工具栏中，单击"创建操作"按钮，弹出"创建工序"对话框，单击"型腔铣"按钮，该对话框中的各项参数设置如图 7-137 所示。单击"确定"按钮，弹出"型腔铣-[CAVITY_MILL]"对话框，参数设置如图 7-138 所示。

图 7-137 "创建工序"对话框

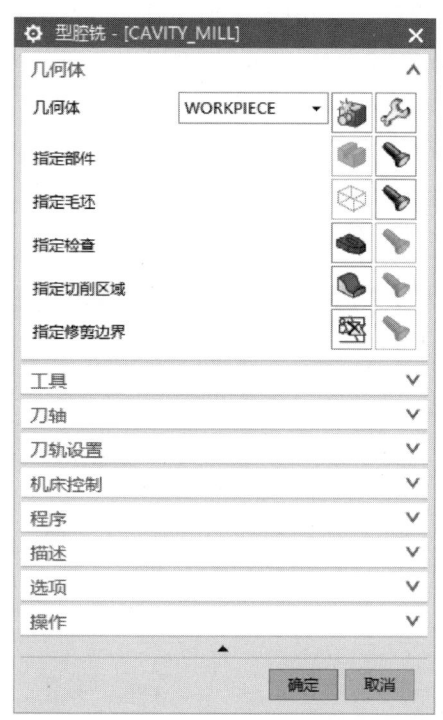

图 7-138 "型腔铣-[CAVITY_MILL]"对话框

(2) 选择切削方式。单击"型腔铣-[CAVITY_MILL]"对话框中的"跟随周边"按钮,确定加工操作的切削方式。

(3) 单击"刀轨设置"标签,弹出"刀轨设置"选项卡,参数设置如图 7-139 所示。

(4) 单击"切削层"按钮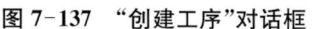,弹出"切削层"对话框。在"切削层"对话框中,各项参数设置如图 7-140 所示。

图 7-139 "刀轨设置"选项卡

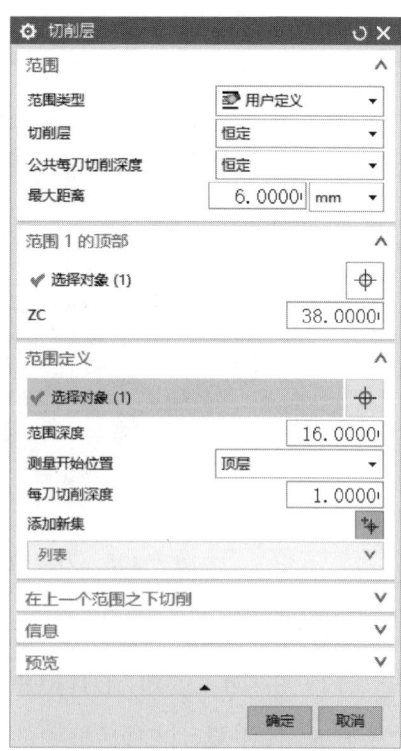

图 7-140 "切削层"对话框

(5) 单击"切削参数"按钮, 弹出"切削参数"对话框。在"切削参数"对话框中依次打开"连接"选项卡和"余量"选项卡, 各项参数设置如图 7-141 所示。（未修改选项卡按照系统默认值设置。）

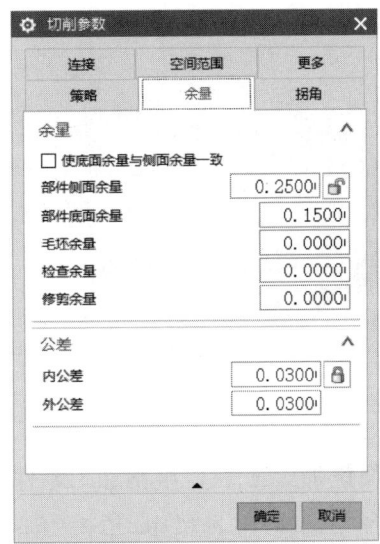

图 7-141 "切削参数"对话框

(6) 单击"非切削移动"按钮, 弹出"非切削移动"对话框。打开"进刀"选项卡和"转速/快速"选项卡, 各项参数设置如图 7-142 所示。（未修改选项卡按照系统默认值设置。）

图 7-142 "非切削移动"对话框

(7) 生成刀轨

在"型腔铣-[CAVITY_MILL]"对话框中,单击"生成刀轨"按钮 ,查看生成的铣加工的刀具轨迹,如图 7-143 所示。仿真后的效果如图 7-144 所示。

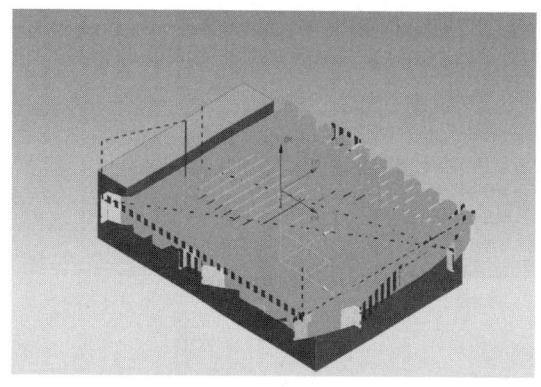

图 7-143 刀具轨迹

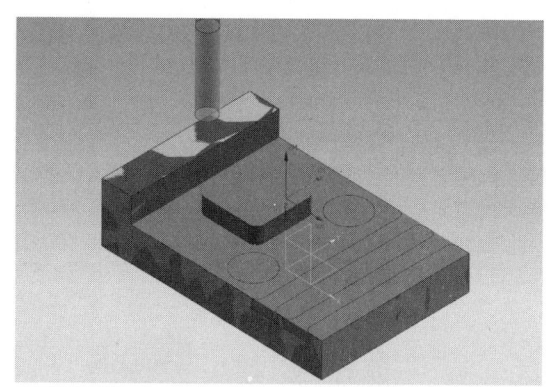

图 7-144 仿真效果图

6. 创建面铣加工工序 1(半精加工零件)

(1) 在"加工创建"工具栏中,单击"创建操作"按钮 ,弹出"创建工序"对话框,单击"面铣"按钮 ,其他各项参数设置如图 7-145 所示。单击"确定"按钮,弹出"面铣-[FACE_MILLING_1]"对话框,参数设置如图 7-146 所示。

图 7-145 "创建工序"对话框

图 7-146 "面铣-[FACE_MILLING_1]"对话框

(2)选择切削方式。单击"面铣-[FACE_MILLING_1]"对话框中的"跟随周边"按钮,确定加工操作的切削方式。

(3)单击"刀轨设置"标签,弹出"刀轨设置"选项卡,参数设置如图7-147所示。

图7-147 "刀轨设置"选项卡

(4)在"面铣-[FACE_MILLING_1]"对话框中选择"指定面边界"按钮,进入"毛坯边界"对话框,选中区域如图7-148所示。

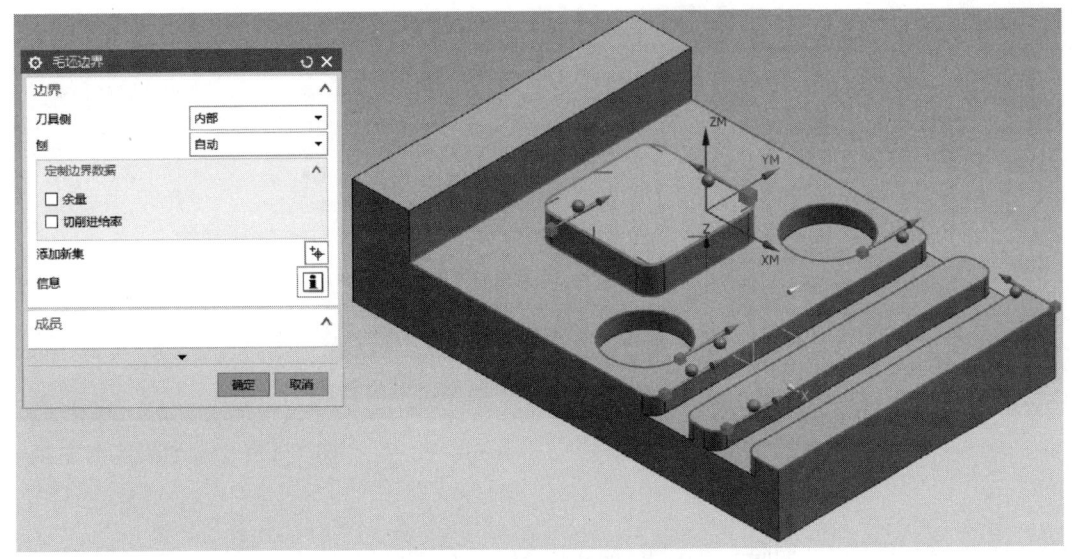

图7-148 指定毛坯边界设置

（5）单击"切削参数"按钮 ，弹出"切削参数"对话框。在"切削参数"对话框中分别打开"策略""余量""连接""拐角"选项卡，各项参数设置如图 7-149 所示。（未修改选项卡按照系统默认值设置。）

（6）单击"非切削移动"按钮 ，弹出"非切削移动"对话框。打开"进刀"选项卡，各项参数设置如图 7-150 所示。（未修改选项卡按照系统默认值设置。）

图 7-149 "切削参数"选项卡

图 7-150 "非切削移动"选项卡

（7）生成刀轨。在"面铣-[FACE_MILLING_1]"对话框中，单击"生成刀轨"按钮 ，查看生成的铣加工的刀具轨迹，如图 7-151 所示。仿真后的效果如图 7-152 所示。

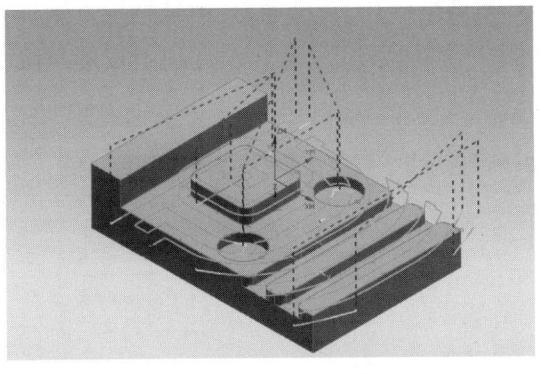

图 7-151 刀具轨迹

图 7-152 仿真效果图

7. 创建面铣加工工序 2（精加工零件）

（1）在"创建工序"对话框中单击"面铣"按钮 ，该对话框中的各项参数设置同图 7-145。单击"确定"按钮，弹出"面铣-[FACE_MILLING_1]"对话框，参数设置同图 7-146。

（2）选择切削方式。单击"面铣-[FACE_MILLING_1]"对话框中的"轮廓"按钮，确定加工操作的切削方式。

（3）单击"刀轨设置"标签，弹出"刀轨设置"选项卡，参数设置如图 7-153 所示。

（4）在"面铣-[FACE_MILLING_1]"对话框中选择"指定面边界"按钮 ，进入"毛坯边界"对话框，选中区域如图 7-154 所示。

图 7-153 "刀轨设置"选项卡

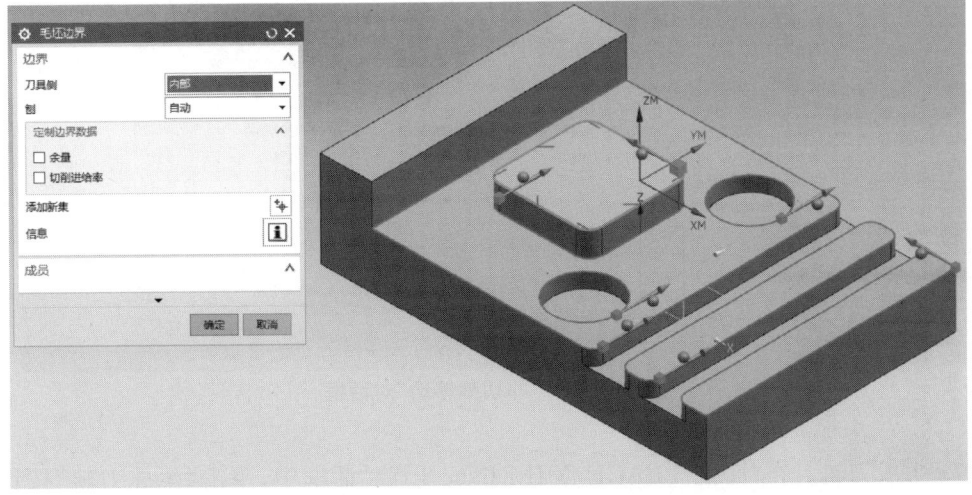

图 7-154 指定面边界设置

（5）单击"切削参数"按钮，弹出"切削参数"对话框。在"切削参数"对话框中分别打开"策略""连接""拐角"选项卡，各项参数设置如图7-155所示。（未修改选项卡按照系统默认值设置。）

图7-155 "切削参数"对话框

（6）单击"非切削移动"按钮，弹出"非切削移动"对话框。在"非切削移动"对话框中分别打开"进刀"和"转速/快速"选项卡，各项参数设置如图7-156所示。（未修改选项卡按照系统默认值设置。）

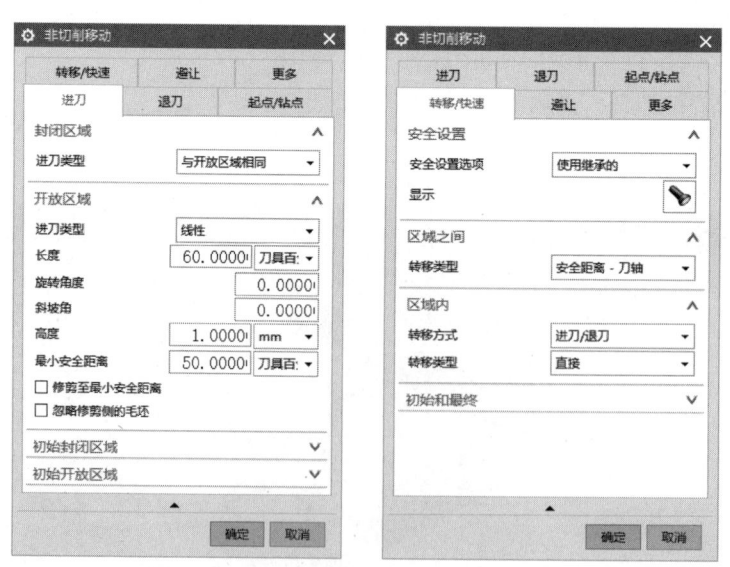

图7-156 "非切削移动"对话框

（7）生成刀轨。在"面铣-[FACE_MILLING_1]"对话框中，单击"生成刀轨"按钮，查看生成的铣加工的刀具轨迹，如图7-157所示。仿真后的效果如图7-158所示。

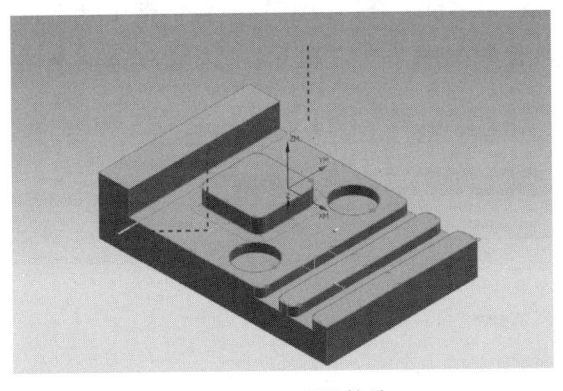

图 7-157　刀具轨迹

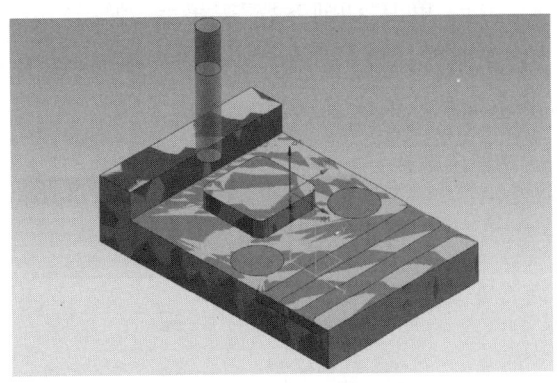

图 7-158　仿真效果图

8. 创建面铣加工工序 3（精加工槽）

（1）在"创建工序"对话框中单击"面铣"按钮，该对话框中的各项参数设置同图 7-145。单击"确定"按钮，弹出"面铣-[FACE_MILLING_1]"对话框，参数设置同图 7-146。

（2）选择切削方式。单击"面铣-[FACE_MILLING_1]"对话框中的"跟随部件"按钮，确定加工操作的切削方式。

（3）单击"刀轨设置"标签，弹出"刀轨设置"选项卡，参数设置如图 7-159 所示。

（4）在"面铣-[FACE_MILLING_1]"对话框中选择"指定面边界"按钮，进入"毛坯边界"对话框，选中区域如图 7-160 所示。

图 7-159　"刀轨设置"选项卡

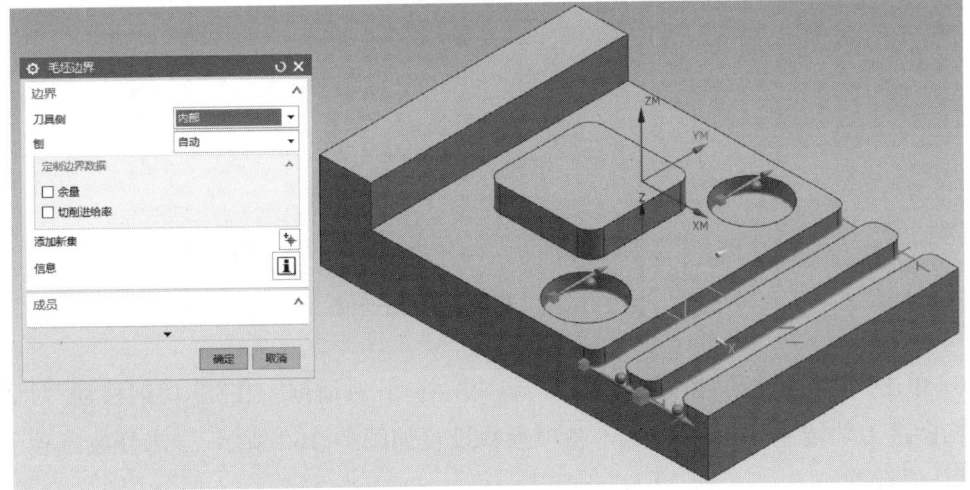

图 7-160　指定面边界设置

(5)单击"切削参数"按钮,弹出"切削参数"对话框。在"切削参数"对话框中分别打开"策略""连接""拐角""余量"选项卡,各项参数设置如图7-161所示。(未修改选项卡按照系统默认值设置。)

图 7-161 "切削参数"对话框

(6)单击"非切削移动"按钮,弹出"非切削移动"对话框。在"非切削移动"对话框中分别打开"进刀""转速/快速"选项卡,各项参数设置如图7-162所示。(未修改选项卡按照系统默认值设置。)

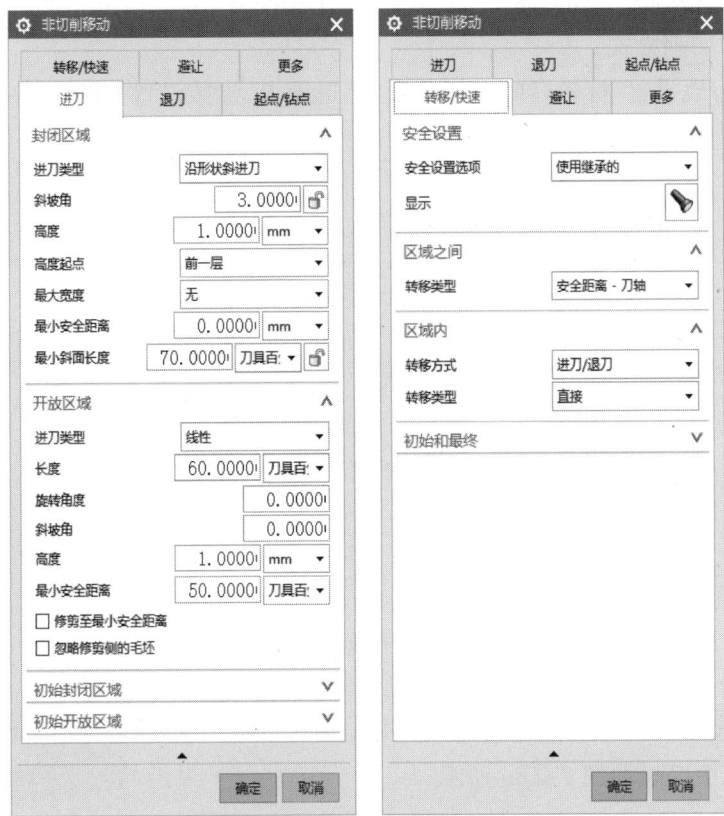

图 7-162 "非切削移动"对话框

(7) 生成刀轨。在"面铣-[FACE_MILLING_1]"对话框中单击"生成刀轨"按钮，查看生成的铣加工的刀具轨迹，如图 7-163 所示。仿真后的效果如图 7-164 所示。

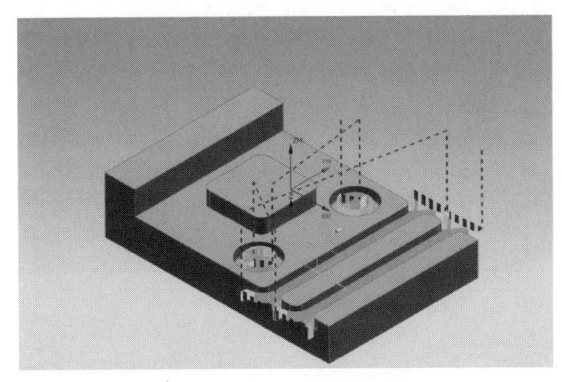

图 7-163　刀具轨迹

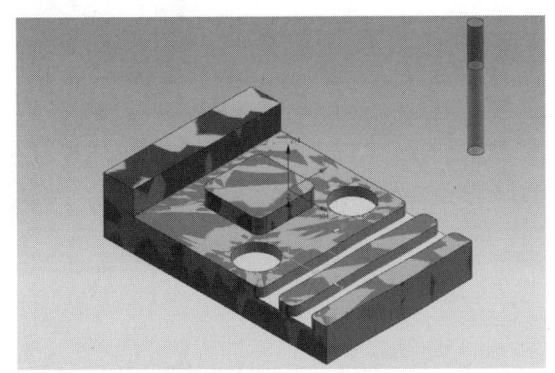

图 7-164　仿真效果图

9. 创建面铣加工工序 4（半精加工槽）

(1) 在"创建工序"对话框中单击"面铣"按钮，该对话框中的各项参数设置同图 7-145。单击"确定"按钮，弹出"面铣-[FACE_MILLING_1]"对话框，参数设置同图 7-146。

（2）选择切削方式。单击"面铣-[FACE_MILLING_1]"对话框中的"跟随部件"按钮，确定加工操作的切削方式。

（3）单击"刀轨设置"标签，弹出"刀轨设置"选项卡，参数设置如图7-165所示。

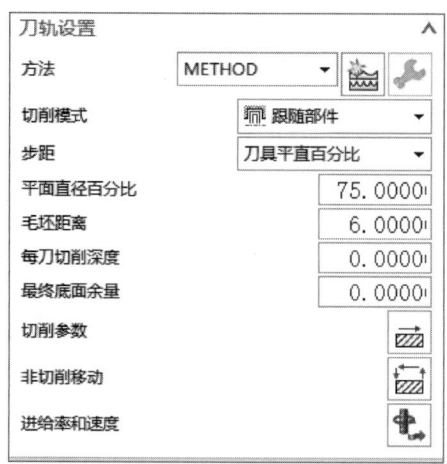

图7-165 "刀轨设置"选项卡

（4）在"面铣-[FACE_MILLING_1]"对话框中选择"指定面边界"按钮，进入"毛坯边界"对话框，选中区域如图7-166所示。

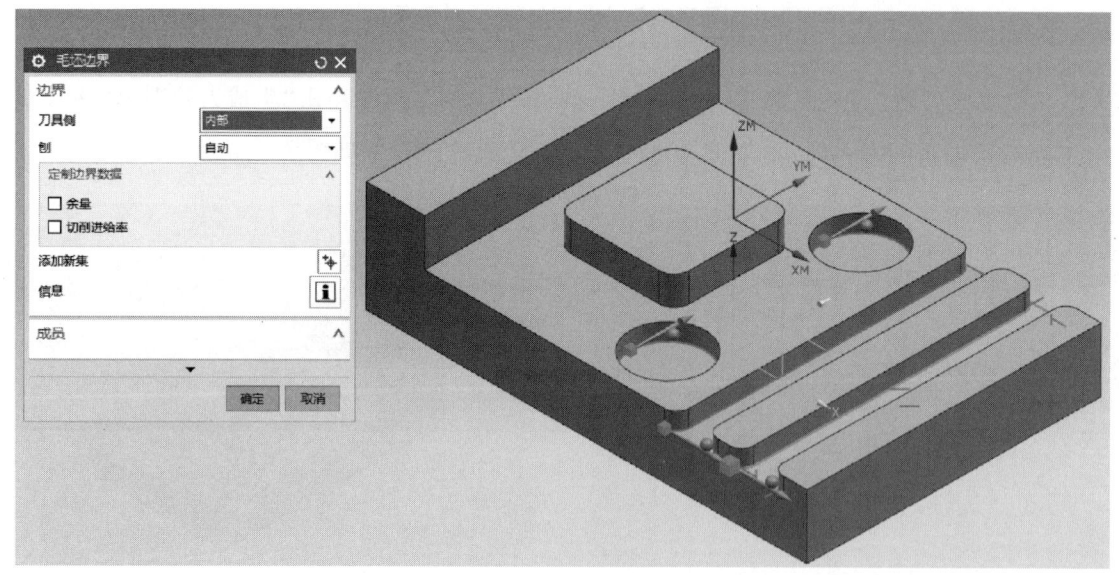

图7-166 指定面边界设置

（5）单击"切削参数"按钮，弹出"切削参数"对话框。在"切削参数"对话框中分别打开"策略""连接""拐角""余量"选项卡，各项参数设置如图7-167所示。（未修改选项卡按照系统默认值设置。)

图 7-167 "切削参数"对话框

（6）单击"非切削移动"按钮，弹出"非切削移动"对话框。在"非切削移动"对话框中打开"进刀""转速/快速"选项卡，各项参数设置如图 7-168 所示。（未修改选项卡按照系统默认值设置。）

（7）生成刀轨。在"面铣-[FACE_MILLING_1]"对话框中，单击"生成刀轨"按钮，查看生成的铣加工的刀具轨迹，如图 7-169 所示。仿真后的效果如图 7-170 所示。

图 7-168　"非切削移动"对话框

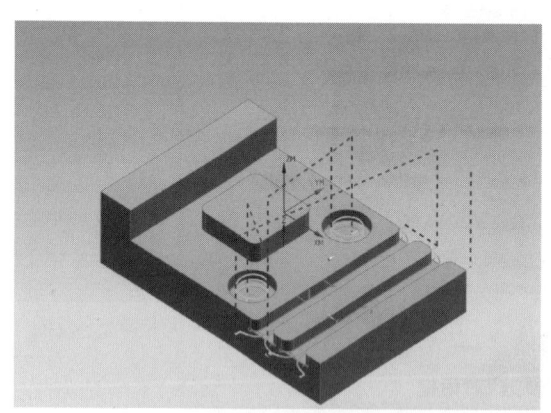

图 7-169　刀具轨迹

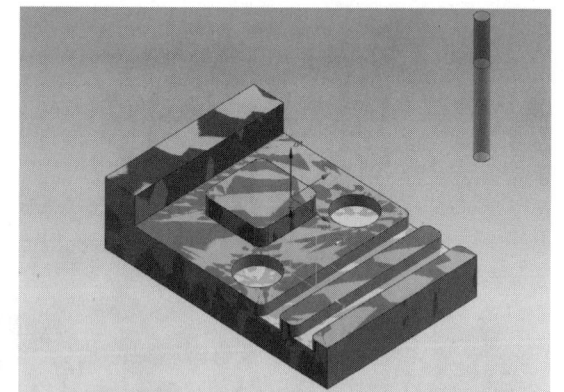

图 7-170　仿真效果图

10. 创建面铣加工工序 5（精加工槽）

(1) 在"创建工序"对话框中单击"面铣"按钮，该对话框中的各项参数设置同图 7-145。单击"确定"按钮，弹出"面铣-[FACE_MILLING_1]"对话框，参数设置同图 7-146。

(2) 选择切削方式。单击"面铣-[FACE_MILLING_1]"对话框中的"轮廓"按钮，确定加工操作的切削方式。

(3) 单击"刀轨设置"标签,弹出"刀轨设置"选项卡,参数设置如图 7-171 所示。

图 7-171 "刀轨设置"选项卡

(4) 在"面铣-[FACE_MILLING_1]"对话框中选择"指定面边界"按钮,进入"毛坯边界"对话框,选中区域如图 7-172 所示。

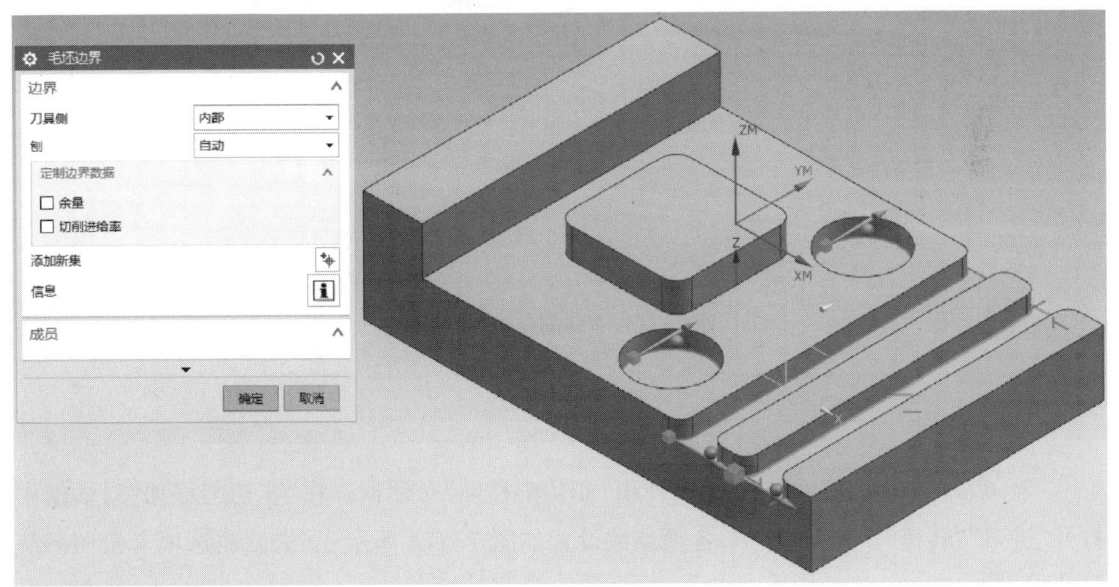

图 7-172 指定面边界设置

(5) 单击"切削参数"按钮,弹出"切削参数"对话框。在"切削参数"对话框中分别打开"策略""连接""拐角""余量"选项卡,各项参数设置如图 7-173 所示。(未修改选项卡按照系统默认值设置。)

图 7-173 "切削参数"对话框

(6) 单击"非切削移动"按钮，弹出"非切削移动"对话框。在"非切削移动"对话框中打开"进刀""转速/快速"选项卡，各项参数设置如图 7-174 所示。(未修改选项卡按照系统默认值设置。)

(7) 生成刀轨。在"面铣-[FACE_MILLING_1]"对话框中，单击"生成刀轨"按钮，查看生成的铣加工的刀具轨迹，如图 7-175 所示。仿真后的效果如图 7-176 所示。

项目七 数控加工自动编程

图 7-174 "非切削移动"对话框

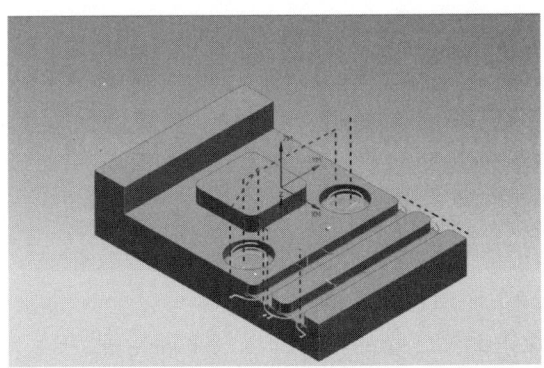

图 7-175 刀具轨迹

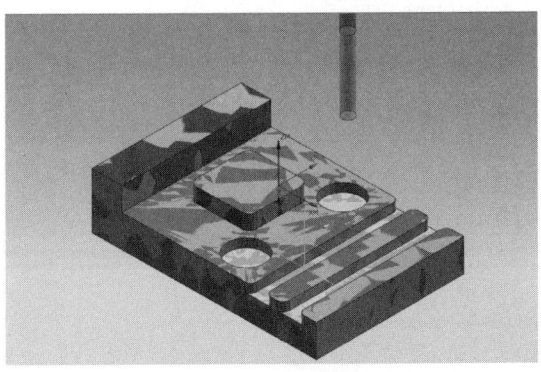

图 7-176 仿真效果图

任务评价

班级：		姓名：	学号：	成绩：
序号	评价内容	评价标准	评价结果(优/良/合格/不合格)	
1	基础知识的应用	能掌握相关功能的使用方法		
2	数控加工自动编程的基本流程	能按照图纸合理设计基本流程		
3	安全文明	无安全隐患,无违章操作		

拓展训练

1. 下列对 NX 等高铣削特性描述错误的是(　　)。
   A. 使用刀具有限制　　　　　　　　B. 可自动探测 undercut 区域
   C. 刀具路径形式较为多样化　　　　D. 可以产生刀具受力均匀的加工路径

2. CAM 编程时,对于变斜角类零件的变斜角面进行近似加工,一般采用哪种铣刀?
   (　　)
   A. 键槽铣刀　　　B. 面铣刀　　　C. 鼓形铣刀　　　D. 立铣刀

3. 以下哪一项不属于 CAM 铣削编程时走刀路线的路径选择原则?(　　)
   A. 选择零件在加工后变形小的路线　　B. 刀具与非加工面保持干涉
   C. 数值计算简单　　　　　　　　　　D. 进给路径尽可能短

4. "软件计算出加工区域的平面轨迹后,再将平面轨迹投影于曲面,生成刀具轨迹"的步骤是用于描述哪种铣削的?(　　)
   A. 沿面铣削　　　B. 等高铣削　　　C. 插式铣削　　　D. 混合铣削

5. 以下刀具选择与加工场景对应匹配的是(　　)。
   A. 鼓形铣刀:加工曲面较多的零件表面
   B. 键槽铣刀:加工凹槽较小的台阶面以及平面轮廓
   C. 面铣刀:加工较大的平面
   D. 立铣刀:加工封闭的槽

学习任务 3

底 座 加 工

任务导入

通过 CAM 加工操作的学习,掌握图 7-177 模型零件编程的操作方法。

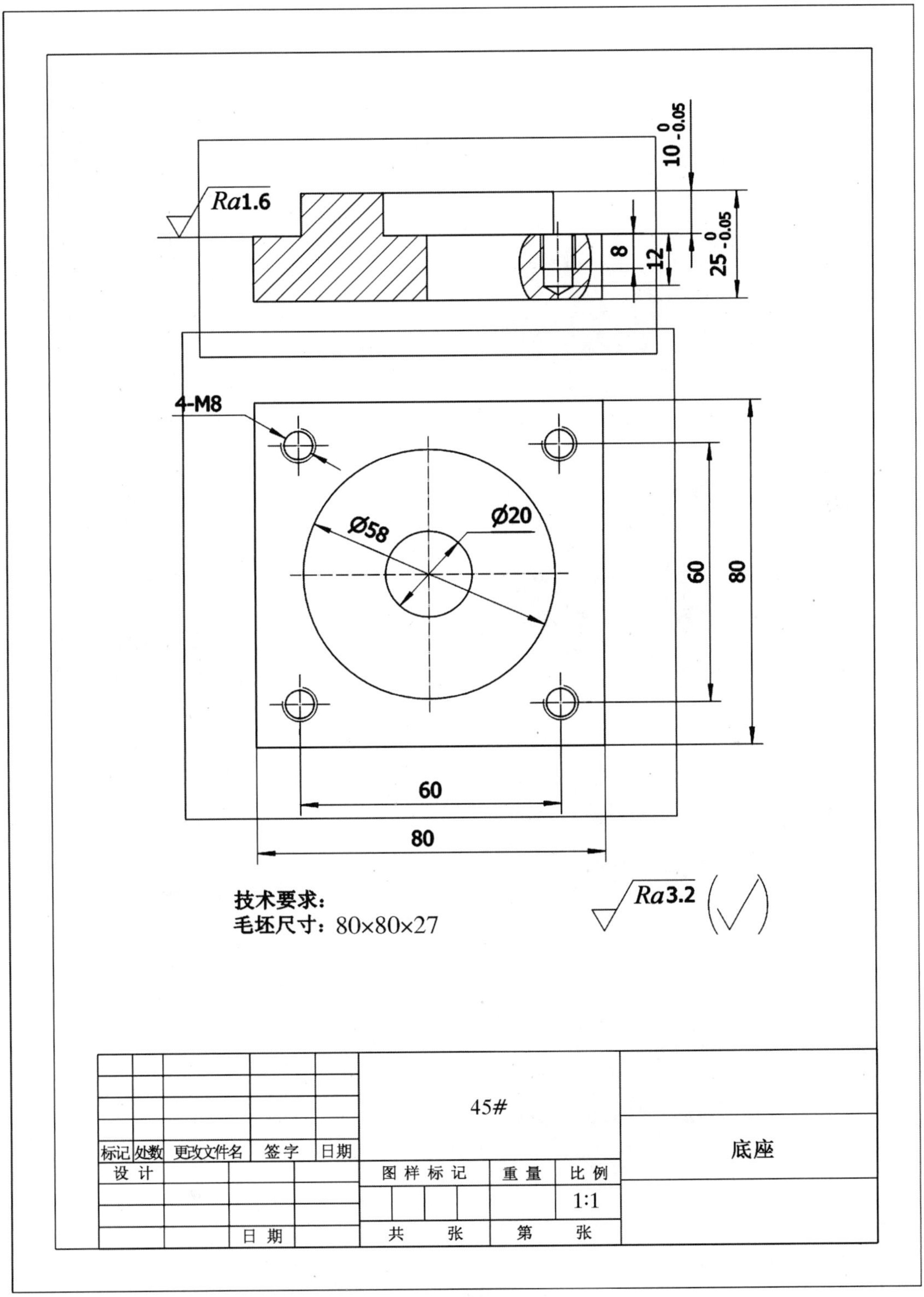

项目七 数控加工自动编程

图 7-177 底座图纸（单位：mm）

任务流程

1. 参考自动编程方案

设计自动编程的参考方案,内容见表 7-7。

表 7-7 零件加工参考方案

序号	步骤	图示	序号	步骤	图示
1	创建轮廓粗加工工序	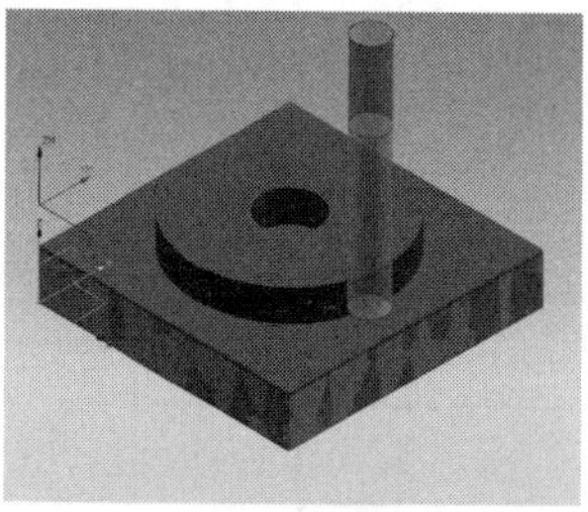	5	创建中心钻加工工序	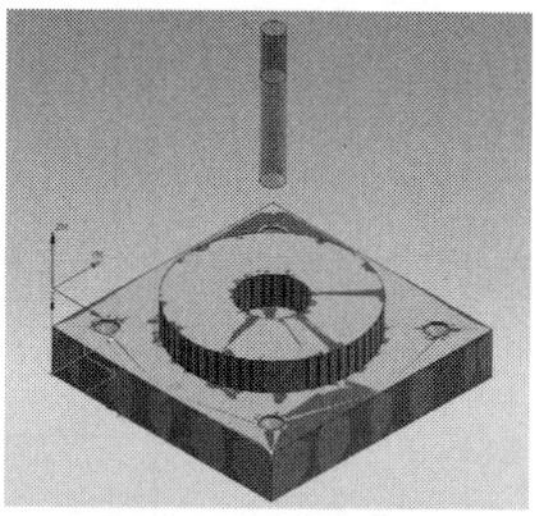
2	创建上表面精加工工序		6	创建钻孔加工工序	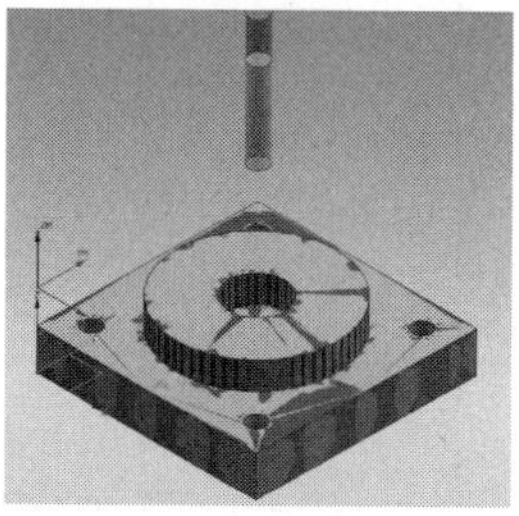
3	创建底面精加工工序	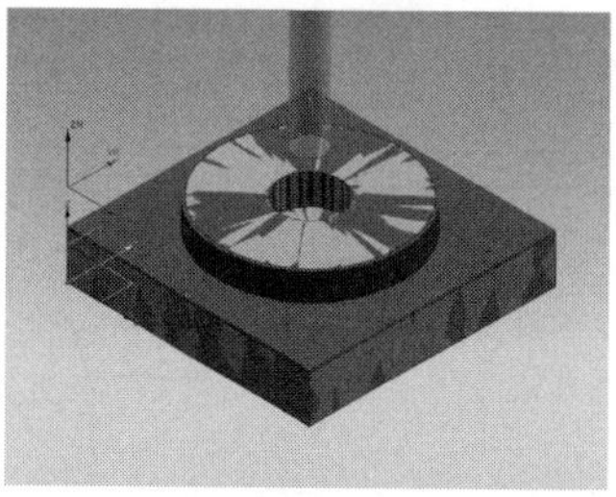	7	创建攻螺纹加工工序	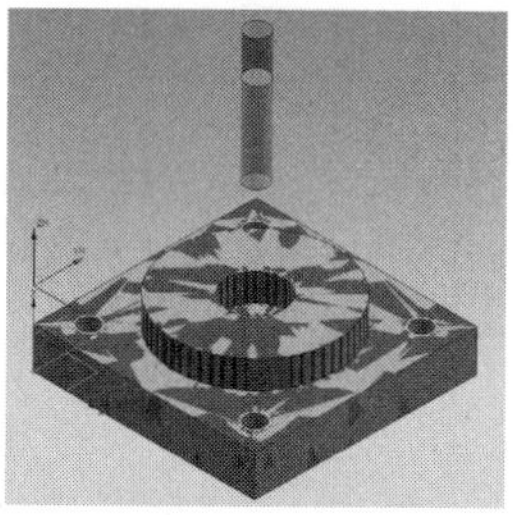
4	创建型腔精加工工序	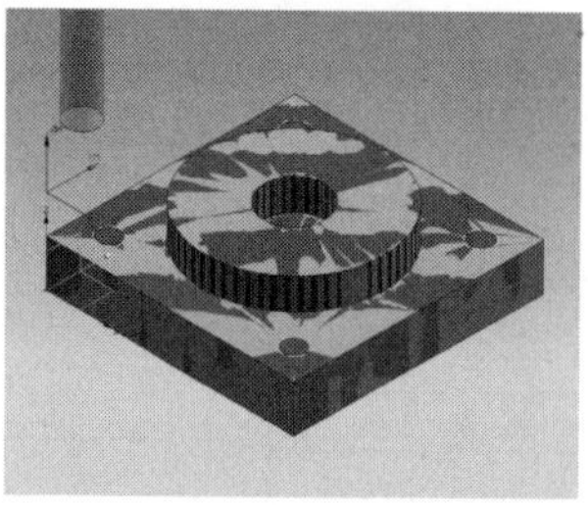			

2. 学生自动编程方案

学生根据自己对 CAM 操作的理解,参照零件加工参考方案,独立设计零件加工方案,并填写表 7-8。

表 7-8 学生零件加工方案

序号	步骤	图示	序号	步骤	图示
1			5		
2			6		
3			7		
4					
考评结论					

任务实施

一、预习效果检查

1. 判断题

（1）"加工环境"对话框只有在首次进入加工模块时才出现。（　　）

（2）NX 固定轴铣削中可控制逆铣和顺铣切削以及沿螺旋路线进刀。（　　）

2. 填空题

（1）编程操作中使用的刀具可以用两种方法获得，分别是_____、_____。

（2）操作导航工具有四种视图显示方式，分别是_____、_____、_____、_____。

3. 选择题

（1）在数控曲面铣削加工中，不常用的铣刀形式是(　　)。

　　A. 平底铣刀　　　B. 球面铣刀　　　C. 锥面铣刀　　　D. 圆角铣刀

（2）CAM 铣削编程时，"往复"切削模式是指(　　)。

　　A. 单向切削　　　B. 双向切削　　　C. 单向轮廓　　　D. 跟随周边

二、零件结构分析

1. 参考零件分析

零件模型如图 7-178 所示,采用平面铣削、型腔铣削、钻孔、攻螺纹方法加工。

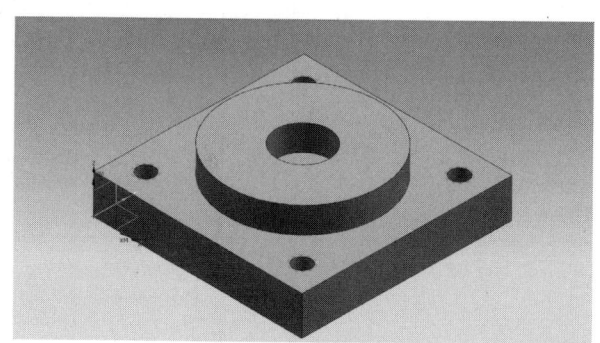

图 7-178 零件模型

2. 学生零件分析

参考以上提示,独立完成零件加工方法分析,并填写表 7-9。

表 7-9 零件分析

序号	项目	分析结果
1	零件采用加工方法	
2	教师评价	

三、零件加工实施过程

1. 环境初始化

(1) 打开模型文件"底座.prt"。

(2) 选择启动→加工,进入加工环境,系统弹出"加工环境"对话框,按图 7-179 所示设置。单击"确定"按钮,进入铣削加工界面。

2. 创建刀具

(1) 创建粗加工刀具

在操作导航器的"机床视图"中,选择"GENERIC_MACHINE"节点并单击鼠标右键,在弹出的快捷菜单中选择插入→刀具,或者单击"创建刀具"图标,弹出"创建刀具"对话框,如图 7-180 所示。单击"刀具子类型"选项区的"MILL"按钮,刀具名称修改为"MILL_10"。单击"应用"按钮,弹出"铣刀-5参数"对话框,各项参数设置如图 7-181 所示。

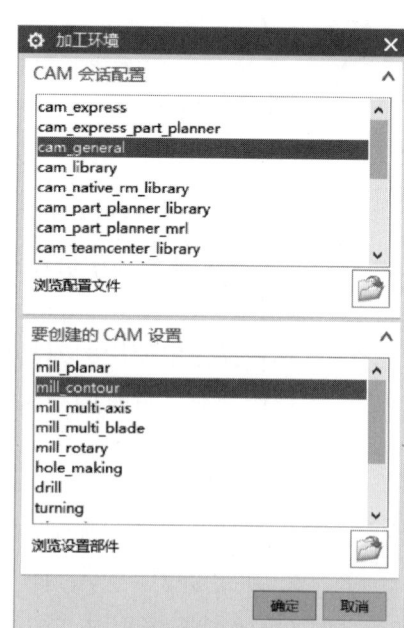

图 7-179 "加工环境"对话框

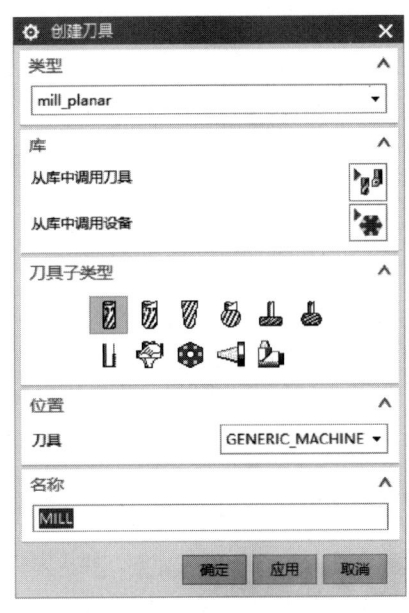

图 7-180 "创建刀具"对话框

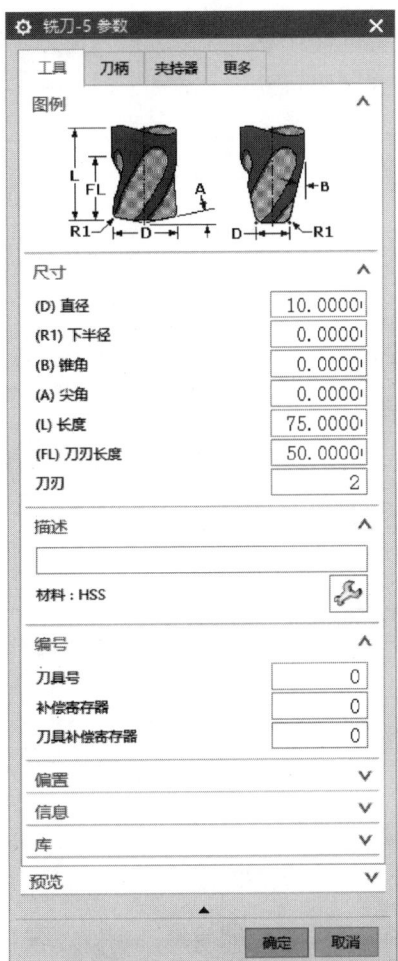

图 7-181 粗加工刀具设置

（2）创建定位钻刀具

在"创建刀具"对话框的"类型"下拉列表中选择"drill"选项，单击"刀具子类型"选项区的"SPOTDRILLING_TOOL"按钮 ，刀具名称默认为"SPOTDRILLING_TOOL"。单击"应用"按钮，弹出"钻刀"对话框，各项参数设置如图 7-182 所示。

（3）创建钻孔刀具

在"创建刀具"对话框的"类型"下拉列表中选择"drill"选项，单击"刀具子类型"选项区的"DRILLING_TOOL"按钮 ，刀具名称修改为"DRILLING_TOOL_6.8"。单击"应用"按钮，弹出"钻刀"对话框，各项参数设置如图 7-183 所示。

（4）创建螺纹刀具

在"创建刀具"对话框的"类型"下拉列表中选择"drill"选项，单击"刀具子类型"选项区的"TAP"按钮 ，刀具名称修改为"TAP-M8"。单击"应用"按钮，弹出"钻刀"对话框，各项参数设置如图 7-184 所示。

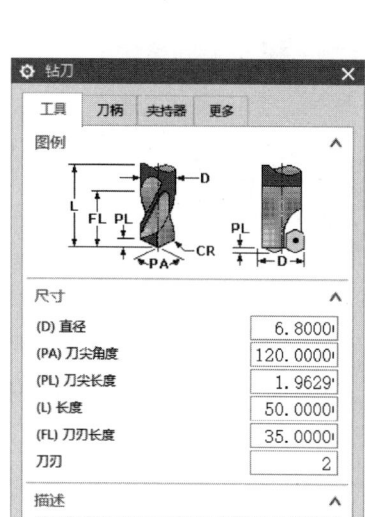

图 7-182　定位钻刀具设置　　　图 7-183　钻孔刀具设置　　　图 7-184　螺纹刀具设置

3. 创建加工坐标系

（1）在操作导航器的"几何体视图"中，选择"MCS_MILL"节点并双击鼠标，系统弹出"MCS 铣削"对话框，在"安全设置"选项区设置安全距离为 10，如图 7-185 所示。

（2）选择"指定 MCS"按钮 定义加工坐标系，系统弹出"CSYS"对话框，如图 7-186 所示。类型选择"动态"选项，加工坐标系如图 7-187 所示。

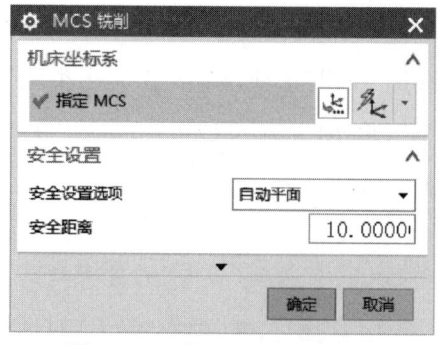
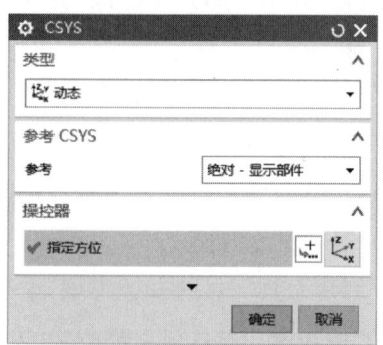

图 7-185　"MCS 铣削"对话框　　　　　图 7-186　"CSYS"对话框

项目七 数控加工自动编程

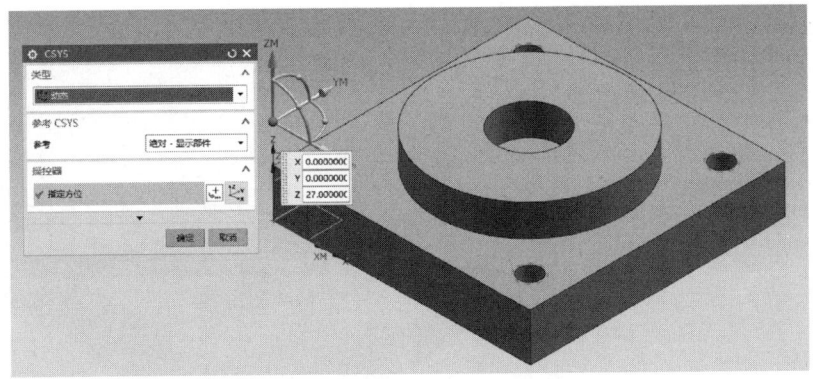

图 7-187 加工坐标系

（3）在几何视图中双击"WORKPIECE"节点进入"工件"对话框，如图 7-188 所示。单击 按钮进入"部件几何体"对话框，选择工件整体，单击"确定"按钮退出"工件"对话框，如图 7-189 所示。单击 按钮进入"毛坯几何体"对话框，选择零件，单击"确定"按钮退出"毛坯几何体"对话框，如图 7-190 所示。（ZM+2 指毛坯与零件相差 2 mm。）

4. 创建轮廓粗加工工序

（1）在"加工创建"工具栏中，单击"创建操作"按钮 ，弹出"创建工序"对话框，单击"型腔铣-[CAVITY_MILL]"按钮 ，该对话框中的各项参数设置如图 7-191 所示。单击"确定"按钮，弹出"型腔铣-[CAVITY_MILL]"对话框，参数设置如图 7-192 所示。

图 7-188 "工件"对话框

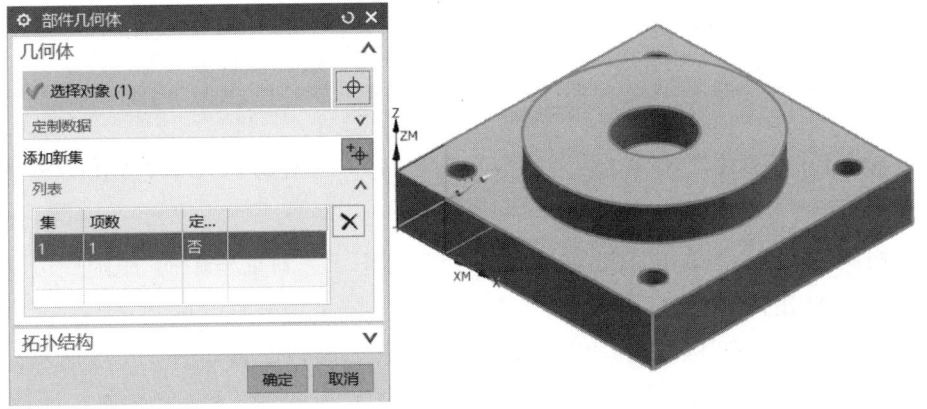

图 7-189 部件几何体设置

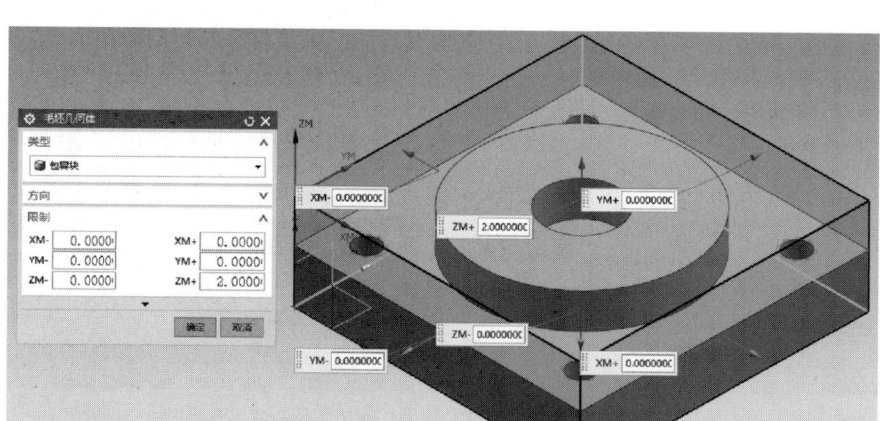

图 7-190　毛坯几何体设置

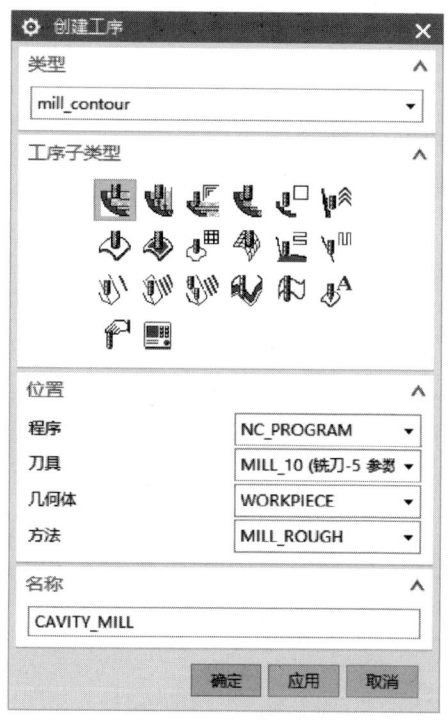

图 7-191　"创建工序"对话框

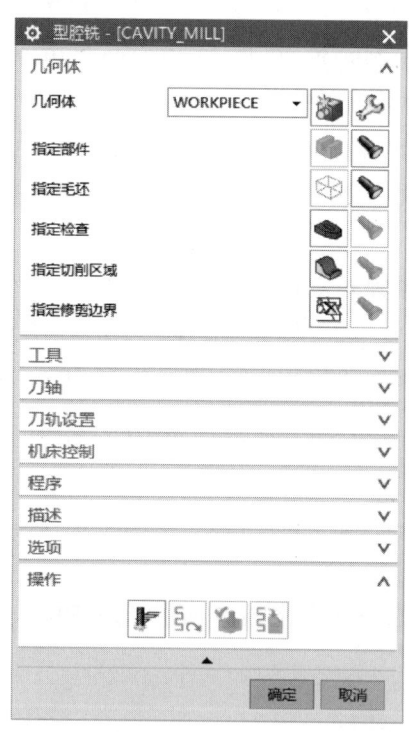

图 7-192　"型腔铣-[CAVITY_MILL]"对话框

（2）选择切削方式。单击"型腔铣-[CAVITY_MILL]"对话框中的"跟随周边"按钮，确定粗加工操作的切削方式。

（3）单击"刀轨设置"标签，弹出"刀轨设置"选项卡，参数设置如图 7-193 所示。

（4）单击"切削参数"按钮，弹出"切削参数"对话框，打开"策略"选项卡，各项参数设置如图 7-194 所示。（未修改选项卡按照系统默认值设置。）

图 7-193 "刀轨设置"选项卡

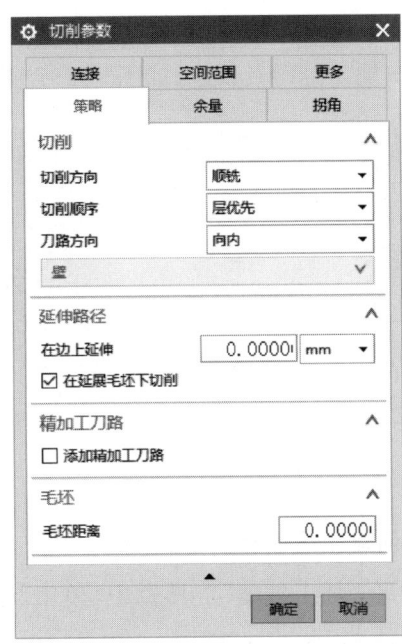

图 7-194 "策略"选项卡

(5) 单击"切削参数"按钮 ,弹出"切削参数"对话框,打开"余量"选项卡,各项参数设置如图 7-195 所示。(未修改选项卡按照系统默认值设置。)

(6) 单击"进给率和速度"按钮 ,弹出"进给率和速度"对话框,参数设置如图 7-196 所示。勾选"主轴速度(rpm)"复选框并输入 1 500,"切削"文本框数值设置为 800 mmpm。

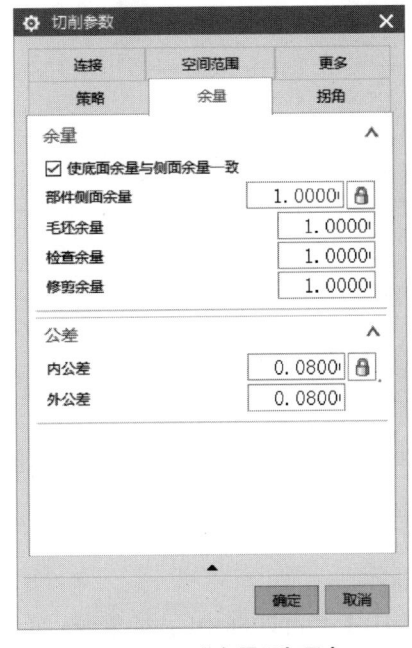

图 7-195 "余量"选项卡

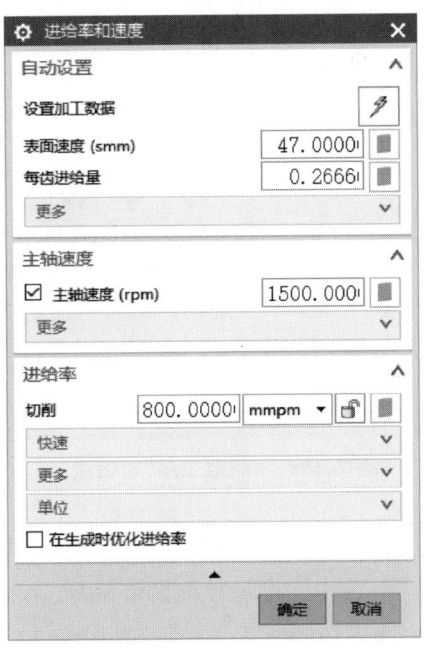

图 7-196 "进给率和速度"对话框

(7)生成刀轨。在"型腔铣-[CAVITY_MILL]"对话框中单击"生成刀轨"按钮,查看生成的粗车加工的刀具轨迹,如图7-197所示。仿真后的效果如图7-198所示。

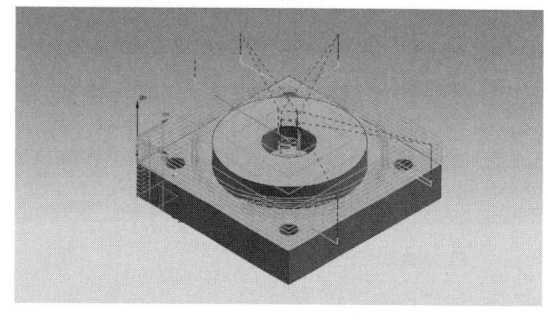

图7-197　刀具轨迹　　　　　　　　　图7-198　仿真效果图

5. 创建上表面精加工工序

(1)在"加工创建"工具栏中,单击"创建操作"按钮,弹出"创建工序"对话框,单击"使用边界铣削"按钮,该对话框中的各项参数设置如图7-199所示。单击"确定"按钮,弹出"面铣-[FACE_MILLING]"对话框,参数设置如图7-200所示。

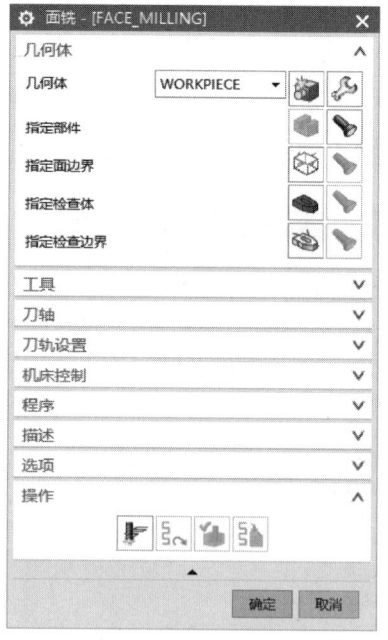

图7-199　"创建工序"对话框　　　图7-200　"面铣-[FACE_MILLING]"对话框

(2)在"面铣-[FACE_MILLING]"对话框中选择"指定面边界"按钮,进入"毛坯边界"对话框,选中图形最顶面圆环区域,如图7-201所示。

(3)选择切削方式。单击"型腔铣-[CAVITY_MILL]"对话框中的"往复"按钮,确定精加工操作的切削方式。

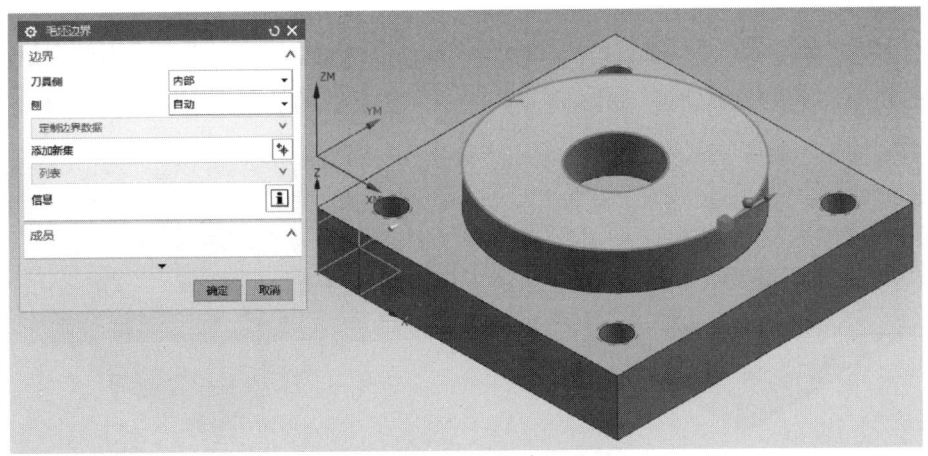

图 7-201 指定毛坯边界设置

(4) 单击"刀轨设置"标签,弹出"刀轨设置"选项卡,参数设置如图 7-202 所示。

(5) 单击"切削参数"按钮,弹出"切削参数"对话框,打开"策略"选项卡,各项参数设置如图 7-203 所示。(未修改选项卡按照系统默认值设置。)

(6) 单击"进给率和速度"按钮,弹出"进给率和速度"对话框,参数如图 7-204 所示。勾选"主轴速度(rpm)"复选框并输入 1 500,"进给率"选项区中切削设置为 1 000 mmpm。

图 7-202 "刀轨设置"选项卡

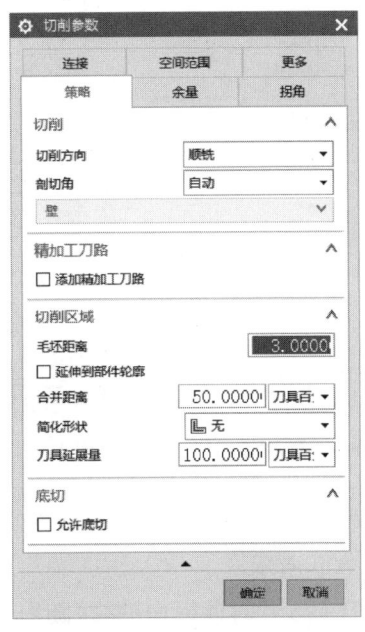

图 7-203 "策略"选项卡

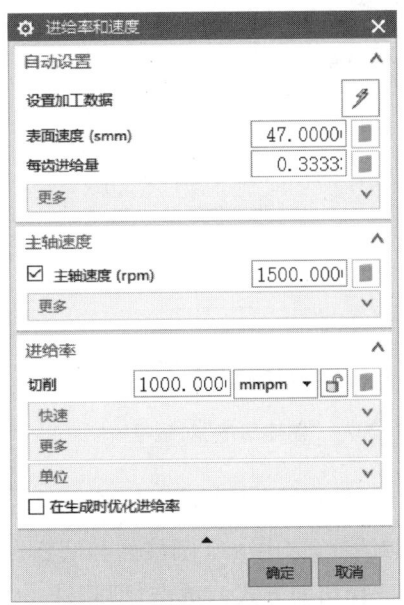

图 7-204 "进给率和速度"对话框

(7) 生成刀轨。在"型腔铣-[CAVITY_MILL]"对话框中,单击"生成刀轨"按钮 ![btn],查看生成的粗车加工的刀具轨迹,如图 7-205 所示。仿真后的效果如图 7-206 所示。

图 7-205　刀具轨迹

图 7-206　仿真效果图

6. 创建型腔精加工工序

(1) 在"加工创建"工具栏中,单击"创建操作"按钮 ![btn],弹出"创建工序"对话框,单击"型腔铣"按钮 ![btn],该对话框中的各项参数设置如图 7-207 所示。单击"确定"按钮,弹出"型腔铣-[CAVITY_MILL_1]"对话框,参数设置如图 7-208 所示。

图 7-207　"创建工序"对话框

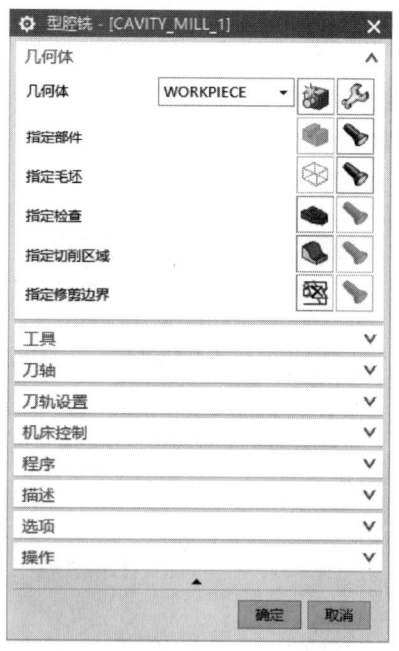

图 7-208　"型腔铣-[CAVITY_MILL_1]"对话框

(2) 在"型腔铣-[CAVITY_MILL_1]"对话框中选择"指定切削区域"按钮 ![btn],进入"切削区域"对话框,选中 φ20 圆柱面和底面区域,如图 7-209 所示。

(3) 选择切削方式。单击"型腔铣-[CAVITY_MILL_1]"对话框中的"跟随周边"按钮,确定精加工操作的切削方式。

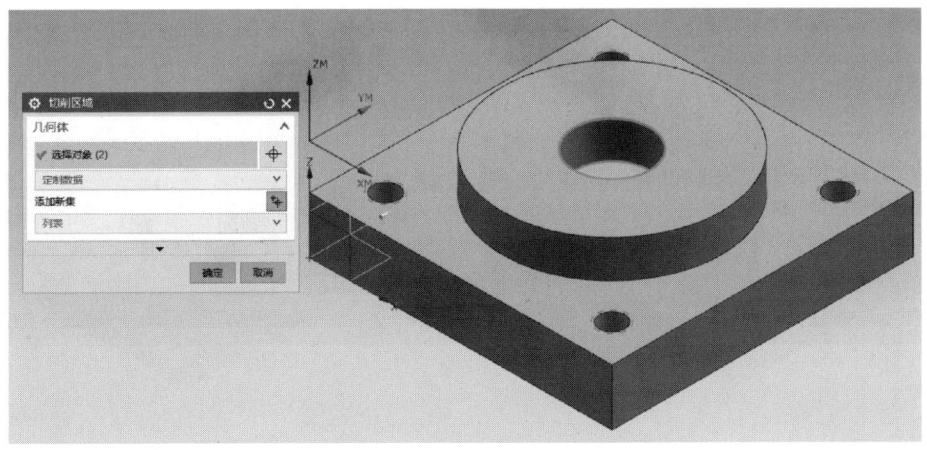

图 7-209 指定切削区域设置

(4) 单击"刀轨设置"标签,弹出"刀轨设置"选项卡,参数设置如图 7-210 所示。

(5) 单击"切削参数"按钮,弹出"切削参数"对话框,打开"策略"选项卡,各项参数设置如图 7-211 所示。(未修改选项卡按照系统默认值设置。)

(6) 单击"进给率和速度"按钮,弹出"进给率和速度"对话框,参数设置如图 7-212 所示。勾选"主轴速度(rpm)"复选框并输入 1 500,在"进给率"选项区中设置 1 000 mmpm。

图 7-210 "刀轨设置"选项卡

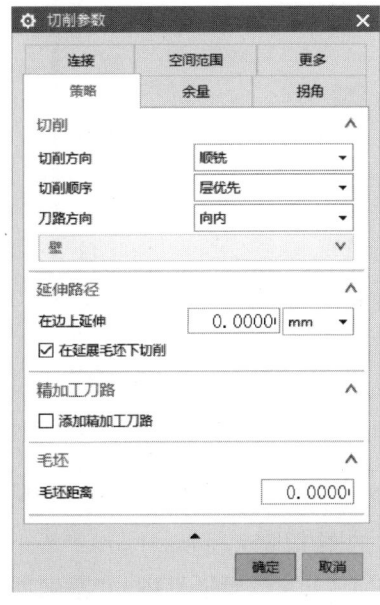

图 7-211 "策略"选项卡

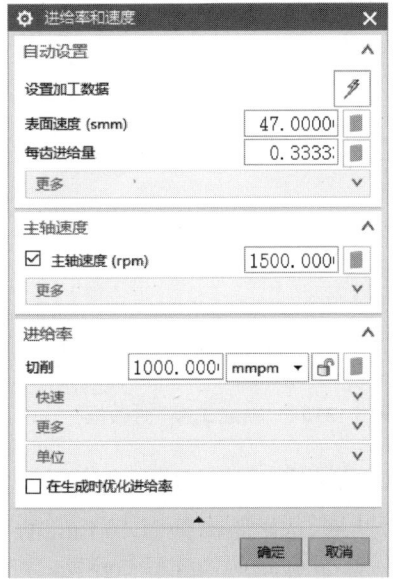

图 7-212 "进给率和速度"对话框

（7）生成刀轨。在"型腔铣-[CAVITY_MILL_1]"对话框中，单击"生成刀轨"按钮，查看生成的粗车加工的刀具轨迹，如图7-213所示。仿真后的效果图如图7-214所示。

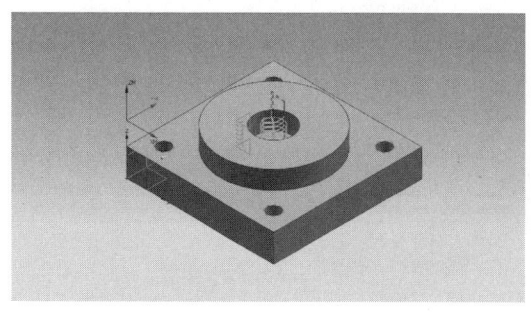

图7-213　刀具轨迹

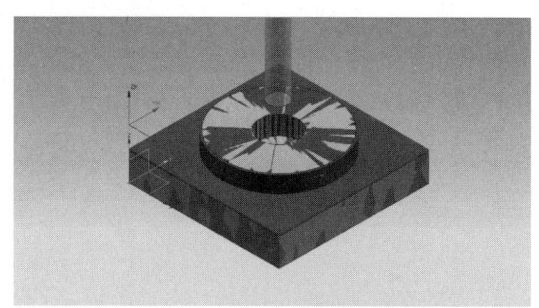

图7-214　仿真效果图

7. 创建底面精加工工序

（1）在"加工创建"工具栏中，单击"创建操作"按钮，弹出"创建工序"对话框，单击"型腔铣"按钮，该对话框中的各项参数设置如图7-215所示。单击"确定"按钮，弹出"型腔铣-[CAVITY_MILL_2]"对话框，参数设置如图7-216所示。

图7-215　"创建工序"对话框

图7-216　"型腔铣-[CAVITY_MILL_2]"对话框

（2）在"型腔铣-[CAVITY_MILL_2]"对话框中选择"指定切削区域"按钮，进入"切削区域"对话框，选中距离顶面10 mm的平面区域，如图7-217所示。

（3）选择切削方式。单击"型腔铣-[CAVITY_MILL_2]"对话框中的"跟随周边"按钮，确定精加工操作的切削方式。

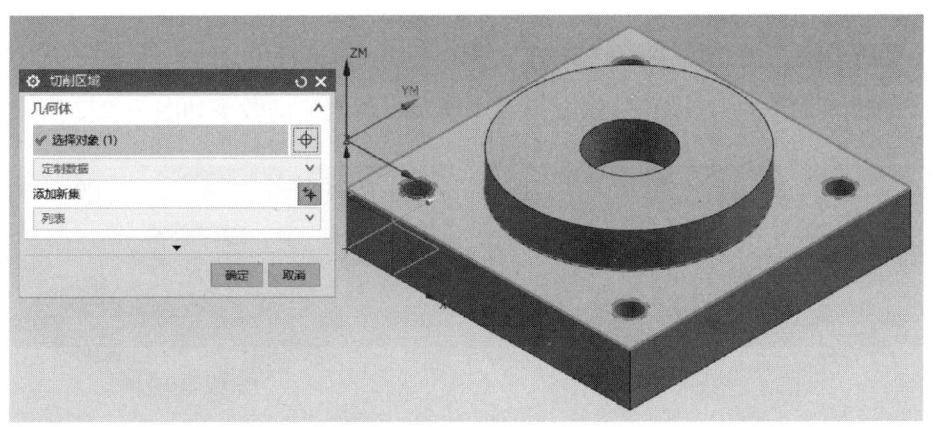

图 7-217 指定切削区域设置

(4) 单击"刀轨设置"标签,弹出"刀轨设置"选项卡,参数设置如图 7-218 所示。

(5) 单击"切削参数"按钮 ,弹出"切削参数"对话框,打开"策略"选项卡,各项参数设置如图 7-219 所示。(未修改选项卡按照系统默认值设置。)

(6) 单击"进给率和速度"按钮 ,弹出"进给率和速度"对话框,参数如图 7-220 所示。勾选"主轴速度(rpm)"复选框并输入 1 500,在"进给率"选项区中设置 1 000 mmpm。

图 7-218 "刀轨设置"选项卡

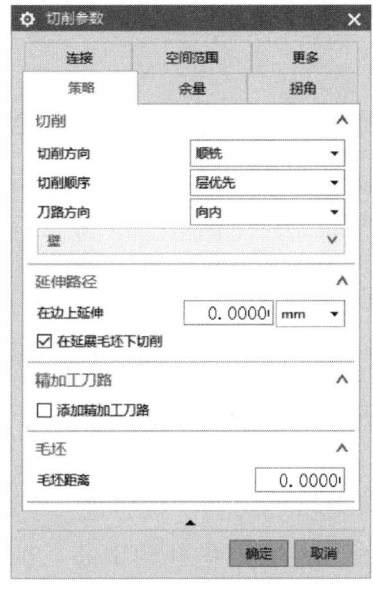

图 7-219 "策略"选项卡

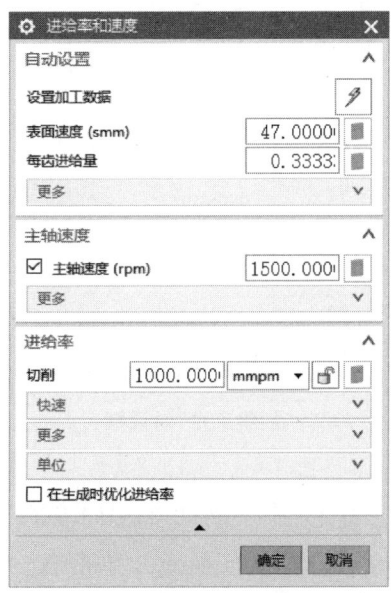

图 7-220 "进给率和速度"对话框

(7) 生成刀轨。在"型腔铣-[CAVITY_MILL_2]"对话框中,单击"生成刀轨"按钮 ,查看生成的粗车加工的刀具轨迹,如图7-221所示。仿真后的效果如图7-222所示。

图7-221 刀具轨迹

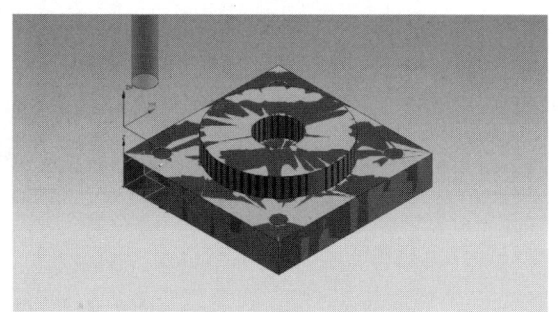
图7-222 仿真效果图

8. 创建中心钻加工工序

(1) 在"加工创建"工具栏中,单击"创建操作"按钮 ,弹出"创建工序"对话框,单击"定心钻"按钮 ,该对话框中的各项参数设置如图7-223所示。单击"确定"按钮,弹出"定心钻-[SPOT_DRILLING]"对话框,参数设置如图7-224所示。

图7-223 "创建工序"对话框

图7-224 "定心钻-[SPOT_DRILLING]"对话框

(2) 在"定心钻-[SPOT_DRILLING]"对话框中选择"指定孔"按钮进入"点到点几何体"对话框,如图7-225所示。单击"选择"按钮,分别选择钻中孔的中心。在"定心钻-[SPOT_DRILLING]"对话框中选择"指定顶面"按钮,进入"顶面"对话框,如图7-226所示,选择孔所在的上表面。

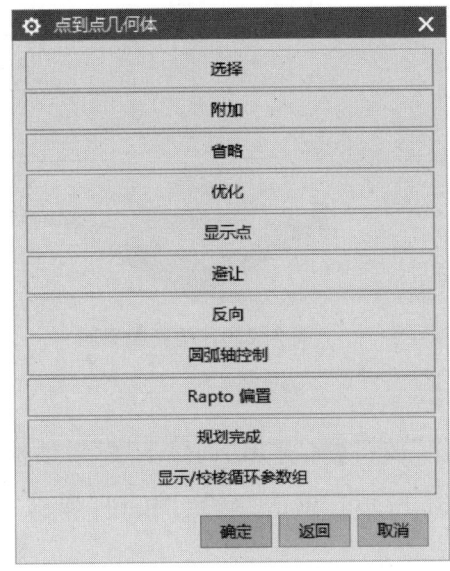

图 7-225 "点到点几何体"对话框

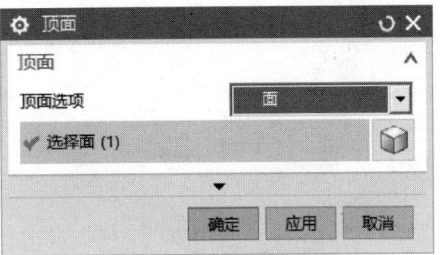

图 7-226 顶面选择

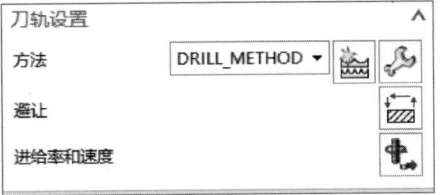

图 7-227 "刀轨设置"选项卡

(3) 单击"刀轨设置"标签,弹出"刀轨设置"选项卡,参数设置如图 7-227 所示。

(4) 单击"进给率和速度"按钮,弹出"进给率和速度"对话框,参数如图 7-228 所示。勾选"主轴速度(rpm)"复选框并输入 200,在"进给率"选项区中设置 80 mmpm。

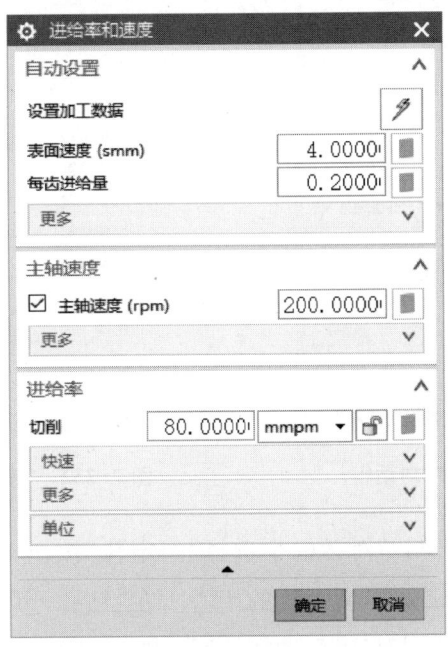

图 7-228 "进给率和速度"对话框

(5) 生成刀轨。在"定心钻-[SPOT_DRILLING]"对话框中,单击"生成刀轨"按钮,查看生成的粗车加工的刀具轨迹,如图 7-229 所示。仿真后的效果如图 7-230 所示。

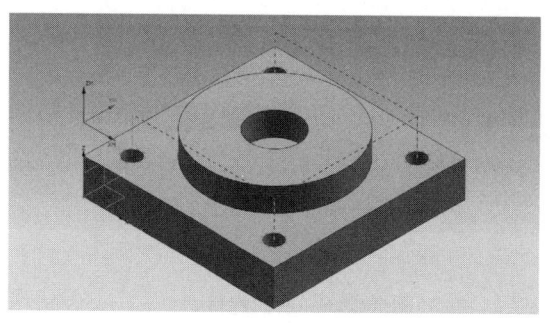

图 7-229 刀具轨迹

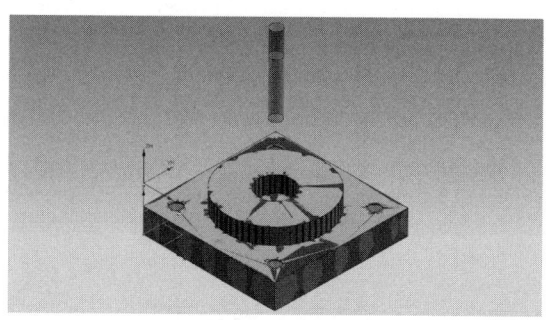

图 7-230 仿真效果图

9. 创建钻孔加工工序

(1) 在"加工创建"工具栏中,单击"创建操作"按钮,弹出"创建工序"对话框,单击"钻孔"按钮,其他各项参数设置如图 7-231 所示。单击"确定"按钮,弹出"钻孔-[DRILLING]"对话框,参数设置如图 7-232 所示。

图 7-231 "创建工序"对话框

图 7-232 "钻孔-[DRILLING]"对话框

(2) 在"钻孔-[DRILLING]"对话框中选择"指定孔"按钮,进入"点到点几何体"对话框。单击"选择"按钮,分别选择钻中孔的中心。在"钻孔-[DRILLING]"对话框中选择"指定顶面"按钮进入"顶面"对话框,选择孔所在的上表面(同图 7-226 设置)。在"钻孔-[DRILLING]"对话框中选择"指定底面"按钮进入"底面"对话框(图 7-233),选择孔所在的底面。

(3) 单击"刀轨设置"标签,弹出"刀轨设置"选项卡,参数设置如图 7-234 所示。

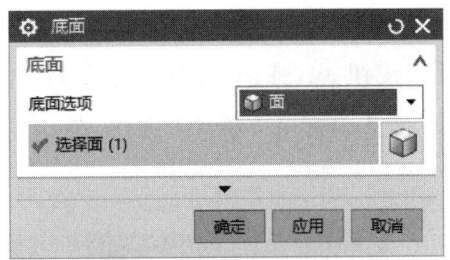

图 7-233 "底面"对话框

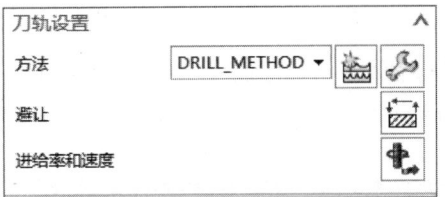

图 7-234 "刀轨设置"选项卡

(4) 单击"进给率和速度"按钮 ，弹出"进给率和速度"对话框，参数设置如图 7-235 所示。勾选"主轴速度(rpm)"复选框并输入 200，在"进给率"选项区设置 80 mmpm。

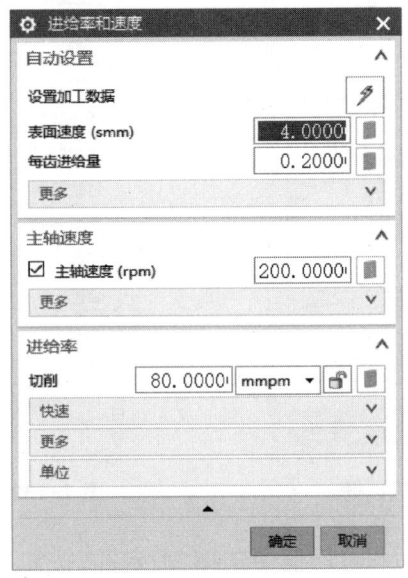

图 7-235 "进给率和速度"对话框

(5) 生成刀轨。在"钻孔-[DRILLING]"对话框中单击"生成刀轨"按钮 ，查看生成的粗车加工的刀具轨迹，如图 7-236 所示。仿真后的效果如图 7-237 所示。

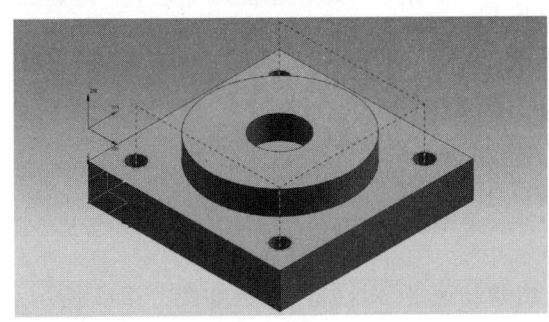

图 7-236 刀具轨迹

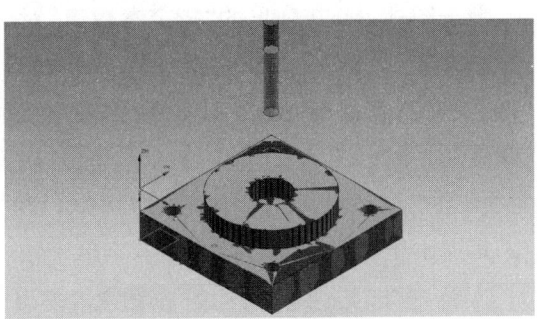

图 7-237 仿真效果图

10. 创建攻螺纹加工工序

（1）在"加工创建"工具栏中，单击"创建操作"按钮，弹出"创建工序"对话框，单击"攻丝"按钮，其他各项参数设置如图 7-238 所示。单击"确定"按钮，弹出"攻丝-[TAPPING]"对话框，参数设置如图 7-239 所示。

图 7-238 "创建工序"对话框

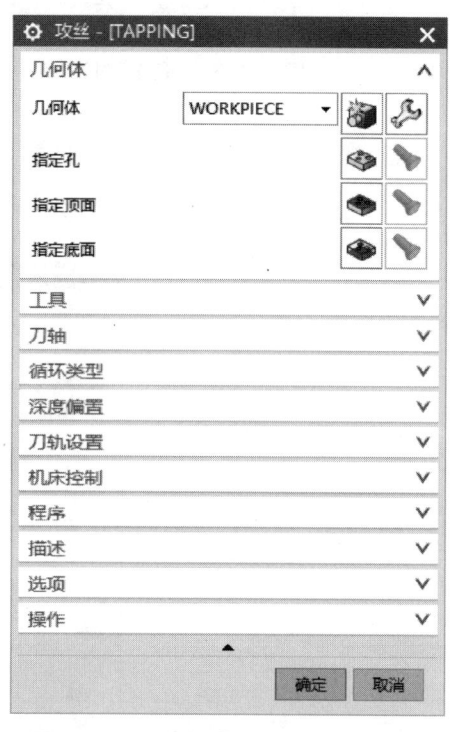

图 7-239 "攻丝-[TAPPING]"对话框

（2）在"攻丝-[TAPPING]"对话框中选择"指定孔"按钮进入"点到点几何体"对话框。单击"选择"按钮，分别选择钻中孔的中心。在"攻丝-[TAPPING]"对话框中选择"指定顶面"按钮，进入"顶面"对话框，选择孔所在的顶面。在"攻丝-[TAPPING]"对话框中选择"指定底面"按钮，进入"底面"对话框，选择孔所在的底面。

（3）在"循环类型"选项卡中选择"标准攻丝"选项，单击图标，在弹出的"指定参数组"对话框中单击"确定"，在弹出的"Cycle 参数"对话框中单击"Depth"按钮，然后单击"刀尖深度"按钮，在弹出的"深度"对话框（图 7-240）中输入 8，单击"确定"按钮，直至返回"攻丝-[TAPPING]"对话框。在"循环类型"选项卡中的"最小安全距离"文本框中输入 13。

图 7-240 "深度"对话框

（4）单击"进给率和速度"按钮，弹出"进给率和速度"对话框，参数如图 7-241 所示。勾选"主轴速度（rpm）"复选框并输入 200，在"进给率"选项区中设置 80 mmpm。

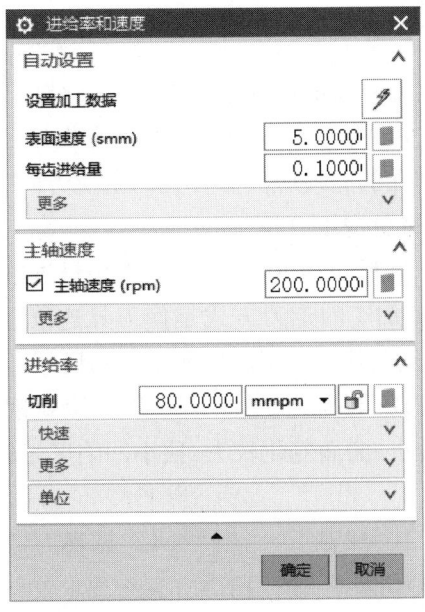

图 7-241 "进给率和速度"对话框

(5) 生成刀轨。在"攻丝-[TAPPING]"对话框中,单击"生成刀轨"按钮 ,查看生成的粗车加工的刀具轨迹,如图 7-242 所示。仿真后的效果如图 7-243 所示。

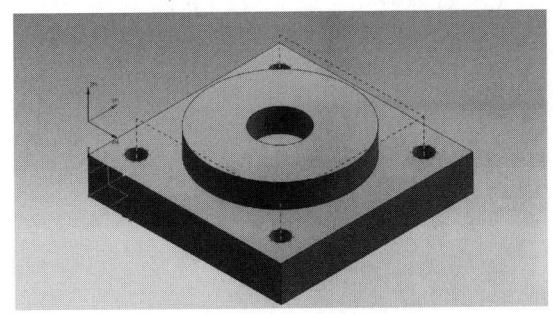

图 7-242 刀具轨迹

图 7-243 仿真效果图

任务评价

班级:		姓名:	学号:	成绩:
序号	评价内容	评价标准	评价结果(优/良/合格/不合格)	
1	基础知识的应用	能掌握相关功能的使用方法		
2	数控加工自动编程的基本流程	能按照图纸合理设计基本流程		
3	安全文明	无安全隐患,无违章操作		

拓展训练

1. CAM 铣削编程时,走刀路线的选择十分重要,因此对于以下说法,错误的是(　　)。
   A. 切入点和切出点主要指铣削轮廓时的进刀和出刀
   B. 加工孔系时,安排孔的路线应注意各孔的定位方向一致,避免反向间隙的产生
   C. 轮廓加工时尽量避免进给停顿
   D. 为提高表面质量、降低粗糙度,采用少次大余量进给

2. 下列哪种铣削方式,其加工的走刀方式是使刀具连续竖直运动,高效对毛坯进行粗加工,用于切除大量的材料,且尤其适用于深度非常大的区域?(　　)
   A. 插式铣削　　　B. 等高铣削　　　C. 沿面铣削　　　D. 混合铣削

3. CAM 编程时,工件较小、曲面变化较大、狭小凹陷区域较多时,优先选择哪类刀具?
   (　　)
   A. 键槽铣刀　　　B. 球刀　　　C. 圆鼻刀　　　D. 平底刀

4. CAM 铣削编程时,哪种切削模式适用于加工侧壁要求较高的零件或薄壁零件?(　　)
   A. 往复切削　　　　　　　　　B. 沿轮廓的单向切削
   C. 跟随工件切削　　　　　　　D. 跟随周边切削方法

5. 铣削零件外轮廓时用(　　)方式进行铣削,铣刀的耐用度较高,获得加工面的表面粗糙度值也较小。
   A. 顺铣　　　B. 逆铣　　　C. 对称铣　　　D. 立铣

附录一 机械数字化设计与制造职业技能等级证书

考核题库样例（中级理论）

（2022.01 版）

北京机械工业自动化研究所有限公司
2022 年 4 月

说 明

本题库样例与《机械数字化设计与制造职业技能等级证书考核大纲》中"中级理论知识考核内容"对应,试卷共有35道题目,由考试系统从题库中按以下要求抽取。

题号	模块	内容	分值	考查方式
1	职业素养	职业知识	2.0	《机械工程师职业道德规范》内容
2	职业素养	职业知识	2.0	机加工安全知识
3	职业素养	职业知识	2.0	职业道德的基本规范
4	职业素养	职业知识	2.0	爱岗敬业道德范畴
5	职业素养	职业知识	2.0	法治观念核心意义
6	数字样机	零件建模	3.0	识图——根据给出的图纸选择正确的投影视图
7	数字样机	零件建模	2.0	材质/外观工具通用性操作判断
8	数字样机	零件建模	3.0	建模——零件建模基本方法
9	数字样机	零件建模	3.0	草图——草图绘制平面判断
10	数字样机	零件建模	3.0	建模——常用工具通用性操作判断(仅文字描述)
11	数字样机	零件建模	4.0	建模——特征操作通用性理论判断(仅文字描述)
12	数字样机	零件建模	3.0	曲面——常用工具通用性操作判断(通过实际案例)
13	数字样机	零件建模	3.0	曲面——特殊工具通用性操作判断(仅文字描述)
14	数字样机	部件装配	3.0	判断产品装配约束中所使用的工具描述
15	数字样机	部件装配	3.0	判断产品装配图纸中所使用的工具描述
16	数字样机	表达视图	2.0	产品爆炸图
17	数字样机	部件装配	4.0	产品装配应用
18	数字样机	自顶向下	3.0	自顶向下的概念与应用场合概述
19	数字样机	自顶向下	3.0	自顶向下的应用方法
20	智能设计	优化设计	2.0	优化设计概念、作用概述
21	智能设计	优化设计	3.0	优化设计与灵敏度分析关系
22	智能设计	优化设计	3.0	实现轻量化的途径

（续表）

题号	模块	内容	分值	考查方式
23	智能设计	优化设计	3.0	优化设计基本流程，分析优化设计重要环节
24	设计表达	效果图	3.0	效果图输出操作定义概述
25	设计表达	工程图	3.0	投影视图概述判断
26	设计表达	工程图	2.0	零件视图的表达工具选择
27	设计表达	工程图	2.0	部件视图的表达工具选择
28	设计表达	工程图	3.0	工程图的剖视图剖切线概念
29	设计表达	表达动画	4.0	产品装配序列的作用与制作方法概述
30	制造准备	增材制造	3.0	增材制造技术优缺点
31	制造准备	增材制造	4.0	增材制造技术与传统制造技术优势
32	制造准备	增材制造	3.0	增材制造材料
33	制造准备	减材制造	3.0	CAM加工工艺
34	制造准备	减材制造	3.0	CAM加工刀具的选择
35	制造准备	减材制造	4.0	CAM加工的加工模式

机械数字化设计与制造职业技能考试题库样例(中级理论)

1. 作为一名机械工程师,必须遵守《机械工程师职业道德规范》。以下关于职业道德规范描述错误的一项是( )。

    A. 应承接接受过培训并有实践经验因而能够胜任的工作

    B. 确保职业关系不应有种族、宗教、性别、年龄、国籍或残疾等歧视与偏见

    C. 有些工作可以不顾公众的环境、福利、健康和安全

    D. 不故意、无意、直接、间接损害或可能损害他人的职业名誉,以促进共同发展

模块	职业素养
分值	2.0

2. 机加工时为确保人身安全,必须严格遵守机加工安全操作规程,以下关于机加工安全操作规程描述错误的一项是( )。

    A. 若不了解机床性能或没有获得授权,不得任意启动机床进行工作

    B. 上岗前,必须穿好工作服,扣紧袖口,必须戴工作帽、戴护目镜,不准戴手套、围巾进行工作,毛衣必须穿在里面,以免被卷入机床发生事故

    C. 工作前必须先把刀具、工件装夹牢固

    D. 可将工具、工件等物品置于机床运动装置上

模块	职业素养
分值	2.0

3. 以下哪一项是职业道德认知和职业道德情感的统一?( )

    A. 职业道德素养

    B. 职业道德义务

    C. 职业道德技能

    D. 职业道德信念

模块	职业素养
分值	2.0

4. 爱岗敬业是哪项道德范畴?( )

    A. 职业

    B. 社会

    C. 公共

    D. 家庭

模块	职业素养
分值	2.0

5. 法制观念的核心在于( )。

    A. 学法   B. 用法

    C. 知法   D. 守法

模块	职业素养
分值	2.0

6 下图所示模型对应的全剖主视图为（　　）。

模块	数字样机
分值	3.0

A. 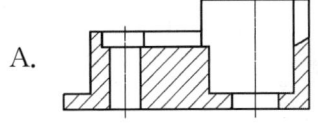   B.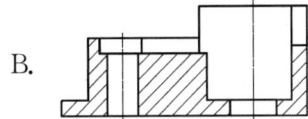

C. 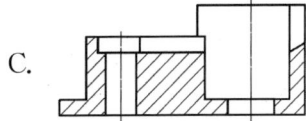   D.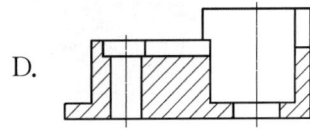

7 以下对于外观、材质的描述错误的是（　　）。

模块	数字样机
分值	2.0

A. 材料具有指定的默认外观
B. 通过外观浏览器，可替换实体本身材料的默认外观
C. 面、实体都可以作为对象，并单独指定外观
D. 线、面都可以作为对象，并单独指定材质

8 下图是通过哪个功能使曲线变成片体的？（　　）

模块	数字样机
分值	3.0

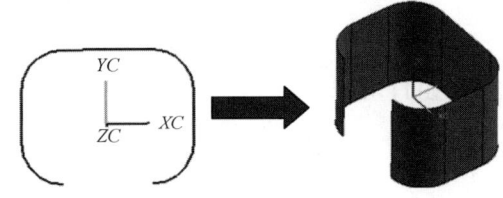

A. 拉伸　　　B. 扫描　　　C. 回转　　　D. 变换

9 在草图环境下，用光标位置建立曲线和定义它们的位置时，曲线建立在何处？（　　）

模块	数字样机
分值	3.0

A. 绝对坐标系　　　　　　B. 草图平面
C. ZC_YC 平面　　　　　　D. ZC_XC 平面

10 如果实体尺寸改变，为保证梁总是跨越在两个特定表面间，应该选择哪种拉伸方法？（　　）

模块	数字样机
分值	3.0

A. 修剪到表面/平面　　　　B. 方向和距离
C. 在两个表面/平面间修剪　D. 对称值

11 抑制特征_Suppress Feature 的功能是表达何意？（   ）

模块	数字样机
分值	4.0

    A. 从目标体上永久删除该特征

    B. 从目标体上临时隐藏该特征

    C. 从目标体上临时移去该特征和显示

    D. 其余三项均不对

12 操作沿导引线扫掠时，选择的导引线不能是（   ）。

模块	数字样机
分值	3.0

    A. 直线   B. 样条曲线

    C. 圆弧   D. 折线

13 下图是通过哪个功能实现从曲线到实体的？（   ）

模块	数字样机
分值	3.0

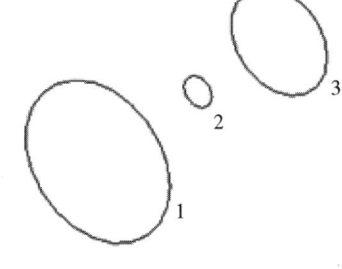 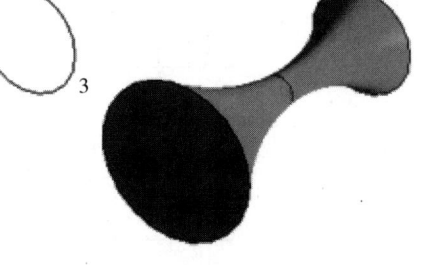

    A. 直纹   B. 通过曲线组

    C. 通过曲线网格   D. 扫掠

14 若须装配一外圆柱面和一孔（仅要求轴线重合），可以采用哪种类型配对条件？（   ）

模块	数字样机
分值	3.0

    A. 中心   B. 接触对齐   C. 同心   D. 固定

15 装配中，引用集_Reference Set 的主要目的是（   ）。

模块	数字样机
分值	3.0

    A. 连接组件几何体

    B. 允许建立部件间表达式

    C. 包括或排除在下一级装配中的组件对象

    D. 观察一个组件的部件历史

16 以下哪张图是产品爆炸图？（   ）

模块	数字样机
分值	2.0

A.   B.

C.   D.

17	在装配中,组件阵列的方法不包括( )。 A. 线性　　　　　　B. 圆形 C. 球形　　　　　　D. 从实例特征(参考)	模块 数字样机 分值 4.0
18	"在装配文件中,添加一个空部件文件,然后使该部件文件成为工作部件,进行零件设计,所设计内容将会被关联到装配文件中。"此种装配方法是( )。 A. 混合装配　　　　B. 自底向上装配 C. 自顶向下装配　　D. 其余三项都不是	模块 数字样机 分值 3.0
19	可以由 WAVE 几何链接器_WAVE Geometry Linker,从一个部件相关链接到另一部件的几何体类型不包括( )。 A. 表面　　　　　　B. 边缘 C. 坐标系　　　　　D. 草图	模块 数字样机 分值 3.0
20	以下对优化设计描述错误的一项是( )。 A. 优化设计必须确定优化目标 B. 优化设计必须确定设计变量 C. 优化设计必须确定约束条件 D. 优化设计可以不确定约束条件	模块 智能设计 分值 2.0
21	优化设计与灵敏度分析的关系描述正确的是( )。 A. 优化设计前必须进行灵敏度分析 B. 优化设计是灵敏度分析的基础 C. 二者没有关系 D. 灵敏度分析是优化的基础	模块 智能设计 分值 3.0
22	实现结构轻量化有多种途径,以下不属于轻量化途径的是( )。 A. 开孔减重　　　　B. 降低成本 C. 材料替代　　　　D. 先进制造工艺	模块 智能设计 分值 3.0
23	在进行优化设计的基本流程中,最重要的一环是( )。 A. 确立分析类型　　B. 建立零件模型和有限元模型 C. 施加载荷　　　　D. 求解及分析优化	模块 智能设计 分值 3.0
24	以下关于产品效果图输出操作的各项描述中正确的是( )。	模块 设计表达 分值 3.0

图1　　　　　　　　　图2

图 3　　　　　　　　图 4

A. 效果图必须由渲染生成
B. 平行模式较透视模式更加贴近实际视觉效果
C. 透视模式是"近大远小"的视图显示方式
D. 以上 4 幅图中仅图 4 为效果图

25 下列对投影视图说法正确的是(　　)。

模块	设计表达
分值	3.0

A. 新建工程图中通常使用基础视图工具创建第一个视图
B. 等轴测视图必须通过基础视图创建
C. 投影视图工具仅能创建正交视图
D. 投影视图的样式必须与基础视图保持一致

26 如果想将工程图中某些细小的特征放大,应由下列哪种工具创建?
(　　)

模块	设计表达
分值	2.0

A. 局部放大图　　　　B. 斜视图
C. 投影视图　　　　　D. 局部剖视图

27 下列哪个工具可以生成局部剖视图?(　　)

模块	设计表达
分值	2.0

A. 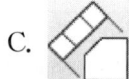　　　　B.

C. 　　　　D. (图示)

28 下图为阶梯剖视图的示意图,其中③表示(　　)。

模块	设计表达
分值	3.0

A. 剖切段　　B. 折弯段　　C. 箭头段　　D. 展开段

29	以下对产品装配序列的作用与制作方法的描述中,不正确的是( )。	模块	设计表达
		分值	4.0

  A. 装配序列可用于展示产品装配和拆卸的顺序,并仿真组件运动
  B. 控制回放速度的数字越高,速度越快
  C. 表达视图中设置的动作越多,则动画中每一步的拆出动作越快。序列资源条中显示的持续时间单位为"秒(s)"
  D. 拆卸时可以同时选择多个工件

30	增材制造的缺点不包括( )。	模块	制造准备
		分值	3.0

  A. 对设备要求高   B. 精确的实体复制
  C. 成本高   D. 实用的材料有限

31	增材制造与传统制造技术相比,在加工上的显著优势是( )。	模块	制造准备
		分值	3.0

  A. 整体成型,减少组装   B. 时间较长
  C. 壁厚均匀   D. 表面质量好

32	增材制造金属原材料主要采取哪种形式?( )	模块	制造准备
		分值	4.0

  A. 定尺寸金属丝   B. 均匀粉末颗粒
  C. 标准尺寸型材   D. 熔化金属

33	CAM 的铣削模块一般不用来加工哪类零件?( )	模块	制造准备
		分值	3.0

  A. 回转体柱面   B. 箱体类
  C. 平面类   D. 曲面类

34	CAM 编程时,材料硬度较高的模具粗加工时,优先选择哪类刀具?( )	模块	制造准备
		分值	3.0

  A. 键槽铣刀   B. 球刀   C. 圆鼻刀   D. 平底刀

35	CAM 铣削编程时,不能维持单纯顺铣或逆铣的切削模式是( )。	模块	制造准备
		分值	4.0

  A. 单向   B. 往复
  C. 跟随部件   D. 跟随周边

附录二 机械数字化设计与制造职业技能等级证书

考核题库样例（中级操作）

北京机械工业自动化研究所有限公司
2023 年 2 月

说 明

本题库样例与《机械数字化设计与制造职业技能等级证书考核大纲》中"中级技能操作考核内容"对应，试卷共有 32 道题目，由考试系统从题库中按以下要求抽取。

题号	模块	内容	分值	考查方式
1	模型建立	零件建模	2.0	草图——绘制二维草图并测量指定区域的周长
2	模型建立	零件建模	2.0	草图——绘制二维草图并测量指定区域的面积。与第1题图一样
3	模型建立	零件建模	3.0	草图——相交曲线方式创建三维草图并测量轮廓周长
4	模型建立	零件建模	2.0	草图——通过已完成的案例选择草图约束或编辑工具
5	模型建立	零件建模	2.0	特征——通过已完成的通用性案例选择特征创建工具
6	模型建立	零件建模	3.0	特征——简单零件建模并测量质量
7	模型建立	零件建模	2.0	特征——通过已完成的特殊性案例选择特征创建工具
8	模型建立	零件建模	5.0	综合——普通零件建模并测量质量
9	模型建立	零件建模	7.0	综合——普通零件建模并测量质量
10	模型建立	部件装配	2.0	通过已完成的案例选择约束或连接工具
11	模型建立	部件装配	7.0	通过装配图使用提供的模型完成产品部件装配并测量质心（6～10 个零件的装配）
12	模型建立	表达视图	2.0	表达视图通用性操作判断（仅文字描述）
13	模型建立	表达视图	3.0	表达视图通用性操作判断（通过实际案例）
14	模型建立	自顶向下	2.0	自顶向下方式装配基本操作判断（仅文字描述）
15	模型建立	自顶向下	6.0	通过装配关系及提供部分尺寸的零件图，使用自顶向下技术创建零件并测量质量
16	智能设计	优化设计	6.0	优化设计、动态调整
17	设计表达	效果图	2.0	通过案例及文字描述判断效果图输出方式与操作方法
18	设计表达	效果图	3.0	根据给出的参照图片制作产品效果图
19	设计表达	工程图	2.0	通过案例判断工程图视图常用创建工具，包括基础视图、投影视图、剖视图、局部剖视图、局部视图等
20	设计表达	工程图	2.0	通过案例判断工程图视图特殊创建工具，包括斜视图、剖面图、断裂画法、视图修剪与旋转等
21	设计表达	工程图	2.0	通过案例判断工程图标注工具，包括中心线、尺寸、工艺等

(续表)

题号	模块	内容	分值	考查方式
22	设计表达	工程图	7.0	根据给出的参照图片制作产品工程图,并进行部分标注;工程图可为零件图、爆炸图、六视图当中的一种
23	设计表达	表达动画	6.0	根据给出的参照动画制作产品表达动画,表达动画为部件装拆动画
24	制造准备	增材制造	2.0	通过案例判断模型导入切片软件后的处理操作方法(第24～27题共用同一案例)
25	制造准备	增材制造	3.0	选择恰当的打印方向;可以针对单一模型打印,亦可针对多个模型同时打印(第24～27题共用同一案例)
26	制造准备	增材制造	3.0	根据给定条件计算变更后的模型 Z 轴高度(第24～27题共用同一案例)
27	制造准备	增材制造	2.0	判断给定案例中的支撑方式,或根据指定的需求选择支撑方式(第24～27题共用同一案例)
28	制造准备	减材制造	2.0	选择补全工艺卡中缺少的信息(第28～32题共用同一案例)
29	制造准备	减材制造	2.0	根据给定的零件图与毛坯尺寸完成毛坯偏移量的计算(第28～32题共用同一案例)
30	制造准备	减材制造	2.0	选择指定加工内容对应的CAM加工策略(第28～32题共用同一案例)
31	制造准备	减材制造	2.0	根据加工特征选择合适的加工刀具(第28～32题共用同一案例)
32	制造准备	减材制造	2.0	根据生成的加工轨迹判断与选择切削模式(第28～32题共用同一案例)

机械数字化设计与制造职业技能考试题库样例（中级操作）

1 新建公制零件文件，绘制下图所示的草图轮廓并添加约束。问草图中粗实线边界的周长是多少？（　　）（单位：mm）

模块	模型建立
分值	2.0

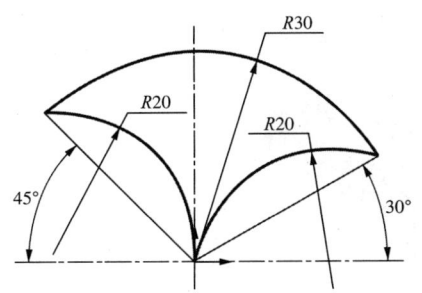

A. 122.832　　B. 122.823　　C. 122.829　　D. 122.836

2 第 1 题的模型文件中，粗实线边界中填充区域的面积是多少？（　　）（单位：mm^2）

模块	模型建立
分值	2.0

A. 543.046　　　　　　B. 544.022
C. 543.052　　　　　　D. 543.081

3 如下图所示的三维曲线在 XY 平面的投影为直径 25 mm 的圆（圆心位于边长为 30 mm 的正方形中心）；在 XZ 平面的投影为半径 30 mm 的圆弧。问该三维曲线的长度是多少？（　　）（单位：mm）

模块	模型建立
分值	3.0

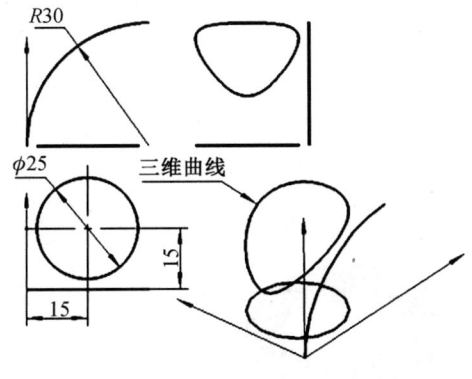

A. 89.421　　　　　　B. 89.419
C. 89.418　　　　　　D. 89.423

4 如图所示的二维草图应用何种编辑方式将图形从Ⅰ图最便捷地转换成Ⅱ图？（　　）

模块	模型建立
分值	2.0

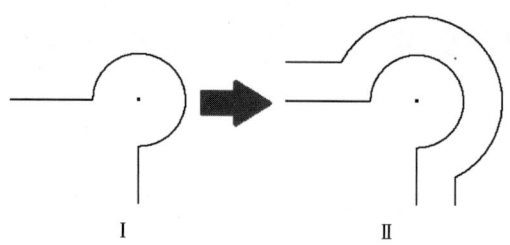

A. 拉伸　　　B. 复制　　　C. 偏移　　　D. 缩放

5 下图所示零件中的花键特征可由以下何种工具一步创建？（　　）

模块	模型建立
分值	2.0

A. 拉伸　　　B. 旋转　　　C. 扫掠　　　D. 变化扫掠

6 创建如下图所示的零件模型，螺旋线参数：螺旋线直径线性变化，起始值 20 mm，终止值 40 mm，螺距 10 mm，圈数为 3；模型直径 3 mm。设定零件材料为：steel。问该零件的质量是多少？（　　）（单位：kg）

模块	模型建立
分值	3.0

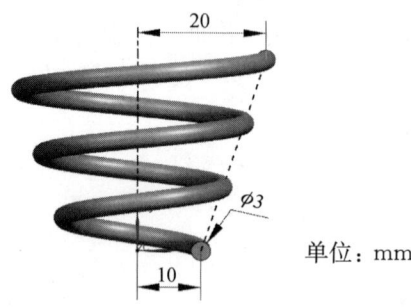

A. 0.015 0　　B. 0.015 7　　C. 0.014 5　　D. 0.015 9

7 下图中模型可用何种工具最快捷地从Ⅰ图转换成Ⅱ图？（　　）

模块	模型建立
分值	2.0

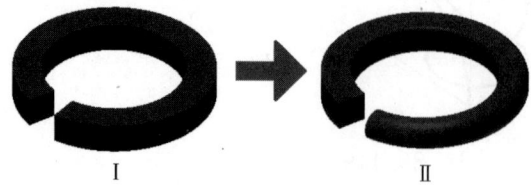

A. 扫掠　　　B. 变化扫掠　　C. 圆角　　　D. 旋转

8 建立如下图所示的零件模型。设定零件材质为"Iron-40",问该零件的质量为多少?(　　)(单位:kg)

模块	模型建立
分值	5.0

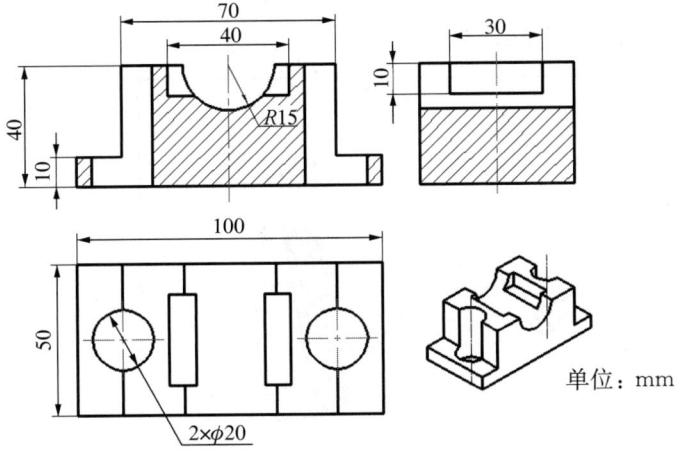

A. 0.881　　B. 0.848　　C. 0.843　　D. 0.928

9 建立如下图所示的零件模型,设定零件材质为"Iron_Malleable",该零件的质量为_____kg。评分标准:特征完整 3 分,尺寸正确 3 分,质量正确 1 分(±0.1 kg,均认定为正确)。

模块	模型建立
分值	7.0

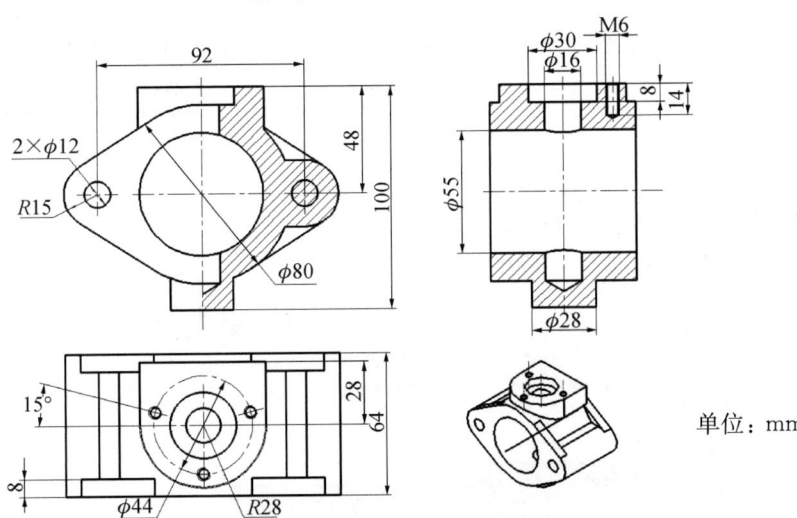

单位:mm

10 为给定下图齿轮间的运动关系,可用何种工具?(　　)

模块	模型建立
分值	2.0

A. 配合　　B. 角度　　C. 运动　　D. 过渡

11. 以支座坐标为基准,根据装配图完成以下产品部件装配,上传完整的装配和零件模型,写出部件质心(X,Y,Z)＿＿＿＿＿,＿＿＿＿＿,＿＿＿＿＿(单位:mm)。评分标准:装配 5 分,质心坐标正确 2 分(±0.05 mm,均认定为正确)。

模块	模型建立
分值	7.0

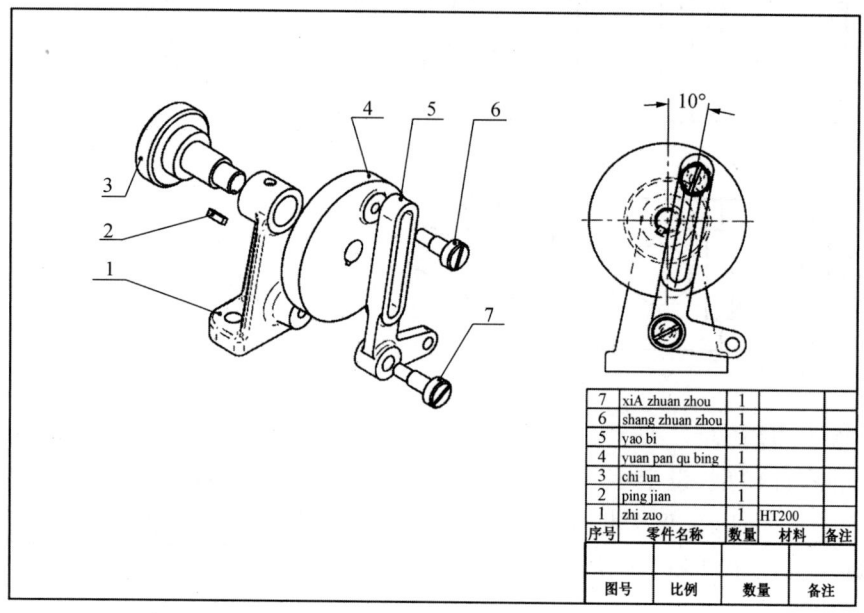

12. 包含装配约束的装配体进行装配序列时,操作方式最优的是(　　)。
    A. 将所有装配约束隐藏
    B. 将所有装配约束删除
    C. 在装配序列环境,设置"装配约束"为"开"
    D. 在装配序列环境,设置"装配约束"为"关"

模块	模型建立
分值	2.0

13. 以下对下图的装配序列环境操作描述正确的一项是(　　)。

模块	模型建立
分值	3.0

A. 摄像机视角在第 10 帧和第 30 帧发生了改变

B. 当前装配序列持续了 144 s

C. "运动 1"持续了 21 帧

D. 当前装配序列中"摄像机"和"运动"设置的同时动作

14 在装配中进行零件设计,设计或工作在上下文的实现是通过使装配的一个组件成为(　　)。

模块	模型建立
分值	2.0

A. 工作部件 B. 子装配

C. 显示部件 D. 顶级

15 使用 WAVE 几何链接器,在现有部件及装配图、零件图(缺少部分尺寸)的基础上创建零件"支架"(3 号件)的模型,设定零件材质为"Iron‑40"。请问该零件的重量为多少?(　　)(单位:kg)

模块	模型建立
分值	6.0

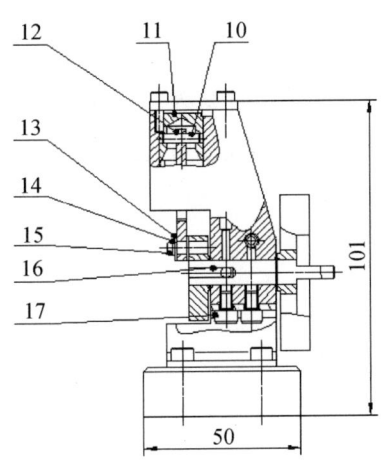

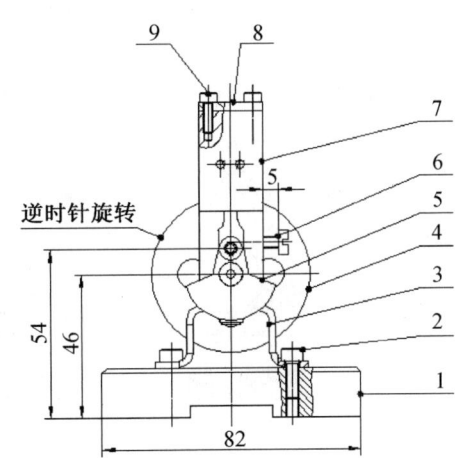

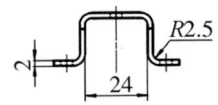

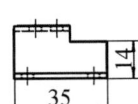

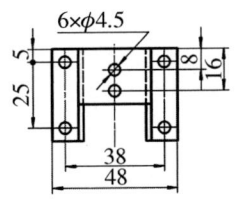

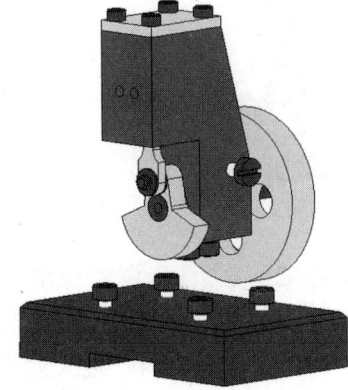

单位:mm

A. 0.031 2　　　　　　　B. 0.031 5

C. 0.030 8　　　　　　　D. 0.031 7

16 如下图所示锥台尺寸,小端高度 X 为多少时,整个锥台的体积为 52 000 mm³?(　　)(单位:mm)

模块	智能设计
分值	6.0

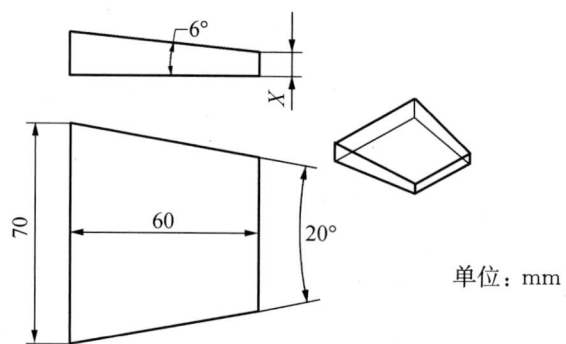

单位:mm

A. 12.023　　　　　　B. 11.245
C. 11.382　　　　　　D. 11.167

17 以下关于产品效果图输出操作的各项描述中不正确的是(　　)。

模块	设计表达
分值	2.0

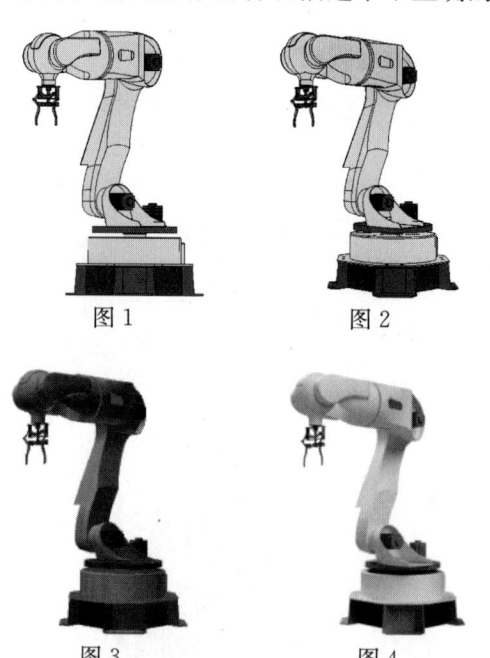

图1　　　　图2

图3　　　　图4

A. 输出产品效果图之前,应首先调整视角以及产品的姿态,以恰当的视角尽可能完整地展示产品的外观或功能
B. 图1采用了平行视图,因不存在"近大远小"的透视效果而有失真实,故一般不使用这一方式输出产品效果图
C. 因零部件被赋予了不同的材质或外观,故图2、图3呈现出不同的效果
D. 以上四幅图中,仅图4为经渲染输出的产品效果图

18 使用渲染工具,根据提供的模型为以下产品输出如下图所示的效果图,并提交效果图文件"效果图.png",要求无水印。

评分标准：完成一种颜色设置得1分。

模块	设计表达
分值	3.0

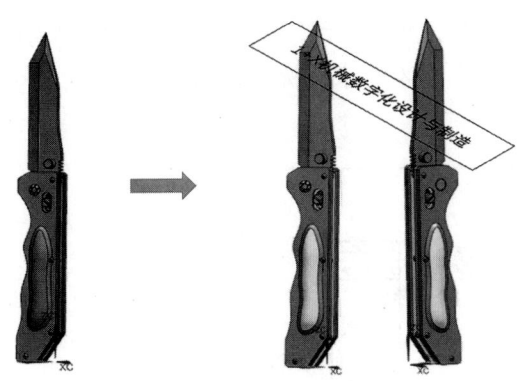

19 下图的工程图视图需由以下哪个工具创建？（　　）

模块	设计表达
分值	2

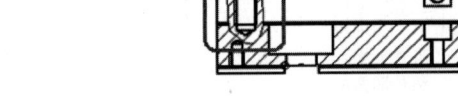

A. 剖视图　　　　　　　B. 局部视图

C. 局部剖视图　　　　　D. 投影视图

20 下图的工程图视图需由以下哪个工具创建？（　　）

模块	设计表达
分值	2

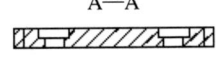

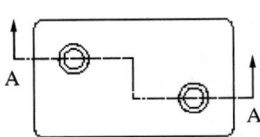

A. 旋转剖　　B. 局部剖　　C. 断开剖　　D. 阶梯剖

21 下图的工程图中6个均布孔中心线需由以下哪个工具创建？（　　）

模块	设计表达
分值	2.0

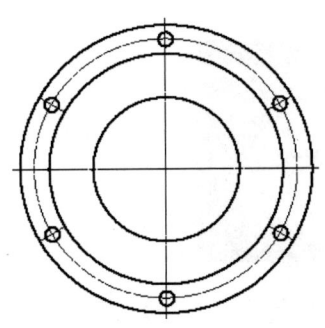

A. B. C. D.

22 使用提供的模型，创建与下图相同的工程图，包括工程图视图与标注等，输出 PDF 格式工程图文件"工程图.pdf"。评分标准：3 个视图完整 2 分，尺寸等标注正确 3 分，技术要求及标题栏填写 1 分，图框 1 分。

模块	设计表达
分值	7.0

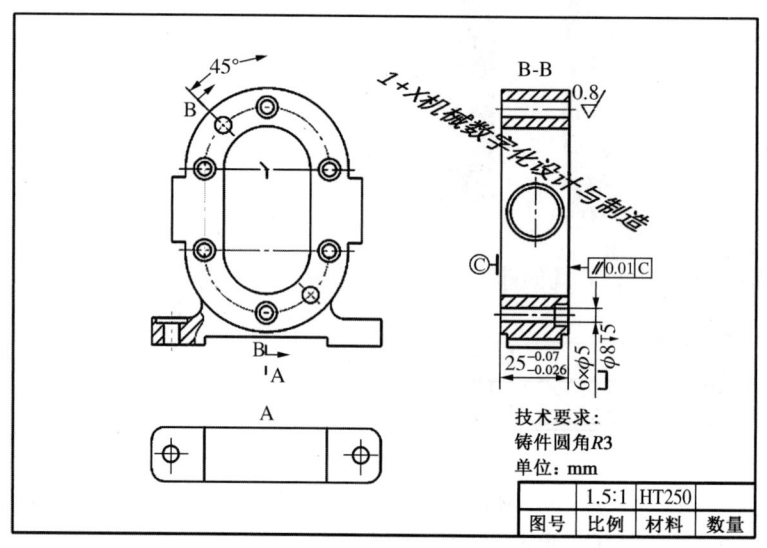

23 使用提供的模型，创建与提供的视频一致的装配序列动画，包括部件动作，要求无水印，输出 AVI 格式视频文件"装配动画.AVI"，并上传到系统。

模块	设计表达
分值	6.0

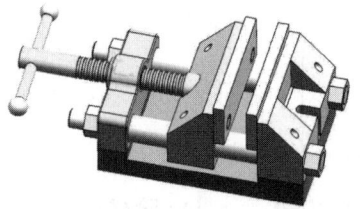

24 若下图模型"十二生肖圆雕 03 虎.stl"导入后超出了打印机允许的打印范围，则应执行以下哪项操作？（　　）

模块	制造准备
分值	2.0

A. 移动　　B. 旋转　　C. 缩放　　D. 并行

25 对零件"十二生肖圆雕03虎.stl"进行切片设置时,选择哪种打印方向时,表面支撑最少且表面平整?(　　)

模块	制造准备
分值	3.0

A.

B.

C.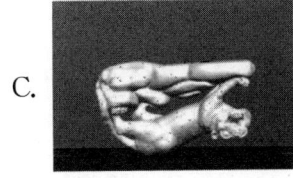

D.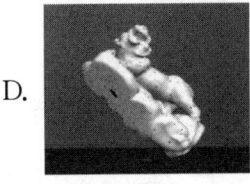

26 对零件"十二生肖圆雕03虎.stl"进行如下图所示的等比例放大1.5倍后,模型Z轴更新后的位置高度是多少?(　　)(单位:mm)

模块	制造准备
分值	3.0

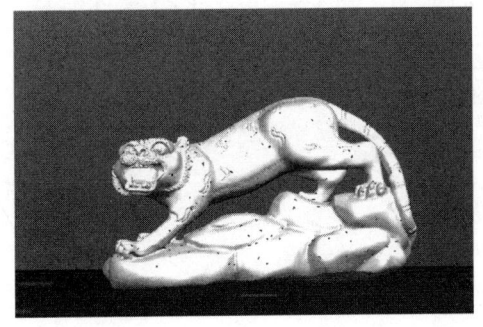

A. 42.91　　　B. 53.63　　　C. 80.45　　　D. 107.26

27 下图所示的底座方式是(　　)。

模块	制造准备
分值	2.0

A. 无　　　B. 线圈　　　C. 裙边　　　D. 底座

模具凸模模型零件图如下。

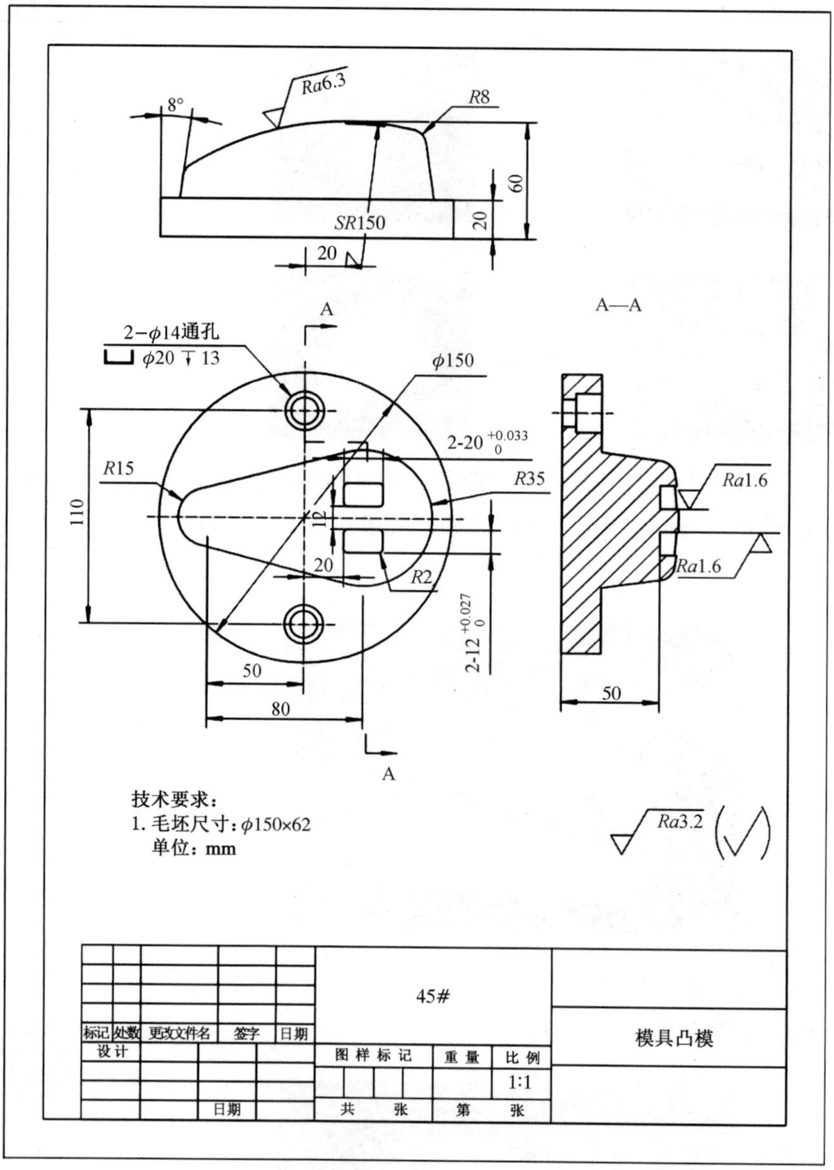

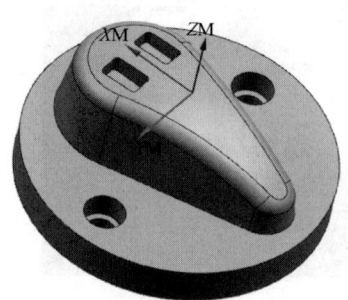

请使用CAM完成该零件的加工准备,并完成第28～32题。

28 制定零件"CNC.prt"工艺路线,问工艺卡空缺位置的工序6内容描述应为以下哪一项?（　　）

模块	制造准备
分值	2.0

工序	内容	图片
工序1	粗加工外轮廓	
工序2	精加工凸台及四周侧面8°侧面	
工序3	精加工凸台台阶面及清角	
工序4	粗加工2个凹槽	
工序5	精加工2个凹槽	
工序6		

(续表)

工序	内容	图片
工序7	钻 2-φ14 孔	
工序8	钻 2-φ20 沉头孔	

A. 钻 2-φ14 底孔　　　　　　B. 钻 2-φ14 中心孔
C. 精加工凸台侧面　　　　　D. 精加工凸台顶面

29 对零件"CNC.prt"进行新建设置,若设置毛坯尺寸为 φ150×62 (mm),则毛坯顶部偏移为多少?(　　)

模块	制造准备
分值	2.0

A. 0　　　　B. 1　　　　C. 2　　　　D. 4

30 对零件"CNC.prt"的工序1(粗加工外轮廓)进行CAM编程,优先选择哪种方法加工对象?(　　)

模块	制造准备
分值	2.0

A. 平面铣　　　　　　　　　B. 平面轮廓铣
C. 深度轮廓加工　　　　　　D. 型腔铣

31 工序1(粗加工外轮廓)进行CAM编程,优先选择下列哪个刀具完成加工?(　　)

模块	制造准备
分值	2.0

A. 圆鼻刀　　B. 球刀　　C. 立铣刀　　D. 面铣刀

32 下图所示为工序3(精加工凸台台阶面)的刀具轨迹,切削路径采用的切削模式是下列哪个?(　　)

模块	制造准备
分值	2.0

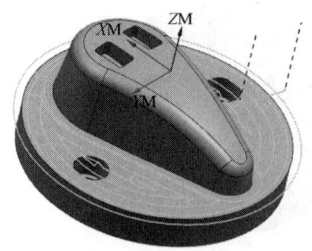

A. 往复　　　　　　　　　　B. 单向轮廓
C. 跟随周边　　　　　　　　D. 跟随部件

参 考 答 案

项目一

学习任务 1

任务实施

1. (1) × (2) × 2. (1) .prt (2) 建模 制图 装配 3. (1) A (2) D

拓展训练

1. 278.869 2. 151.753

学习任务 2

任务实施

1. (1) √ (2) √ 2. (1) 几何约束 尺寸约束 形状及相互的位置关系 尺寸大小 (2) 过约束 3. (1) D (2) A

拓展训练

1. C 2. C 3. C 4. A 5. B

学习任务 3

任务实施

1. (1) √ (2) × 2. (1) 复合建模 Parasolid (2) 输入 输出 3. (1) C (2) A

拓展训练

1. A 2. C 3. C 4. C 5. B

学习任务 4

任务实施

1. (1) × (2) √ 2. (1) 矩形槽 U型槽 T型槽 球形端槽 燕尾槽 (2) 求和 求差 求交 3. (1) D (2) D

拓展训练

1. D 2. C 3. D 4. D 5. D

项目二

学习任务 1

任务实施

1.（1）√ （2）√ 2.（1）虚拟 （2）绝对定位 相对定位 3.（1）A （2）A

拓展训练

1. B 2. D 3. D 4. C 5. C

学习任务 2

任务实施

1.（1）√ （2）× 2.（1）爆炸图 （2）设计 创新 3.（1）B （2）B

拓展训练

1. B 2. C 3. C 4. B 5. C

学习任务 3

任务实施

1.（1）√ （2）√ 2.（1）贴合 对齐 角度 平行 （2）关联条件 3.（1）C （2）D

拓展训练

1. C 2. C 3. C 4. B 5. C

项目三

学习任务 1

任务实施

1.（1）√ （2）× 2.（1）细节 （2）状态栏 3.（1）C （2）B

拓展训练

1. A 2. D 3. D 4. A 5. C

项目四

学习任务 1

任务实施

1. (1) √ (2) √ 2. (1) 尺寸 公差 (2) 投影 3. (1) A (2) A

拓展训练

1. D 2. C 3. B 4. D 5. A

学习任务 2

任务实施

1. (1) √ (2) √ 2. (1) 储存操作 (2) 三维模型 3. (1) A (2) D

拓展训练

1. B 2. A 3. A 4. A 5. A

学习任务 3

任务实施

1. (1) √ (2) √ 2. (1) 多张 图纸的幅面 单位 比例 投影方式 (2) 第一象限角投影 第三象限角投影 3. (1) A (2) A

拓展训练

1. D 2. A 3. A 4. D 5. A

项目五

学习任务 1

任务实施

1. (1) × (2) √ 2. (1) 长方体 圆柱体 圆锥 球 (2) 目标体 工具体 3. (1) B (2) B

拓展训练

1. C 2. C 3. B 4. B 5. C 6. 35.254

学习任务 2

任务实施

1. (1) √ (2) × 2. (1) 工作 (2) 工作坐标系 3. (1) C (2) D

拓展训练

1. D 2. B 3. C 4. C 5. D 6.7.75

学习任务 3

任务实施

1. (1) √ (2) √ 2. (1) 体素特征 (2) 自行创建 数据文件导入 3. (1) B (2) B

拓展训练

1. B 2. B 3. C 4. C 5. B 6.7.25

项目六

学习任务 1

任务实施

1. (1) × (2) × 2. (1) 25%～40% (2) SLS 3. (1) C (2) D

拓展训练

1. D 2. A 3. B 4. A

5. ① 3D 打印技术将提升航空发动机维修中零部件再制造能力；
   ② 3D 打印技术将有效解决航空发动机维修的备件采购难题；
   ③ 3D 打印技术将为战场装备应急抢修带来变革。

学习任务 2

任务实施

1. (1) × (2) √ 2. (1) 3D 打印前处理 (2) 航空航天 3. (1) D (2) C

拓展训练

1. B 2. A 3. C 4. D

5. ① 3D 打印所使用的材料有限；
   ② 缺乏成熟的工艺和完整的标准；
   ③ 3D 打印零部件考核周期长。

项目七

学习任务1

任务实施

1.（1）√　（2）√　2.（1）检查几何　（2）垂直　3.（1）A　（2）C

拓展训练

1. A　2. A　3. C　4. A　5. D

学习任务2

任务实施

1.（1）√　（2）√　2.（1）MSC　（2）1　3.（1）A　（2）B

拓展训练

1. A　2. C　3. B　4. A　5. C

学习任务3

任务实施

1.（1）√　（2）×　2.（1）刀库　新建　（2）机床视图　程序视图　几何视图　加工方法视图
3.（1）C　（2）B

拓展训练

1. D　2. A　3. B　4. B　5. A

附录一

机械数字化设计与制造职业技能考试题库样例（中级理论）

1	2	3	4	5	6	7	8	9	10
C	D	A	A	D	C	D	A	B	C
11	12	13	14	15	16	17	18	19	20
C	D	B	B	C	B	C	C	C	C
21	22	23	24	25	26	27	28	29	30
D	B	B	C	A	A	A	A	C	B
31	32	33	34	35					
A	B	A	C	B					

附录二

机械数字化设计与制造职业技能考试题库样例(中级操作)

1	2	3	4	5	6	7	8	9
B	D	A	C	C	B	C	B	1.915 kg
10	11	12	13	14	15	16	17	18
C	−2.235、68.881、−1.793	D	C	A	A	B	C	略
19	20	21	22	23	24	25	26	27
C	D	D	略	略	C	A	C	D
28	29	30	31	32				
B	C	D	A	C				